에너지자원 기술자 양성을 위한 시리즈 Ⅰ

한국광해관리공단 출제기준에 따른 시추기능사

시추기능사
핵심요약 & 기출문제 16개년

시추기능사 (Craftsman Boring) GUIDE

개요
지하자원을 효율적으로 개발함에 있어 시추장비를 운전 및 수리할 수 있는 숙련된 기능 업무를 전담 수행하는 직종

변천과정
1974년 신설된 시추기능사2급이 1999년 시추기능사로 변경

수행직무
시추기 및 관련 부속장비와 재료를 사용하여 지하자원을 조사하거나 지하수개발, 지반조사 및 보강공사 등의 목적으로 지하에 천공하거나 그라우팅하는 업무와 시추장비를 운전하고 유지·보수하는 작업을 수행

실시기관명 및 홈페이지
- 한국광해관리공단(산업통상자원부 산하 정부출연기관) www.mireco.or.kr
- 2011년까지 한국산업인력공단에서 검정업무 수행되었고, 2012년부터 한국광해관리공단에서 시행

진로 및 전망
광산 및 자원개발 업체, 지질조사 및 광해조사 전문사업체, 지하수 및 온천 개발업체 등에 진출

취득방법

관련학과	시험과목	실무검정방법	합격기준
실업계 고등학교	- 필기 : 시추 관련 일반적 기초 지식 - 실기 : 시추기 조작 기능	- 필기 : 객관식 4지 택일형 60문항(60분) - 실기 : 작업형(1시간30분 정도)	- 필기, 실기 : 100점을 만점으로 하여 60점 이상

• **시추기능사 응시, 합격, 합격률 그래프**

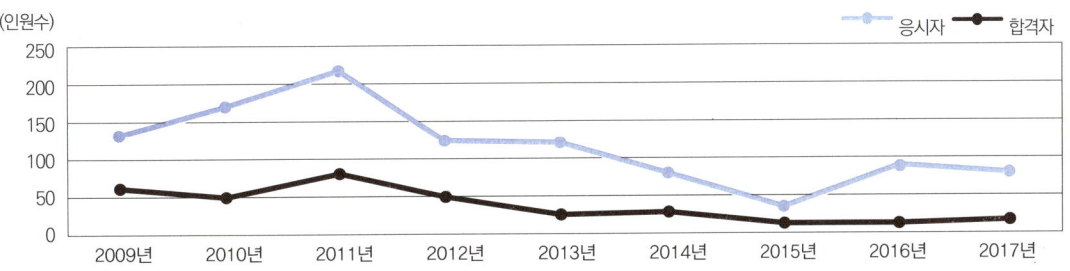

• **시험일시**

연간 1회 시험

− 필기시험 : 07월 접수 08월 필기시험   − 실기시험 : 09월 접수 10월 실기시험

• **출제기준(필기)**

직무 분야	중직무 분야	직무내용
광업자원	채광	시추장비를 운전하여 지하자원 조사, 지반조사 및 보강, 착정 등의 목적으로 지하에 천공하거나 그라우팅하고, 또한 시추장비를 유지·보수하는 업무를 수행하는 직무

주요항목	세부항목	세세항목
1. 암석 및 지질	1. 지질일반	1. 지구 및 구성물질, 2. 주향, 경사 및 지질도, 3. 습곡, 4. 단층, 5. 절리 및 선구조 6. 지표의 변화, 7. 지각의 구조 및 화학성분, 8. 지질시대의 구분, 9. 우리나라의 지질 10. 광상의 분류 및 특성
	2. 암석일반	1. 화성암의 분류, 2. 화성암의 산출, 3. 화성암의 성분, 4. 화성암의 구조 및 조직 5. 퇴적암의 분류, 6. 퇴적암의 생성 및 특징, 7. 변성암의 특징, 8. 변성암의 구조 및 종류
	3. 광물일반	1. 기초광물의 구성, 2. 광물의 종류, 3. 광물의 유용, 4. 광물의 감정 5. 광물의 화학조성, 6. 광물의 결정형태, 7. 광물의 결정구조, 8. 광물의 물리적, 광학적 성질
2. 탐사 및 검층	1. 탐사일반	1. 지구화학탐사의 기초원리, 2. 물리탐사의 기초원리, 3. 중력탐사, 4. 자력탐사 5. 전기탐사, 6. 전자탐사, 7. 굴절법 탄성파탐사, 8. 반사법 탄성파탐사, 9. 지열탐사
	2. 물리검층	1. 물리검층의 원리 및 응용 2. 각종 검층의 특성 및 해석
3. 시추 및 지하수	1. 시추일반	1. 시추법, 2. 비트의 특성 및 용도, 3. 코어기기 및 채취, 관리, 4. 시추기구 5. 시추 관련 장비, 6. 이수의 종류 및 특성, 7. 이수시험, 8. 시추관리(공곡 등) 9. 재해예방, 사고대책 및 복구, 10. 지반조사 및 시험, 11. 주상도, 12. 지반보강
	2. 지하수일반	1. 지하수의 기본적 성질 일반, 2. 지하수의 흐름, 3. 유선망, 4. 지하수의 수질 5. 지하수 탐사 및 조사, 6. 지하수 조사의 시험, 7. 지하수와 지반안정, 8. 지하수위 저하공법 9. 지하수 장해와 보전, 10. 정호(井戶) 일반, 11. 지하수 오염방지대책 및 조치

시추기능사 (Craftsman Boring) GUIDE

출제기준(실기)

직무 분야	중직무 분야	직무내용	수행준거
광업자원	채광	시추장비를 운전하여 지하자원 조사, 지반조사 및 보강, 착정 등의 목적으로 지하에 천공하거나 그라우팅하고, 또한 시추장비를 유지·보수하는 업무를 수행 하는 직무	1. 지질조사 작업을 실시하여 지질단면도를 작성할 수 있다. 2. 시추작업의 대상이 되는 지반을 구성하는 광물·암석의 특성을 파악하고, 육안으로 식별할 수 있다. 3. 시추기를 능숙하게 운전하고 수리할 수 있다. 4. 시추관련 부속장비를 운전하고 수리할 수 있다. 5. 이수의 혼합작업과 이수시험을 할 수 있다.

주요항목	세 부 항 목	세 세 항 목
1. 작업환경 이해 및 기본 이론	1. 지질조사 및 지질단면도 작성하기	1. 지질조사 작업을 할 수 있다. 2. 시료 채취를 할 수 있다. 3. 지질단면도를 작성할 수 있다.
	2. 광물·암석 식별하기	1. 광물·암석을 육안으로 식별할 수 있다. 2. 경도를 측정할 수 있다. 3. 색 및 조흔 판별을 할 수 있다.
2. 시추기 운전 및 관리	1. 시추기 운전 및 수리하기	1. 시추기를 능숙하게 운전하고 분해·조립과 간단한 수리작업을 할 수 있다. 2. 사고에 대한 대책을 수립하고 복구를 할 수 있다. 3. 시추관련기기를 숙지하고 용도 및 분해조립을 할 수 있다.
	2. 작업기구 운전 및 수리하기	1. 펌프를 능숙하게 운전하고 분해·조립과 간단한 수리작업을 할 수 있다. 2. 각종기구의 조작과 수리를 할 수 있다. 3. 각종 코어 배럴을 분해·조립할 수 있다.
	3. 이수시험하기	1. 각종 이수의 혼합작업을 할 수 있다. 2. 이수시험을 할 수 있다.

시추기능사 (Craftsman Boring) CONTENTS

PART 01　시추기능사 핵심요약

제1장　암석 및 지질　　11

Ⅰ. 지질일반 ·· 12
1. 지질도 및 지형도 ·· 12
2. 주향 및 경사 ··· 13
3. 습곡 ··· 15
4. 단층 ··· 16
5. 부정합 ·· 17
6. 절리 및 선구조 ·· 17
7. 지표의 변화 ·· 18
8. 지각의 구조 및 화학성분 ··· 19
9. 지질시대의 구분 ·· 21
10. 우리나라의 지질 ·· 22
11. 화성광상의 분류 및 특성 ·· 23
12. 퇴적, 변성광상의 분류 및 특성 ································ 24
➡ 지질일반 기출예상문제 ·· 26

Ⅱ. 암석일반 ·· 33
1. 화성암의 분류 ··· 33
2. 화성암의 산출상태 ··· 34
3. 화성암의 성분 ··· 35
4. 화성암의 구조 및 조직 ·· 35
5. 암석의 풍화 ·· 36
6. 퇴적암의 분류 ··· 38
7. 퇴적암의 생성과정 및 특징 ······································ 39
8. 변성암의 구조 ··· 40
9. 변성작용 ·· 40
10. 동력변성암(광역변성암) ·· 41
11. 접촉변성암 ·· 42
➡ 지질일반 기출예상문제 ·· 43

시추기능사 (Craftsman Boring) CONTENTS

Ⅲ. 광물일반 · 63
- 1. 광물의 성인 및 형태 · 63
- 2. 광물의 분류 및 성질 · 64
- 3. 광물의 유용성 · 67
- 4. 광물, 암석의 감정 · 67
- 광물일반 기출예상문제 · 68

제2장 탐 사   79
- 1. 지구화학탐사의 기초원리 · · · · · · · · · · · · · · · · · 80
- 2. 시료채취 · 81
- 3. 중력탐사 · 82
- 4. 자력탐사 · 84
- 5. 전기탐사 · 84
- 6. 전자탐사 · 85
- 7. 탄성파탐사 · 86
- 8. 방사능 탐사 · 87
- ➡ 탐 사 기출예상문제 · 88

제3장 시추 및 지하수   103

Ⅰ. 시추일반 · 104
- 1. 시추법의 분류 · 104
- 2. 비트의 특성 및 용도 · 106
- 3. 코어기기 및 채취, 관리 · · · · · · · · · · · · · · · · · 107
- 4. 시추기구 · 108
- 5. 펌프 · 110
- 6. 이수의 종류 및 특성 · 112
- 7. 이수시험 · 114
- 8. 시추관리(공곡측정, 시멘테이션 등) · · · · · · · · 114
- 9. 재해예방, 사고대책 및 복구 · · · · · · · · · · · · · · 116
- ➡ 시추일반 기출예상문제 · · · · · · · · · · · · · · · · · 119

시추기능사 (Craftsman Boring) CONTENTS

　Ⅱ. 지하수일반 ··· 126
　　1. 지하수일반(성인, 분포, 성질) ··· 126
　　2. 지하수의 흐름 ·· 128
　　3. 실내투수시험 ·· 128
　　4. 양수시험 ·· 130
　　5. 지하수 장해와 보전 ·· 132
　　6. 온천 ·· 132
　　7. 지하수 오염방지대책 및 조치 ··· 134
　　8. 지반조사 및 시험 ··· 137
　　➡ 지하수일반 기출예상문제 ··· 140

PART 02 　시추기능사 기출문제 16개년

시추기능사 2002 기출문제 ·· 150
시추기능사 2003 기출문제 ·· 162
시추기능사 2004 기출문제 ·· 173
시추기능사 2005 기출문제 ·· 185
시추기능사 2006 기출문제 ·· 197
시추기능사 2007 기출문제 ·· 209
시추기능사 2008 기출문제 ·· 222
시추기능사 2009 기출문제 ·· 235
시추기능사 2010 기출문제 ·· 248
시추기능사 2011 기출문제 ·· 261
시추기능사 2012 기출문제 ·· 273
시추기능사 2013 기출문제 ·· 286
시추기능사 2014 기출문제 ·· 297
시추기능사 2015 기출문제 ·· 306
시추기능사 2016 기출문제 ·· 314
시추기능사 2017 기출문제 ·· 323

에너지자원 기술자 양성을 위한 시리즈 Ⅰ

한국광해관리공단 출제기준에 따른
시 추 기 능 사

PART 1

시추기능사 핵심요약

제 1 장	암석 및 지질
제 2 장	탐사
제 3 장	시추 및 지하수

시추기능사 필기

제 1 장

암석 및 지질

Ⅰ 지질일반

Ⅱ 암석일반

Ⅲ 광물일반

※ 출제예상문제

I. 지질일반

1. 지질도 및 지형도

(1) 지질도와 지형도
- 지질도 : 암석의 종류와 분포에 대해 기록해 놓은 지도로서 지형도에 나타냄
- 지형도 : 등고선에 의해 땅의 높낮이와 지형의 변화를 알 수 있게 나타낸 것
- 지질구조 : 지각 변동의 기록

(2) 축척 : 지형도상의 거리와 실제거리의 축소비율
(예) 1:5,000 지형도에서 거리가 10cm 일 때 실제거리
= 10×5,000 = 50,000cm = 500m

(3) 지질 조사
① 조사지역의 교통, 지형, 지질에 대한 자료 확보
② 사전 답사
③ 조사 계획 수립
④ 준비물 구비
⑤ 야외 지질 조사
⑥ 시료 채취, 스케치, 사진 촬영

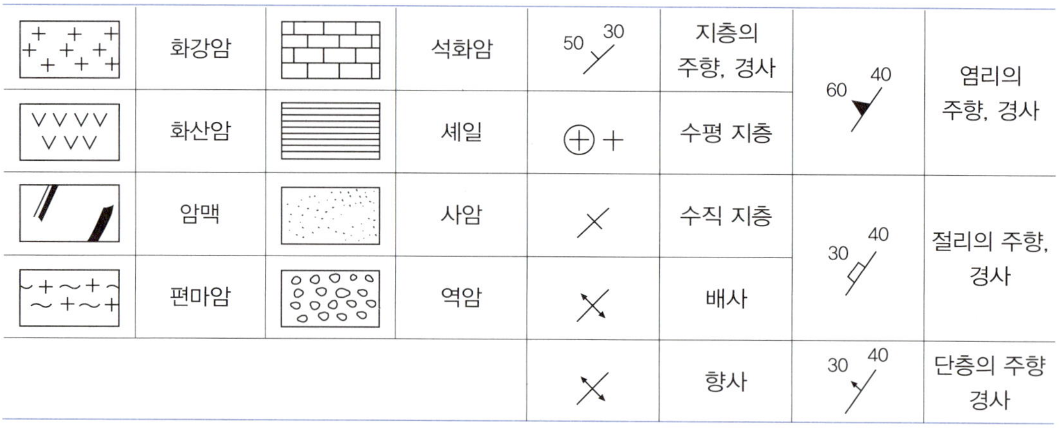

기호	암석	기호	암석	기호	구조	기호	구조
+++	화강암	▦	석회암	50╱30	지층의 주향, 경사	60╱40	엽리의 주향, 경사
vvv	화산암	≡	셰일	⊕+	수평 지층		
╱	암맥	∙∙∙	사암	×	수직 지층	30╱40	절리의 주향, 경사
~+~+	편마암	○○○	역암	⋈	배사		
				⋈	향사	30╱40	단층의 주향, 경사

〈그림1-1〉 지질도 기호 및 무늬

①(1 표시)	고속 국도	 ⊓⊔⊓⊔⊓⊔	성곽	×	표고점
⑫	일반 국도	△	산	⊞	병원 · 보건소
908	지방도	 (건물 기호)	건물	▷	학교
 (철도 기호)	철도	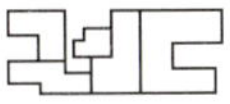 (밀집건물 기호)	밀집건물	卍	사찰
 (지하철 기호)	지하철	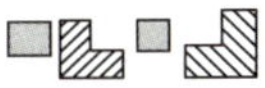 (고층건물 기호)	고층건물	Ⓗ	호텔
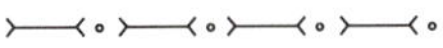 (도·특별시계 기호)	도 · 특별시 · 광역시계	▲	삼각점	∴	명승고적
 (군·구계 기호)	군 · 구계	▣	수준점	‖	능묘
 (읍·면·동계 기호)	읍 · 면 · 동계	○	도근점	 ∆ ∆ ∆	삼림

〈그림1-2〉 지형도 기호

(4) 지질도 작성

① 노선 지질도 : 지질조사를 한 노선을 따라 조사 내용을 지형도에 기재한 것

② 지질도 : 여러 곳의 노선 지질도를 종합한 것, 동일한 암석끼리 연결하고 다른 암석과는 경계선을 그음

③ 지질 단면도 : 지질도의 두 지점을 연결하는 직선 아래의 지하 지질 구조와 암석 분포를 표시한 것
- 지층 두께를 정확히 측정할 수 있고 지층의 경사각을 그대로 사용할 수 있으려면 주향 방향에 직각이 되도록 그려야 함
- 모든 암석이 단면도에 나타나도록 그려야 함
- 동일한 축척을 적용해야 함

④ 지질 주상도 : 지질도와 같은 색과 무늬로 오래된 지층을 아래에 표시하고 지층 두께에 따라 기둥 모양으로 그리며 지질시대, 지층 이름, 구성 암석, 두께 등을 표시함

2. 주향 및 경사

- 지각 변동에 의해 나타나는 지질 구조 변화를 파악하기 위해 조사하는 것
- 지층 구분, 지층 연장 방향 추정, 지층 두께 계산 가능

• 측정 기구 : 클리노미터, 브란튼컴퍼스, 클리노컴퍼스

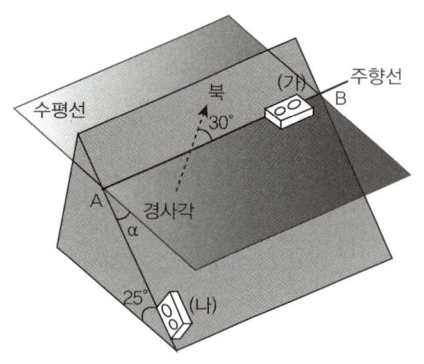

(1) 주향(strike)

진북을 기준으로 지층면과 수평면이 만나서 생기는 교선의 방향

(2) 경사(dip)

지층면이 수평면에 대해 기울어진 각도와 방향을 나타내며 주향에 대해 수직이며 동일한 주향에서 두 가지로 나타낼 수 있음

〈그림1-3〉 지층의 주향과 경사 : N30°E, 25°SE

(3) 주향과 경사의 표시

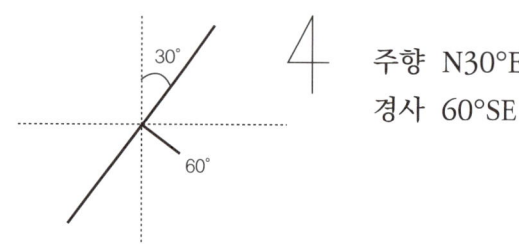

주향 N30°E
경사 60°SE

〈표1-1〉 주향과 경사 표시 예

주 향	경 사	표기법	주 향	경 사	표기법
수평층		⊕ 또는 +	N30°W	60°SE	
N60°E	90°		N45°W	30°NE	
EW	20°S		N45°W	60°NW	

3. 습곡

지층이 수평으로 퇴적된 후 횡압력을 받아 구부러진 구조

(1) 습곡의 구조

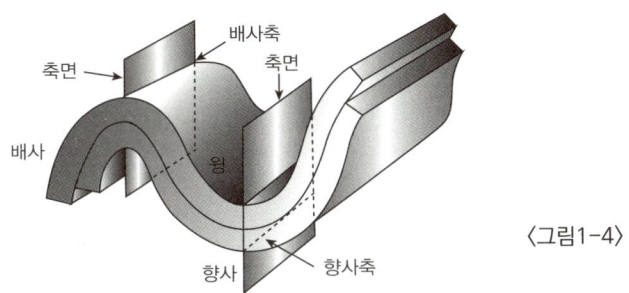

〈그림1-4〉

- 배사(anticline) : 습곡이 위로 향해 구부러진 것
- 향사(syncline) : 습곡이 아래로 향해 구부러진 것
- 날개(wing, limb) : 배사와 향사 사이의 기울어진 부분
- 습곡축 : 양쪽 날개가 만나는 선(배사축, 향사축)
- 습곡 축면 : 상하 지층의 습곡축을 지나는 면(배사축면, 향사축면)
- 정부(apex) : 배사에서 두 날개가 마주치는 곳
- 저부 : 향사에서 두 날개가 마주치는 곳
- 관(crest) : 배사에서 축면이 기울어져 있을 때 정부외에 가장 고도가 높은 곳

(2) 습곡의 종류

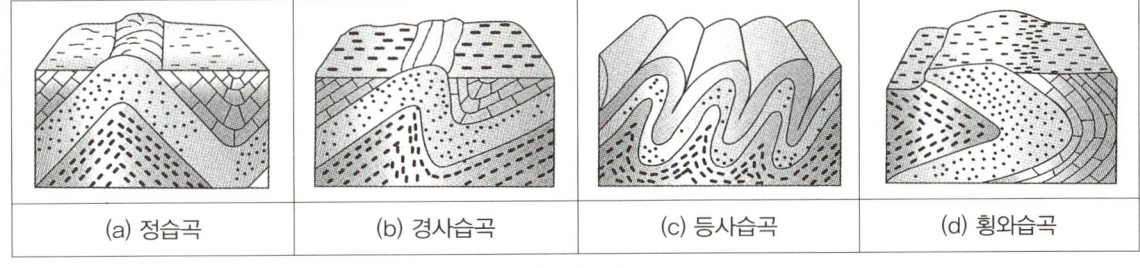

〈그림1-5〉

- 정습곡 : 축면이 수직이고 양쪽 날개가 대칭
- 경사 습곡 : 축면이 경사지고 양쪽이 비대칭
- 등사 습곡 : 양쪽 날개의 경사각과 경사 방향이 서로 비슷함
- 횡와 습곡 : 습곡 축면과 양쪽 날개가 거의 수평으로 누운 것
- 평행 습곡 : 성층면이 평행하게 굴곡한 습곡

4. 단층

지각에 횡압력, 인장력, 중력이 작용하여 생긴 틈을 경계로 양쪽 지괴가 어긋나게 이동한 것

(1) 단층의 구조

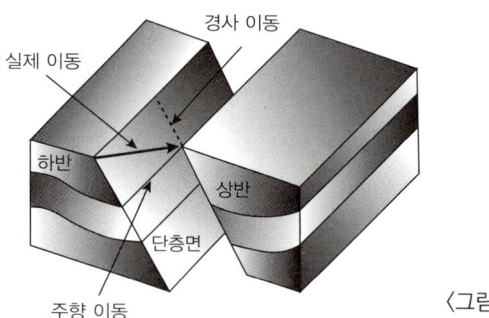

〈그림1-6〉

- 상반 : 단층면의 윗부분
- 하반 : 단층면의 아랫부분

(2) 단층의 종류

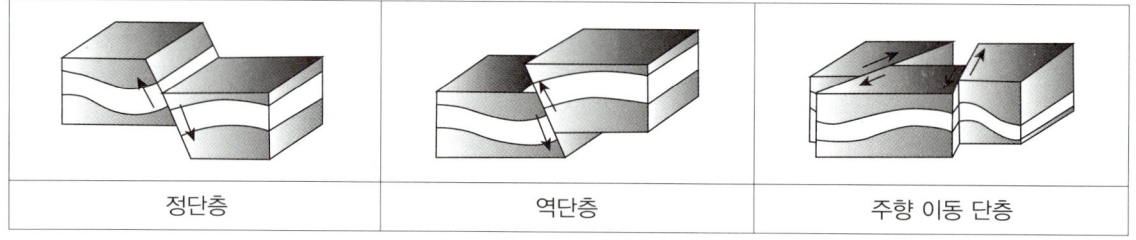

〈그림1-7〉

- 정단층 : 인장력 때문에 상반이 하강한 것
- 역단층 : 횡압력을 받아 상반이 상승한 것
- 주향이동단층 : 양쪽 지괴가 수평으로만 이동한 것
- 주향단층 : 단층의 주향이 지층의 주향에 거의 평행한 것
- hinge단층(경첩단층) : 단층의 실이동이 단층의 연장상에서 동일하지 않는 것
- 회전단층 : 한 점을 중심으로 회전
- 경사단층 : 단층과 지층의 주향이 거의 직교하는 단층
- 사교단층 : 지층의 주향과 45° 내외로 교차하는 것
- 수직단층 : 상하반 구분이 없이 수직으로 이동한 것

- 계단단층 : 몇 개의 단층이 거의 평행하게 발달되어 여러 지괴를 순차로 계단상으로 떨어지게 한 것
    - 지구 : 두 개의 정단층 사이에 있는 지괴가 가라앉은 것
    - 지루 : 두 개의 정단층 사이에 있는 지괴가 상승한 것

5. 부정합

- 정합(지각 변동을 받지 않고 지층이 평행하게 쌓인 것)을 이루지 못하고 두께가 없는 면이지만 지질학적으로 긴 시간을 내포함
- 생성순서 : 퇴적분지의 융기 → 침식 → 침강 → 퇴적

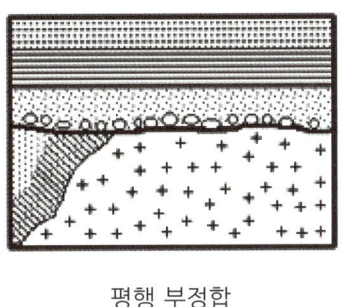
평행 부정합

난정합

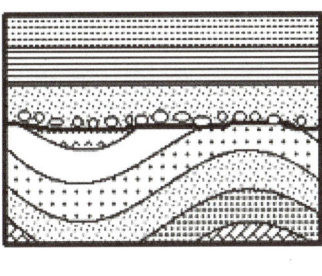
경사 부정합

〈그림1-8〉부정합의 종류

- 난정합 : 부정합면 아래에 심성암, 변성암과 같은 결정질이 존재하는 경우
- 경사(사교)부정합 : 부정합면 아래에 습곡산맥으로 변한 고지층이 있는 경우
- 평행부정합(비정합) : 부정합 위, 아래 지층이 평행한 경우
- 준정합 : 성층면 사이에 큰 결층(berak)이 있는 경우

6. 절리 및 선구조

(1) 절리

암석이 압축력이나 인장력을 받거나 냉각 또는 수축하여 생기는 틈으로 양쪽 지괴의 이동은 없음
① 주상절리 - 육각기둥 모양(현무암)
② 판상절리 - 판 모양(안산암)

③ 방상절리 - 육면체 모양(화강암)
④ 신장절리 - 횡압력을 받아 습곡이 형성될 때 응력 때문에 생성
⑤ 전단절리 - 횡압력에 의한 전단력으로 2개의 교차 방향에 생성

(2) 선구조
- 지각변동으로 생긴 1차원의 선형 구조이며 편리면, 성층면, 단층면에 나타난 선구조는 주향, 경사와 함께 화살표를 기록함
- 조암광물이 이루는 선구조가 연장된 방향으로 평행하게 나타날 때, 화성암 응결 또는 암석이 변성할 때, 경암과 연암의 암질 차이에서, 마그마의 유동하여 냉각되어 조암광물을 만들 때 선구조가 나타남

7. 지표의 변화

(1) 사태 : 암석이나 토양이 중력에 의해 낮은 곳으로 이동하는 현상
- 급격한 사태 - 산사태, 땅꺼짐, 이류, 눈사태
- 원만한 사태 - 포행, 토석류

(2) 유수의 침식 작용
- 우식 : 표층류에서 빗물의 침식작용
- 하각 : 유수가 강바닥을 깎아 낮추는 것
- 곡류(사행) : 하안이 침식되기 쉬운 모래와 자갈로 되어 있는 곳에 생기며 퇴적물은 안쪽에 쌓이고 유속, 난류, 하천깊이는 외측에서 가장 큼
- 하안단구 : 하천에 곡류가 계속되어 지반이 상승하여 하천 양쪽에 생기는 계단모양의 평면

(3) 유수의 퇴적 작용
- 홍적층 : 홍적세에 쌓인 퇴적물
- 충적층 : 하도퇴적물, 홍수퇴적물, 선상지, 사주, 삼각주 등 현세에 쌓인 퇴적물
- 선상지 : 유수가 평야에 이르면 유속이 작아져 골짜기 앞에 부채꼴의 퇴적물이 쌓인 것
- 삼각주 : 하구에서 낮아진 유속으로 인해 바다 쪽으로 쌓인 퇴적물이 해수면보다 높아진 것
- 사주 : 바다 물결 때문에 생성된 긴 모래 섬

(4) 해수의 운동
- 연안류 : 육지로 향해 부는 바람 때문에 밀려오는 물결이 형성하는 해안에 평행한 해수의 흐름
- 조석 : 달과 태양의 인력 때문에 해면이 하루 두 번씩 오르내리는 것으로 퇴적물 운반에 큰 역할을 함
- 조류 : 조석 현상으로 왕복 운동하는 해수 흐름으로 침식과 퇴적에 영향을 줌

(5) 호소
- 구조호 : 습곡, 단층, 지진 등 지각 운동으로 만들어진 것
- 폐색호 : 하천이 사태, 화산분출물, 빙하퇴적물, 사구로 인해 가로막혀서 된 것
- 침식호 : 얼음이 바람의 침식작용으로 만들어진 것
- 잔적호 : 해호 - 바다의 일부가 만들어진 것
- 우각호 - 곡류하는 강줄기 일부가 떨어져 변한 것
- 화구호 : 화산 폭발로 생긴 화구에 빗물이 고여 만들어진 것
- 칼데라호 : 대형 화구인 칼데라에 빗물이 고여 만들어진 것

(6) 얼음의 작용 : 빙식, 운반, 퇴적작용
- 구조토 : 극지 빙하 지역에서 동결과 용융을 반복하여 일어나는 토석류 때문에 표토위에 생겨난 다각형 구조

(7) 바람의 작용
- 풍식 작용
  - 식반 작용 : 입자들을 날려 다른 곳으로 운반하는 것 ⇒ 플라야
  - 풍마 작용 : 운반되는 물체가 다른 것을 깎는 것 ⇒ 풍마력, 삼릉석
- 풍성퇴적층 - 사구, 황토

8. 지각의 구조 및 화학성분

(1) 대륙 지각
- 평균두께 약 35km, 평균밀도 2.7g/mL
- 구분 : 순상지, 대지, 현생누대, 조산대
- 순상지 : 가장 오래된 층으로 지각변동이 복잡함
- 순상지 + 대지 = 강괴

- 현생누대 조산대 : 강괴 주위의 육지가 고생대 이후 조산대로 큰 습곡을 가진 불안정한 지대
- 대양지각 : 70%의 해양 아래 존재한 지층
- 오피 : 대양지각 이동단계에서 육지에 노출된 것
- 맨틀 : 지각의 모호면과 핵 사이로 두께 약 2,900km
- 지구 내부 온도는 100m 하강시 3℃ 상승함(지하증온율 3℃/100m)

(2) 대륙 표이설
- 1912년 Wegener 제창
- 지각 표면은 많은 요철로 형성되었음
- 육지는 8,000m 이상이고 바다깊이는 약 4,000m

(3) 맨틀 대류
- 1928년 Holmes, 지구내부에 용융된 맨틀이 움직인다고 주장
- 해양저에 존재하는 산맥이 맨틀대류의 원인임
- 맨틀 대류로 해저가 확장되고 지각변동이 발생함

(4) 판구조론
- 맨틀위에 떠있는 지각을 이루는 판이 지질시대를 통해 수평이동하다 충돌하면 한쪽은 올라오고 다른 쪽은 들어가는 수렴경계가 생김
- 지층이 아래로 계속 들어가는 것을 섭입이라 하고 평균섭입각도는 45°임
- 마그마 분출구인 열점의 하부맨틀이 상승하여 열주를 만듦
- 대륙은 지각운동으로 생성, 소멸됨

(5) 지각 융기의 증거
- 융기해변 : 과거의 해변이 상승된 것
- 해안단구 : 과거 해안의 퇴적대지가 상승하여 연안에 평행하게 계단모양으로 발달한 지형
- 심성암, 변성암의 노출 : 지하 깊은 곳에서 생성되는 심성암과 변성암을 덮고 있는 암석이 침식 제거되면 심성암과 변성암이 지표로 상승하게 됨
- 고산지대의 석회암층 : 해저에서 생성된 퇴적암이 육지에 나타남

(6) 지각 침강의 증거
- 침강해안 : 남해안, 서해안과 같은 다도해와 굴곡이 심한 리아스식 해안
- 수목육지 : 침수로 죽은 나무 끝이 수면 상에 있는 것

(7) 지각의 화학성분

- 원소가 여러 형태의 화합물로 존재하고 양적 불균형 상태를 이루고 있으며 가장 풍부한 8대 원소와 성분 함량은 다음과 같다.

원소 기호	O	Si	Al	Fe	Ca	Mg	Na	K
원소 이름	산소	규소	알루미늄	철	칼슘	마그네슘	나트륨	칼륨
무게(%)	45	27	8	6	5	3	1	1

9. 지질시대의 구분

(1) 지사학의 5대 법칙

① 동일과정 법칙 : 풍화, 침식, 퇴적, 화산활동 등이 계속 반복되어 현재가 되었으므로 현재를 통해 과거를 알 수 있다.

② 누중 법칙 : 아래 놓인 것이 먼저 쌓인 것이다.

③ 동물군 천이 법칙 : 시간이 지남에 따라 동물 진화가 일어났다.

④ 부정합 법칙 : 부정합면은 두께가 없으나 오랜 시간의 경과를 내포한다.

⑤ 관입 법칙 : 관입당한 암석이 관입한 암석보다 먼저 존재했다.

(2) 지질시대 구분 기준

- 층서 단위 : 암석의 성질, 화석, 지질 시간 따위에 따라 구분한 지층의 단위. 구분의 기준에 따라 생물층서단위, 시간층서단위, 암석층서단위, 지질시대단위로 나눈다.
- 지질시대단위 - 대(era)
- 암석층서단위 - 층(formation)
- 시간층서단위

연대 구분 단위	시간층서 구분 단위
누대(eon)	누대층(eonthem)
대(era)	대층(erathem)
기(period)	계(system)
세(epoch)	통(series)
절(age)	조(stage)
대시(zonetime)	대(zone)

(3) 지질시대 구분

현생누대	신생대	제4기
		제3기
	중생대	백악기
		쥐라기
		트라이아스기
	고생대	페름기
		석탄기
		데본기
		실루리아기
		오르도비스기
		캄브리아기
은생누대	선캄브리아대	원생대
		시생대

10. 우리나라의 지질

(1) 지질 분포
- 북쪽은 불규칙하나 남쪽은 북동·남서 방향
- 최다 분포 암석 – 변성암
- 최다 분포 지질시대 – 선캄브리아대
- 화성암 – 산성암이 많음

(2) 지질 계통

신생대	제4기	연일층군	제4계		현무암, 충적층, 홍적층 인류
	제3기	양북층군	제3계		불국사 화강암 화폐석(석유)
중생대	백악기	경상누층군	경상계	낙동통 신라통 불국사통	불국사 화강암, 파충류, 속씨식물
	쥐라기	대동누층군	대동계	유경통	대보 화강암 공룡, 겉씨식물, 양치식물
	트라이아스기	대동누층군	대동계	선연통	포유류, 악어, 암모나이트

				녹암통	사암, 셰일(석탄, 무연탄, 흑연),
고생대	페름기	평안누층군	평안계	고방산통	파충류, 양서류
				사동통	
	석탄기	평안누층군	평안계	홍점통	사암, 셰일, 곤충, 양서류, 파충류
	데본기	대결층			고사리식물, 완족동물, 산호
	실루리아기	회동리층			관다발조직육상생물, 갑주어
	오르도비스기	조선누층군	조선계	대석회암통	석회암, 사암, 셰일, 무척추동물, 필석
	캄브리아기	조선누층군	조선계	양덕통	석회암, 사암, 셰일, 삼엽충, 최초척추동물
원생대			상원계		석회암, 규암, 셰일
시생대		결정편암계	화강편마암계		화강편마암류
			변성암류		

11. 화성광상의 분류 및 특성

- 광화 작용 : 암석에 광상이나 광물이 형성되는 것
- 광상의 형태별 분류

규칙적	판상(판,층)	광맥, 광층, 탄층
불규칙적	괴상(덩어리)	광괴, 광염, 광소, 포켓

- 광상(deposit) : 유용한 광물 자원이 한 곳에 집중적으로 모여 있는 것으로 화성광상, 퇴적광상, 변성광상으로 구분한다.
- 화성광상 : 마그마의 관입과 분화 작용에 의해 형성되며 정마그마광상, 페그마타이트광상, 접촉교대광상, 열수광상 등으로 구분한다.

(1) 정마그마 광상

- 생성 원인 : 분화와 확산으로 마그마의 냉각 중 무거운 광물의 침전
- 생성 온도 : 600~1,200℃
- 생성 광물 : 철, 니켈, 백금, 다이아몬드, 자철광, 티탄철광, 크롬철광, 함니켈 황철석, 인회석
- 형태와 구조 : 불규칙 괴상, 화성암 연변부에 존재, 분화작용 후 관입압맥상, 동일한 광물이 광석과 암석에 존재, 심부에서 서서히 식어 조직이 치밀함

(2) 페그마타이트 광상

- 생성 원인 : 마그마 고결 말기에 저비중 광물(석영, 장석, 운모 등), 수분, 휘발분이 위로 모여 주변 암석을 뚫고 들어감
- 생성 온도 : 500~600℃
- 생성 광물 : 석영, 장석, 운모, 희유원소(리튬, 베릴륨, 우라늄, 몰리브덴 등), 금홍석, 텅스텐, 창연광, 금
- 형태와 구조 : 고순도, 큰 결정, 입상, 암석의 약한 면을 따라 관입함, 심성암에서 수반됨, 미아롤리 공동이 많음

※ 미아롤리 공동(miarolitic cavity) : 화강암질 암석에 있는 작은 공동으로 공동에는 정동(druse)처럼 광물의 결정이 돋아나 있음

(3) 접촉교대 광상(기성 광상)

- 생성 원인 : 마그마가 더 냉각될수록 휘발성분의 공간이 좁아짐에 따라 압력이 커져 마그마 접촉부에 있는 암석을 뚫고 침입한 후 암석과 교대작용을 하여 스카른(skarn) 광물과 같은 유용한 화합물을 생성하면서 침전함
- 생성 온도 : 380~500℃
- 생성 광물 : 석회암이나 염기성 화성암에 산성 화성암인 화강암이 관입 후 접촉하면 화학반응(교대작용)이 일어나 생성되는 칼슘성분을 다량 함유한 석류석, 투휘석, 규회석, 전기석 등과 같은 접촉변성광물(스카른 광물)

※ 교대작용 : 용액에 의해 암석 이온이 추가되거나 제거되어 화학 조성을 변화시키는 것

(4) 열수 광상

- 생성 원인 : 마그마가 고결된 후 남는 열수 용액이 주변 암석의 틈을 뚫고 들어가 광물을 침전시킴
- 생성 온도 : 380℃ 이하
- 생성 광물 : 유비철석, 자류철석, 섬아연석, 방연석, 은, 안티몬, 수은

12. 퇴적, 변성광상의 분류 및 특성

(1) 퇴적 광상 : 풍화, 침식, 운반, 퇴적 작용에서 고밀도 광물 자원이 퇴적층 심부에 모여 형성된 것

① 표사광상 : 금강석, 백금, 이리도스민, 금, 자철석, 모나자이트, 석류석, 지르콘 등을 함유한 중사 또는 감

② 풍화잔류광상 : 고령토, 보오크사이트, 라테라이트 등

③ 침전광상(성층광상) : 암염층, 칼리염층, 석고층, 초석층

(2) 변성 광상 : 화성광상이나 퇴적광상이 변성 작용을 받아 생성된 것으로 대부분의 오래된 지층 속 광상
- 철광상, 토상흑연, 인상흑연, 무연탄층

Ⅰ 지질일반 기출예상문제

01 축척이 1:10,000인 지형도에서 두 지점간 거리가 5cm이면 실제거리는?

① 5m　　　② 100m
③ 500m　　④ 1,000m

해설 5×10,000 = 50,000cm = 500m

02 지질도에 사용되는 기호 중에서 배사는 무엇인가?

해설 ① 수평단층 ② 단층 ③ 배사 ④ 부정합면

03 지질단면도에 대한 설명과 작성 시 주의할 점이 아닌 것은?

① 동일한 축척을 적용해야 한다.
② 모든 암석이 단면도에 나타나도록 그려야 한다.
③ 지층 두께를 정확히 측정할 수 있고 지층의 경사각을 그대로 사용할 수 있으려면 주향 방향에 평행이 되도록 그려야 한다.
④ 지질도의 두 지점을 연결하는 직선 아래의 지하 지질 구조와 암석 분포를 표시한 것이다.

해설 지층 두께를 정확히 측정할 수 있고 지층의 경사각을 그대로 사용할 수 있으려면 주향 방향에 직각이 되도록 그려야 한다.

04 주향과 경사를 나타내는 지질도 기호는?

① 　　②

③ 　　　　　　　④

해설 ① 단층 ② 향사 ③ 배사 ④ 주향 및 경사

05 지층을 오래된 것부터 아래에 표시하고 지층의 두께에 따라 기둥 모양으로 그린 것은?

① 지질도
② 지질 주상도
③ 지질 단면도
④ 노선 지질도

해설
- 노선 지질도 : 지질 조사를 한 노선을 따라 조사 내용을 지형도에 기재한 것
- 지질도 : 여러 곳의 노선 지질도를 종합하여 작성한 것
- 지질 단면도 : 지질도에서 두 지점을 연결하는 직선 아래의 지하 지질 구조와 암석 분포를 표시한 것
- 지질 주상도 : 지층을 오래 된 것부터 아래에 표시하되 지층의 두께에 따라 기둥 모양으로 그린 것

06 지질도 기호 중 단층에 해당되는 것은?

①  ②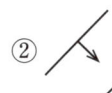
③   ④

해설 ① 향사 ② 단층 ③ 배사 ④ 수평단층

07 지질 조사 순서가 바른 것은?

> A. 조사지역의 교통, 지형, 지질에 대한 자료 확보
> B. 시료 채취, 스케치, 사진 촬영
> C. 조사 계획 수립
> D. 사전 답사

① C → D → A → B
② A → B → C → D
③ D → C → B → A
④ A → D → C → B

해설 지질 조사 순서
① 조사지역의 교통, 지형, 지질에 대한 자료 확보
② 사전 답사
③ 조사 계획 수립
④ 준비물 구비
⑤ 야외 지질 조사
⑥ 시료 채취, 스케치, 사진 촬영

08 지질주상도에 표시하는 것이 아닌 것은?

① 지층 두께 ② 구성 암석
③ 지층 이름 ④ 노선

해설 지질주상도에는 지질시대, 지층 이름, 구성 암석, 두께 등을 표시하며 지질조사를 한 노선을 따라 조사 내용을 지형도에 기재한 것은 노선지질도이다.

09 실제 거리 3km를 축척 1/50,000인 지형도에 작성할 때 길이는 몇 cm 인가?

① 3cm   ② 6cm
③ 10cm   ④ 15cm

10 지질도에 사용되는 기호의 설명이 바른 것은?

① 배사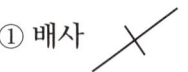

② 셰일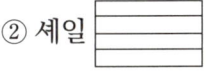

③ 역암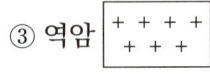

④ 사암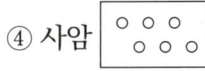

해설 ① 수직지층 ③ 화강암 ④ 역암

11 주향과 경사에 대한 설명이 바른 것은?

① 경사는 지층면과 수평면이 교차하는 선의 방향이다.
② 주향은 자북을 기준으로 한다.
③ 주향은 지층면이 수직면에 대해 기울어진 각도와 방향이다.
④ 경사 방향은 주향 방향에 수직이다.

해설 주향이란 지층면과 수평면이 교차하는 선의 방향으로 진북을 기준으로 측정한다. 경사는 지층면이 수평면에 대해 기울어진 각도와 방향이며 경사의 방향은 항상 주향의 방향과 수직이다.

12 주향과 경사를 측정하는 기구는?

① 가이거 계수기   ② 머쉬 펀넬
③ 머드 밸런스   ④ 클리노미터

해설 가이거 계수기는 방사능 탐사기이며 머쉬 펀넬은 이수의 점도를 측정하며 머드 밸런스는 이수의 비중을 측정하며 클리노미터로 주향과 경사를 측정한다.

13 다음 그림의 주향과 경사를 바르게 표시한 것은?

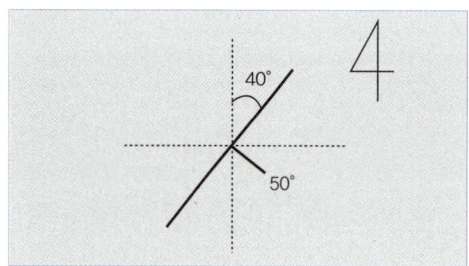

① 주향 S50°W, 경사 40°NW
② 주향 N40°E, 경사 50°SE
③ 주향 50°SW, 경사 N40°W
④ 주향 40°EN, 경사 S50°E

14 지층면과 수평면의 교선이 북을 기준으로 동으로 45도 향해 있을 때 주향은 어떻

① 45°SN   ② EN45°
③ 45°WN   ④ N45°E

해설 지층면과 수평면이 만나는 교선이 북(N)을 기준으로 동(E)으로 45° 향해 있을 때 주향은 N45°E로 나타낸다.

15 주향이 자북에서 동으로 40도를 가리켰을 때 진북으로 고친 주향을 바르게 나타내면?

① N40°E   ② N34°E
③ NE   ④ N46°E

해설 자북은 자침이 가리키는 북쪽 방향이고 진북은 자오선이 가리키는 북쪽 방향이다. 우리나라에서는 자북이 진북에 대해 약 6도 서편하기 때문에 시계 반대 방향으로 6도 가감하여 값을 나타낸다.

16 다음 그림이 나타내는 주향과 경사를 차례대로 나타내면?

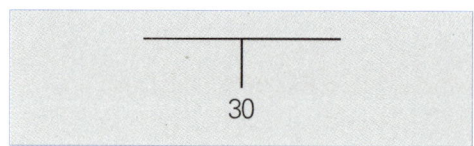

① N30°S, 30°WE
② N90°S, 30°E
③ EW, 30°S
④ NS, 30°SS

17 진북을 기준으로 지층면과 수평면이 만나서 생기는 교선의 방향을 무엇이라 하는가?

① 자북   ② 경사
③ 수평   ④ 주향

해설 주향은 지층면이 경사져 있을 때 지층면과 수평면이 만나서 생기는 교선 방향이며 진북을 기준으로 표시한다.

18 지층이 수평으로 퇴적된 후 횡압력을 받아 구부러진 것을 무엇이라 하는가?

① 단층　　　② 습곡
③ 절리　　　④ 지루

해설
- 단층 : 지각에 횡압력, 인장력, 중력이 작용하여 생긴 틈을 경계로 양쪽 지괴가 어긋나게 이동한 것
- 습곡 : 지층이 수평으로 퇴적된 후 횡압력을 받아 구부러진 구조
- 절리 : 암석이 압축력이나 인장력을 받거나 냉각 또는 수축하여 생기는 틈
- 지루 : 두 개의 정단층 사이에 있는 지괴가 상승한 것

19 습곡의 배사에서 축면이 기울어져 있을 때 정부외에 가장 고도가 높은 곳은?

① 날개　　　② 정부
③ 관　　　　④ 저부

해설
- 날개(wing, limb) : 배사와 향사 사이의 기울어진 부분
- 정부(apex) : 배사에서 두 날개가 마주치는 곳
- 관(crest) : 배사에서 축면이 기울어져 있을 때 정부외에 가장 고도가 높은 곳
- 저부 : 향사에서 두 날개가 마주치는 곳

20 습곡 축면이 기울어져 있고 양쪽 날개가 비대칭인 습곡은?

① 등사습곡　　② 경사습곡
③ 횡와습곡　　④ 평행습곡

해설
- 등사 습곡 : 습곡 축면과 날개의 경사각과 경사방향이 모두 같음
- 경사 습곡 : 습곡 축면이 한쪽으로 기울어져 있고 날개가 비대칭임
- 횡와 습곡 : 습곡 축면와 날개가 거의 수평을 이룸
- 평행 습곡 : 성층면이 평행하게 굴곡한 습곡

21 오일 트랩의 지질 구조로 가장 많은 것은?

① 배사 구조　　② 향사 구조
③ 습곡 구조　　④ 변성 구조

해설　오일 트랩(oil trap)이란 석유가 저장될 수 있는 구조를 말하며 저류암과 덮개암, 적절한 지질구조가 있어야 한다. 지질구조로는 배사 구조가 가장 많으며 암염 돔 구조, 단층구조, 부정합구조, 퇴적 구조 등이 있다.

22 다음 그림은 어떤 단층에 해당되는가?

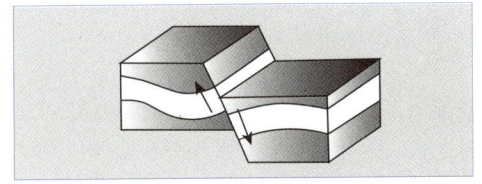

① 주향단층　　② 역단층
③ 정단층　　　④ 경사단층

해설
- 주향단층 : 단층의 주향이 지층의 주향에 거의 평행한 것
- 역단층 : 횡압력을 받아 상반이 상승한 것
- 정단층 : 인장력 때문에 상반이 하강한 것
- 경사단층 : 단층과 지층의 주향이 거의 직교하는 단층

23 상반, 하반의 구분이 없는 단층은?

① 정단층　　　② 역단층
③ 수직단층　　④ 경사단층

해설　수직단층 : 상하반 구분이 없이 수직으로 이동한 것

24 단층의 생성 원인이 아닌 것은?

① 횡압력　② 인장력
③ 중력　④ 원심력

해설 지각에 횡압력, 인장력, 중력이 작용하여 생긴 틈을 경계로 양쪽 지괴가 어긋나게 이동한 것이 단층이다.

25 지각에 횡압력, 인장력, 중력이 작용하여 양쪽 지괴가 이동한 것 중 하반이 상승한 것은?

① 주향이동단층　② 절리
③ 정단층　④ 습곡

해설 지각에 횡압력, 인장력, 중력이 작용하여 양쪽 지괴가 이동한 것은 단층이며 그 중에서 상반이 하강하고 하반이 상승한 것은 정단층이다.

26 단층면의 경사가 45도 내지 수평인 대규모의 역단층은?

① 지루　② 지구
③ 힌지　④ 오버트러스트

해설
- 지루 : 두 개의 정단층 사이에 있는 지괴가 상승한 것
- 지구 : 두 개의 정단층 사이에 있는 지괴가 가라앉은 것
- hinge단층(경첩단층) : 단층의 실이동이 단층의 연장상에서 동일하지 않는 것

27 단층을 찾는데 유용한 증거나 단서가 되지 않은 것은?

① 요철과 자국　② 단층면
③ 생성시기　④ 단층각력

해설 지각에 생긴 틈을 경계로 양쪽 지괴가 이동하여 어긋난 것을 단층이라 한다. 단층을 찾는데 좋은 단서가 되는 것은 요철과 긁힌 자국, 단층면, 단층점토, 단층각력 등이다. 단층면은 단층운동에 의해 양축의 암석면에 생긴 마찰면이고 단층점토는 단층이 미끄러질 때 암석이 돌가루로 변한 것이고 단층각력은 단층면 사이에 들어 있는 각력(rubber, 角力)이다. 단층은 아주 긴 세월동안 서서히 형성되기 때문에 단층의 생성시기는 증거가 되기 힘들다.

28 다음 그림은 무엇을 나타내는가?

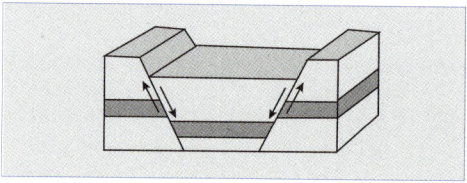

① 지루　② 지구
③ 역단층　④ 주향이동단층

해설
- 지루 : 두 개의 정단층 사이에 있는 지괴가 상승한 것
- 지구 : 두 개의 정단층 사이에 있는 지괴가 가라앉은 것
- 역단층 : 횡압력을 받아 상반이 상승한 것
- 주향이동단층 : 양쪽 지괴가 수평으로만 이동한 것

29 지각의 8대 구성 원소 중 가장 많이 차지하는 것은?

① Si　② O
③ Al　④ Fe

30 지각을 구성하는 금속원소 중 가장 많은 것은?

① 알루미늄　② 산소
③ 규소　④ 철

31 지각의 1% 이상을 차지하는 원소가 아닌 것은?

① Al   ② U
③ Si   ④ O

해설) 지구 내부는 자연 상태의 원소가 여러 형태의 화합물로 존재하며 양적으로 불균형을 이루고 있고 1% 이상 풍부하게 존재하는 8대 원소는 산소(O), 규소(Si), 알루미늄(Al), 철(Fe), 칼슘(Ca), 마그네슘(Mg), 나트륨(Na), 칼륨(K)이다.

32 지각 침강의 증거가 될 수 있는 것은?

① 융기 해변   ② 단구 해안
③ 리아스식 해안   ④ 심성암 노출

해설)
- 지각 융기의 증거 – 융기 해변, 단구 해안, 심성암과 변성암의 노출 등
- 지각 침강의 증거 – 리아스식 해안 : 굴곡 많음, 서해안과 남해안

33 지각 변동으로 인해 육지가 습곡산맥을 형성하는 것을 무엇이라 하는가?

① 평형 작용   ② 조산 운동
③ 조륙 운동   ④ 융기 해변

해설) 높은 곳은 깎이고 낮은 곳은 퇴적되는 것은 평형작용이고 지각 변동으로 인해 육지가 습곡산맥을 형성하는 것은 조산운동이며 육지가 침강하거나 상승하는 것은 조륙운동이고 융기해변은 과거의 해변이 상승된 것이다.

34 지구 내부 100m 하강 시 지온의 변화는?

① 1℃ 감소   ② 3℃ 상승
③ 3℃ 감소   ④ 10℃ 상승

해설) 지온은 지하 30m씩 내려감에 따라 1℃씩 상승하므로 100m에는 3℃ 정도 상승한다.

35 다음 중 고생대에 해당되는 것은?

① 트라이아스기   ② 쥐라기
③ 백악기   ④ 데본기

해설)
- 중생대 : 트라이아스기 – 쥐라기 – 백악기
- 고생대 : 캄브리아기 – 오르도비스기 – 실루리아기 – 데본기 – 석탄기 – 페름기

36 다음 중 암석층서단위는?

① 대(era)   ② 계(system)
③ 통(series)   ④ 층(formation)

해설)
- 대(era) – 지질시대단위
- 계(system), 통(series) – 시간층서단위
- 층(formation) – 암석층서단위

37 지사학의 5대 법칙에 대한 설명이 바른 것은?

① 누중 법칙 : 풍화, 침식, 퇴적, 화산활동 등이 계속 반복되어 현재가 되었으므로 현재를 통해 과거를 알 수 있다.
② 동일과정 법칙 : 아래 놓인 것이 먼저 쌓인 것이다.
③ 관입 법칙 : 관입한 암석이 관입당한 암석보다 먼저 존재했다.
④ 부정합 법칙 : 부정합면은 두께가 없으나 오랜 시간의 경과를 내포한다.

해설 지사학의 5대 법칙
① 동일과정 법칙 : 풍화, 침식, 퇴적, 화산활동 등이 계속 반복되어 현재가 되었으므로 현재를 통해 과거를 알 수 있다.
② 누중 법칙 : 아래 놓인 것이 먼저 쌓인 것이다.
③ 동물군 천이 법칙 : 시간이 지남에 따라 동물 진화가 일어났다.
④ 부정합 법칙 : 부정합면은 두께가 없으나 오랜 시간의 경과를 내포한다.
⑤ 관입 법칙 : 관입당한 암석이 관입한 암석보다 먼저 존재했다.

38 중생대의 기(period)를 오래된 순서부터 바르게 나열한 것은?

① 쥐라기 - 백악기 - 데본기
② 페름기 - 석탄기 - 백악기
③ 트라이아스기 - 쥐라기 - 백악기
④ 캄브리아기 - 오르도비스기 - 실루리아기

해설
• 중생대 : 트라이아스기 - 쥐라기 - 백악기
• 고생대 : 캄브리아기 - 오르도비스기 - 실루리아기 - 데본기 - 석탄기 - 페름기

39 지질시대별 대표적인 화석을 잘못 나타낸 것은?

① 실루리아기 - 갑주어
② 쥐라기 - 공룡
③ 석탄기 - 곤충
④ 오르도비스기 - 암모나이트

해설 지질시대별 대표 화석

	백악기	속씨식물
중생대	쥐라기	겉씨식물, 양치식물
	트라이아스기	공룡, 포유류, 악어, 암모나이트

	페름기	파충류, 양서류
	석탄기	곤충, 양서류, 파충류, 석탄나무
고생대	데본기	원시속씨식물, 완족동물, 산호
	실루리아기	관다발조직육상생물, 갑주어
	오르도비스기	무척추동물, 삼엽충, 필석
	캄브리아기	삼엽충, 최초척추동물

40 현생 이언(eon)에 해당되지 않는 것은?

① 선캄브리아대   ② 고생대
③ 중생대   ④ 신생대

해설
• 은생 이언 : 화석이 적게 나타나는 시기 (선캄브리아대)
• 현생 이언 : 화석이 많이 나타나는 시기 (고생대, 중생대, 신생대)

41 풍화잔류광상의 예로 적합한 것은?

① 고령토   ② 철광상
③ 금강석   ④ 암염층

해설 풍화잔류광상이란 암석이 화학적 풍화를 하면서 남아 광상이 된 것으로 장석이 물, 이산화탄소, 산소 등에 의해 보오크사이트, 고령토로 변하는 것이 좋은 예이다.

II. 암석일반

II. 암석일반

- 조직 : 암석에 광물이 모여 있는 상태
- 조성 : 암석을 이루는 광물의 종류와 양
- 조암광물 : 암석을 조성하는 광물
- 생성원인에 따른 암석의 분류 : 화성암, 퇴적암, 변성암

암석의 종류	생성 원인	분류
화성암	마그마가 지표로 분출되거나 지하에서 굳어짐 (화성 활동)	현무암, 안산암, 유문암, 휘록암, 섬록반암, 화강반암, 반려암, 섬록암, 화강암
퇴적암	암석이 풍화, 침식작용을 받아 분해되고 운반되어 하천, 바다에 퇴적물로 굳어짐(풍화, 침식, 고화 작용)	역암, 사암, 셰일, 응회암, 집괴암, 암염, 석고, 석회암, 처트, 석회암, 규조토, 석탄
변성암	화성암이나 퇴적암이 온도와 압력이 달라져 새로운 광물 조성으로 변한 것(변성 작용)	혼펠스, 슬레이트, 천매암, 편암, 편마암규암 대리암, 녹색편암, 편마암

(예) SiO_2 ≪ 석영 ≪ 유문암

(조성) (광물) (암석)

1. 화성암의 분류

- 분류 기준 : 조직, 광물조성, 화학조성, 암석의 색 등

색		어두움 ↔ 밝음		
세립(小) ↑ 조립(大)	화산암	현무암	안산암	유문암
	반심성암	휘록암	섬록반암	화강반암
	심성암	반려암	섬록암	화강암
주요 조암 광물		사장석 휘석 감람석	사장석 각섬석 휘석	석영 장석 운모 각섬석
주요 산화물		$FeO+Fe_2O_3$ CaO MgO	Al_2O_3	SiO_2 Na_2O K_2O
SiO_2 함량		52% 이하 (염기성암)	52~66% (중성암)	66% 이상 (산성암)

참고) 초염기성암(SiO2 45% 이하) : 감람암, 더나이트

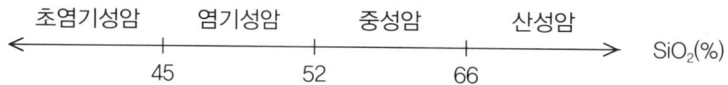

- 조직 - 마그마의 냉각속도에 따름

마그마의 냉각속도에 따라		입자 크기	조직
빠름 ↑↓ 느림	화산암	작음(세립)	세립질, 유리질
	반심성암	(중립)	반상
	심성암	큼(조립)	입상

2. 화성암의 산출상태

분류	마그마의 냉각 위치	암석	산출 형태
분출암	지표	화산암	화산
관입암	지표 부근	반심성암	암맥, 암상, 병반, 암경
	지하 심부	심성암	저반, 암주

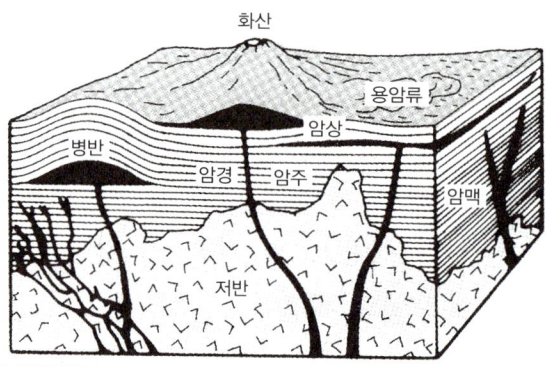

- 암맥 : 기존 암석의 틈을 따라 관입한 판 모양의 화성암체
- 암상 : 퇴적암의 층리면에 평행하게 들어간 판 모양의 화성암체
- 병반 : 퇴적암 속으로 암상처럼 들어간 화성암체의 일부가 렌즈모양이나 만두 모양으로 부풀어 오른 것
- 암경 : 화산의 화도에서 굳은 마그마
- 저반 : 오래 전에 녹은 상태에 있는 큰 마그마챔버가 고결된 화성암체로서 지표 노출 면적이 $100km^2$ 이상인 것
- 암주 : 심성암체의 지표 노출 면적이 $100km^2$ 이하인 것

3. 화성암의 성분

조암 광물		화학 조성	색
석영		SiO_2	무색
장석	정장석	$KAlSi_3O_8$(칼리장석)	
	사장석	$CaAl_2Si_2O_8 + NaAlSi_3O_8$(칼크-알칼리장석)	
운모	백운모	K, Al 포함된 규산염	유색
	흑운모	K, Al, Mg, Fe 포함된 규산염	
각섬석		Ca, Na, Mg, Fe, Al 포함된 규산염	
휘석		Ca, Mg, Fe, Al 포함된 규산염	
감람석		$(Fe, Mg)_2SiO_4$	

- 마그마의 분화작용 : 마그마가 고결될 때 녹는점이 높은 광물부터 생성되어 가라앉으면 남은 마그마의 화학조성이 점차 변해 다른 성분이 생기는 것
- 보엔(Bowen)의 설명 : 현무암질 마그마가 냉각되면 녹는점이 높은 Mg, Fe, Ca이 풍부한 광물들이 먼저 생성되어 바닥에 가라앉으면서 함량이 감소되고 대신 Si, Na, K함량이 증가하여 안산암질 마그마를 거쳐 유문암질 마그마로 변하게 됨

> 마그마 유형 : (고온) 현무암 → 안산암 → 유문암 (저온)

- Bowen 반응 계열 : 마그마에서 광물이 생성되는 과정이 불연속 반응 계열과 연속 반응 계열이 있으며 서로 독립적으로 결정 작용이 진행되다가 마지막에는 하나의 계열이 된다는 것이다. 고온에서 고결 생성되는 것은 감람석이고 저온에서 생성되는 것은 석영이며 화학적 풍화에 대한 저항 강도와 안정성은 석영으로 갈수록 점차 크다.

> 불연속 반응 계열 : (고온)감람석 → 휘석 → 각섬석 → 흑운모 → 정장석 → 백운모 → 석영(저온)
> 연　속 반응 계열 : Ca 사장석 ──────────── Na사장석

4. 화성암의 구조 및 조직

- 구조 : 화성암의 특징 중 대규모의 것
- 조직(석리) : 광물 입자들이 모여서 만드는 소규모의 것

(1) 화성암의 구조

- 괴상 : 파면의 방향성은 없으나 모양이 균일한 것
- 유동구조 : 심성암이 유동하여 굳어질 때 생성되는 평행구조

- 유상구조 : 화산암에서 마그마가 유동하여 굳어질 때 생성되는 평행구조
- 호상구조 : 다른 색의 광물이 번갈아 층상으로 배열된 평행구조
- 구상구조 : 광물이 어떤 점을 중심으로 동심구를 이룬 것
- 다공질구조 : 용암 속에 있던 기체가 빠져 나가다 용암이 굳을 때 잡혀서 화산암 속에 남게 된 구멍이 많은 구조
- 행인상구조 : 기공에 다른 광물이 채워진 것
- 구과상구조 : 광물질이 한 점을 중심으로 방사상으로 자라서 만들어진 구형 알갱이를 많이 함유한 화산암의 구조
- 미아롤리구조 : 화강암질 중에 광물의 결정이 돋아나 있는 작은 공동이 있는 구조

(2) 화성암의 조직

현정질(입상질) – 육안 구별	등립질	거의 같은 크기
	조립질	지름 5mm 이상
	중립질	지름 1~5mm
	세립질	지름 1mm 이하
	seriate	여러 크기
비현정질 – 현미경 구별	미정질	현미경 감정 가능
	은미정질	현미경 감정 난이
반정질	결정 + 유리	
유리질(비결정질)	정자	결정의 미완성물
	먼지	정자보다 작음
반상	큰 결정(반정)과 그 사이를 작은 경정 또는 유리질로 메워진 것(석기)	
취반상	반상 암석의 반정이 다수의 광물 집합체	
문상(페그마타이트)	일정한 방향으로 고대 상형 문자 모양의 배열	
poikilitic	한 개의 큰 광물 속에 다른 종류의 작은 결정 등이 불규칙하게 존재	

5. 암석의 풍화

풍화 : 암석이 분해되어 흙이 되는 과정

(1) 기계적 풍화

① 외부 압력 감소 : 융기된 암석이 침식작용을 받아 두꺼운 암석이 깎이면 압력이 감소하여 팽창하면서 틈(절리)이 생기게 됨

② 틈으로 물이 들어가 기온 하강시 얼면서 부피가 팽창하여 암석이 부서짐

③ 틈에 식물 뿌리가 들어가 성장하면 암석이 부서짐

(2) 화학적 풍화 : 물, 이산화탄소, 산소와 화학반응을 하여 분해됨

① 석회암의 화학적 풍화 :
$$CaCO_3 + H_2O + CO_2 \rightarrow Ca^{2+} + 2HCO_3^-$$

② 정장석의 화학적 풍화 :
$$KAlSi_3O_8 + H_2CO_3 + H_2O \rightarrow Al_2Si_2O_5(OH)_4$$
　　　　(정장석)　　　　　　　　　(고령토)

$$Al_2Si_2O_5(OH)_4 + H_2O \rightarrow Al_2O_3 \cdot 3H_2O$$
　　　　(고령토)　　(보오크사이트)

③ 유색광물의 풍화 : 감람석, 휘석, 각섬석, 흑운모 등 유색광물이 가수분해되어 완전히 용해됨
$$(Mg, Fe)_2SiO_4 + 4H^+ \rightarrow (Mg^{2+}, Fe^{2+}) + H_4SiO_4$$

④ 킬레이션(chelation) : 생물의 분해나 부패로 발생되는 산과 이산화탄소가 암석을 용해하거나 파괴하는 작용

A층　부식유기물층, 용해물질은 침출됨

B층　A층으로부터 침출된 물질의 침전

C층　부스러진 기반암

(3) 화학적 풍화에 대한 조암광물의 안정성 순서

화학적 풍화에 약한 것부터 강한 순서대로 나열하면 마그마에서 광물이 생성되는 순서와 같다. 고온에서 생성된 광물일수록 쉽게 풍화된다.

• 유색 광물 : 감람석<휘석<각섬석<흑운모
• 무색 광물 : 사장석<정장석<백운모<석영

(4) 기후와 풍화

열대지방일수록 화학적 풍화작용이 많이 일어나고 한대지방일수록 기계적 풍화가 우세함

(5) 흙의 단면

풍화가 진행되면 물리·화학적 성질이 다른 몇 개의 층(A, B, C층)이 생성됨

6. 퇴적암의 분류

분류	생성과정	물질 기원	퇴적물(지름)	퇴적암
쇄설성 퇴적암	처음부터 고체로 존재하다가 퇴적된 물질	암석 조각, 광물 입자	자갈(2mm 이상)	역암
			모래(2~1/16mm)	사암
			미사(1/16mm이하) 점토(1/256mm이하)	셰일
		화산분출물	화산진, 화산재(4mm이하)	응회암
			화산력, 화산탄(4mm이상)	집괴암
화학적 퇴적암	암석에서 용해되어 용액이 되었다가 침전되면서 고체로 됨	화학성분	암염(NaCl)	암염
			석고(CaSO4·2H2O)	석고
			방해석(CaCO3)	석회암 – 탄산염암
			고회석[CaMg(CO3)2]	고회암 – 탄산염암
			석영(SiO2)	처트
유기적 퇴적암	생물의 유해가 쌓여 퇴적된 것	생물의 유해	석회질 생물체	석회암
			규질 생물체	처트, 규조토
			식물체	석탄

① 역암 : 얕은 바다에서 둥근 자갈 사이에 모래나 점토가 충진되어 교결된 것
② 사암 : 모래가 고결된 암석
③ 세일(shale) : 점토와 미사 크기의 입자로 구성되어 입자를 육안으로 구별할 수 없으나 층리가 발달되어 잘 쪼개짐
④ 화성쇄설암 : 화산 분출물이 쌓여 굳어진 응회암과 집괴암
⑤ 암염 : 지층 중에 두꺼운 층 또는 암염(NaCl)돔 형태로 석유가 집중하는 트랩을 형성해 줌
⑥ 석고 : 황산기(SO4)가 있어 비료의 원료로 사용됨
⑦ 탄산염암 : 탄산기(CO3)를 포함한 방해석, 고회석
⑧ 처트(chert) : SiO2 함량이 95%로 치밀한 규질의 화학적 침전물
⑨ 석회암 : 산호 석회암, 해백합 석회암 등 생물에 의해 만들어진 석회암
⑩ 방산충 처트 : 처트에 방산충의 유해가 들어 있는 것
⑪ 규조토 : 해조인 규조의 유해가 쌓여 만들어진 백색 지층, 주성분은 SiO2이고 다공질이며 단열재임
⑫ 석탄 : 셀룰로오즈와 리그닌을 주성분으로 하는 수목이 쌓인 층이 지층의 압력으로 탄화되어 생성된 것, 탄화 정도에 따라 명칭이 다름 (토탄→갈탄→역청탄→무연탄→흑연)

7. 퇴적암의 생성과정 및 특징

(1) 퇴적암의 생성 과정
암석이 풍화, 침식작용을 받아 분해되고 운반되어 하천, 바다에 퇴적물로 굳어짐(풍화, 침식, 고화 작용)

(2) 퇴적암의 특징
① 층리 : 퇴적물이 시간과 환경에 따라 쌓여 단면에 평행하게 나타나는 지층
② 사층리 : 사암에 많고 지층에 평행하지 않은 구조이며 바람이나 물의 이동방향을 알 수 있음
③ 점이 층리 : 퇴적물이 물속에 가라앉을 때 생성
④ 연흔(물결자국) : 얕은 물 밑의 사암층이나 이암층에서 물결모양이 지층에 보존된 것
⑤ 건열 : 건조한 지역 가뭄으로 갈라진 틈에 퇴적물로 채워진 것
⑥ 결핵체 : 퇴적암 중에 굳은 물체가 자갈처럼 들어 있는 것
⑦ 화석 : 퇴적물이 침전되던 당시에 수중 생물의 유해가 지층과 함께 쌓인 것

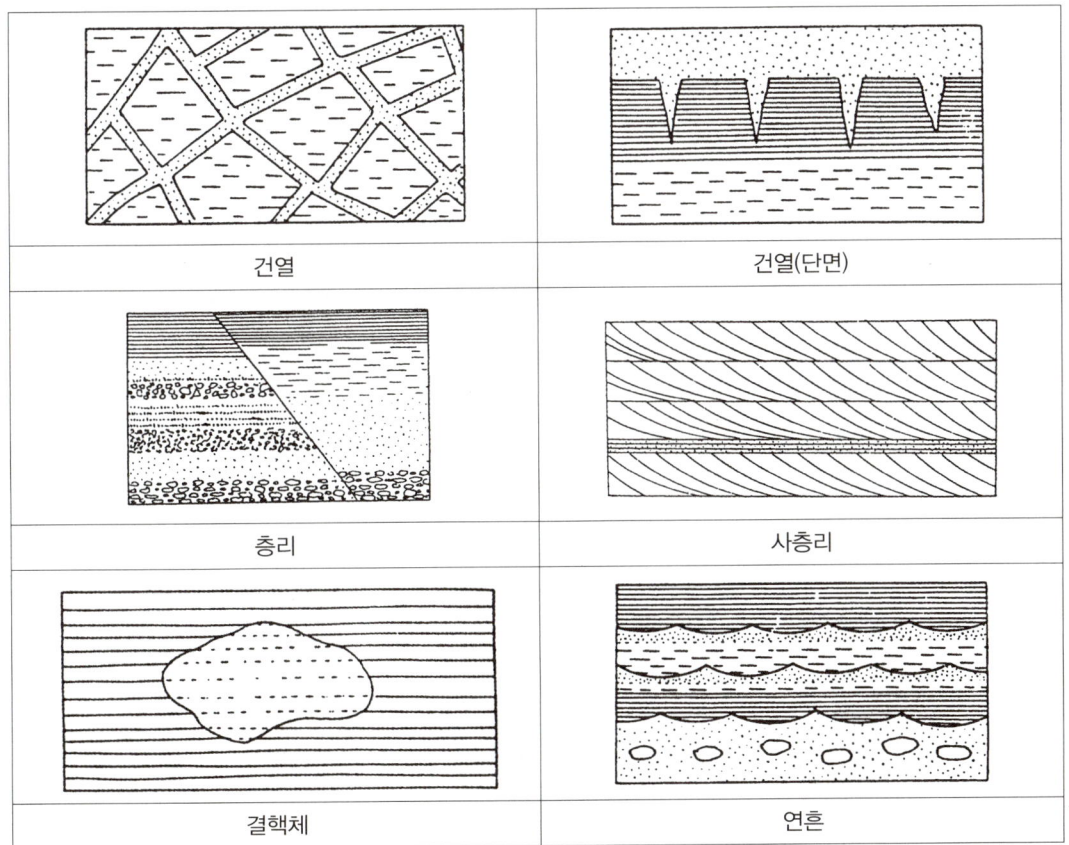

건열	건열(단면)
층리	사층리
결핵체	연흔

8. 변성암의 구조

(1) 벽개(쪼개짐) : 세립질 암석에 틈이 발달되어 얇은 판으로 잘 쪼개지는 성질

(2) 엽리 : 고온·고압으로 인해 광물이 일정한 방향으로 성장하거나 변형되고 평행하게 재배열되는 것

(3) 편리 : 결정이 성장하여 0.3cm 이하의 얇은 두께의 띠 모양으로 평행하게 배열된 엽리

(4) 편마 구조 : 무색과 유색광물이 번갈아 들어 있는 두께 0.3cm 이상의 엽리

(5) 선 구조 : 바늘모양(침상)이나 기둥모양(주상)의 결정이 평행하게 배열되어 나타난 구조

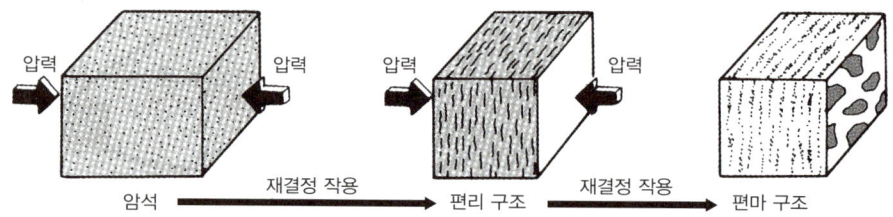

〈그림2-3〉 편리와 편마 구조가 생기는 원리

〈표2-1〉 변성암의 구조와 특징

변성암	원인	구조	특징
접촉변성암	고온	hornfels	무방향성, 치밀, 균일
		엽리	일정한 방향으로 재배열
광역변성암	고온·고압	편리	판상으로 평행 배열한 엽리(폭3cm이하, 띠모양)
		편마	다른 색 광물이 번갈아 존재(폭3cm이상, 대모양)

9. 변성작용

화성암이나 퇴적암이 온도와 압력이 달라져 새로운 광물 조성으로 변한 것

(1) 교대작용

암석의 재결정작용에서 광물 속에 있던 기체, 액체 성분이 분리되어 나와 주변 다른 암석에 성분을 추가하거나 제거하여 화학 조성을 변화시키는 것

(2) 화강암화작용

지하 심부의 큰 압력과 고온으로 인해 암석에서 분리된 액체가 암석의 알칼리 성분과 SiO_2를 많이 용해시킨 후 이동하다가 조산운동으로 침강한 퇴적암에 침투하여 장석, 운모, 석영을 생성시키고 재결정을 일으키면 화강암과 유사한 성분과 조직을 가지게 되는 것

(3) 초변성작용

지각 바닥부근의 규장질 암석이 녹아 마그마가 만들어지면 액체, 기체와 함께 분리되어 위로 이동하게 되어 원암의 화학성분이 변하고 처음과 전혀 다른 조직의 변성암이 되는 것

10. 동력변성암(광역변성암)

조산운동과 같은 지각변동으로 암석에 큰 편압이 가해져 재결정작용이 일어나 변성된 것

기존 암석		변성 작용	조직	작다 ← 변성정도 → 크다
퇴적암	셰일	접촉 변성	혼펠스	혼펠스
		광역 변성	엽리, 편마	슬레이트 → 천매암 → 편암 → 편마암
	사암	광역 변성	입상 변정질	규암
	석회암	접촉, 광역 변성		대리암
화성암	현무암	광역 변성	엽리	녹색 편암 → 편마암
	감람암	접촉 변성	사문암	사문암

- 슬레이트(slate, 점판암) : 셰일이 압력에 의해 변성되었으며 작은 입도로 육안 식별이 어렵고 쪼개짐이 발달되어 있음
- 천매암 : 변성 정도와 입자 크기가 슬레이트 보다 높지만 육안 식별 곤란하며 석영, 견운모, 녹니석 등으로 구성되어 있음
- 편암 : 육안 구별이 가능하나 편마암 보다 작은 결정으로 되어 있고 엽상구조가 더 얇고 뚜렷함
- 편마암 : 편암보다 변성이 더 되었으며 큰 입도를 가진 두 종류 이상의 광물이 호층을 이루며 편마구조를 보여 줌
- 규암 : 석영을 주성분으로 하는 사암이 큰 압력을 받아 변성된 것
- 녹니석 편암 : 고철질 암석이 광역 변성 작용을 받아 편암으로 변한 것

11. 접촉변성암

마그마가 방출하는 열과 화학성분에 의해 변성된 암석
- 혼펠스(hornfels) : 셰일의 접촉변성암으로 치밀하고 견고한 세립질 암석
- 사문암 : 더나이트, 감람암 등 초고철질 암석이 열수의 작용으로 변성된 것
- 대리암 : 석회암이나 고회암이 압력과 열작용으로 변성된 것
- 무연탄, 토상흑연 : 석탄이 압력과 열에 의해 무연탄으로 변한 후 토상흑연으로 변성됨

Ⅰ 지질일반 기출예상문제

01 마그마가 지표로 분출되거나 지하에서 굳어져 생성된 암석은?

① 역암 ② 석고
③ 현무암 ④ 석회암

해설 화성활동으로 생성된 화성암에는 현무암, 안산암, 휘록암 등이 있고 역암, 석고, 석회암은 퇴적암에 해당된다.

02 퇴적암이 생성되는 과정과 관련된 작용이 아닌 것은?

① 풍화작용
② 변성작용
③ 침식작용
④ 고화작용

해설 퇴적암은 암석이 풍화, 침식작용을 받아 분해되고 운반되어 하천, 바다에 퇴적물로 굳어져 생성되지만 변성작용은 변성암을 생성시킨다.

03 SiO_2이 주성분인 석영이 광물인 암석은?

① 유문암 ② 암염
③ 석고 ④ 석회암

해설 유문암의 조암광물은 석영이고 석영의 조성은 SiO_2이다. 암염의 조성은 $NaCl$, 석고는 $CaSO_4$, 석회암은 $CaCO_3$이다.

04 암석의 구분이 바르게 된 것은?

① 응회암 - 변성암
② 혼펠스 - 변성암
③ 석탄 - 화성암
④ 대리암 - 퇴적암

해설
- 응회암, 석탄 – 퇴적암
- 혼펠스, 대리암 – 변성암

05 다음 〈보기〉의 암석이 형성된 공통적인 과정으로 바른 것은?

〈보기〉
혼펠스, 슬레이트, 천매암, 편암, 편마암규암, 대리암, 편마암

① 마그마가 지표로 분출되거나 지하에서 굳어짐
② 암석이 풍화, 침식작용을 받아 분해되고 운반됨
③ 운반 된 암석이 바다에 퇴적물로 굳어짐
④ 화성암이나 퇴적암이 온도와 압력이 달라져 새로운 광물 조성으로 변함

해설 〈보기〉의 암석은 모두 변성암이므로 ④과정에 해당 된다.
① – 화성암, ②, ③ – 퇴적암

06 부정합이 생성되는 과정이 바른 것은?

① 퇴적분지의 융기 → 침식 → 침강 → 퇴적
② 퇴적분지의 침강 → 퇴적 → 침식 → 융기
③ 퇴적분지의 퇴적 → 침강 → 침식 → 융기
④ 퇴적분지의 침식 → 침강 → 융기 → 퇴적

해설 부정합은 두께가 없는 면이지만 지질학적으로 긴 시간을 내포하며 생성순서는 퇴적분지의 융기 → 침식 → 침강 → 퇴적이다.

07 성층면 사이에 큰 결층이 있는 부정합은?

① 난정합　　② 사교 부정합
③ 비정합　　④ 준정합

해설
- 난정합 : 부정합면 아래에 심성암, 변성암과 같은 결정질이 존재하는 경우
- 경사(사교)부정합 : 부정합면 아래에 습곡산맥으로 변한 고지층이 있는 경우
- 평행부정합(비정합) : 부정합 위, 아래 지층이 평행한 경우
- 준정합 : 성층면 사이에 큰 결층(berak)이 있는 경우

08 주상절리가 잘 나타나는 암석은?

① 유문암　　② 안산암
③ 화강암　　④ 현무암

해설
- 주상절리 – 육각기둥 모양 – 현무암
- 판상절리 – 판 모양 – 안산암
- 방상절리 – 육면체 모양 – 화강암

09 화강암에서 잘 볼 수 있는 육면체 모양의 절리는?

① 주상절리　　② 판상절리
③ 방상절리　　④ 전단절리

해설
- 주상절리 – 육각기둥 모양 – 현무암
- 판상절리 – 판 모양 – 안산암
- 방상절리 – 육면체 모양 – 화강암
- 전단절리 – 횡압력에 의한 전단력으로 2개의 교차 방향에 생성

10 바늘모양이나 기둥모양 결정으로 평행 배열된 구조는?

① 습곡 구조　　② 단층 구조
③ 층리 구조　　④ 선 구조

해설
- 습곡 구조 : 지층이 수평으로 퇴적된 후 횡압력을 받아 구부러진 구조
- 단층 구조 : 지각에 횡압력, 인장력, 중력이 작용하여 생긴 틈을 경계로 양쪽 지괴가 이동하여 어긋난 구조
- 층리 구조 : 퇴적물이 층상으로 쌓여 만들어진 평행한 구조
- 선 구조 : 변성암이 바늘모양(침상)이나 기둥모양(주상) 결정으로 평행 배열된 구조

11 직접적인 중력에 의해 암석이 낮은 곳으로 이동하는 것을 무엇이라 하는가?

① 식반　　② 사태
③ 하각　　④ 조류

해설
- 식반 : 입자들을 날려 다른 곳으로 운반하는 풍식 작용
- 사태 : 암석이나 토양이 중력에 의해 낮은 곳으로 이동하는 현상
- 하각 : 유수가 강바닥을 깎아 낮추는 것
- 조류 : 조석 현상으로 왕복 운동하는 해수 흐름

12 완만한 사태에 해당되는 것은?

① 땅꺼짐　② 포행
③ 눈사태　④ 이류

해설
- 급격한 사태 – 산사태, 땅꺼짐, 이류, 눈사태
- 원만한 사태 – 포행, 토석류

13 습곡, 단층, 지진 등으로 인해 만들어진 호소는?

① 잔적호　② 폐색호
③ 침식호　④ 구조호

해설
- 구조호 : 습곡, 단층, 지진 등 지각 운동으로 만들어진 것
- 폐색호 : 하천이 사태, 화산분출물, 빙하퇴적물, 사구로 인해 가로막혀서 된 것
- 침식호 : 얼음이 바람의 침식작용으로 만들어진 것
- 잔적호 : 바다의 일부가 만들어진 것(해호), 곡류하는 강줄기 일부가 떨어져 변한 것(우각호)

14 호수와 생성원인을 잘 연결하여 나타낸 것은?

① 폐색호 – 지각운동
② 구조호 – 막힌 퇴적물
③ 잔적호 – 화구에 고인 빗물
④ 침식호 – 바람의 침식

해설
- 구조호 – 지각 운동
- 폐색호 – 퇴적물로 인해 가로막힘
- 침식호 – 바람의 침식작용
- 잔적호 – 바다, 강곡류 일부

15 유수의 퇴적 작용에 의해 형성된 것이 아닌 것은?

① 하안단구　② 선상지
③ 잔구　　　④ 삼각주

해설
- 하안단구 : 퇴적과 부분 침식으로 하천의 유로와 양이 변해 계단모양으로 생성된 것
- 선상지 : 산지의 유수가 평야에서 분산되면 유속이 낮아져 물질을 골짜기 앞에서 부채꼴로 퇴적된 것
- 잔구 : 산지가 침식을 받아 낮아진 단계의 고립된 언덕
- 삼각주 : 강물의 여러 줄기로 갈라지면 유속은 감소하여 물질이 바다 쪽으로 계속 퇴적하다가 해수면보다 높은 퇴적층이 나타나는 것

16 극지 빙하 지역에서 동결과 용융을 반복하여 일어나는 토석류 때문에 표토위에 생겨난 다각형 구조는 무엇인가?

① 홍적층　② 선상지
③ 화구호　④ 구조토

해설
- 홍적층 : 홍적세에 쌓인 퇴적물
- 선상지 : 유수가 평야에 이르면 유속이 작아져 골짜기 앞에 부채꼴의 퇴적물이 쌓인 것
- 화구호 : 화산 폭발로 생긴 화구에 빗물이 고여 만들어진 것

17 한국 지질 계통 중 고생대에 해당되는 것은?

① 양덕통　② 낙동통
③ 신라통　④ 유경통

해설 한국 지질 계통

신생대	제4기		충적층, 홍적층
	제3기	제3계	불국사 화강암, 화산활동
중생대	백악기	경상계	낙동통, 신라통, 불국사통
	트라이아스기, 쥐라기	대동계	선연통, 유경통
고생대	석탄기, 페름기	평안계	홍점통, 사동통, 고방산통, 녹암통
	캄브리아기, 오르도비스기	조선계	양덕통, 대석회암통

18 우리나라 지질 중 사동통과 관련 있는 것은?

① 실루리아기   ② 석탄기
③ 페름기   ④ 캄브리아기

해설 지질 시대와 한국 지질 계통

대	기	한국 계통
고생대	페름기	사동통
	석탄기	홍점층
	실루리아기	회동리층
	오르도비스기	대석회암통
	캄브리아기	양덕통

19 한국 지질 계통 중 경상계는 어떤 지질 시대에 속하는가?

① 고생대 석탄기
② 고생대 페름기
③ 중생대 트라이아스기
④ 중생대 백악기

해설 한국 지질 계통

신생대	제4기		충적층, 홍적층
	제3기	제3계	불국사 화강암, 화산활동
중생대	백악기	경상계	낙동통, 신라통, 불국사통
	트라이아스기, 쥐라기	대동계	선연통, 유경통
고생대	석탄기, 페름기	평안계	홍점통, 사동통, 고방산통, 녹암통
	캄브리아기, 오르도비스기	조선계	양덕통, 대석회암통

20 우리나라에서 매장량이 가장 많은 암석은?

① 반려암   ② 화강편마암
③ 셰일   ④ 대리암

해설 화성암이 동력변성을 받아 생성되는 화강편마암이 국내에 가장 많다.

21 우리나라 온천 지역에 많이 분포된 암석은?

① 석회암
② 화강암
③ 처트
④ 대리암

해설 우리나라는 화강편마암이 가장 많으므로 화강암 지대에서 온천이 많이 생긴다.

22 유용한 광물 자원이 한 곳에 집중되어 있는 것을 무엇이라 하는가?

① 광상
② 동질이상
③ 맥석
④ 에너지

해설 유용한 광물 자원이 한 곳에 집중적으로 모여 있는 것을 광상(deposit)이라 하며 화성광상, 퇴적광상, 변성광상으로 구분한다. 반대로 가치가 없는 것을 맥석이라 한다.

23 마그마의 관입, 분화작용으로 생성되는 광상이 아닌 것은?

① 페그마타이트 광상
② 정마그마 광상
③ 사 광상
④ 열수 광상

해설 마그마의 관입, 분화작용으로 생성되는 광상은 화성 광상으로 정마그마 광상, 페그마타이트 광상, 접촉교대 광상, 열수 광상 등으로 구분한다. 사 광상은 퇴적 광상의 한 종류이다.

24 마그마가 냉각되기 시작할 때 고비중의 Ni, Fe 이 가라앉아 생기는 광상은?

① 기성광상
② 열수광상
③ 페그마타이트 광상
④ 정마그마광상

해설 정마그마에 대한 설명이다.

25 600~1200℃에서 생성되는 광상은?

① 접촉교대광상
② 정마그마광상
③ 페그마타이트광상
④ 열수광상

해설 정마그마 광상은 마그마가 냉각되기 시작하는 600~1200℃에서 생성된다.

26 석회암이 마그마와 접촉교대 되어 형성되는 광물은?

① 자철석
② 현무암
③ 대리석
④ 석류석

해설 석회암이 마그마와 접촉교대 되어 형성되는 것은 스카른 광물이고 석류석, 투휘석, 규회석 등이 해당된다.

27 화성광상의 형성 순서가 바른 것은?

① 기성광상 → 열수광상 → 정마그마광상 → 페그마타이트광상
② 페그마타이트광상 → 정마그마광상 → 기성광상 → 열수광상
③ 정마그마광상 → 열수광상 → 페그마타이트광상 → 기성광상
④ 정마그마광상 → 페그마타이트광상 → 기성광상 → 열수광상

해설 가장 고온에서 저온으로 형성된다. 정마그마광상→페그마타이트광상→기성광상→열수광상

28 변성 광상에 해당되는 광상은?

① 표사광상
② 열수광상
③ 잔류광상
④ 철광상

해설
- 화성 광상 : 정마그마 광상, 페그마타이트 광상, 접촉교대 광상, 열수 광상
- 퇴적 광상 : 표사 광상, 풍화 잔류 광상, 침전 광상 (성층 광상)
- 변성 광상 : 철 광상, 토상 흑연, 인상 흑연, 무연탄층

29 스카른 광물이 생성되는 광상은?

① 기성광상
② 정마그마광상
③ 페그마타이트 광상
④ 열수광상

해설 화성광상 중 기성광상에서 마그마가 식으면서 수증기와 휘발성분이 석회석과 교대작용을 하면 석류석, 투휘석, 규회석과 같은 스카른 광물이 된다.

30 페그마타이트광상에서 생성되는 희유원소는?

① 철 ② 수은
③ 니켈 ④ 몰리브덴

해설

화성 광상	생성 광물
정마그마 광상	다이아몬드, 백금, 철, 니켈, 크롬철석, 자철석, 티탄철석, 함니켈 황철석 광상, 인회석
pegmatite 광상	석석, 철망간중석, 휘수연석, 석영, 운모, 텅스텐, 창연광, 금, 희유원소(몰리브덴, 베릴륨, 우라늄, 리튬)
접촉교대 광상(기성 광상)	석류석, 투휘석, 규회석(스카른광물)
열수 광상	유비철석, 자류철석, 섬아연석, 방연석, 은, 안티몬, 수은

31 석회암에 마그마가 관입하여 교대작용이 일어나 생성되는 광물이 아닌 것은?

① 석류석 ② 투휘석
③ 규회석 ④ 텅스텐

해설 기성광상에서 석회암에 뜨거운 마그마가 관입하면 경계면에서 교대작용이 일어나 생성되는 새로운 광물을 스카른 광물이라 하며 석류석, 투휘석, 규회석, 녹염석 등 칼슘을 함유한 광물이다.

32 광상을 형태로 구분했을 때 괴상인 것은?

① 광맥 ② 광층
③ 광염 ④ 탄층

해설
- 규칙적 광상 – 판상 – 광맥, 광층, 탄층
- 불규칙적 광상 – 괴상 – 광괴, 광염, 광소, 포켓

33 화성광상별 생성온도가 틀린 것은?

① 정마그마 광상 : 1,000℃
② 페그마타이트 광상 : 500℃
③ 접촉교대 광상 : 200℃
④ 열수 광상 : 100℃

해설 화성광상의 생성 온도는 정마그마 광상이 600~1200℃, 페그마타이트 광상은 500~600℃, 접촉교대 광상은 380~500℃, 열수 광상이 50~350℃이다.

34 화성암을 산성암, 중성암, 염기성암으로 분류하는 기준은?

① 산화물 ② SiO_2 함량
③ 입자 크기 ④ 입자 조직

해설 SiO_2 함량이 66% 이상이면 산성암, 52~66%이면 중성암, 52% 이하이면 염기성암으로 분류한다.

35 다음 중 염기성암인 것은?

① 유문암 ② 화강암
③ 반려암 ④ 섬록암

해설 염기성암에는 현무암, 휘록암, 반려암이 있다.

염기성암	중성암	산성암
현무암	안산암	유문암
휘록암	섬록반암	화강반암
반려암	섬록암	화강암

36 마그마가 지하 심부에서 천천히 냉각되면서 생성되어 입자가 크고 비교적 고른 입상 조직을 가진 암석은?

① 현무암 ② 안산암
③ 화강암 ④ 유문암

해설 심성암에 해당되는 것은 화강암이다.

화산암	현무암	안산암	유문암
반심성암	휘록암	섬록반암	화강반암
심성암	반려암	섬록암	화강암

37 초염기성암의 규산 함유량은?

① 45% 이하 ② 45~52%
③ 52~66%   ④ 66% 이상

해설 SiO_2 함량에 따른 화성암의 분류는 다음과 같다.

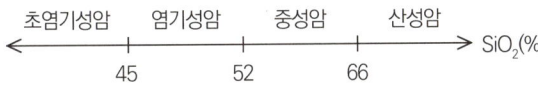

38 다음 중 화산암으로만 나열된 것은?

① 휘록암, 반려암
② 안산암, 현무암
③ 반려암, 섬록암
④ 유문암, 화강암

해설 화산암 : 현무암, 안산암, 유문암

39 SiO_2 함량이 66% 이상인 화성암은?

① 휘록암   ② 안산암
③ 섬록암   ④ 유문암

해설 산성암에 해당되는 것은 화강암이다.

염기성암	중성암	산성암
$SiO_2 \leq 52\%$	SiO_2 52~66%	$SiO_2 \geq 66\%$
현무암	안산암	유문암
휘록암	섬록반암	화강반암
반려암	섬록암	화강암

40 SiO_2 함량이 증가함에 따라 비례하여 증가하는 것은?

① CaO   ② MgO
③ Fe2O3   ④ Na2O

해설 산성암일수록 SiO2 함량이 많아 밝은색이고 Na2O, K2O의 양도 비례하지만 염기성암일수록 SiO2, Na2O, K2O 함량이 감소하는 대신 FeO+Fe2O3, CaO, MgO 함량이 증가하여 어두운 색을 보인다.

41 SiO_2 함량이 52~66% 이면서 지하 심부에서 마그마가 천천히 냉각되면서 생성되어 입자가 큰 암석은?

① 반려암   ② 화강반암
③ 현무암   ④ 섬록암

해설 규산 함량으로 중성암이면서 마그마의 냉각속도가 느린 것은 심성암이므로 섬록암이 해당된다.

화산암	현무암	안산암	유문암
반심성암	휘록암	섬록반암	화강반암
심성암	반려암	섬록암	화강암

42 석영 함유량이 가장 적은 심성암은?

① 반려암   ② 섬록반암
③ 안산암   ④ 현무암

해설 심성암은 반려암, 섬록암, 화강암이고 이중에서 석영 함유량이 가장 적은 것은 염기성암(52% 이하)인 반려암이다.

색		어두움 ↔ 밝음		
세립(小) ↕ 조립(大)	화산암	현무암	안산암	유문암
	반심성암	휘록암	섬록반암	화강반암
	심성암	반려암	섬록암	화강암
SiO_2 함량		52% 이하 (염기성암)	52~66% (중성암)	66% 이상 (산성암)

43 색깔이 어둡고 조립질인 심성암은?

① 현무암　　② 반려암
③ 유문암　　④ 화강암

[해설] 색깔이 어두운 것은 염기성암이고 입자의 크기가 큰 조립질은 심성암이므로 두 가지를 만족하는 것은 반려암이다.

44 화강암의 주요 산화물이 아닌 것은?

① SiO_2　　② K_2O
③ K_2O　　④ Na_2O

[해설] 화강암은 산성암이므로 주요 산화물은 SiO_2, Na_2O, K_2O 이며 염기성암의 주요 산화물은 $FeO+Fe_2O_3$, CaO, MgO 이다.

45 산화알루미늄(Al_2O_3)이 주요 산화물인 암석은?

① 안산암　　② 현무암
③ 유문암　　④ 휘록암

[해설] 안산암, 섬록반암, 섬록암은 중성암으로 주요 산화물은 산화알루미늄(Al_2O_3)이고 유문암은 산성암이다.

46 화산암의 입자는 세립이고 조직은 유리질인데 심성암의 입자는 조립이고 입상 조직을 띤다. 이것은 무엇에 기인하는가?

① 광물 조성　　② 암석의 색
③ 화학 조성　　④ 마그마의 냉각속도

[해설] 마그마가 지표 밖으로 분출되어 빠르게 냉각되어 생성된 화산암은 세립질이며 지각 속에서 느리게 냉각된 심성암은 조립질이며 입상조직이다.

47 퇴적암 속으로 암상처럼 들어간 화성암체의 일부가 렌즈모양이나 만두 모양으로 부풀어 오른 것은?

① 저반　　② 병반
③ 암경　　④ 암주

[해설] 병반에 대한 설명이다.
- 저반 : 오래 전에 녹은 상태에 있으면서 상부로 암맥·암상·화상을 파생하게 한 큰 마그마 챔버가 고결된 화성암체
- 병반 : 퇴적암 속으로 관입암상처럼 들어간 화성암체의 일부가 더 두꺼워져서 만두 모양으로 부풀어 오른 것
- 암경 : 화산의 화도에서 굳어진 마그마와 화도를 메운 암괴와 용암의 집합체가 굳어진 화도 집괴암
- 암주 : 면적 100km² 이하의 심성암체가 지표에 나타난 것

48 심성암이나 반심성암에서 볼 수 있는 화성암의 형태가 아닌 것은?

① 저반　　② 병반
③ 암주　　④ 화산

[해설] 화산은 마그마가 지표에서 냉각된 분출암의 형태이다.
〈화성암의 산출 형태〉

분류	마그마의 냉각 위치	암석	산출 형태
분출암	지표	화산암	화산
관입암	지표 부근	반심성암	암맥, 암상, 병반, 암경
	지하 심부	심성암	저반, 암주

49 오래 전에 녹은 상태에 있는 큰 마그마챔버가 고결된 화성암체로서 지표 노출 면적이 100km² 이상인 것을 무엇이라 하는가?

① 암맥　　② 암주
③ 저반　　④ 암경

해설
- 암맥 : 기존 암석의 틈을 따라 관입한 판 모양의 화성 암체
- 암주 : 면적 100km² 이하의 심성암체가 지표에 나타난 것
- 암경 : 화산의 화도에서 굳은 마그마

50 다음 그림은 화성암의 산출 상태이다. 번호에 맞게 표시된 것은?

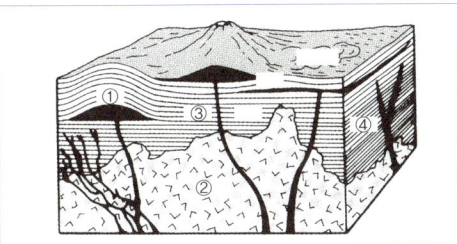

① 암맥　　　② 저반
③ 화산　　　④ 병반

해설 ① 병반 ② 저반 ③ 암경 ④ 암맥

51 화성암을 조성하는 조암광물이 아닌 것은?

① 석영　　　② 장석
③ 투휘석　　④ 운모

해설 조암광물에는 석영, 장석, 운모, 각섬석, 휘석, 감람석이 있고 투휘석은 스카른광물이다.

52 마그마가 냉각될 때 Bowen 반응 계열 상 가장 나중에 정출되는 것은?

① 감람석　　② 석영
③ 휘석　　　④ 정장석

해설 Bowen 반응 계열이란 마그마에서 광물이 생성되는 과정이 불연속 반응 계열과 연속 반응 계열이 있으며 서로 독립적으로 결정 작용이 진행되다가 마지막에는 하나의 계열이 된다는 것이다.

불연속 반응 계열 : (고온)감람석 → 휘석 → 각섬석 → 흑운모 → 정장석 → 백운모 → 석영(저온)
연　속 반응 계열 : Ca 사장석 ──────────→ Na사장석

53 보웬(Bowen)의 반응 계열에서 마그마가 냉각될 때 가장 고온에서 생성되는 것은?

① 감람석　　② 석영
③ 휘석　　　④ 정장석

해설 Bowen 반응 계열을 보면 고온에서 고결 생성되는 것은 감람석이고 저온에서 생성되는 것은 석영이다.

54 마그마가 냉각될 때 Bowen 반응 계열 상 가장 저온에서 생성되는 것은?

① 감람석　　② 정장석
③ 휘석　　　④ 석영

해설 Bowen 반응 계열을 보면 고온에서 고결 생성되는 것은 감람석이고 저온에서 생성되는 것은 석영이며 화학적 풍화에 대한 저항 강도와 안정성은 석영으로 갈수록 점차 크다.

55 화성암을 색에 의해 육안으로 분류할 수 있는 기준이 되는 화학성분은?

① $CaCO_3$　　② SiO_2
③ CO_2　　　④ H_2O

해설 규산(SiO_2) 함량이 많을수록 산성암으로 백색이고 밝으며, 함량이 적을수록 염기성암으로 광물 색이 어두우므로 육안적 분류의 기준이 될 수 있다.

56 다음 중 유색광물에 해당되는 것은?

① 사장석　② 백운모
③ 휘석　　④ 석영

해설
- 무색광물 : 석영, 정장석, 사장석, 백운모
- 유색광물 : 흑운모, 각섬석, 휘석, 감람석

57 현무암질 마그마가 냉각될수록 변하는 성분 유형이 순서대로 바르게 나타난 것은?

① 현무암질 마그마 → 안산암질 마그마 → 유문암질 마그마
② 안산암질 마그마 → 현무암질 마그마 → 유문암질 마그마
③ 현무암질 마그마 → 유문암질 마그마 → 안산암질 마그마
④ 유문암질 마그마 → 현무암질 마그마 → 안산암질 마그마

해설 현무암질 마그마가 냉각되면 녹는점이 높은 Mg, Fe, Ca가 풍부한 광물들이 먼저 생성되어 바닥에 가라앉으면서 함량이 감소되고 대신 Si, Na, K함량이 증가하여 안산암질 마그마를 거쳐 유문암질 마그마로 변하게 된다.
- 마그마 유형 : (고온) 현무암 → 안산암 → 유문암 (저온)

58 화성암의 조직 중 육안으로 볼 수 있는 것은?

① 유리질　② 비결정질
③ 미정질　④ 조립질

해설 육안으로 구별되는 것은 현정질이며 등립질, 조립질, 중립질, 세립질 등이 있다. 육안으로 구별되지 않고 현미경으로 구별할 수 있는 비현정질에는 미정질과 은미정질이 있고 유리질은 비결정질이다.

59 용암 속에 있던 기체가 빠져 나가다 용암이 굳어져 생긴 기공에 다른 광물이 채워진 구조는?

① 호상구조　② 구상구조
③ 다공상구조　④ 행인상구조

해설
- 호상구조 : 다른 색의 광물이 번갈아 층상으로 배열된 평행구조
- 구상구조 : 광물이 어떤 점을 중심으로 동심구를 이룬 것
- 다공질 구조 : 용암 속에 있던 기체가 빠져 나가다 용암이 굳을 때 잡혀서 화산암 속에 남게 된 구멍이 많은 구조
- 행인상 구조 : 기공에 다른 광물이 채워진 것

60 심성암이 유동하여 굳어져 생성된 평행구조는 무엇인가?

① 구상구조　② 유동구조
③ 층상구조　④ 행인상구조

해설
- 구상 구조 : 광물이 어떤 점을 중심으로 동심구를 이룬 것
- 유동구조 : 심성암이 유동하여 굳어질 때 생성되는 평행구조
- 행인상 구조 : 기공에 다른 광물이 채워진 것
- 층상 구조 : 퇴적물이 평행하게 쌓여 만들어진 구조

61 광물이 어떤 점을 중심으로 동심구를 이룬 구조는?

① 선구조　② 반상구조
③ 구상구조　④ 다공질구조

해설
- 선구조 : 바늘모양이나 기둥모양 결정으로 평행 배열된 구조
- 반상구조 : 화성암에서 큰 결정(반정)과 그 사이를 작은 경정 또는 유리질로 메워진 것
- 구상구조 : 화성암에서 광물이 어떤 점을 중심으로

동심구를 이룬 것
- 다공질구조 : 용암 속에 있던 기체가 빠져 나가다 용암이 굳을 때 잡혀서 화산암 속에 남게 된 구멍이 많은 구조

62 화성암의 조직 중 눈으로도 현미경으로도 광물입자를 구별할 수 없는 작은 입자를 나타내는 것은?

① 은미정질   ② 현정질
③ 미정질   ④ 유리질

해설
- 현정질(입상) : 육안 구별 가능
- 미정질(비현정질) : 현미경 구별 가능
- 은미정질 : 육안, 현미경 구별 불가
- 유리질 : 비결정질

63 현무암에서 주로 볼 수 있는 구조는?

① 미아롤리구조   ② 호상구조
③ 다공질구조   ④ 유동구조

해설 현무암은 마그마가 냉각 될 때 존재하는 기포로 인해 다공질구조를 가지고 있다.

64 화성암에서 볼 수 있는 구조가 아닌 것은?

① 엽리구조   ② 유동구조
③ 호상구조   ④ 유상구조

해설 유동 구조란 심성암(화성암)이, 유상구조는 화산암(화성암)이 유동하여 굳어질 때 생성되는 평행구조이고 호상구조는 색이 다른 광물(화성암)들이 층상으로 번갈아 배열된 구조이다. 엽리는 재결정작용을 받아 판상의 광물이 평행하게 배열되어 나타나는 평행구조로서 변성암의 구조이다.

65 포이킬리틱(poikilitic) 석리에 대한 설명이 바른 것은?

① 육안으로도 현미경으로도 관찰할 수 없는 것
② 육안으로는 볼 수 없으나 현미경으로 관찰할 수 있는 것
③ 한 개의 큰 광물 속에 다른 종류의 작은 결정들이 불규칙하게 포함되어 있는 것
④ 고대 상형 문자 모양의 배열 상태

해설 ① 유리질 석리 ② 비정질 석리 ④ 문상 석리

66 유동 구조를 관찰하기 힘든 것은?

① 반려암   ② 유문암
③ 섬록암   ④ 화강암

해설 유동 구조란 심성암(반려암, 섬록암, 화강암)이 유동하여 굳어질 때 생성되는 평행구조이다.
유상 구조란 화산암이 유동하여 굳어질 때 생성되는 평행구조이므로 마그마가 흐른 흔적이 잘 나타나는 유문암이 해당된다.

67 다음 중 입자의 크기가 가장 큰 것은?

① 은미정질   ② 중립질
③ 조립질   ④ 세립질

해설 육안 구별이 가능한 현정질에는 조립질, 중립질, 세립질 등이 있고 육안 구별은 힘들고 현미경으로 구별이 가능한 비현정실에는 미절질, 은미정질 등이 있다.
- 입자 크기 : 조립질 > 중립질 > 세립질 > 미정질 > 은미정질

68 조암광물 중 화학적 풍화가 가장 강한 것은?

① 백운모 ② 휘석
③ 각섬석 ④ 석영

[해설] 조암광물을 화학적 풍화에 약한 것부터 강한 순서대로 나열하면 다음과 같고 마그마에서 광물이 생성되는 순서와 같다. 따라서 화학적 풍화에 대한 저항 강도와 안정성은 석영으로 갈수록 점차 크다.
- 감람석→휘석→각섬석→흑운모→정장석→백운모→석영

69 화학적 풍화가 가장 약한 조암광물부터 강한 순서대로 나열한 것이 바른 것은?

① 석영 → 백운모 → 정장석 → 흑운모 → 각섬석 → 휘석 → 감람석
② 감람석 → 휘석 → 각섬석 → 흑운모 → 정장석 → 백운모 → 석영
③ 각섬석 → 흑운모 → 정장석 → 백운모 → 감람석 → 휘석 → 석영
④ 정장석 → 백운모 → 석영 → 감람석 → 휘석 → 각섬석 → 흑운모

[해설] 조암광물을 화학적 풍화에 약한 것부터 강한 순서대로 나열하면 다음과 같고 마그마에서 광물이 생성되는 순서와 같다.
- 감람석 → 휘석 → 각섬석 → 흑운모 → 정장석 → 백운모 → 석영

70 다음 암석 중에서 화학적 풍화에 가장 약한 것은?

① 흑운모 ② 휘석
③ 각섬석 ④ 석영

[해설] 화학적 풍화에 약한 것부터 강한 순서대로 나열하면 다음과 같다.
- 감람석 → 휘석 → 각섬석 → 흑운모 → 정장석 → 백운모 → 석영

71 알루미늄(Al)과 관련이 깊은 광물은?

① 금홍석
② 형석
③ 고령토
④ 방연석

[해설] 지각에 많이 분포하는 장석은 물과 물에 녹아있는 이산화탄소와 산소에 의해 화학적으로 다음과 같이 풍화하여 고령토, 보오크사이트와 같은 알루미늄 함유 토양이 된다.

$KAlSi_3O_8 + H_2CO_3 + H_2O \rightarrow Al_2Si_2O_5(OH)_4$
　　(장석)　　　　　　(고령토)
$Al_2Si_2O_5(OH)_4 + H_2O \rightarrow Al_2O_3 3H_2O$
　　(고령토)　　　(보오크사이트)

72 정장석이 화학적 풍화에 의해 고령토가 되는 과정으로 바른 것은?

① $KAlSi_3O_8 + H_2CO_3 + H_2O \rightarrow Al_2Si_2O_5(OH)_4$
② $Al_2Si_2O_5(OH)_4 + H_2O \rightarrow Al_2O_3 3H_2O$
③ $CaCO_3 + H_2O + CO_2 \rightarrow Ca_2 + 2HCO^{3-}$
④ $(Mg, Fe)_2SiO_4 + 4H^+ \rightarrow (Mg_2 + Fe_2) + H_4SiO_4$

[해설] ② 화학적 풍화에 의해 고령토가 보오크사이트가 되는 과정
③ 석회암의 화학적 풍화
④ 유색광물의 풍화

73 풍화가 진행된 토양의 단면에서 부식 유기물 층으로 회색이나 검은색을 나타내는 층은?

① A층　② B층
③ C층　④ D층

해설
- A층 : 식물의 부식으로 회색이나 검은색을 나타내는 부식 유기물층
- B층 : 유기물은 적지만 A층으로부터 침출된 물질이 침전된 층
- C층 : 기반암의 부스러기로 이뤄진 층

74 암석의 풍화에 대한 설명이 바른 것은?

① 풍화란 암석이 중력에 의해 낮은 곳으로 이동하는 현상이다.
② 암석 틈 속에 들어간 물이 상승한 기온에 의해 증기가 되면서 부피가 감소하여 풍화가 발생한다.
③ 식물의 작용, 압력의 제거 등은 암석의 기계적 풍화에 해당된다.
④ 정장석이 화학적 풍화를 하면 사장석이 된다.

해설 암석이 중력에 의해 낮은 곳으로 이동하는 현상은 사태이다. 암석 틈으로 들어간 물이 동결하여 부피가 증가하면서 풍화가 발생한다. 정장석이 화학적 풍화를 거치면 고령토, 보오크사이트가 된다.

75 암석의 킬레이션(chelation)은 무엇과 가장 관계가 있는가?

① 사태　② 풍화
③ 침식　④ 윤회

해설 킬레이션(chelation)이란 생물의 분해나 부패로 발생되는 산과 이산화탄소가 암석을 용해하거나 파괴하는 작용이므로 풍화에 해당된다.

76 기후에 따른 풍화에 대한 설명이 잘못된 것은?

① 열대지방은 기계적 풍화보다 비에 의한 화학적 풍화작용이 우세하다.
② 온대지방은 겨울철 물의 동결로 기계적 풍화와 화학적 풍화가 비슷하게 발생한다.
③ 한대지방은 기계적 풍화가 화학적 풍화보다 우세하게 발생한다.
④ 알루미늄이 집중된 흰색 보오크사이트 토양은 한대지방의 풍화작용의 결과이다.

해설 Al이 집중된 흰 보오크사이트 토양이나 Fe이 집중된 붉은 라테라이트 토양은 열대지방의 풍화작용에 해당된다.

77 다음 중 암석의 화학적 풍화에 의한 것이 아닌 것은?

① 층상절리
② 고령토
③ 보오크사이트
④ 규산

해설 층리가 발달된 퇴적암이 융기하여 침식작용을 받아 다른 곳으로 운반되면 압력이 제거되어 암석이 팽창하면서 지표에 노출되기 전에 많은 절리가 생기는 것은 기계적 풍화에 해당된다.

78. 물에 녹아 있는 화학 성분이 침전되거나 물이 증발하여 생성된 퇴적암에 해당되는 것은?

① 석탄
② 처트
③ 셰일
④ 사암

해설 화학적 퇴적암에 대한 설명이므로 석영이 퇴적되어 생성된 처트가 해당된다.
- 화학적 퇴적암 – 암염, 석고, 석회암, 처트
- 유기적 퇴적암 – 석탄, 규조토
- 쇄설성 퇴적암 – 셰일, 역암, 사암, 응회암, 집괴암

79. 생물의 유해가 쌓여 퇴적된 암석은?

① 석탄
② 역암
③ 석고
④ 사암

해설 생물의 유해가 쌓여 퇴적된 암석은 유기적 퇴적암이다.
- 유기적 퇴적암 – 석탄, 규조토
- 쇄설성 퇴적암 – 셰일, 역암, 사암, 응회암, 집괴암
- 화학적 퇴적암 – 암염, 석고, 석회암, 처트

80. 화산진이 쌓여 굳어진 퇴적암은?

① 규조토
② 고회암
③ 처트
④ 응회암

해설

퇴적물(지름)	퇴적암
화산진, 화산재(4mm이하)	응회암
고회석[(CaMg(CO3)2]	고회암
석영(SiO2)	처트
규질 생물체	처트, 규조토

81. 대리암은 어떤 암석이 변성작용으로 생성된 것인가?

① 셰일
② 석회암
③ 현무암
④ 감람암

해설

기존 암석		변성암	변성 작용
퇴적암	셰일	혼펠스	접촉 변성
		슬레이트 → 천매암 → 편암 → 편마암	광역 변성
	사암	규암	접촉 변성
	석회암	대리암	접촉 변성
화성암	현무암	녹색 편암 → 편마암	광역 변성
	감람암	사문암	접촉 변성

82. 화성쇄설암에 해당되는 것은?

① 집괴암
② 셰일
③ 석회암
④ 암염

해설 퇴적암의 분류

분류	물질 기원	퇴적물(지름)	퇴적암
쇄설성 퇴적암	암석 조각, 광물 입자	자갈(2mm 이상)	역암
		모래(2~1/16mm)	사암
		점토, 미사(1/16mm이하)	셰일
	화산 분출물	화산진, 화산재(4mm이하)	응회암
		화산력, 화산탄(4mm이상)	집괴암

- 셰일 : 광물 입자 쇄설성 퇴적암
- 석회암, 암염 : 화학적 퇴적암

83. 석탄은 어떤 성분이 많을수록 발열량이 높아 좋은 연료로 이용되는가?

① 고정탄소, 수분
② 수분, 휘발성분
③ 고정탄소, 휘발성분
④ 수분, 회분

해설 석탄의 성분 중 고정탄소와 휘발성분이 많을수록 열량이 높은 좋은 연료가 되지만 수분과 회분이 많을수록 열량이 낮은 연료가 된다.

84 메탄(CH_4)가스가 가장 많이 발생하는 것은?

① 토탄 ② 갈탄
③ 역청탄 ④ 무연탄

해설 주로 메탄(CH_4)으로 이루어져 있는 천연가스는 역청탄에서 많이 발생한다.

85 다음 중 탄산염암에 해당되는 것은?

① 암염 ② 석고
③ 석회암 ④ 처트

해설 암염(NaCl), 석고($CaSO_4 \cdot 2H_2O$), 석영(SiO_2)은 비 탄산암이고 석회암($CaCO_3$), 고회암[$CaMg(CO_3)_2$]은 탄산염암이다.

86 다음 중 탄화도가 가장 많이 진행된 것은?

① 토탄 ② 갈탄
③ 역청탄 ④ 무연탄

해설 셀룰로오즈와 리그닌을 주성분으로 하는 수목이 쌓인 층이 지층의 압력으로 탄화되어 생성된 석탄은 탄화 정도에 따라 명칭이 다르다.
• 탄화 순서 : 토탄→갈탄→역청탄→무연탄→흑연

87 암석 조각, 광물 입자 등이 처음부터 고체로 존재하다가 퇴적된 암석에 해당되는 것은?

① 사암 ② 응회암
③ 고회암 ④ 처트

해설 쇄설성 퇴적암 중 암석조각, 광물입자가 기원인 것은 역암, 사암, 셰일이고 화산분출물이 기원인 것은 응회암, 집괴암이다. 고회암과 처트는 화학적퇴적암 이다.

88 다음의 퇴적암 중 점토와 미사 크기의 입자로 구성되어 입자를 육안으로 구별할 수 없으나 층리가 발달되어 잘 쪼개지는 것은?

① 석고 ② 세일
③ 처트 ④ 규조토

해설
• 석고 : 황산기(SO_4)가 있어 비료의 원료로 사용됨
• 처트(chert) : SiO_2 함량이 95%로 치밀한 규질의 화학적 침전물
• 규조토 : 해조인 규조의 유해가 쌓여 만들어진 백색 지층

89 퇴적암에서 볼 수 있는 특징이 아닌 것은?

① 벽개 ② 층리
③ 사층리 ④ 건열

해설 세립질 암석에 틈이 발달되어 얇은 판으로 잘 쪼개지는 성질인 벽개는 변성암의 특징 중 하나이다.
• 퇴적암의 특징 : 층리, 사층리, 퇴적소극, 물결자국(연흔), 건열, 화석
• 변성암의 특징 : 벽개, 엽리, 편리, 편마구조, 선구조

90 퇴적암의 조직과 관계있는 것은?

① 재결정조직 ② 반정질조직
③ 분급조직 ④ 압쇄조직

해설 분급은 물에 의해 토양이 크기별로 쌓이는 것이므로 퇴적암과 관계있고 나머지는 변성암 조직과 관계가 있다.

91 풍화, 침식, 고화 작용으로 인해 생성된 암석은?

① 퇴적암　② 화성암
③ 변성암　④ 접촉 변성암

해설 암석을 생성원인으로 분류하면 다음과 같다.

암석의 종류	생성 원인
화성암	마그마가 지표로 분출되거나 지하에서 굳어짐(화성 활동)
퇴적암	암석이 풍화, 침식작용을 받아 분해되고 운반되어 하천, 바다에 퇴적물로 굳어짐(풍화, 침식, 고화 작용)
변성암	화성암이나 퇴적암이 온도와 압력이 달라져 새로운 광물 조성으로 변한 것(변성 작용)

92 퇴적암에 나타나는 구조의 특징을 바르게 표현한 것은?

① 사층리　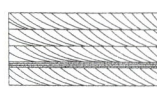
② 건열　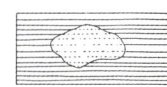
③ 점이층리　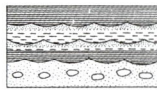
④ 연흔　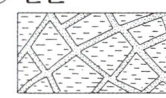

해설 ① 사층리, ② 결핵체, ③ 연흔, ④ 건열

93 퇴적물이 침전되던 당시에 수중 생물의 유해가 지층과 함께 쌓인 것은?

① 연흔　② 석유
③ 화석　④ 건열

해설
- 연흔 : 얕은 물 밑의 사암, 이암 층에서 물결모양이 지층에 보존된 것
- 석유 : 신생대 화폐석이 변해서 생성된 휘발성 액체
- 건열 : 건조한 지역 가뭄으로 갈라진 틈에 퇴적물로 채워진 것

94 변성암의 구조적 특징에 해당되는 것은?

① 편마　② 사층리
③ 퇴적소극　④ 물결자국

해설 다른 색 광물이 번갈아 존재하여 폭3cm이상의 대모양을 나타내는 편마구조는 변성암의 특징이지만 사층리, 퇴적소극, 물결자국은 퇴적암의 특징이다.

95 변성암에서 관찰할 수 있는 구조적 특징이 아닌 것은?

① 편마　② 혼펠스
③ 연흔　④ 편리

해설 연흔(물결자국)은 퇴적암에서 나타나는 특징이며 나머지는 변성암에서 볼 수 있다.

96 쪼개짐(벽개)이 잘 나타나는 광물이 아닌 것은?

① 석영　② 방해석
③ 운모　④ 방연석

해설 쪼개짐(cleavage, 벽개)은 세립질 암석에 틈이 발달되어 쪼개지는 성질로서 운모, 금홍석, 방해석, 방연석, 형석, 장석, 각섬석 등에 잘 나타난다.

97 사문암에 대한 특징이 아닌 것은?

① 석영이 퇴적한 것이다.
② 지방 광택을 띤다.
③ 열수의 작용을 받아 생성된다.
④ 암록색, 암적색 등을 띤다.

해설 사문암은 감람암이 변성된 것이고 석영이 퇴적한 것은 처트이다.

98 암석의 변성 요인으로 가장 부적합한 것은?

① 압력　　② 온도
③ 풍화　　④ 화학성분

해설 강한 지압력이 작용하는 곳에 가해지는 편압이 변성암의 구조 변화에 중요한 역할을 하며 온도가 높아질수록 화학반응이 촉진되어 변성될 수 있으며 마그마에서 주변 암석으로 공급되는 액체, 기체는 암석의 화학성분을 변화시켜 변성시킨다.

99 변성암의 생성 원인이 다른 구조는?

① 편리　　② 혼펠스
③ 엽리　　④ 편마

해설 혼펠스는 고온에 의해 생기는 접촉변성암 구조이고 엽리, 편리, 편마구조는 고온·고압의 광역변성암 구조이다.

100 바늘모양이나 기둥모양의 결정이 평행하게 배열되어 나타난 구조는?

① 엽리 구조　　② 벽개 구조
③ 편마 구조　　④ 선 구조

해설
- 엽리 구조 : 고온·고압으로 인해 광물이 일정한 방향으로 성장하거나 변형되고 평행하게 재배열되는 것
- 벽개 구조 : 세립질 암석에 틈이 발달되어 얇은 판으로 잘 쪼개지는 성질
- 편마 구조 : 무색과 유색광물이 번갈아 들어 있는 두께 0.3cm 이상의 엽리

101 다음 중 변성작용이 아닌 것은?

① 교대　　② 화강암화
③ 초변성　　④ 킬레이션

해설 변성작용은 화성암이나 퇴적암이 온도와 압력이 달라져 새로운 광물 조성으로 변한 것인데 교대작용, 화강암화작용, 초변성작용 등이 있다.
킬레이션(chelation)은 생물의 분해나 부패로 발생되는 산과 이산화탄소가 암석을 용해하거나 파괴하는 풍화 작용이다.

102 지각변동으로 인한 큰 압력에 의해 재결정 작용을 일으켜 넓은 지역으로 동시에 암석을 변성하게 하는 것을 무엇이라 하는가?

① 접촉변성　　② 동력변성
③ 교대　　④ 초변성

해설 변성작용에 대한 설명이다.
- 접촉변성작용 : 마그마가 방출하는 열이 주위의 암석을 변성시키는 것
- 동력변성작용 : 지각변동으로 인한 큰 압력에 의해 재결정작용을 일으켜 암석을 변성하게 하는 것이며 넓은 지역에 동시에 일어나므로 광역변성작용 이라고도 한다.
- 교대작용 : 광물 속의 액체나 기체가 분리되어 광물의 화학 성분을 조금씩 녹여 주위의 다른 암석에 그 성분을 공급하여 변성시키는 것
- 초변성작용 : 제자리에 마그마가 생성되거나 굳어져 새로운 암석이 되는 것

103 변성작용과 그 결과로 생성된 구조가 맞게 연결된 것은?

① 접촉변성작용 – 편리구조
② 접촉변성작용 – 편마구조
③ 광역변성작용 – 혼펠스구조
④ 광역변성작용 – 엽상구조

해설 편리구조와 편마구조는 암석이 동력변성작용을 받아 생기고 세일이 접촉(열)변성작용을 받아 혼펠스가 된다. 광역 변성암에서 고온, 고압에 의해 광물들이 일정한 방향으로 재배열 된 조직을 엽상구조(엽리)라 한다.

104 지각 바닥 부근에서 규장질 암석이 녹아 마그마가 될 때 다량의 액체·기체와 함께 위로 이동하면 원암의 화학성분은 처음과 전혀 다른 마그마가 생성되거나 굳어져 새로운 암석이 되는 작용을 무엇이라 하는가?

① 교대작용 ② 동력변성작용
③ 초변성작용 ④ 화강암화작용

해설 초변성작용에 대한 설명이다.

105 셰일의 변성 정도에 따른 변성암 생성 순서가 바른 것은?

① 셰일 → 슬레이트 → 천매암 → 편암 → 편마암
② 셰일 → 편마암 → 편암 → 천매암 → 슬레이트
③ 셰일 → 천매암 → 편암 → 슬레이트 → 편마암
④ 셰일 → 슬레이트 → 편마암 → 천매암 → 편암

해설 변성정도에 따른 변성암 생성 순서는 셰일 → 슬레이트 → 천매암 → 편암 → 편마암이다.

106 다음 중 편리를 가지는 암석이 아닌 것은?

① 슬레이트 ② 편암
③ 대리암 ④ 천매암

해설 지각변동으로 암석에 큰 편압이 가해져 재결정작용으로 생성되는 동력변성암은 편리를 가지지만 대리암은 접촉변성암이므로 편리가 없다.

107 변성정도가 가장 높은 암석은?

① 천매암 ② 편마암
③ 편암 ④ 점판암

해설 셰일 → 슬레이트 → 천매암 → 편암 → 편마암 순으로 변성정도가 높다.

108 다음 〈보기〉와 가장 관련이 큰 암석은?

〈보기〉
- 입도가 작은 변성암
- 광물을 육안으로 식별하기 곤란함
- 쪼개짐이 층리와 관계없이 잘 발달되어 있음
- 층면의 주향과 경사 측정 시 주의 요구됨

① 처트 ② 슬레이트
③ 화강암 ④ 현무암

해설 셰일이 광역변성을 받아 생성되는 점판암(slate)의 특징이다.
• 광역변성 : 셰일 → 슬레이트(점판암) → 천매암 → 편암 → 편마암

109 변성암에 속하는 암석은?

① 천매암 ② 반려암
③ 응회암 ④ 처어트

해설 • 반려암 – 화성암
• 응회암, 쳐어트 – 퇴적암

110 기존 암석에 작용한 변성의 종류와 생성된 변성암을 잘못 연결한 것은?

번호	기존 암석	변성 작용	변성암
①	셰일	접촉 변성	혼펠스

②	사암	광역 변성	슬레이트
③	석회암	접촉, 광역 변성	대리암
④	현무암	광역 변성	녹색 편암

해설 사암이 광역 변성을 하면 규암이 된다.

111 다음 〈보기〉와 가장 관련이 큰 암석은?

- 변성정도가 편암보다 낮고 슬레이트보다 높은 변성암이다.
- 입경이 육안으로 식별 곤란할 정도로 작다.
- 주요 구성 광물은 석영, 견운모이다.
- 견운모 미립에 의해 편리면은 강한 광택을 나타낸다.

① 편마암 ② 셰일
③ 점판암 ④ 천매암

해설 셰일이 받는 광역변성의 정도에 따른 변성암의 종류는 다음과 같다.
세일 → 슬레이트(점판암) → 천매암 → 편암 → 편마암

112 동력 변성 작용과 관련이 가장 적은 것은?

① 조산운동 ② 편압
③ 재결정 ④ 열변성

해설 동력변성작용(광역변성작용)은 조산운동과 같은 지각변동으로 암석에 큰 편압이 가해져 재결정작용이 일어나 암석을 변성시키는 것이고 열변성은 접촉변성 작용과 관련 있다.

113 변성되기 전 기존 암석이 화성암인 것은?

① 혼펠스 ② 편암
③ 사문암 ④ 대리암

해설 변성암의 종류

기존 암석		변성암
퇴적암	셰일	혼펠스
		슬레이트 → 천매암 → 편암 → 편마암
	사암	규암
	석회암	대리암
화성암	현무암	녹색 편암 → 편암
	감람암	사문암

114 동력변성에 의해 생성된 변성암으로만 나열된 것은?

① 슬레이트, 규암, 편마암
② 혼펠스, 대리암, 사문암
③ 규암, 사문암, 혼펠스
④ 대리암, 사문암, 편암

해설
- 동력변성암 : 슬레이트, 편마암, 천매암, 편암, 규암, 대리암
- 접촉변성암 : 혼펠스, 대리암, 사문암

115 다음 중 접촉변성암인 것은?

① 응회암 ② 반려암
③ 대리암 ④ 화강암

해설
- 석회암의 열접촉변성암 : 대리암
- 응회암 : 퇴적암
- 반려암, 화강암 : 화산암

116 더나이트, 감람암 등 초고철질 암석이 열수의 작용으로 변성된 것은?

① 대리암 ② 혼펠스
③ 무연탄 ④ 사문암

해설 접촉변성암의 종류이다.
- 대리암 : 석회암이나 고회암이 압력과 열 작용으로 변성된 것
- 혼펠스(hornfels) : 셰일의 접촉변성암으로 치밀하고 견고한 세립질 암석
- 무연탄, 토상흑연 : 석탄이 압력과 열에 의해 변성된 것
- 사문암 : 더나이트, 감람암 등 초고철질 암석이 열수의 작용으로 변성된 것

117 다음 중 접촉변성암인 것은?

① 편암 ② 혼펠스
③ 천매암 ④ 편마암

해설 혼펠스는 셰일이 열접촉변성한 것이고 나머지는 광역변성암이다.
- 접촉변성 : 셰일 → 혼펠스(hornfels)
- 광역변성 : 셰일 → 슬레이트(점판암) → 천매암 → 편암 → 편마암

118 원암이 접촉 변성되어 생성된 변성암이 바르게 연결된 것은?

① 석회암 → 대리암
② 셰일 → 토상흑연
③ 감람암 → 혼펠스
④ 석탄 → 사문암

해설 셰일 → 혼펠스, 감람암 → 사문암, 석탄 → 토상흑연

119 다음은 어떤 암석에 대한 설명인가?

- 1mm 이하의 세립입자의 치밀하고 견고한 암석이다.
- 주요 광물은 석영, 운모, 장석 등이다.
- 파면이 부러진 쇠붙처럼 꺼칠한 모양을 띤다.
- 주로 셰일로부터 접촉 변성된 암석이다.

① 규암 ② 대리암
③ 점판암 ④ 혼펠스

해설 규암, 대리암, 점판암(슬레이트)는 동력변성암이다.

120 다음 중 지질온도계와 관련이 큰 것은?

① 점판암 ② 편암
③ 투휘석 ④ 천매암

해설 지질온도계란 어떤 광물이 특정 온도 범위에서만 안정하게 존재할 때 암석과 광물의 생성온도를 알 수 있는 것을 말하며 약 800℃의 접촉석회암에서 생성되는 투휘석이 해당된다. 나머지는 동력 변성암이다.
- 동력변성암 : 슬레이트, 편마암, 천매암, 편암, 규암, 대리암

121 다음은 어떤 암석에 대한 설명인가?

- 석회암, 고회암이 접촉 변성작용을 받아 재결정된 암석이다.
- 순수한 탄산칼슘이면 방해석 결정으로 변성된다.
- 건축이나 조각용 석재로 많이 사용된다.
- 이탈리아 카라라, 노르웨이 베르겐 지역에서 많이 산출된다.

① 대리암 ② 화강암
③ 현무암 ④ 셰일

해설 석회암과 고회암(dolomite)이 변성작용을 받아 재결정된 암석은 대리암이다.

III. 광물일반

1. 광물의 성인 및 형태

(1) 광물 : 일정한 화학 조성을 가진 무기적 결정질 고체 물질

   ① 맥석 광물 : 경제적 가치가 없는 쓸모없는 광물

   ② 광석 광물 : 경제적 가치가 있는 유용한 광물

   ③ 수반 광물 : 주요 광물에 같이 나오는 소량의 광물

   ④ 조암 광물 : 암석을 이루는 광물

(2) 결정질 : 일정한 관계를 가진 원자들이 질서정연하게 배열된 고체

   ① 결정질 광물 : 원자 배열이 규칙적인 광물 (예: 암염-정육면체)

   ② 비결정질 광물 : 불규칙한 원자 배열 (예: 단백석)

(3) 혼정 : 두 가지 이상의 이온이나 분자에 의해 불규칙해진 결정

   (예) 백반, 사장석

(4) 결정의 대칭 요소 : 대칭축, 대칭면, 대칭심, 회반축

(5) 결정축과 6정계

   a, b, c축 : 전후, 좌우, 상하로 향한 축
   (육방정계는 길이가 같은 수평축 a1, a2, a3와 교점을 직교하는 c축이 있음)
   α, β, γ : b축과 c축, a축과 c축, a축과 b축 사이의 각

   ① 등축정계 : 다이아몬드, 형석, 황철석, 암염, 방연석($a=b=c, \alpha=\beta=\gamma=90°$)

   ② 정방정계 : 회중석, 황동석, 금홍석, 석석($a=b\neq c, \alpha=\beta=\gamma=90°$)

   ③ 사방정계 : 십자석, 황옥, 중정석, 감람석($a\neq b\neq c, \alpha=\beta=\gamma=90°$)

   ④ 단사정계 : 정장석, 석고, 각섬석($a\neq b\neq c, \alpha\neq\beta=\gamma\neq 90°$)

   ⑤ 삼사정계 : 남정석, 사장석, 부석($a\neq b\neq c, \alpha\neq\beta\neq\gamma\neq 90°$)

   ⑥ 육방정계 : 석영, 인회석, 방해석, 녹주석, 전기석
   ($a1=a2=a3\neq c$, 수평축 120° 교차, a와 c는 직각)

(6) Euler 법칙 : 결정에서 면 수와 꼭지점 수의 합은 모서리 수와 2의 합과 같다.

$$f + s = e + 2$$

- f(면) : 다면체를 만드는 평면
- s(꼭지점, 우각) : 3개 이상의 면이 만나는 곳
- e(모서리, 능) : 2개 이상의 면이 만나 생성되는 것
- 결정의 3요소 : 면, 우각, 능

(7) 면각 일정 법칙

면각이란 광물의 면과 면이 이루는 각으로 등온, 등압하에서 같은 종류의 결정은 대응하는 결정면이 이루는 각도가 항상 일정하다.

2. 광물의 분류 및 성질

(1) 광물의 물리적 성질

① 조흔색 - 조흔판(자기판)에 광물을 문질렀을 때의 광물가루의 고유한 색깔

황동석 - 암록색	중정석 - 백색	적철석 - 적갈색
갈철석 - 황갈색	회중석 - 회백색	진사 - 적색
자철석, 황철석, 방연석, 유비철석 - 검은색		

② 쪼개짐(벽개) 방향 - 원자 배열상태에 따라 달라짐   석영(0), 운모(1), 금홍석(2), 방해석, 방연석(3), 형석(4)

③ 모스 경도(Mohs hardness) - 숫자가 클수록 단단한 광물의 상대적인 굳기

모오스 경도	1	2	3	4	5	6	7	8	9	10
광물	활석	석고	방해석	형석	인회석	정장석	석영	황옥	강옥	금강석

④ 투명도
- 반투명 광물 : 광선만 통과시키고 광물을 통해 다른 물체를 볼 수없는 광물
- 불투명 광물 : 광선을 전혀 통과시키지 않는 광물

⑤ 광택 : 광물 표면에 빛이 반사할 때의 감각
- 금속 광택 - 황철석, 방연석
- 진주 광택 - 활석, 수활석
- 유리 광택 - 석영, 전기석
- 금광 광택 - 금강석, 방연석
- 아금속 광택 - 적철석, 자철석
- 견사 광택 - 석면, 석고
- 토상 광택 - 고령토, 점토
- 지방(수지) 광택 - 네펄린, 유황

⑥ 기타 : 자성, 형광, 인광, 전성, 맛, 냄새 등

(2) 광물의 광학적 성질
　① 굴절(refraction) : 빛이나 소리가 한 물질에서 다른 물질로 들어갈 때, 그 경계면에서 꺾여 진행 방향이 바뀌는 현상
　　• 복굴절 : 빛이 광물을 통과할 때 두 갈래로 굴절하는 것 - 이방성 광물
　　• 단굴절 : 한 갈래로 굴절 - 등방성 광물
　② 등방성광물 : 광물을 통과하는 광속도가 진행방향에 관계없이 일정한 광물
　　(예) 비결정질과 등축정계
　③ 이방성광물 : 복굴절을 일으켜 광선이 두 종류의 편광으로 갈라짐
　　(예) 정방정계, 육방정계, 단사정계, 삼사정계, 사방정계
　④ 광축 : 복굴절을 일으키지 않는 방향
　　• 일축성 결정 : 광축이 1개인 결정 (예) 육방정계, 정방정계
　　• 이축성 결정 : 광축이 2개인 결정 (예) 사방정계, 단사정계, 삼사정계

(3) 광물의 화학적 성질
　① 동질 이상(同質異像, polymorphism) : 화학 조성은 같으나 결정 모양과 물리적 성질이 다른 것
　　(예) $CaCO_3$: 방해석, 아라고나이트
　　　　C : 다이아몬드, 흑연
　　　　FeS_2 : 황철석, 백철석
　② 유질 동상 : 화학 조성이 비슷하면서 결정 모양이 같은 것
　　(예) 방해석($CaCO_3$)
　　　　능철석($FeCO_3$)
　　　　마그네사이트($MgCO_3$)
　③ 고용체 (固溶體, solid solution) : 액체에서 용액과 같은 의미를 갖는 고체상으로 화학 조성이 변하면서도 동일한 결정 모양을 가지는 광물 (예) 사장석
　④ 광물의 불꽃 반응실험 : 광물 시료가 있는 백금선을 알코올램프로 태워 나타나는 불꽃색을 관찰함으로써 광물의 주성분을 간단히 알아내는 방법

원소	구리	나트륨	칼륨	칼슘	리튬
기호	Cu	Na	K	Ca	Li
색깔	녹색	노랑	보라	주황	빨강

분류	광물명	화학식
규산염광물	감람석	$(Mg, Fe)_2SiO_4$
	황옥	$Al_2(F, OH)_2SiO_4$
	휘석	$Ca(Mg, Fe)Si_2O_6$
티탄광물	금홍석	TiO_2
산화광물	공작석	$Cu_2CO_3(OH)_2$
	적동석	Cu_2O
	창연석	Bi_2O_3
	아연광	ZnO
할로겐광물	형석	CaF_2
	빙정석	Na_3AlF_6
	암염	$NaCl$
마그네슘광물	수활석	$Mg(OH)_2$
황화광물	반동석	Cu_5FeS_4
	방연석	PbS
	백철석	FeS_2
	섬아연석	ZnS
	진사	HgS
	휘안석	Sb_2S_3
	휘창연석	Bi_2S_3
탄산염광물	백운석	$MgCa(CO_3)_2$
	방해석	$CaCO_3$
	아라고나이트	$CaCO_3$
	능철석	$FeCO_3$
붕산염광물	루드뷔자이트	$Mg_2Fe_3+BO_5$
	방붕석	$Mg_3B_7O_{13}Cl$
	붕사	$Na_2B_4O_7 \cdot 10H_2O$
구리광물	공작석	$Cu_2CO_3(OH)_2$
	코벨라이트	CuS
	황동석	$CuFeS_2$
	반동석	Cu_5FeS_4
	적동석	Cu_2O
산화망간광석	장미휘석	$(Mn, Fe, Ca)SiO_3$

3. 광물의 유용성

시멘트 원료인 방해석과 같이 하나의 광물로만 암석이 된 것은 자체가 산업의 원료로 이용되고 몇 가지 광물로 이루어진 대부분의 암석은 견고성, 강도, 내마모성이 커 석재 혹은 골재로 많이 사용된다.

다이아몬드, 강옥 : 연마재, 절삭공구	네펄린 : 유리, 벽돌, 타일 제조
방해석 : 시멘트	납(Pb) : 축전지, 납관, 땜납
장석 : 도자기, 요업, 유약, 타일, 유리	아연(Zn) : 함석, 놋쇠, 염료, 살충제
운모 : 종이 충전재, 전기 절연체	망간(Mn) : 제강, 건전지, 유리, 도료
석영 : 광학 기구, 실리콘 원료 광물, 유리공업, 내화공업	몰리브덴(Mo) : 제강, 합금, 시약, 살균제
점토 : 요업	티탄(Ti) : 흰색 색소 및 섬유, 제지, 유리
형석 : 렌즈, 유리, 용제	

4. 광물, 암석의 감정

(1) 광물의 감정

- 항목 : 결정 모양, 색, 조흔색, 경도, 쪼개짐 등
- 기구 : 편광현미경, X선 회절 분석 등

(2) 암석의 감정

암석	조직과 구조	분류 기준	종류(소↔대)
화성암	입상, 반상, 유리질, 유동 구조	입자 크기	화산암, 반심성암, 심성암
		색(SiO2함량)	염기성암, 중성암, 산성암
퇴적암	쇄설성, 층리, 사층리, 점이층리, 연흔, 건열, 화석	쇄설성 조직	쇄설성 퇴적암
		화석	유기적 퇴적암
		낮은 굳기	화학적 퇴적암
변성암	편리, 편마, 혼펠스, 입상변정질 조직	엽리	광역변성암

III. 광물일반 기출예상문제

01 다음 중 등축정계에 속하는 광물은?

① 형석 ② 수정
③ 인회석 ④ 방해석

해설 형석은 등축정계이고 나머지는 육방정계 광물이다.
- 등축정계 : 다이아몬드, 형석, 황철석, 암염, 방연석
- 육방정계 : 수정, 인회석, 방해석, 녹주석

02 전후, 좌우, 상하로 향한 축의 길이가 같고 축 사이각 크기도 같은 것은?

① 등축정계
② 정방정계
③ 사방정계
④ 단사정계

해설
- 등축정계 : $a=b=c$, $\alpha=\beta=\gamma=90°$
- 정방정계 : $a=b\neq c$, $\alpha=\beta=\gamma=90°$
- 사방정계 : $a\neq b\neq c$, $\alpha=\beta=\gamma=90°$
- 단사정계 : $a\neq b\neq c$, $\alpha\neq\beta=\gamma\neq90°$

03 광물 결정의 3요소가 아닌 것은?

① 결정면 ② 능
③ 대칭축 ④ 우각

해설 결정의 3요소는 면, 우각, 능이다.
면은 다면체를 만드는 평면이고 꼭지점(우각)은 3개 이상의 면이 만나는 곳이며 모서리(능)은 2개 이상의 면이 만나 생성되는 것이다.

04 면각 일정 법칙이 적용되는 경우는?

① 광물 성분이 같을 때
② 동일 광물의 결정일 때
③ 결정계가 같을 때
④ 압력이 같을 때

해설 면각이란 광물의 면과 면이 이루는 각으로 광물의 결정 구조가 같으면 크기가 달라도 면각이 일정하다. 다시 말해 등온, 등압하에서 같은 종류의 결정은 대응하는 결정면이 이루는 각도가 항상 일정하다는 법칙이다.

05 경제적 가치가 있는 유용한 광물을 무엇이라 하는가?

① 맥석 광물 ② 광석 광물
③ 수반 광물 ④ 조암 광물

해설 광물이란 일정한 화학 조성을 가진 무기적 결정질 고체 물질이며 다음과 같이 분류할 수 있다.
- 맥석 광물 : 경제적 가치가 없는 쓸모없는 광물
- 광석 광물 : 경제적 가치가 있는 유용한 광물
- 수반 광물 : 주요 광물에 같이 나오는 소량의 광물
- 조암 광물 : 암석을 이루는 광물

06 광물의 결정계가 바르게 연결되지 못한 것은?

구분	광물	결정계
①	방연석	등축정계
②	회중석	정방정계
③	십자석	단사정계
④	인회석	육방정계

해설 십자석은 사방정계 광물이다.
- 등축정계 : 다이아몬드, 형석, 황철석, 암염, 방연석
- 정방정계 : 회중석, 황동석, 금홍석
- 사방정계 : 십자석, 황옥, 중정석
- 육방정계 : 수정, 인회석, 방해석, 녹주석
- 단사정계 : 정장석, 석고, 각섬석
- 삼사정계 : 남정석, 사장석, 부석

07 오일러(Euler) 법칙을 바르게 표현한 식은?

① 면의 수 – 꼭지점의 수 = 모서리의 수
② 모서리의 수 + 꼭지점의 수 = 면의 수 × 2
③ 면의 수 + 꼭지점의 수 = 모서리의 수 + 1
④ 면의 수 + 꼭지점의 수 = 모서리의 수 + 2

해설 Euler 법칙 : 결정에서 면 수와 꼭지점 수의 합은 모서리 수와 2의 합과 같다.

08 광물의 형태를 나타내는 용어 설명이 바른 것은?

① 다면체를 만드는 평면을 능이라 한다.
② 2개 결정면이 이루는 각을 면각이라 한다.
③ 3개 이상의 면이 만나는 곳을 모서리라 한다.
④ 결정의 3요소는 면, 축, 능이다.

해설
- f(면) : 다면체를 만드는 평면
- s(꼭지점, 우각) : 3개 이상의 면이 만나는 곳
- e(모서리, 능) : 2개 이상의 면이 만나 생성되는 것
- 결정의 3요소 : 면, 우각, 능

09 결정 모형이 정육면체일 때 오일러 법칙에 의한 방정식을 바르게 표현한 것은?

① 4 + 4 = 6 + 2
② 6 + 8 = 7 × 2
③ 3 + 11 = 4 + 10
④ 6 + 8 = 12 + 2

해설 Euler 법칙 : 결정에서 면 수와 꼭지점 수의 합은 모서리 수와 2의 합과 같다.

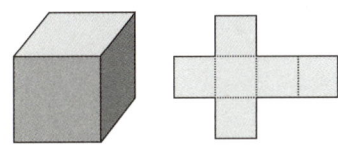

∴ 6 + 8 = 12 + 2

10 다음 중 황화광물은 어느 것인가?

① 형석   ② 금홍석
③ 진사   ④ 방해석

해설 형석(CaF2)은 할로겐 광물, 금홍석(TiO2)은 티탄광물, 방해석(CaCO3)은 탄산염광물, 진사(HgS)는 황화광물이다.

11 다음 중 탄산염암에 해당되는 것은?

① 방연석   ② 방해석
③ 황동석   ④ 황철석

해설 방해석(CaCO3) - 탄산염암
방연석(PbS2), 황동석(CuFeS2), 황철석(FeS2) - 황화 광물

12 모스 경도(Mohs hardness)계에서 굳기가 4에 해당되는 광물은?

① 형석 ② 정장석
③ 인회석 ④ 방해석

해설 모스 경도(Mohs hardness)는 숫자가 클수록 단단한 광물의 상대적인 굳기를 나타낸다.

모오스 경도	1	2	3	4	5	6	7	8	9	10
광물	활석	석고	방해석	형석	인회석	정장석	석영	황옥	강옥	금강석

13 조흔판(자기판)에 문질렀을 때의 광물가루의 색이 검정색인 것은?

① 황동석 ② 자철석
③ 갈철석 ④ 황철석

해설 조흔색은 초벌구이 자기판인 조흔판에 광물을 문질렀을 때 나타나는 광물가루의 색이며 고유한 물리적 성질이다.
• 황동석 - 암록색 • 자철석, 황철석 - 검은색
• 갈철석 - 황갈색

14 광물 별 광택의 종류를 바르게 나타낸 것은?

① 석영 - 견사광택
② 고령토 - 지방광택
③ 활석 - 진주광택
④ 석면 - 유리광택

해설 광택의 종류와 대표 광물은 다음과 같다.
• 진주 광택 - 활석, 수활석
• 견사 광택 - 석면, 석고
• 유리 광택 - 석영, 전기석
• 토상 광택 - 고령토, 점토
• 금광 광택 - 금강석, 방연석
• 지방(수지) 광택 - 네펄린, 유황

15 빛이 광물을 통과할 때 두 갈래로 굴절하는 것을 무엇이라 하는가?

① 쌍회절 ② 완전 투과
③ 간섭 ④ 복굴절

해설 복굴절이란 이방성 광물에서 빛이 광물을 통과할 때 두 갈래로 굴절하는 것을 말한다.

16 복굴절을 일으켜 광선이 두 종류의 편광으로 갈라지는 광물이 아닌 것은?

① 정방정계 광물
② 등축정계 광물
③ 삼사정계 광물
④ 육방정계 광물

해설 복굴절을 일으켜 광선이 두 종류의 편광으로 갈라지는 광물을 이방성광물이라 하며 정방정계, 육방정계, 단사정계, 삼사정계, 사방정계 광물이 해당된다. 등축정계 광물은 등방성광물이다.

17 어떤 광물을 형석으로 그었을 때 형석에 흠이 생기고 석영으로 그었을 때 광물에 흠이 생겼다면 이 광물은 무엇일까? (단, 모스 경도계를 기준으로 한다.)

① 활석 ② 황옥
③ 금강석 ④ 정장석

해설 모오스 경도계에 의해 경도가 형석보다 크고 석영보다 작은 것은 인회석과 정장석이다.

모오스 경도	1	2	3	4	5	6	7	8	9	10
광물	활석	석고	방해석	형석	인회석	정장석	석영	황옥	강옥	금강석

18 비금속 광택과 광물이 바르게 연결된 것은?

① 진주 광택 – 석영
② 견사 광택 – 전기석
③ 유리 광택 – 활석
④ 토상 광택 – 고령토

해설 광택별 광물은 다음과 같다.
- 진주 광택 – 활석, 수활석
- 견사 광택 – 석면, 석고
- 유리 광택 – 석영, 전기석
- 토상 광택 – 고령토, 점토

19 어떤 광물의 주성분 원소를 알기 위해 불꽃 반응실험을 한 결과 녹색을 띠었다면 주성분 원소는 무엇인가?

① 구리   ② 나트륨
③ 칼슘   ④ 리튬

해설 원소별 불꽃반응 색은 다음과 같다.

원소	구리	나트륨	칼륨	칼슘	리튬
기호	Cu	Na	K	Ca	Li
색깔	녹색	노랑	보라	주황	빨강

20 다음 중 할로겐 광물이 아닌 것은?

① 형석   ② 석영
③ 암염   ④ 빙정석

해설 F(플루오르), Cl(염소), Br(브롬), I(요오드) 등 할로겐 원소를 함유하고 있는 광물은 형석(CaF_2), 빙정석(Na_3AlF_6), 암염(NaCl) 등이 있다.

21 다음 중 굳기가 가장 큰 것은?

① 활석   ② 형석
③ 강옥   ④ 방해석

해설 모오스 경도계의 숫자와 굳기는 비례한다.
활석 – 1, 형석 – 4, 강옥 – 9, 방해석 – 3

22 다음 중 광물을 화학 성분으로 분류했을 때 종류가 다른 하나는?

① 적철석   ② 자철석
③ 적동석   ④ 백철석

해설
- 산화 광물 : 적동석(Cu_2O), 자철석(Fe_3O_4), 적철석(Fe_2O_3)
- 황화 광물 : 백철석(FeS_2)

23 다음 광물 중 경도가 가장 낮은 것은?

① 석고   ② 금강석
③ 인회석   ④ 방해석

해설 모오스 경도계의 숫자와 굳기는 비례한다.
석고 – 2, 금강석 – 10, 인회석 – 5, 방해석 – 3

24 다음 중 구리 광물이 아닌 것은?

① 공작석   ② 장미휘석
③ 황동석   ④ 반동석

해설 동(Cu)을 포함한 광물은 구리광물이고 장미휘석은 산화망간광석이다.

	공작석	$Cu_2CO_3(OH)_2$
	코벨라이트	CuS
구리광물	황동석	$CuFeS_2$
	반동석	Cu_5FeS_4
	적동석	Cu_2O
산화망간광석	장미휘석	$(Mn,Fe,Ca)SiO_3$

25 화학 조성은 같으나 결정 모양과 물리적 성질이 다른 것을 짝지은 것이 아닌 것은?

① 방해석 – 아라고나이트
② 다이아몬드 – 흑연
③ 방해석 – 능철석
④ 황철석 – 백철석

해설 화학 조성은 같으나 결정 모양과 물리적 성질이 다른 것을 동질이상(同質異像)이라 하며 다음과 같은 예가 있다.
(예) $CaCO_3$: 방해석, 아라고나이트
　　 C : 다이아몬드, 흑연
　　 FeS_2 : 황철석, 백철석
방해석($CaCO_3$)과 능철석($FeCO_3$)은 유질동상의 예이다.

26 화학 조성이 비슷하면서 결정 모양이 같은 것과 관계없는 것은?

① 방해석　　② 흑연
③ 능철석　　④ 마그네사이트

해설 유질동상을 뜻하며 방해석($CaCO_3$), 능철석($FeCO_3$), 마그네사이트($MgCO_3$)가 해당되며 흑연(C)은 무관하다.

27 황철석, 섬아연석, 방연석은 어떤 광물에 속하는가?

① 황화광물　　② 규산염광물
③ 붕산염광물　　④ 탄산염광물

해설
- 황화광물 : 황철석(FeS_2), 섬아연석(ZnS), 방연석(PbS)
- 규산염광물 : 활석[$Mg_3SiO_4O_{10}(OH)_2$], 전기석(붕규산염)
- 붕산염광물 : Ludwigite(루드뷔자이트, $Mg_2Fe_3+BO_2$), 붕사($Na_2B_4O_7 10H_2O$)
- 탄산염광물 : 방해석($CaCO_3$), 아라고나이트($CaCO_3$), 백운석[$CaMg(CO_3)_2$]

28 염산(HCl)을 떨어뜨렸을 때 이산화탄소(CO_2)가 발생하기 어려운 광물은?

① 백운석　　② 방해석
③ 황철석　　④ 아라고나이트

해설 탄산염암(–CO_3)에 염산을 떨어뜨리면 이산화탄소(CO_2)가 발생한다.
- 탄산염광물 : 방해석($CaCO_3$), 아라고나이트($CaCO_3$), 백운석[$CaMg(CO_3)_2$]
- 황화광물 : 황철석(FeS_2), 섬아연석(ZnS), 방연석(PbS)

29 어떤 광맥에 자외선을 비췄더니 형광색을 띠었다. 매장을 추정할 수 있는 광물은?

① 활석　　② 백운암
③ 방해석　　④ 회중석

해설 회중석($CaWO_4$)에 자외선을 비추면 형광색을 띠어 광맥을 찾기가 쉽고 방해석은 복굴절을 일으키고 활석은 백운암이 열변성한 것으로 요곡성을 가지고 있다.

30 다음 중 원소 광물로만 묶인 것은?

① 형석, 강옥　　② 자연금, 황
③ 방연광, 암염　　④ 휘동광, 자철광

해설

광물명	자연금	황	휘동광	방연광	강옥	자철광	형석	암염
화학식	Au	S	Cu_2S	PbS	Al_2O_3	Fe_3O_4	CaF_2	NaCl
광물분류	원소	원소	분자	분자	분자	분자	분자	분자

31 광물의 쪼개짐 방향수가 1인 것은?

① 석영　　② 운모
③ 금홍석　④ 방해석

해설 쪼개짐(벽개) 방향수는 원자 배열상태에 따라 달라지기 때문에 광물에 따라 다음과 같이 다르다.
석영(0), 운모(1), 금홍석(2), 방해석, 방연석(3), 형석(4)

32 열에 대한 광물의 녹는점이 가장 부적합한 것은?

① 휘안석 525℃
② 황동석 800℃
③ 정장석 1,300℃
④ 석영 1,400℃

해설 석영의 녹는점은 1,700℃로 가장 높다.

33 다음 광물 중 동전으로는 긁히지 않지만 유리로는 긁힐 수 있는 것은?(단, 모스 경도계를 기준으로 한다.)

① 활석　　② 형석
③ 석고　　④ 금강석

해설 굳기 경도가 클수록 굳기가 강하다. 굳기가 동전(3.5)보다 크고 유리(5.5)보다 작은 광물은 형석과 인회석이다.

대상	석영	손톱	방해석	동전	형석
굳기 경도	2	2.5	3	3.5	4
대상	못	인회석	유리	정장석	칼끝
굳기 경도	4.5	5	5.5	6	6.5

34 다음 〈보기〉의 광물이 가지는 공통적인 특징은?

〈보기〉
방해석($CaCO_3$), 능철석($FeCO_3$), 마그네사이트($MgCO_3$)

① 등방성　　② 고용체
③ 유질동상　④ 동질이상

해설 화학 조성이 비슷하면서 결정 모양이 같은 것을 유질동상이라 한다.

35 다음 중 일축성 결정인 것은?

① 삼사정계　② 단사정계
③ 사방정계　④ 정방정계

해설
- 일축성 결정 : 광축이 1개인 결정 (예) 육방정계, 정방정계
- 이축성 결정 : 광축이 2개인 결정 (예) 사방정계, 단사정계, 삼사정계

36 육방정계의 탄산광물로 다음과 같은 특징을 가지는 광물은?

특징	굳기	조흔색	분자식	용도
	3	흰색	$CaCO_3$	니콜프리즘

① 방해석　　② 아라고나이트
③ 수정　　　④ 인회석

해설 육방정계에 속하는 탄산광물이며 복굴절이 높아 니콜프리즘(Nicol prism)으로 이용되는 것은 방해석(calcite)이다. 아라고나이트(aragonite)는 방해석과 화학성분이 같지만 결정계가 다른 동질이상이다.

37 광물을 분류할 수 있는 물리적 성질이 아닌 것은?

① 굳기
② 광택
③ 투명도
④ 동질이상

해설 동질 이상(polymorphism)은 방해석, 아라고나이트와 같이 화학 조성은 같으나 결정 모양과 물리적 성질이 다른 것을 말하며 광물의 화학적 성질이다.

38 다음 중 유리나 광학 기구의 원료로 사용되는 것은?

① 강옥
② 장석
③ 석영
④ 점토

해설 석영(SiO_2)은 유리 원료로 사용되며 녹는점이 1,700℃로 높으며 풍화에 강하다.

39 흰색 색소 및 섬유, 유리 등을 제조할 때 사용되는 티탄 광물은?

① 금홍석
② 섬아연석
③ 휘안석
④ 진사

해설
- 황화광물 : 섬아연석(ZnS), 휘안석(SbS_3), 진사(HgS)
- 티탄광물 : 금홍석(TiO_2)

40 타일, 유약 등의 요업이나 유리 제조 시 원료로 사용되는 광물은?

① 석영
② 형석
③ 장석
④ 네펄린

해설 광물은 다음과 같이 산업 전반에서 유용하게 이용된다.
- 석영 : 실리콘 원료 광물, 유리공업, 내화공업
- 형석 : 렌즈, 유리, 용제
- 장석 : 요업, 유약, 타일, 유리 제조
- 네펄린 : 유리, 벽돌, 타일 제조

41 축전지, 납관, 땜납의 원료로 사용되는 것은?

① 망간
② 아연
③ 납
④ 몰리브덴

해설
- 납(Pb) : 축전지, 납관, 땜납
- 망간(Mn) : 제강, 건전지, 유리, 도료
- 아연(Zn) : 함석, 놋쇠, 염료, 살충제
- 몰리브덴(Mo) : 제강, 합금, 시약, 살균제

42 종이, 요업, 화장품의 원료로 사용되며 장석의 화학적 풍화에 의해 생성되는 광물은?

① 인회석
② 다이아몬드
③ 석영
④ 고령토

해설 지각에 많이 분포하는 장석이 화학적 풍화가 되면 고령토가 되고 다시 가수분해 되어 보오크사이트로 된다. 고령토는 요업, 종이, 화장품의 원료로 사용된다.

43 수은을 산출할 수 있는 원료 광물은?

① 주석
② 진사
③ 석영
④ 금홍석

해설
- 수은(Hg)의 원료 광물은 자연 수은(Hg)과 진사(HgS)이다.
- 주석(Sn), 석영(SiO_2), 금홍석(TiO_2)에는 수은이 없다.

44 제강, 합금, 시약, 살균제 등에 사용되는 원소가 함유된 광물은?

① 장미휘석 ② 진사
③ 휘수연석 ④ 휘창연석

[해설] 몰리브덴(Mo)은 제강, 합금, 시약, 살균제 등에 사용되고 몰리브덴을 함유한 광물은 휘수연석(MoS_2)이다.
장미휘석[(Mn,Fe,Ca)SiO_3] HgS(진사) 휘창연석(Bi_2S_3)

45 보웬의 반응계열에서 최후에 생성되며 실리콘의 원료 광물인 것은?

① 석영 ② 고령토
③ 정장석 ④ 진사

[해설] 규소(Si, 실리콘)은 지각의 8대 구성 원소 중 2번째로 많으며 실리콘의 원료 광물인 석영(SiO_2)은 풍화에 가장 잘 견디며 보웬의 반응계열에서 가장 마지막에 생성된다.

46 석영이 많이 이용되는 분야로 거리가 먼 것은?

① 유리공업 ② 내화공업
③ 실리콘 ④ 광학

[해설]
• 석영 : 실리콘 원료 광물, 유리공업, 내화공업
• 형석 : 렌즈, 유리, 용제

47 고령토의 원료이며 도자기, 타일, 유리 재료로 사용되는 광물은?

① 석영 ② 장석
③ 운모 ④ 휘석

[해설] 정장석이 화학적 풍화가 되면 고령토가 되며 주로 요업이나 유리 재료로 사용된다.

48 석재나 골재로 사용되는 암석이 가진 성질로 부적합한 것은?

① 강도 ② 견고성
③ 내마모성 ④ 연성

[해설] 몇 가지 광물로 이루어진 대부분의 암석은 견고성, 강도, 내마모성이 커 석재 혹은 골재로 많이 사용된다. 연성(ductility)은 탄성한계보다 큰 힘을 가해 물체가 파괴되지 않고 늘어나는 성질로 경도가 작을수록 연성이 크며 가공에서 중요한 성질이다.

49 암석이나 광물의 조직을 감정할 때 사용하는 기구는?

① 클리노미터 ② 루페
③ 줄자 ④ 시료주머니

[해설] 암석, 광물의 조직을 감정할 때 사용하는 확대경은 루페이다. 나머지는 지질 조사에 필요한 기구들이다.

50 어떤 암석을 화성암으로 감정할 수 있는 기준은?

① 화석 ② 엽리
③ 쇄설성 조직 ④ SiO_2함량

[해설] 화성암은 에 따라 SiO_2함량 염기성암, 중성암, 산성암으로 분류할 수 있고 염기성암일수록 색이 어둡다.

51 어떤 암석을 대상으로 구조를 관찰하였더니 편리, 편마를 볼 수 있다면 감정 결과는?

① 화산암 ② 변성암
③ 퇴적암 ④ 화성암

[해설] 편리, 편마, 혼펠스, 입상변정질 조직을 가진 것은 변성암이다.

52 화석을 가진 암석은 어떤 암석으로 감정할 수 있나?

① 염기성 화성암
② 산성 화성암
③ 유기적 퇴적암
④ 쇄설성 퇴적암

해설 분류 기준에 따른 암석의 종류는 다음과 같다.

분류 기준	암석
색(SiO_2함량)	염기성암, 중성암, 산성암
쇄설성 조직	쇄설성 퇴적암
화석	유기적 퇴적암
낮은 굳기	화학적 퇴적암

53 편광현미경이 기타 현미경과 다른 구조상 특징은 무엇인가?

① 편광자
② 재물대
③ 대물렌즈
④ 접안렌즈

해설 다른 현미경과 달리 편광현미경에는 2개의 편광 장치인 편광자와 검광자가 있다.

54 야외 현장에서 방해석과 백운석을 구별하기 위해 필요한 시약은?

① 정제수
② 알코올
③ 염산용액
④ 수산화나트륨용액

해설 방해석[$CaCO_3$]이고 묽은 염산용액에서 많은 거품을 발생시키며 녹아 이산화탄소를 낸다. 백운석[$CaMg(CO_3)_2$]은 방해석의 돌로마이트화로 형성되었기 때문에 방해석과 비슷하지만 조금 더 무겁고 묽은 염산에 의한 거품 발생이 훨씬 약하다.

MEMO

시추기능사 필기

제2장

탐 사

1. 지구화학탐사의 기초원리
2. 시료채취
3. 중력탐사
4. 자력탐사
5. 전기탐사
6. 전자탐사
7. 탄성파탐사
8. 방사능탐사

제2장 탐사

1. 지구화학탐사의 기초원리

(1) 지구 화학적 환경과 원소의 분산

① 지구 화학적 환경
- 1차 환경 : 지하 심부, 고온·고압, 산소 희박, 유체 이동 곤란
- 2차 환경 : 지하수면부터 지표까지의 환경, 중화작용이나 퇴적작용이 진행되는 환경으로 저온·저압, 산소와 이산화탄소 풍부, 유체 이동 자유로움

② 지구 화학적 분산 : 원소의 분포와 재분포가 일어나는 과정, 광상탐사에 유리함
- 1차 분산 : 지구 화학적 1차 환경에서의 원소 분산, 열수광상의 광물 성분이 주변 암석에 분산
- 2차 분산 : 1차 분산된 원소들이 새로운 자연 물질(토양, 자연수 등)에 다시 분포되는 것

(2) 지구 화학적 이동도

원소에 따라 침전, 흡착의 정도가 다르기 때문에 같은 조건에서 쉽게 이동하거나 쉽게 이동하지 못하는 정도
- 광역 조사 : 이동도가 좋은 원소가 유리
- 정밀 탐사 : 이동도가 낮은 원소를 이용, 광화대 구분

  ※ 광화(鑛化, mineralization) : 가스체에 의한 기성작용, 용류에 의한 열수작용, 광화유체에 의한 교대와 변성작용으로 인해 광산과 광물이 암석 속에 형성되는 것

(3) 지시 원소와 지구 화학적 분산

지시 원소 : 지구 화학 탐사의 대상이 되는 원소
(예) 구리나 아연 광상을 탐사할 때 구리나 아연의 함유량을 비교하여 광상의 존재 가능성을 판별함

지시 원소	광상
As(비소)	Au–Ag 광상
B(붕소)	Sn–W–Be–Mo 광상
Hg(수은)	Pb–Zn–Ag 광상
Mo(몰리브덴)	반암동 광상
Rn(라돈)	U 광상

Zn(아연)	Ag-Pb-Zn 광상
Zn, Cu(아연, 구리)	Cu-Pb-Zn 광상
SO42-(황산이온)	황화물 광상

(4) 환경 지구 화학

원소	정상 토양 (ppm)	과다 토양 (ppm)	근원	잠재적 영향
As(비소)	40 이하	2500 이하	광화 작용	생물에 독성
Mo(몰리브덴)	5 이하	10~100	해성, 검은색 shale	소의 Mo 과잉에 따른 구리 부족증
Pb(납)	10~150	1% 이상	광화 작용	가축에 독성 및 음식 중에 과잉

※ 오염지수(P.I., Pollution Index) : 토양 오염 정도를 평가

$$P.I = \frac{\Sigma(중금속\ 원소\ 함량/허용\ 한계)}{중금속\ 원소\ 수}$$

허용한계 : 건강에 영향을 줄 수 있는 토양의 중금속 함유량

2. 시료채취

(1) 시료 채취 및 처리

① 암석(rock)
- 채취장소 : 노두, 갱내, 시추코어
- 시료량 : 입자크기 1cm 이상이면 2-5kg, 1cm 이하이면 0.5-1kg
- 시료처리 : 건조 후 100-200mesh로 분쇄

※ 메시(mesh) : 1inch(2.54cm) 안에 들어 있는 눈금의 수

숫자가 클수록 입자 크기는 작다.

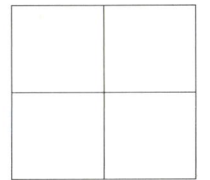
4#

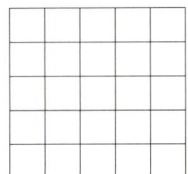
25#

② 토양(soil) : 조직적, 체계적인 시료 채취 가능
- 채취지점 : 무방향성이면 정사각형 격자망, 유방향성이면 직사각형 격자망을 구성
- 채취간격 : 정밀탐사 15-60m, 광역탐사 300-1500m

- 시료 대상 : B층(깊이 30-45cm)
- 채취량과 보관 : 80-100메시를 통과한 토양 50g 정도를 이중 봉투에 보관

③ (하천)퇴적물
- 채취 간격 : 수백 m 내지 수 km
- 채취법 : 하천상류로 올라가면서 하천 중앙부의 물이 흐르는 부분, 합류지점 앞에서는 반드시 채취
- 채취량과 보관 : 80메시를 통과한 토양 50g 이상을 이중 봉투에 보관

④ 그 밖의 시료
- 자연수 : 오염 주의, 0.5L 정도를 PVC나 PE용기에 담아 운반
- 식물 : 건조, 연소 후 미량원소 분석
- 휘발성 가스 : 대기나 토양의 휘발성 가스 분석

(2) 화학 분석

① 시료 분해
- 분말 시료 : 화학적 분해로 용액화
- 식물 시료 : 연소 후 재를 산 처리

② 분리 : 침전법, 추출법으로 분석 대상 원소만을 분리

③ 분석 : 원자흡광분광법, X선형광법, 비색법, 발광분광법, 플라스마분광법

(3) 분석 자료의 처리, 해석
- 배경값 : 비광화대 지역에서 암석이나 토양의 원소가 정상적으로 분포된 함량
- 이상값 : 광화대 지역에서 암석이나 토양에 원소가 이상적으로 분포된 함량
- 해 석 : 이상값으로 판명되면 광화대 지역으로 판단

3. 중력탐사

(1) 물리 탐사

파괴 없이 계측기를 사용하여 지표나 지구 심부 구조를 해석하는 방법이며 적절한 시간과 비용으로 넓은 지역의 지하 정보를 획득할 수 있음

(2) 탐사법의 종류와 원리

탐사 종류	물리적 특성	측정에 이용되는 현상
중력 탐사	밀도	중력 가속도의 변화
자력 탐사	대자율	정적 자기장의 변화
전기 비저항 탐사	전기 전도도	겉보기 전기 비저항의 변화
자연 전위 탐사	산화전위, pH, 전기전도도	전기 화학적 전위 변화
유도 분극 탐사	암석 입자의 전기화학적 특성	분극 전위의 변화
전자 탐사	전기전도도, 투자율	전자기장의 강도, 위상 변화
탄성파 탐사	탄성계수, 밀도	탄성파 속도, 진폭
방사능 탐사	방사능 원소 특징	방사능 조사

(3) 중력탐사의 원리

- 조사 지역의 밀도가 일정하면 중력계의 스프링이 늘어난 길이는 일정함
- 고밀도 광체가 존재하면 스프링의 길이가 길어지는 중력 이상이 발생함
- 저밀도의 공동이 존재하면 스프링 길이가 짧아지는 중력 이상이 발생함
- 따라서, 중력 이상의 유무와 대소는 암석과 밀도 차이에 기인함
- 중력의 단위는 다음과 같다.
  - SI 단위 : $1\mu m/s^2$ = 1gu(gravity unit)
  - cgs 단위 : 1Gal = $1cm/s^2$ =1,000mGal
  - 두 단위 간 서로 변환하면 1mGal = 10gu 이다.
  - 보정 : 위도, 고도, 지형, 부우게(밀도)보정

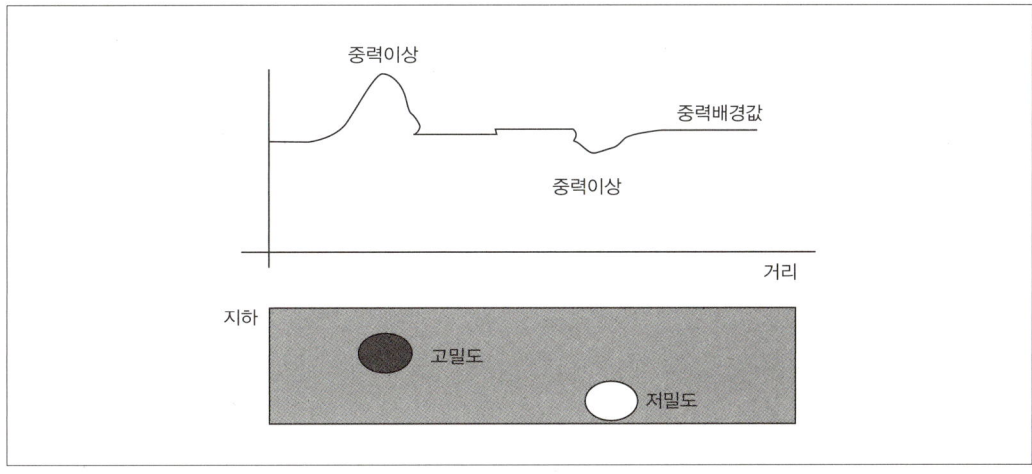

4. 자력탐사

- 원리 : 자화된 광물의 자력을 이용하여 구조를 탐사
- 자성물질 : 자화가 잘 되는 물질
- 자화율(대자율, k) : 자화 정도를 나타내는 척도로서 자화강도(I)를 외부 자기장의 세기로 나눈 값[I = kH]이며 광물 중에는 자철석의 자화율이 가장 크고 자철석(Fe_3O_4) 함량이 많은 변성암과 화성암의 자화율이 퇴적암 보다 크다.
- 암석의 자화율 : 염기성화성암>산성화성암 >변성암>퇴적암
- 광물의 자화율 : 자철석>티탄철석>자황철석>크롬철석
- 자력측정법 : 수직성분, 수평성분, 전자력(지자기방향) 성분
- 측정단위 : γ(감마) = nT(나노테슬라) = $10^{-5} \tau$(가우스)
- 활용
  - 핵 자력계를 이용한 전자력 성분 측정
  - 핵 자력계를 항공기에 탑재하여 광역지질조사 및 자원 탐사에 이용

5. 전기탐사

(1) **자연 전위 탐사법**(Spontaneous Polarization, S.P.법)

- 자연전위의 이상을 측정하는 탐사
- 자연전위
  - 배경전위 : 전위가 매우 낮은 값(수mV-수십 mV)
  - 광화전위 : 암석에 광상이나 광물이 형성되어 전위가 큰 경우(수백mV)
- 활용 : 황화광, 무연탄, 금속의 사광상, 철관 부식 탐사
- 황화광물 주변에 수백 mV에 달하는 전위차 측정되고 (-)전위 중심부 지역에 부존 추정
- 석탄, 흑연 광상은 (+)전위 중심부에 부존 추정됨

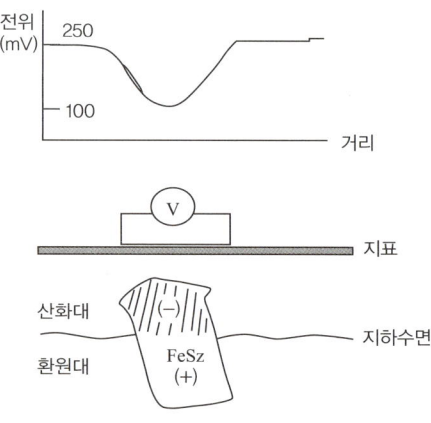

〈그림〉 자연전위법에 의한 황화광물 탐사

(2) **전기 비저항 탐사법**

대지에 인공적으로 전류를 보내고 암석과 광물의 전기전도도차이에 의해 발생하는 전위를 측정하는 것, 지하수 탐사

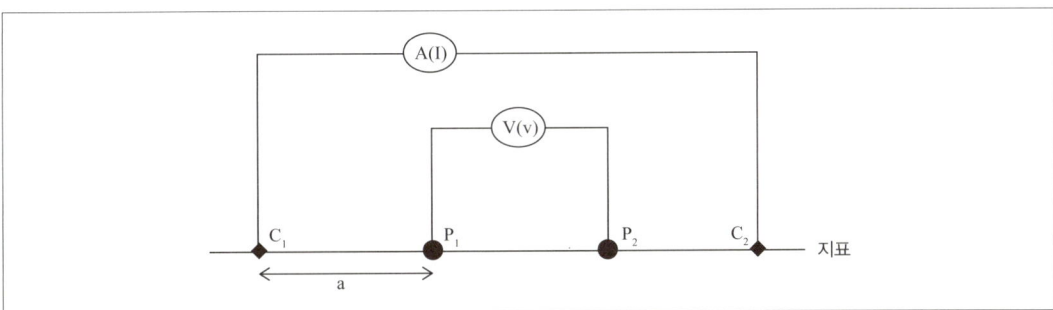

〈그림〉 4극법 원리(Wenner법)

(3) 유도 분극 탐사법

- 유도분극(Induced Polarization)탐사는 유도분극현상을 이용하여 다른 방법으로는 찾을 수 없는 심부의 저품위 광상도 탐사할 수 있는 비철금속자원탐사법이다. 유도분극현상(과전위효과)이란 전류를 갑자기 끊거나 전위차가 천천히 감소하거나 상승하는 것으로 지하에 비철금속 광물의 광체나 점토층이 존재할 때 관측할 수 있다.
- 전류 전극 2개, 전위 전극 2개를 아래 그림과 같이 배열한다.

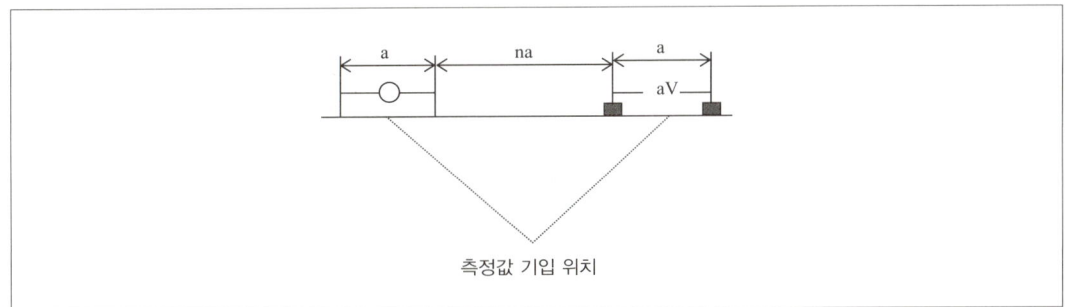

〈그림〉 유도분극탐사 전극 배열

6. 전자탐사

- 대지와 접촉하지 않고 송신 코일 또는 안테나를 이용하여 교류전류를 흐르게 한 후 주파수를 사용하여 비저항 분포의 영향을 측정하는 방법(VLF수신기)
- 종류 : 전자유전법, 전자유도법, 파도현상이용법, 전파이용법
- 대상 : 전도성 광물, 지하매설물, 단층 및 파쇄대 탐사

7. 탄성파탐사

- 탄성파가 지층 속으로 전파될 때 반사, 굴절, 회절 현상 때문에 전파 경로가 달라지는 것과 탄성파 속도 차를 이용함
- 암석 충격 → 변형 → 전파 ⇒ 탄성파
- 매질별 탄성파 속도 : 암석(화성암＞변성암＞퇴적암)＞수중＞토양

물질 및 암석	P파 속도(m/s)	S파 속도(m/s)
공기	330	–
마른 모래	300–800	100–500
물	1,450	–
얼음	3,400–3,800	1,700–1,900
점토	1,100–2,500	200–800
석회암	3,500–6,500	1,800–3,800
암염	4,000–5,000	2,000–3,200
화강암, 심성암	4,600–7,000	2,500–4,000

파동	실체파	P파	파동진행방향과 물질진동방향이 같음(종파), 탄성파 탐사에 주로 이용됨
		S파	파동진행방향과 물질진동방향이 직각(횡파)
	표면파	레일리파	진동방향이 타원
		러브파	표면에서만 S파와 동일하게 파동진행방향과 물질진동방향이 직각 → 지진 피해

(1) 굴절법 탄성파 탐사

- 인공적인 탄성파를 발생시켜 지하에 표면층보다 탄성파 속도가 더 큰 지층이 있을 때 지층을 굴절하여 도착하는 종·횡파를 측정하여 지층 깊이, 경사, 암석 종류 등을 알아냄
- 기계가 간단, 경비 적게 소요, 지하 깊은 곳 탐사 곤란, 터널 조사에 이용
- 탄성파 전파 속도가 큰 층일수록 굴절률이 증가함
- 스넬(Snell) 법칙 : 탄성파가 매질에 입사되었다가 반사될 때 반사파, 굴절파가 형성되는 것

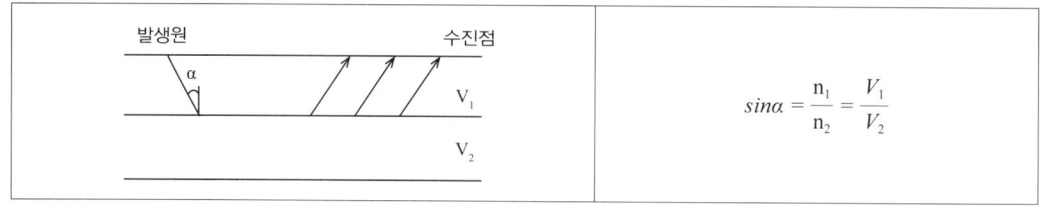

α : 굴절각 n1 : 매질1층의 굴절률 n2 : 매질2층의 굴절률 V_1 : 매질1층의 탄성파 속도 V_2 : 매질2층의 탄성파 속도

(2) 반사법 탄성파 탐사

- 다른 지층면에서 반사되어 지표에 도달하는 탄성파를 조사
- 지하 깊은 곳(300m이내) 탐사 가능, 불연속면 탐사 가능
- 기계 복잡하고 고도 기술 요구됨
- 지반구조탐사, 도시단층조사, 공동탐사에 이용

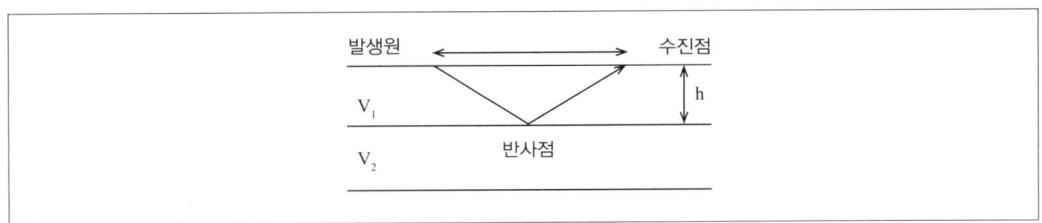

- 탄성파가 반사점을 지나 수진점까지 도착하는 데 걸리는 시간,

$$T = \frac{\sqrt{x^2 + 4h^2}}{V_1}$$

8. 방사능 탐사

라돈(Rn), 우라늄(U), 토륨(Th), 칼륨(K), 넵투늄(Np), 악티늄(Ac), 프로트악티늄(Pa) 등 방사능 원소를 가이거 계수기나 신틸레이션 계수기를 항공기나 자동차에 탑재하여 탐사한다.

(1) 중성자 탐사

중성자 검층곡선의 공극률과 다른 광물의 공극률을 비교

(2) 밀도 탐사

감마선의 컴프턴 산란을 이용해 암석의 체적밀도를 측정

(3) 자연감마선 탐사

신틸레이션으로 감마선의 세기를 측정

제2장 탐사 기출예상문제

01 지구 화학적 환경 중 1차 환경에 해당되는 것은?

① 고온·고압
② 퇴적작용
③ 산소 풍부
④ 유체 이동 자유로움

해설 1차 환경 : 지하 심부, 고온·고압, 산소 희박, 유체 이동 곤란

02 광산과 광물이 암석 속에 형성되는 것을 무엇이라 하는가?

① 1차 분산　② 광화
③ 화학적 이동　④ 2차 분산

해설 광화란 가스체에 의한 기성작용, 용류에 의한 열수작용, 광화유체에 의한 교대와 변성작용으로 인해 광산과 광물이 암석 속에 형성되는 것이다.

03 지구 화학적 환경 중 2차 환경에 해당되지 않는 것은?

① 중화작용이나 퇴적작용이 진행
② 지하수면부터 지표까지의 환경
③ 산소 희박
④ 유체 이동 자유로움

해설 2차 환경 : 지하수면부터 지표까지의 환경, 중화 작용이나 퇴적작용이 진행되는 환경으로 저온·저압, 산소와 이산화탄소 풍부, 유체 이동 자유로움

04 지구화학적 이동도에 대한 설명으로 부적합한 것은?

① 광상의 원소들이 지형의 경사와 지하수가 흐르는 방향에 따라 이동한다.
② 원소에 따라 동일한 시간에 짧은 거리를 이동하거나 먼 거리를 이동하기도 한다.
③ 이동도의 차이는 화학적 침전이나 고체 물질에 대한 흡착도가 다르기 때문이다.
④ 광역적 조사를 할 때는 이동도가 낮은 원소가 더 좋다.

해설
- 광역 조사 : 이동도가 좋은 원소가 유리
- 정밀 탐사 : 이동도가 낮은 원소를 이용, 광화대 구분

05 지구 화학적 환경에 대해 옳은 설명은?

① 일차 환경은 온도와 압력이 낮고 자유 산소량도 적다.
② 이차 환경은 온도와 압력이 낮고 이산화탄소와 산소량이 높다.
③ 이차 환경은 유체의 이동이 거의 없다.
④ 일차 환경은 유체의 이동에 제한이 없다.
⑤ 이차 환경은 암석의 풍화 등으로 인해 일차 환경이 된다.

해설
- 1차 환경 : 지하 심부, 고온·고압, 산소 희박, 유체 이동 곤란
- 2차 환경 : 지하수면부터 지표까지의 환경, 중화 작용이나 퇴적작용이 진행되는 환경으로 저온·저압, 산소와 이산화탄소 풍부, 유체 이동 자유로움

06 토양에 함유량이 과다일 때 미치는 영향이 잘못된 것은?

① As - 생물 독성
② N - 플랑스톤 번식
③ Mo - 구리 부족증
④ Pb - 가축에 독성

해설
- As(비소) : 생물에 독성을 줌
- N(질소) : 수중에 과다 유입되면 부영양화를 유발 시킴
- Mo(몰리브덴) : 소의 Mo 과잉에 따른 구리 부족증 유발
- Pb(납) : 가축에 독성 유발

07 토양의 오염 정도를 평가하는 지수는?

① COD ② DO
③ BOD ④ PI

해설 오염지수(P.I., Pollution Index)는 토양 오염 정도를 평가하는 지수이다.

$$P.I = \frac{\Sigma(\text{중금속 원소 함량}/\text{허용 한계})}{\text{중금속 원소 수}}$$

COD, DO, BOD는 물의 오염 정도를 나타내는 지수이다.

08 광상의 종류에 따른 지시 원소가 바르게 짝지어진 것은?

① Au-Ag 광상 : B(붕소)
② Sn-W-Be-Mo 광상 : As(비소)
③ Pb-Zn-Ag 광상 : Hg(수은)
④ U 광상 : Mo(몰리브덴)

해설

지시 원소	광상
As(비소)	Au-Ag 광상
B(붕소)	Sn-W-Be-Mo 광상
Hg(수은)	Pb-Zn-Ag 광상
Mo(몰리브덴)	반암동 광상
Rn(라돈)	U 광상
Zn(아연)	Ag-Pb-Zn 광상
Zn, Cu(아연, 구리)	Cu-Pb-Zn 광상
SO4 2-(황산이온)	황화물 광상

09 중력탐사에서 필요한 보정이 아닌 것은?

① 고도보정   ② 위도보정
③ 자화율보정 ④ 지형보정

해설 위도, 고도, 지형에 따라 중력의 차이가 생기므로 보정한다.

10 중력탐사에 사용하는 단위로 가장 적합한 것은?

① Gal   ② nT
③ γ ④ τ

해설
- 중력탐사 단위 : Gal = cm/sec²
- 자력탐사 단위 : γ(감마) = nT(나노테슬라) = $10^{-5}\tau$(가우스)

11 물리탐사법의 종류별 물리적 성질이 바르게 표시된 것은?

① 중력탐사 – 밀도
② 전기비저항탐사 – 산화전위
③ 자력탐사 – 전기전도도
④ 자연전위탐사 – 대자율

해설

탐사법	물리적 특성
중력 탐사	밀도
자력 탐사	대자율
전기 비저항 탐사	전기 전도도
자연 전위 탐사	산화전위, pH, 전기전도도

12 자력탐사를 이용하기에 가장 적합한 광물은?

① 자갈   ② 자철석
③ 방해석   ④ 셰일

해설 자화율이 가장 큰 것은 자철석(Fe3O4)이므로 자력탐사에 가장 적합하다.

13 자력탐사에 대한 설명이 잘못된 것은?

① 자화된 광물의 자력을 이용하여 구조를 탐사하는 방법이다.
② 측정 단위는 γ(감마)이다.
③ 현재는 간편한 측정과 정밀한 핵자력계를 이용한다.
④ 수평방향 성분은 측정할 수 없으므로 수직 방향의 성분을 측정한다.

해설 수직 방향 성분을 측정하는 중력탐사와는 달리 자력탐사에서는 수평, 수직, 지자기 방향 성분 각각을 편리한 대로 측정한다.

14 자화율이 가장 큰 암석은?

① 염기성 화성암   ② 변성암
③ 산성 화성암   ④ 퇴적암

해설 암석의 자화율 : 염기성화성암〉산성화성암 〉변성암〉퇴적암

15 위너의 전극 배열법에 의해 전기 비저항탐사를 한 결과 200mV의 전위차를 측정하였다. 이때 사용 전류는 2A, 전극 간격은 20m로 하였다면 겉보기 저항은 얼마인가?

해설 $p = 2\pi a \dfrac{V}{I} = \dfrac{2\pi \times 20 \times 0.2}{2} = 12.56[\Omega - m]$

16 지하 황화 광물 광체 주위에 측정되는 수백 밀리볼트의 전위차를 관측하여 탐사하는 방법은?

① 자력탐사   ② 중력탐사
③ 자연전위탐사   ④ 전기비저항탐사

해설 자연적인 지전류 중에서 특정한 광체 주변에 흐르는 직류 전위와 관련된 전위차 분포를 측정하여 지하 매질을 분석하는 것은 자연전위탐사법이다.

17 자연전위탐사법을 적용하기에 가장 부적합한 것은?

① 황철석   ② 방연석
③ 무연탄   ④ 지하수

해설 황화광(황철석, 방연석, 황동석, 자황철석 등), 무연탄, 금속의 사광상, 철관 부식 탐사에는 자연전위탐사법을 적용할 수 있으나 지하수는 전기비저항탐사를 활용한다.

18 자연전위법의 측정 단위는?

① mV ② Ω-m
③ Gal ④ gauss

해설 Ω-m : 전기비저항법, Gal : 중력가속도, gauss : 자력탐사법

19 과전위 효과를 이용하여 비철 금속 자원을 탐사하는 방법은?

① 탄성파탐사법 ② 지열탐사법
③ 유도분극법 ④ 자력탐사법

해설 과전위효과를 이용하여 발생하는 유도분극현상을 지하 심부에 부존하는 저품위 광상을 탐사하는 데 이용하는 것은 유도분극법이다.

20 전기탐사법이 아닌 것은?

① 자연전위법 ② 전기비저항법
③ 유도분극법 ④ 자력탐사법

해설 전기탐사는 지전류와 관련된 여러 현상을 측정하여 지하 정보를 확인하는 것이고 자력탐사는 자화된 광물의 자력을 이용하여 구조를 탐사하는 것이다.

21 전기비저항 탐사법 중 두 전류전극 사이에 두 개의 전위전극이 배열되고 전극 간격이 모두 같은 것은?

① 웨너법 ② 슐럼버져법
③ 쌍극자법 ④ 2극법

해설 웨너(Wenner)법에 대한 설명이다. 슐럼버져법은 전위전극 간격이 전류전극 간격보다 10배 이상 작다. 쌍극자법은 전위전극이 전류전극 밖에 위치한다. 전극 수에 따라 4극법, 3극법, 2극법으로 나눠진다.

22 대지와의 접촉 없이 송신 코일을 이용하여 지하에 교류 전류를 흐르게 하는 것으로 전도성 이상체 탐지에 효과적인 방법은?

① 전기비저항탐사법
② 중력탐사법
③ 탄성파탐사법
④ 전자탐사법

해설 전기탐사와 전자탐사는 대지의 비저항을 조사하여 지하 구조를 추정하는 것은 같지만 전자탐사에서는 최소 수백에서 수백만 Hz에 이르는 주파수를 사용하고 전기탐사의 지전류는 모두 직류이다.

23 수평 2층 구조인 지층에서 반사파의 경로를 표시한 것이다. C점에서 반사파가 도착되는 시간은?

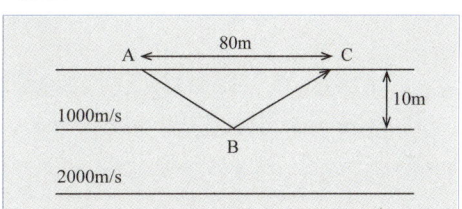

해설 $T = \dfrac{\sqrt{x^2+4h^2}}{V_1} = \dfrac{\sqrt{80^2+4+10^2}}{100}$
$= 0.0825 sec = 8.25 \times 10^{-2}$

24 탄성파 탐사법 중 굴절법에 대한 설명이 잘못된 것은?

① 측정기계가 간단하다.
② 경비가 적게 소요된다.
③ 지하 200m 심부의 탐사가 가능하다.
④ 터널 조사에 주로 사용된다.

해설 석유 탐사 분야에서 지하 심부 탐사에 이용하던 것은 반사법 탄성파 탐사이다.

25 탄성파 탐사법 중 반사법에 대한 설명이 잘못된 것은?

① 측정기계가 복잡하여 고도 기술을 요한다.
② 불연속면 측정이 곤란하다.
③ S파, P파 모두 이용된다.
④ 지하 200m 심부의 탐사가 가능하다.

[해설] 반사법 탄성파 탐사에서 불연속면 측정은 가능하다.

26 다음 매질 중 탄성파 속도가 가장 빠른 것은?

① 토양　　② 암석
③ 물　　　④ 공기

[해설] 매질별 탄성파 속도 : 암석 > 수중 > 토양

27 실체파 중 파동진행방향과 물질진동방향이 같은 종파로서 탄성파 탐사에 주로 이용되는 것은?

① 러브파　　② P파
③ S파　　　④ 레일리파

[해설]
- 레일리파, 러브파 – 표면파
- S파 – 횡파, 실체파

28 탄성파 탐사에서 주로 사용되는 파는?

① P파　　　② 러브파
③ 표면파　　④ 레일리파

[해설] 주로 P파가 이용되고 있으나 근래에는 토목 건설과 석유 탐사와 관련하여 S파도 자주 이용되고 있다.

29 탄성파가 물체의 모서리에 입사할 때 모서리가 새로운 파동을 일으키는 파동원으로 작용하여 탄성파를 사방으로 전파하는 것을 무엇이라 하는가?

① 굴절　　② 증폭
③ 회절　　④ 반사

[해설] 파동의 회절에 대한 설명이다.

30 파동의 기하학적 확산에 대한 바른 설명은?

① 에너지 밀도는 파동원으로부터 거리에 반비례하여 감소한다.
② 탄성파가 진행하면서 파동에너지 전체가 열에너지로 변화된다.
③ 거리가 증가할수록 파동에너지는 증가한다.
④ 경계면에서 P파는 S파 에너지로 변환된다.

[해설] 유한한 파동 에너지가 파동원에서 사방으로 분산 되므로 에너지 밀도는 파동원으로부터의 거리에 반비례하여 감소하는 것을 파동의 기하학적 확산이라고 한다.

31 수평 2층 구조에서 탄성파 전파 속도가 1층은 1,000m/sec이고 2층은 2,000m/sec 일 때 굴절파의 임계각은?

① 10°　　② 30°
③ 45°　　④ 60°

[해설] $\sin\alpha = \dfrac{V_1}{V_2} = \dfrac{1000}{2000} = \dfrac{1}{2}$
$\alpha = 30°$
($\sin 30° = \dfrac{1}{2}$, $\sin 45° = \dfrac{\sqrt{2}}{2}$, $\sin 60° = \dfrac{\sqrt{3}}{2}$, $\sin 90° = 1$)

32 방사능 탐사를 적용하기에 부적합한 광물은?

① 아연 ② 칼륨
③ 토륨 ④ 우라늄

해설 라돈(Rn), 우라늄(U), 토륨(Th), 칼륨(K), 넵투늄(Np), 악티늄(Ac), 프로트악티늄(Pa) 등은 방사능 원소이므로 가이거 계수기와 신틸레이션 계수기 등의 방사능 탐광법을 사용한다.

33 지구화학 탐사의 대상 시료로 부적합한 것은?

① 강가에 퇴적된 모래
② 농작물
③ 휘발성 가스
④ 하천에 굴러다니는 암석

해설 암석(rock)의 채취장소는 노두, 갱내, 시추코어 등이다.

34 시료 분석 방법 중 기기 분석법이 아닌 것은?

① X선형광법
② 원자흡광분광법
③ 추출법
④ 플라스마발광분광법

해설 원자흡광분광법, X선형광법, 비색법, 발광분광법, 플라스마분광법 등이 있다.

35 지구화학탐사에서 분석한 자료를 해석할 때 이상값은 무엇인가?

① 광화대 지역에서 토양의 원소가 정상적으로 분포된 함량
② 광화대 지역에서 암석의 원소가 이상적으로 분포된 함량
③ 비광화대 지역에서 암석의 원소가 정상적으로 분포된 함량
④ 비광화대 지역에서 토양의 원소가 이상적으로 분포된 함량

해설
• 배경값 : 비광화대 지역에서 암석이나 토양의 원소가 정상적으로 분포된 함량
• 이상값 : 광화대 지역에서 암석이나 토양에 원소가 이상적으로 분포된 함량

36 1인치 안에 들어 있는 눈금의 수로서 숫자가 클수록 입자 크기가 작음을 표시하는 단위는?

① ppm ② mesh
③ Gal ④ SPL

해설 메시(mesh)란 1inch(2.54cm) 안에 들어 있는 눈금의 수를 뜻하며 숫자가 클수록 입자 크기는 작다.
ppm – 농도, Gal – 중력가속도, SPL – 소음크기

37 지구화학탐사를 위해 하천퇴적물을 채취하고 보관하는 방법이 잘못된 것은?

① 채취간격은 수백 미터에서 수 킬로미터이다.
② 하천상류로 올라가면서 하천 중앙부의 물이 흐르는 부분을 채취한다.
③ 채취량이 많을 때 합류지점 앞에서는 생략해도 무관하다.
④ 80메시를 통과한 토양 50g 이상을 이중 봉투에 보관한다.

해설 합류지점 앞에서는 반드시 채취해야 한다.

38 지구화학탐사에서 지시원소가 갖추어야 할 조건이 아닌 것은?

① 분석이 쉽고 분석비가 저렴해야 함
② 지구화학적 환경에서 이동도가 커야 함
③ 탐사 대상 광체와 지구화학적인 연관성이 있어야 함
④ 광체 부근에서는 이동성이 적어야 함

해설 지시원소란 지구화학탐사에서 암석, 토양, 식물 등의 시료를 분석하여 검출되는 미량원소로서 대상 광상과 지질학적 관련이 있어 시료 아래 지하의 광상을 추정할 수 있다. 화학분석이 쉽고 분석비가 저렴해야하며 이동도가 커야 한다.

39 지하의 대수층 보존 여부와 부존 양상을 탐사하는데 가장 흔히 사용하는 탐사법은?

① 탄성파탐사
② 전기비저항탐사
③ 중력탐사
④ 방사능탐사

해설 대수층은 지하수를 함유하고 있는 지층을 말하며 전기비저항 탐사는 지표면에 일정한 거리를 두고 한 쌍의 전극을 설치한 후 전류로 인해 전위 분포를 일으키게 하여 전기 전도도 분포 상태를 측정함으로써 대수층 보존 여부와 부존 양상을 탐사하는 방법이다.

40 전기 검층법에 해당되지 않는 것은?

① 감마선법
② 전자유도법
③ 비저항법
④ 자연전위법

해설
- 방사능 검층법 : 중성자검층, 밀도검층, 자연 감마선 검층
- 전기 검층법 : 자연전위검층, 전기비저항검층, 유도 분극법

41 Snell 법칙과 가장 관련된 탐사법은?

① 굴절법 탄성파 탐사
② 전기 탐사
③ 유도 전극 탐사
④ 반사법 탄성파 탐사

해설 Snell 법칙은 빛의 굴절에 대한 것으로 탄성파 탐사에서 기본적인 법칙이며 다음과 같은 식이 성립한다.

$$\sin\alpha = \frac{n_1}{n_2} = \frac{V_1}{V_2}$$

여기서, α : 굴절각, n : 굴절률, V : 전파속도이다.
탄성파 전파 속도가 큰 층일수록 굴절률이 증가함

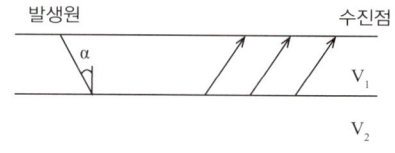

α : 굴절각 n1 : 매질1층의 굴절률 n2 : 매질2층의 굴절률
V1 : 매질1층의 탄성파 속도 V2 : 매질2층의 탄성파 속도

42 중력 탐사시 기준면과 측정 물질간의 인력에 의한 중력 차이를 보정해 주는 것은?

① 위도 보정
② 지형 보정
③ 부우게 보정
④ 질량 보정

해설 중력은 고도, 지형, 밀도에 따라 달라지기 때문에 고도, 지형, 부우게 보정을 해야 한다. 지각이 두꺼운 곳은 부우게 이상이 음수가 되고 얇은 곳은 양수가 되므로 보정해야 한다.

43 지표의 토양, 암석, 식물 등을 채취해서 함유된 원소들을 분석함으로써 지하에 존재하는 광상을 탐사하는 방법은?

① 중력 탐사
② 방사능 탐사
③ 자력 탐사
④ 지구화학탐사

해설
- 지구 화학 탐사는 암석, 토양, 퇴적물, 자연수, 식물 등 자연 물질을 화학 분석하여 지하에 있는 광상을 탐사하는 것이다.
- 지구 물리 탐사는 파괴 없이 지표에서 계측기를 사용하여 지하 구조를 해석하는 방법으로 중력, 자력, 전기, 전자, 탄성파, 방사능 탐사 등이 있다.

44 탄성파 속도 검층법에 해당되지 않는 것은?

① 수평홀법 ② 업홀법
③ 크로스홀법 ④ 다운홀법

해설 탄성파 탐사법은 지구 내부 구조에 따라 탄성파 속도와 진폭 등이 여러 형태로 변하는 점을 이용하여 탐사하는 것으로 진원과 수진기 설치 위치에 따라 다운홀(down hole)법, 업홀(up hole)법, 크로스홀(cross hole)법, 표유법 등이 있다.

45 다음 중 방사능 검층법에 해당되는 것은?

① 자연전위 검층
② 밀도 검층
③ 유도분극 검층
④ 전기비저항 검층

해설
- 전기 검층법 : 자연전위 검층, 전기비저항 검층, 유도분극 검층
- 방사능 검층법 : 중성자 검층, 밀도 검층, 자연감마선 검층

46 P파의 전파속도가 가장 빠른 것은?

① 화강암 ② 석회암
③ 암염   ④ 점토

해설
- 탄성파 속도 크기 : 암석(화성암〉변성암〉퇴적암) 〉 수중 〉 토양

- 주요 암석과 물질의 탄성파 속도 :

물질 및 암석	P파 속도(m/s)	S파 속도(m/s)
공기	330	-
마른 모래	300-800	100-500
물	1,450	-
얼음	3,400-3,800	1,700-1,900
점토	1,100-2,500	200-800
석회암	3,500-6,500	1,800-3,800
암염	4,000-5,000	2,000-3,200
화강암, 심성암	4,600-7,000	2,500-4,000

47 지하수를 조사할 때 가장 많이 사용되는 검층법은?

① 전기 검층 ② 공경 검층
③ 탄성파 검층 ④ 자력 검층

해설
- 전기 검층 : 자연전위탐사 – 비철금속자원 탐사
  – 전기비저항탐사 – 지하수, 토목지반조사
  – 유도분극법 – 비철중금속, 점토 탐사
- 공경 검층 : 시추에 의해 뚫은 구멍의 지름을 검사하는 것으로 굴착공의 크기에 따라 움직이는 스프링에 의해 확인
- 자력 검층 : 자철석, 티탄철석, 크롬철석 등 자성 광물 탐사

48 우라늄 광상을 탐사할 때 가장 적합한 방법은?

① 탄성파 탐사 ② 자력 탐사
③ 방사능 탐사 ④ 중력 탐사

해설 라돈(Rn), 우라늄(U), 토륨(Th) 등은 방사능 원소이므로 가이거 계수기와 신틸레이션 계수기 등의 방사능 탐광법을 사용한다.

49 비철 중금속 광체나 점토층을 탐사할 때 사용하는 유도분극탐사에서 전극의 수는 모두 몇 개 인가?

① 1개   ② 2개
③ 3개   ④ 4개

해설 유도분극(Induced Polarization)탐사는 유도분극 현상을 이용하여 다른 방법으로는 찾을 수 없는 심부의 저품위 광상도 탐사할 수 있는 비철금속자원탐사법이며 전류 전극 2개, 전위 전극 2개를 배열한다.

50 중력탐사에서 0.001cm/s2은 무엇으로 표시할 수 있는가?

① 1mGal   ② 1Gal
③ 100gu   ④ 1000Ω-m

해설 중력 탐사의 기초 원리는 뉴턴의 만유 인력법칙이다. 물체 사이에 서로 끌어당기는 힘 즉, 만유인력의 세기는 떨어진 거리가 멀수록, 질량(밀도)이 작을수록 작아 진다.
중력의 단위는 다음과 같다.
SI 단위 : 1μm/s2 = 1gu(gravity unit)
cgs 단위 : 1gal = 1cm/s2 = 1,000mgal
두 단위 간 서로 변환하면 1mgal = 10gu 이다.

51 뉴턴의 만유인력 법칙을 기초로 하는 탐사법은?

① 자력탐사
② 중력탐사
③ 탄성파탐사
④ 방사능탐사

해설 중력 탐사의 기초 원리는 뉴턴의 만유 인력법칙이다.

52 지하에 부존하는 석탄층을 탐사하려고 할 때 가장 적합한 탐사 순서는?

① 시추 → 지질조사 → 탄성파 탐사
② 시추 → 탄성파 탐사 → 지질조사
③ 지질조사 → 시추 → 탄성파 탐사
④ 지질조사 → 탄성파 탐사 → 시추

해설 석탄층을 탐사하려면 먼저 지구화학적 지질조사를 한 후 물리적으로 탄성파 탐사를 하여 지하 구조에 존재 유무를 판단한 후 시추를 하여 코어를 채취한다.

53 중력 탐사를 위해 실시하는 보정이 아닌 것은?

① 위도보정
② 경도보정
③ 고도보정
④ 지형보정

해설 중력은 밀도(부우게)와 위도에 비례하고 고도, 지형의 높이에 반비례하기 때문에 중력탐사 후 보정해야 한다.

54 Wenner의 전극 배열법에 의해 전기 비저항탐사를 한 결과 500mV의 전위차를 측정하였다. 이때 사용 전류는 0.2A, 전극 간격은 50m로 하였다면 겉보기 저항은 얼마인가?

①   ②
③   ④

해설 500mV = 0.5V
$$p = 2\pi a \frac{V}{I} = 2\pi \times 50m \frac{0.5V}{0.2A} = 785(\Omega - m)$$

55 다음 중 방사능 검층법이 아닌 것은?

① 밀도 검층
② 중성자 검층
③ 자연감마선 검층
④ 유도 분극 검층

해설
- 전기 검층법 : 자연전위 검층, 전기비저항 검층, 유도 분극 검층
- 방사능 검층법 : 중성자 검층, 밀도 검층, 자연감마선 검층

56 감마선의 컴프턴 산란을 이용해 암석의 체적밀도를 측정하는 방사능 검층법은 무엇인가?

① 자연감마선 검층
② 중성자 검층
③ 밀도 검층
④ 자연전위 검층

해설 방사능 검층법의 종류는 다음과 같다.
- 중성자 검층 : 중성자 검층곡선의 공극률과 다른 광물의 공극률을 비교
- 밀도 검층 : 감마선의 컴프턴 산란을 이용해 암석의 체적밀도를 측정
- 자연감마선 검층 : 신틸레이션으로 감마선의 세기를 측정

57 1ppm과 같은 것은?

① 0.001%
② 1mg/kg
③ 10%
④ 1000mg/L

해설 ppm(parts per million, 백만분율) : 용액 1kg 속에 들어 있는 용질의 질량(mg)을 나타내는 농도의 단위
1ppm = 1mg/kg
1% = 10⁴ppm

58 하천지역에서 예비조사를 한 후 지구화학탐사를 하려고 할 때 채취 시료로 가장 적합한 것은?

① 매립가스
② 암석
③ 식물뿌리
④ 표사

해설 지구화학탐사는 광상, 석탄, 석유 등을 지구 화학적 방법으로 탐사하는 것이며 대상 시료는 암석, 토양, 퇴적물, 자연수, 식물, 휘발성 가스 등을 이용한다. 하천이 잘 발달된 지역에서 광역 탐사를 할 때는 표사(퇴적물)을 주로 이용한다.

59 지하 심부에 있는 황화광체를 탐사하는 데 가장 적합한 것은?

① 자력탐사
② 유도분극탐사
③ 탄성파탐사
④ 중력탐사

해설 유도분극탐사는 다른 방법으로 찾을 수 없는 심부에 부존하는 저품위 광상도 탐사할 수 있기 때문에 비철금속 자원의 필수 탐사법이다. 따라서 심부에 있는 유화광체는 유도분극탐사가 가장 적합하다.

60 자화율이 큰 암석부터 순서대로 나열된 것은?

① 화성암＞변성암＞퇴적암
② 변성암＞화성암＞퇴적암
③ 퇴적암＞변성암＞화성암
④ 화성암＞퇴적암＞변성암

해설 자철석 함유량이 비교적 많은 화성암과 변성암의 대자율이 퇴적암에 비해 크다.
암석의 대자율 : 염기성 화성암 > 산성 화성암 > 변성암 > 퇴적암

61 매장되어 있는 우라늄 광물을 탐사하기 위해 가장 적합한 계측기는?

① pH미터   ② 자력계
③ 가이거계수기   ④ 지진탐사기

해설 라돈, 우라늄, 토륨 등은 방사능 원소이므로 가이거 계수기와 신틸레이션 계수기 등의 방사능 검층법을 사용한다. 방사능 검층법에는 중성자 검층, 밀도 검층, 자연 감마선 검층 등이 있다. 전자유도 검층은 전자기장 강도, 위상 변화를 이용하는 것이다.

62 1층의 탄성파 속도는 500m/sec, 2층의 탄성파 속도는 1,000m/sec이고 2층의 심도가 10m인 지층의 발파점에서 30m 떨어진 시점에 반사파가 도착되는 시간은?

해설 $T = \dfrac{\sqrt{x^2+4h^2}}{V_1} = \dfrac{\sqrt{30^2+4\times 10^2}}{500} = 7.2\times 10^{-2} \text{sec}$

63 굴절법과 반사법은 지구물리탐사법 중 어떤 탐사에 해당되는가?

① 자력탐사   ② 전기탐사
③ 전자탐사   ④ 탄성파탐사

해설 굴절법 탐사법은 인공적인 탄성파를 발생시켜 표면층보다 탄성파 속도가 큰 지층이 지하에 있을 때 지층을 굴절하여 오는 파를 관측해서 지하 지질 정보를 얻는 것이고 반사법 탐사법은 서로 다른 지층면에서 반사되어 지표에 도달하는 탄성파를 조사하는 것이다. 두 가지 방법 모두 충격을 가했을 때 발생하는 탄성파(진동)를 이용하는 탄성파 탐사법이다.

64 지구물리탐사법의 측정 단위가 바르게 연결되지 못한 것은?

① 중력탐사 - mGal
② 자연 전위법 - mV
③ 탄성파탐사 - m/s
④ 자력탐사 - ppm

해설 자력탐사 : γ(gamma)

65 자력탐사에 이용되는 물리적 성질은 무엇인가?

① 탄성률   ② 전기비저항
③ 대자율   ④ 밀도

해설

탐사 종류	물리적 성질
중력 탐사	밀도
자력 탐사	대자율
전기비저항탐사	전기 비저항
탄성파 탐사	탄성률

66 1층의 탄성파 속도는 2,000m/sec, 2층의 탄성파 속도는 3,000m/sec인 수평 2층 구조의 지층에서 탄성파가 반사점을 지나 수진점까지 도착하는 데 걸리는 시간은?

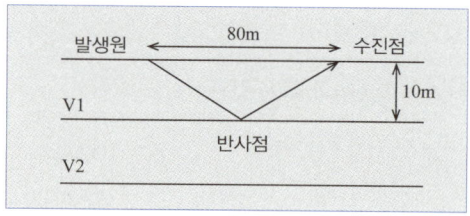

해설 $T = \dfrac{\sqrt{x^2+4h^2}}{V_1} = \dfrac{\sqrt{80^2+4\times 10^2}}{100} = 4.125\times 10{-2}sec$

67 유전탐사를 위해 짧은 시간에 대략적인 조사를 하기에 가장 적합한 것은?

① 자력탐사
② 중력탐사
③ 탄성파탐사
④ 방사능탐사

해설 중력탐사는 간단하고 개략적으로 탐사법으로서 지하에 저밀도 물체가 존재함을 추정할 수 있다.

68 폭약의 발파에 의해 지하구조를 조사하는 방법은?

① 비저항탐사
② 방사능탐사
③ 탄성파탐사
④ 중력탐사

해설 탄성파 탐사는 인공적으로 폭약을 폭발시켜 지층 내에 전파되는 탄성 파동의 전파 특성을 분석하여 지하 지질 정보를 추정하는 것이다.

69 대수층 탐사에 가장 경제적인 방법은 무엇인가?

① 전기비저항탐사
② 자력탐사
③ 중력탐사
④ 탄성파탐사

해설 대수층은 지하수를 함유하고 있는 지층을 말하며 전기비저항 탐사는 지표면에 일정한 거리를 두고 한 쌍의 전극을 설치한 후 전류로 인해 전위 분포를 일으키게 하여 전기 전도도 분포 상태를 측정함으로써 대수층 보존 여부와 부존 양상을 탐사하는 방법이다.

70 토륨 광상을 탐사하기에 가장 적합한 것은?

① 굴절법탐사
② 중력탐사
③ 방사능탐사
④ 반사법탐사

해설 라돈, 우라늄, 토륨 등은 방사능 원소이므로 가이거 계수기와 신틸레이션 계수기 등의 방사능 탐광법을 사용한다.

71 시추공 내에 물리 탐사 기기를 넣어 공 주위의 지층을 연속적으로 조사하는 물리 검층으로 알 수 있는 것이 아닌 것은?

① 공극률
② 투수율
③ 물 포화도
④ 저유층 두께

해설 물리 검층은 지층의 성질을 원위치에서 측정하기 때문에 정확도가 높으며 토건 지반조사, 광물 및 석탄 탐사에도 많이 이용하며 공극률, 투수율, 물 포화도를 알 수 있다.

72 붕괴가 잘 일어날 수 있는 탄층의 상하 경계를 탐지하는 데 가장 적합한 것은?

① caliper 검층
② 밀도 검층
③ 자연감마선 검층
④ 비저항 검층

해설 caliper(공경) 검층은 탄층 상하 경계에서 붕괴를 막기 위해 시추된 공의 안지름을 연속적으로 측정하는 것이다.

73 지구화학탐사에 대한 설명이 부적합한 것은?

① 자연 물질을 화학적으로 분석한다.
② 광화 작용에 의한 이상 분포를 발견한다.
③ 석탄이나 석유를 지구화학적으로 탐사한다.
④ 시추 작업 후 결과를 확인하기 위해 가장 좋은 방법이다.

해설 지구 화학 탐사는 지하에 있는 광상이나 석탄, 석유를 지구 화학적 방법으로 탐사하는 것이며 자연 물질을 화학 분석하여 광화 작용과 관련된 이상 분포를 발견한 후 시추를 시행한다.

74 지구 화학 탐사를 위해 채취하는 토양 시료로 가장 적합한 것은?

① 지표면의 토사
② 심도 1m 이상의 토양
③ 깊이 30~45cm 정도의 점토질
④ 불순물이 다량 함유된 점토질

해설 토양 시료는 깊이 30~45cm 정도의 점토질이 많은 B층에서 채취한다.

75 자연 발생적인 물리현상을 이용한 탐사법은?

① 탄성파탐사
② 전자파탐사
③ 전기비저항탐사
④ 자력탐사

해설 자력탐사는 지구의 대자율을 이용하여 탐사하는 것이고 전기 비저항, 전자파, 탄성파탐사는 인공적으로 전기, 탄성파를 발생시켜 탐사하는 것이다.

76 결과면에서 가장 확실한 탐사법은?

① 시추탐사
② 전자파탐사
③ 전기탐사
④ 자력탐사

해설 지구 화학적, 지구 물리적 탐사를 한 후 시추를 하여 코어를 채취하는 것이 가장 확실하다.

77 과전위효과를 이용하는 탐사법은?

① 탄성파탐사
② 비저항탐사
③ 유도분극탐사
④ 중력탐사

해설 유도분극(Induced Polarization)탐사는 유도분극 현상을 이용하여 다른 방법으로는 찾을 수 없는 심부의 저품위 광상도 탐사할 수 있는 비철금속자원탐사법이다. 유도분극현상(과전위효과)이란 전류를 갑자기 끊거나 전위차가 천천히 감소하거나 상승하는 것으로 지하에 비철금속 광물의 광체나 점토층이 존재할 때 관측할 수 있다.

78 중력에 관한 설명으로 잘못된 것은?

① 지구 중심을 향한다.
② 중력의 크기는 적도에서 최대이다.
③ 만유인력과 원심력의 합이다.
④ 지형, 위도에 따라 다르다.

해설 중력의 방향은 지구 어디에서나 지구 중심을 향하며 극지방에서 중력의 크기가 최대이다.

79 반사법 탄성파 탐사를 할 때 지오폰의 전개법으로 부적합한 것은?

① 공심첨법
② 슬럼버져법
③ 공통오프셋법
④ 양측전개법

해설 지오폰(geo-phone)은 지각진동을 측정하는 진동 가속도계이며 전개법에는 공통오프셋법, 공심첨법, 양측전개법이 있다. 슬럼버져법은 대수층 탐사에 효과적인 전기 비저항 탐사법이다.

80 우라늄이나 토륨을 탐사하기에 부적합한 것은?

① 자력탐사
② 중성자 탐사
③ 자연감마선 탐사
④ 밀도 탐사

해설 방사능 탐사법은 라돈(Rn), 우라늄(U), 토륨(Th), 칼륨(K), 넵투늄(Np), 악티늄(Ac), 프로트악티늄(Pa) 등 방사능 원소를 가이거 계수기나 신틸레이션 계수기를 항공기나 자동차에 탑재하여 탐사하는 것으로 중성자 탐사, 밀도 탐사, 자연감마선 탐사 등이 있다.

시추기능사 필기

제3장

시추 및 지하수

- I 시추일반
- II 지하수일반
- ※ 출제예상문제

I. 시추일반

1. 시추법의 분류

(1) 시추의 기원
광업 부문에서 탐사를 목적으로 직접 지하를 굴착하기 시작, 최근에는 응용 범위가 확대됨.

(2) 시추의 목적에 따른 분류
1) 수갱 굴착을 위한 시추
   - 수갱 설치 예정 지점에서 수갱 굴착 예정 심도까지 시추하여 채취한 코어를 통해 수갱 수립의 기초 자료를 얻음
2) 통기 및 배수공 목적의 시추
   - 광산의 갱 안에서 통기 및 배수 거리의 단축을 위해 상하부 갱도를 연결하거나, 갱 밖으로 시추공을 굴착하여 통기나 배수에 이용
3) 토목 공사에서 그라우팅을 위한 시추
   - 토목시추. 댐 기반 및 측벽의 누수방지와 지하철이나 대형 빌딩의 기초 지반 강화를 위해 시행
4) 지하수 및 온천 개발 시추
   - 공업, 농업, 생활용수 및 온천 개발을 위해 지하수의 수위, 수량, 수온, 수질 등을 파악
5) 기반 조사 목적의 시추
   - 토목 공사 시 지질 조사를 위한 시추, 교량, 댐, 터널, 빌딩 등 애형 공사를 시행하기 전에 하부의 암반 상태 조사
6) 발파를 목적으로 하는 시추
   - 시추에 의해 천공된 구멍에 폭약을 장전하여 발파
7) 천연 가스 채취를 목적으로 하는 시추
   - 갱 안의 가스가 증가할 때 채탄 능률을 향상시키기 위해 보다 효율적인 시추공을 이용
8) 지반 공학적 시추
   - 교량, 댐, 빌딩 등의 큰 공사를 시행할 때, 표토층에서 기반까지 정밀히 조사

(3) 시추법의 분류

1) 충격식 시추

1853년 미국인 그레이크에 의해 고안. 와이어 로프 또는 로드의 끝에 굴착 기구와 함께 붙여 놓은 무거운 비트의 충격에 의하여 지층의 암반을 파쇄한 다음, 충격을 가할 때마다 조금씩 비트의 각도를 회전시켜 구멍을 뚫음.

① 엠파이어 시추

사람과 동물의 힘을 이용해 비트에 충격력과 회전력을 주어 굴착하는 방법. 주로 사금 탐사에 이용. 굴착 심도는 약 30m

② 와이어 로프 시추

유전 개발 초기에 많이 사용. 심도 약 600m. 와이어 로프 끝에 비트를 접속시켜 지표에서 비트를 상하로 운동시키며 굴착.

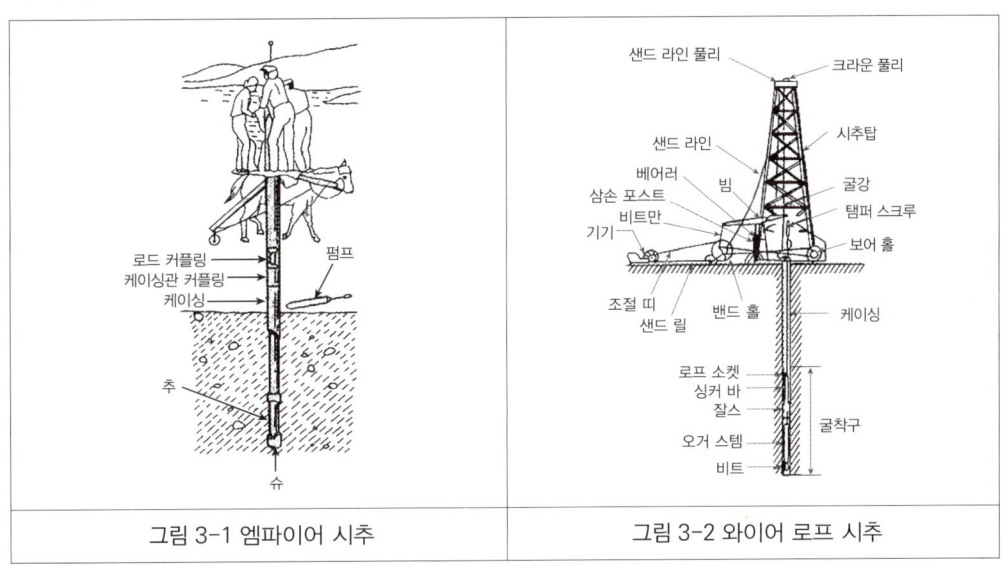

| 그림 3-1 엠파이어 시추 | 그림 3-2 와이어 로프 시추 |

2) 회전식 시추

로드 또는 코어 배럴에 접속한 비트에 적당한 압력과 회전력을 가함으로써 원형의 구멍을 굴착하는 방법. 오늘날의 시추법의 주류.

① 메탈 비트 시추

- 메탈 비트로 암반 굴착. 비트의 날에 강도 높은 초경합금 팁이 장착. 수직, 사상향, 사하향 수평 굴착 가능. 적정 회전수 60~100rpm, 굴착 심도 최대 1,500m
- 장점 - 다이아몬드 비트에 비해 저렴, 연질 암반에서는 굴착 속도 빠름
- 단점 - 코어 채취율 낮음. 비트의 마멸 속도가 빠름. 경암 굴착 시 효율 떨어짐.

② 다이아몬드 시추

- 경질 암반에 사용. 코어 채취율이 높아 광상의 탐사나 지질 조사에 효과적. 비트의 몸체는 텅스텐이고 굴착면은 다이아몬드를 부착 (매트릭스). 적정 회전수 1000~1500rpm 굴착 심도 약 600m. 모든 방향 굴착 가능.
- 장점 - 경질 암반에 사용가능, 굴착 능률 좋음, 코어 채취율 높음, 슬러지 적음, 비트의 교체가 적음

2. 비트의 특성 및 용도

(1) 비트의 특성

공저에서 직접 암석이나 표토에 접하여 절삭하는 역할. 비트 선택 시 암질, 스핀들 회전수, 급압, 송수량, 굴착 예정 심도 등을 염두하고 선택해야함.

(2) 비트의 분류

- 재질에 따라 메탈비트와 다이아몬드 비트로 분류
- 암심 채취 유무에 따라 코어 비트와 논코어 비트로 분류

그림 3-3 코어비트 / 그림 3-4 논코어비트

① 메탈 비트 : 텅스텐 카바이드 비트. 주로 표토층이나 연질암의 굴착에 사용. 연질암에서 절삭 속도가 빠르고 가격이 저렴.

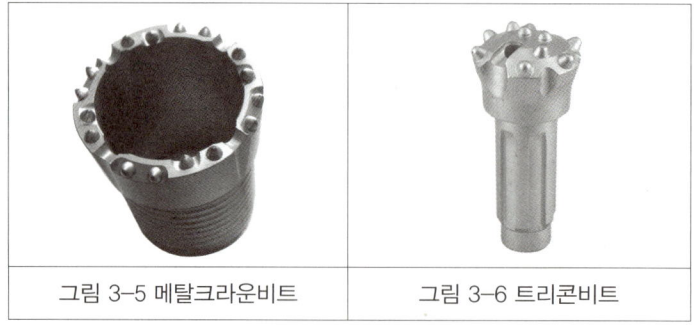

그림 3-5 메탈크라운비트 / 그림 3-6 트리콘비트

	크라운 비트	
메탈비트	논코어 비트	트리콘 비트
		리밍 비트
		스리잉 비트
		스리잉 피시 테일 비트
		로즈 비트
		초핑 비트
		플랫 비트

② 다이아몬드 비트 : 강철로 된 크라운 끝의 매트릭스에 공업용 다이아몬드를 분말로 심어서 사용. 다이아몬드의 경도가 높아 경질암에서 굴진 가능.

	코어 비트	서피스 비트
다이아몬드비트		임프레그네이티드 비트
	논코어 비트	파일럿 비트
		콘케이브 비트
		테이퍼 비트

3. 코어기기 및 채취, 관리

조사 시추에서 로드의 하단에 접속하여 굴착. 절취된 코어를 담아 지상으로 올리는 기구를 코어 배럴 또는 코어 튜브라고 함.

(1) 코어 기기

① 코어 셸 컴프리트 : 코어 리포터, 리프트 케이스, 익스텐션으로 구성. 코어를 공 내에서 절단하고 익스텐션은 이너 튜브에 접속

② 싱글 튜브 코어 배럴 : 1개의 관으로 구성. 코어의 채취가 쉬운 지질 조건에 사용. 코어가 물이나 회전력에 의해 부스러지거나 씻기기 쉬운 암질에는 부적절 함.

③ 더블 튜브 코어 배럴 : 이너 튜브와 아우터 튜브로 구성. 코어에 물리적 장애를 주지 않으므로 조사 시추에 많이 이용.

④ 와이어 라인 코어 배럴 : 주로 심부공의 시추에 사용. 드릴 로드의 인양 없이 코어를 담은 이너 튜브를 오버 숏으로 걸어 지상으로 올릴 수 있으므로 능률적.

⑤ 오버 숏 : 이너 튜브를 지상으로 올리는 기구. 선단에 낚시 모양의 래치 장치.

(2) 코어 채취 및 관리 순서

① 주어진 코어의 규격에 따라 목재 또는 철제로 코어 상자를 만든다.
② 코어 배럴에서 코어를 빼내어 순서가 바뀌지 않도록 심도에 따라 상자 안에 차례차례 넣는다.
③ 코어가 회수되지 않을 때에는 슬러지를 채취하여 비닐 주머니에 담아 해당되는 심도에 맞추어 넣는다.
④ 상자마다 시추공 번호, 상자 번호, 심도 등을 기재한다.
⑤ 나중에 자료로 사용하기 위해 코어를 잘 정리한다.
⑥ 정리된 코어 사진을 찍어 둔다.

(3) 코어 채취 관리 및 관리 시 유의사항

① 코어 튜브에서 코어를 받을 때, 먼저 나온 토막의 끝 부분과 다음 토막의 첫 부분을 접하는 순서로 코어 상자에 정리한다.
② 코어가 다 나왔으면 끝 부분에 나온 부분을 전회 굴착 심도로 하고 처음 나온 부분을 금회 굴착 심도로 한다.
③ 공벽의 붕락물은 코어를 정리할 때 제거한다.
④ 슬러지를 채취할 경우, 굴착 시 주입한 공 내의 물을 완전히 배수시켜 슬르지의 침전을 막는다.

4. 시추기구

회전식 시추기는 일반적으로 추진 장치, 권상 장치, 전동 장치, 펌프 및 원동기의 5개 요소로 구성되어 있음.

(1) **원동기** : 내연 기관이나 전기 코터 사용. 작업장의 특수성을 고려하여 적절하게 선택해야 함.

1) 내연 기관

① 내연 기관 종류 : 일반적으로 가솔린과 디젤 사용. 디젤이 저렴하므로 디젤을 많이 사용.
② 내연 기관 출력 및 회전수 : 가장 많이 사용되는 출력은 6~30 PS, 회전수는 1,400~2,000rpm 범위. 내연 기관은 전동기 출력보다 10~15% 정도 큰 것 사용할 것.
③ 내연 기관의 선택 방법 : 일반적으로 갱외에서 사용. (갱내는 배기 처리 곤란하므로 사용 어려움.)
  • 고려 사항 - 전동기와 내연기관의 과부하시 출력 차
    - 굴착 공경, 심도 또는 압력 용량 및 지질 상황에서 추정되는 과부하 상황

- 원동기에서 시추기 펌프 또는 믹서 등의 동력 전달 방법
- 연료 및 부품 등의 보급 관리
- 현장에서 설치 및 운반의 편리성
- 경제성

2) 전동기 : 유도 전동기는 구조가 간단하고 고장이 적고 회전수가 일정하여 배출 가스나 소음에 의한 공해가 적어 주로 주택가나 도심지의 시추 현장에서 사용.
  ① 전동기의 종류 : 교류에 따라 3상과 단상 유도 전동기로 분류
    • 단상 유도 전동기 - 1마력 이하의 소형이 많음.
    • 3상 전동기 - 시추기용과 공장 산업용의 대부분을 차지.
  ② 선택 방법 : 전원의 성질에 맞고 사용 장소의 환경에 적합한 것으로 선택
  ③ 취급 시 주의사항 : 배선 상태 점검, 안전기의 기능 향상 유지, 전동기 시동은 무부하 상태로 시동, 회전 방향의 점검과 절연 상태 확인

(2) 추진 장치 : 굴착 장비에 추진력을 부여하는 장치.
  1) 스핀들형 : 스핀들에 드릴 로드를 끼워 고정시키고, 스핀들의 회전과 상하 급진 작용에 의해 굴착되도록 한 것. 1,500m이하의 시추에 주로 사용.
    ① 핸드 급진식 추진 장치 : 스핀들의 중앙부에 있는 축으로부터 동력을 스핀들에 동시에 회전을 주는 헬리컬 기어.
    ② 하이드롤릭 급진식 추진 장치 : 핸드 급진식과 거의 같으나, 하이드롤릭 실린더가 있다는 점이 차이점.
    ③ 스크루 급진식 추진 장치 : 왼나사로 된 스핀들에 나성형 기어 장치를 붙여 스핀들의 회전과 함께 급진하도록 만든 장치. 갱 내에서는 여러 가지 목적으로 사용되고, 갱 밖에서는 주로 코건 관계의 기반 조사에 사용.
  2) 턴테이블형 : 턴테이블 중앙에 4각의 구멍이 있어 드릴 스템을 물고 드릴 스템의 선단에 연결된 굴착 기구에 회전을 시키는 것으로, 굴착 능력은 2,000~3,000m
  3) 힘의 전달 방법에 따른 분류
    - 스핀들형 시추기 : 핸드 급진식, 스크루 급진식, 유압 급진식, 공기압 급진식
    - 로터리형 시추기 : 중력 급진식
    - 터보드릴 시추기 : 중력 급진식

(3) 권상장치
  • 시추기가 공 내의 굴착 장비류를 인양, 삽입할 때 승강시키는 장치. 드럼에 와이어 로프를 감고 드럼을 정회전 또는 역회전하여 조작.

- 심도가 얕은 공 - 밴드 브레이크
- 심도가 깊은 공 - 하이드로 댐퍼

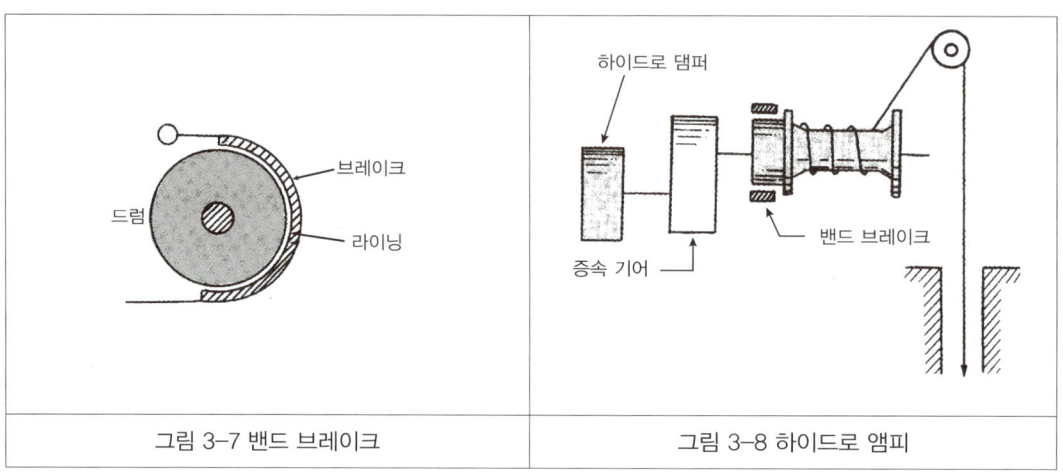

| 그림 3-7 밴드 브레이크 | 그림 3-8 하이드로 앰피 |

(4) 유압 장치

시추기의 작업에 필요한 각 장치를 구동하는 유압 기구에 유압을 공급하기 위한 펌프로부터 각 유압 실린더까지 구성. 유압 펌프의 크기는 압력(kg/cm^2)과 배출량 (L/min)으로 나타냄. 배출량의 맥동이 적고, 무거운 하중이 가해져도 배출량이 떨어지지 않아야 함.

1) 펌프의 종류
   - 나사 펌프, 기어 펌프, 베인 펌프, 플린저 펌프

(5) 전동 장치

원동기에서 발생한 동력을 권상 장치와 유압 펌프 및 추진 장치에 전하는 장치로써, 벨트나 체인 또는 각종 축이나 기어로 전달.

1) 클러치 : 동력의 전달과 차단을 위해 주로 디스크 클러치 사용.
2) 변속 장치 : 원동기에서 발생한 힘의 크기와 회전수를 여러 가지로 변속 하여 굴착 장치나 권상 장치에 전달

5. 펌프

- 비트의 냉각과 비트 날의 청결, 코어의 늘어 붙음 방지를 위해 굴착 중에 항상 공저에 물을 송수해야 함.
- 시추공의 지름, 심도, 사용 굴착구의 종류, 사용 목적 등에 따라서 펌프의 용량과 최대 압력이 다름.

(1) 유속과 유량

입자가 크거나 비중이 큰 슬러지의 경우에, 유수의 비중과 점성을 높이거나 유속을 크게 하지 않으면 배출 효율이 떨어짐.

공벽과 로드 또는 굴착 장비 사이로 상승하는 물의 양은 그 간극의 넓이와 유속에 비례함. 따라서 산출식은

$$M = VF = \frac{V\pi}{4(D^2 - d^2)}$$ (단, 각종 저항은 고려하지 않음)

    M : 상승하는 물의 양 (cm^2)
    V : 물의 상승 속도 (cm/s)
    F : 공벽과 로드와의 간격 단면적 (cm^2)
    D : 공벽 또는 외관의 안지름 (cm)
    d : 로드의 바깥 지름 또는 내관의 바깥 지름 (cm)

(2) 펌프의 종류

시추용 펌프는 일반적으로 고압을 필요로 하므로 왕복 펌프가 사용됨.

왕복 펌프는 피스톤 또는 플린저를 왕복 운동시킴으로써 실린더의 내부에 진공을 만들어 물을 흡입하고, 다시 실린더의 내부에 압력을 주어 외부로 배출하게 된다. 일반적으로 딜리버리 호스와 워터 스위블을 통과하여 시추공으로 송수.

1) 피스톤 타입 : 누수가 많아 저압용으로 사용. 최근에는 그라우팅을 겸한 우수한 고압의 피스톤 펌프가 보급

2) 플린저 타입 : 누수가 적고 고장 시 수리가 용이하여 고압용에 사용

단동 펌프	단통 펌프
	2연통 펌프
	3연통 펌프
복동 펌프	단통 펌프
	2연통 펌프

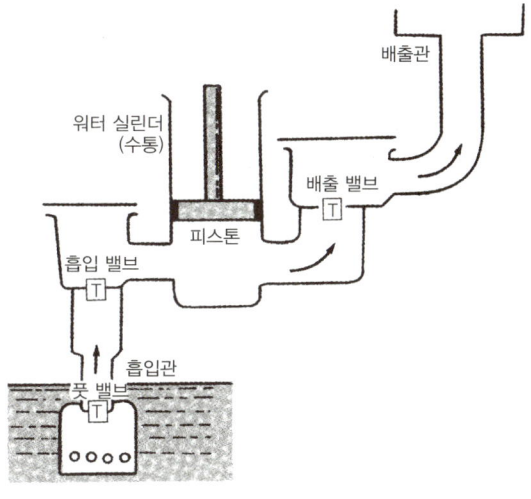

그림 3-9 펌프의 원리

(3) 펌프의 소요 마력

펌프의 소요 마력은 수마력과 축마력으로 구분되며, 다음 산출식으로 구할 수 있다.

수마력 (W.H.P.) = $\dfrac{\gamma \times Q \times H}{4500}$

축마력 (B.H.P.) = $\dfrac{\gamma \times Q \times H}{4500 \times \eta}$

    Q : 배출수량 (㎥/min)
    H : 양정 (m)
    γ : 단위 체적의 물의 중량 (kg/㎥, 청수인 경우 1000kg/㎥)
    η : 펌프의 효율 (%, 왕복 펌프의 경우, 청수 : 80~90%, 이수 : 60~70%)

펌프의 소요 마력은 배출 수량과 압력에 따라서 결정됨, 심도와 수량과의 관계, 심도와 압력과의 관계, 압력·수량·마력과의 관계를 알면 필요한 마력을 구할 수 있음.

6. 이수의 종류 및 특성

(1) 이수

시추 굴진 시 사용되는 순환 유체인 물에 점토와 시추공 내의 상황에 적절한 화학약품을 혼합하여 시추 굴진을 보다 쉽게 하려고 사용하는 윤활제 역할의 흙탕물

(2) 이수의 구비조건

1) 사분을 포함하지 않아야 한다.
2) 적당한 점성을 가져야 한다.
3) 얇고 튼튼한 이벽을 만드는 성질이 있어야 한다.
4) 안정성이 높아야 한다.
5) 염분 및 전해질의 함유향이 적어야 한다.

(3) 이수의 종류

1) 벤토나이트 이수 : 벤토나이트를 현탁 시킨 이수
  ① 장점
    - 값이 싸고 조니가 간편
  ② 단점
    - 공벽 붕괴 방지능력이 적음
    - 염수, 시멘트, 석고와 같은 가용성 전해질에 약함

- 비중이 1.50 이하이면, 점성과 항복점이 높아져 사용 시 비중을 높일 수 없음

2) 에멀션 이수
- 로드 및 코어 배럴의 마멸 방지와 탄수를 방지하고 이수의 비중을 감소시키기 위한 이수법
- 제조법은 벤토나이트 이수에 경우 5~10% 또는 머드오일과 아스텍스를 각각 1%이상 혼합한다음, 에멀션화제로서 계환활성제를 첨가

3) 크롬 이수
벤토나이트 이수에 네오크롬나이트를 첨하한 다음 수산화 나이트 또는 수산화칼슘으로써 ph값을 9.5~10.0(염기성)으로 조절한 이수

① 장점
- 염분, 시멘트, 석고 등과 같은 가용성 전해질이 혼입된 이수에 양호한 안정성을 가짐
- 점성, 겔 강도, 항복점이 낮은 유동 특성을 유지
- 이암, 셰일류의 팽윤 억제 및 공벽 붕괴 방지력이 우수
- 온도에 대한 안정성이 크고, 높은 비중의 이수 유지가 쉬움

② 단점
- 이수에 거품이 발생
- 벤토나이트 이수에 비해 조니 비용이 높음
- ph9.0 이하의 환경에서 부패함

4) 폴리머 이수
이수에 윤활성과 점성을 주어 굴착할 때 회전을 감소시키고, 장비의 마멸을 감소시키며, 슬러지를 신속하게 제거시켜 굴착효율을 향상시키는 이수

① 종류
- 점성폴리머, 팽창억제폴리머, 비트 보호제, 누수방지제

② 장점
- 벤토나이트 이수에 비해 적은 양으로도 이수 조니가 가능
- 공해의 우려가 없고, 이수 조니 비용이 저렴
- 운반 및 보관이 용이하며, 이수의 조기가 간편

③ 단점
- 시추공 내의 이벽 형성이 불량하여 파쇄사 심하다.
- 심도가 깊은 시추공에서는 벤토나이트 이수보가 공경유지가 불량

7. 이수시험

(1) 마쉬 퍼넬(marsh funnel) 점성 측정

퍼넬 점도계로 측정한 겉보기 점성이며, 퍼넬 점성과 플라스틱점성, 항복값, 겔 강도는 직접적 관계는 없으나 일반적으로 퍼넬 점성이 낮아지면 플라스틱점성, 항복값, 겔 강도도 낮아짐으로 수시로 측정하여야 한다.

(2) 비중 측정

- 비중은 단위 부피 당의 무게를 말하며, 비중은 지층 중에 있는 가스, 기름 등의 유체가 분출되는 것을 막고, 지층의 붕괴를 막으려는 중요한 성질을 이용하여 비중을 측정해서 이수 시험을 수행하여야함
- 측정방법에 따라 저울에 의한 방법과 이수평형기에 의한 방법이 있음
- 측정 시 비중 값은 소수점 둘째 자리까지 구해야함

(3) 탈수량과 이벽 측정

- 이벽의 좋고 나쁨은 이벽의 두께와 탈수량으로 결정 탈수량이 적고, 이역이 얇고 튼튼할 수록 이벽 형성성이 좋은 이수임
- 탈수량과 이벽은 여과 시험기로 $7kgf/cm^2$의 압력으로 30분간 가압한 다음 여과수의 양(cc)과 여과지(4호 9cm)에 퇴적한 이벽의 두께(mm)로 나타냄

(4) 사분 측정

사분의 함유율을 직접 읽을 수 있도록 100%까지의 눈금과 이수를 넣는 100cc 눈금, 그리고 물을 넣는 250cc의 눈금이 새겨진 초자제 실린더와 지름이 6.3cm인 원통 중간에 200 메시의 스크린이 붙어 있고, 다른 한는 원통이 들어갈 수 있는 누두로 되어있는 기구로서, 이수 중의 사분을 측정

8. 시추관리(공곡측정, 시멘테이션 등)

(1) 지하수 오염원인

1) 제1군 - 배출 방류의 목적으로 설치된 오염물질
2) 제2군 - 오염 물질의 처리 및 저장 또는 처분 설비로부터 누출된 오염 물질
3) 제3군 - 운송, 배관 시설로부터 누출된 오염 물질
4) 제4군 - 그 밖의 활동으로 배출 및 살포된 오염 물질
5) 제5군 - 지하수 흐름 경로 변경에 따른 오염 물질

6) 제6군 - 인간 활동에 의해 자연적으로 발생된 오염 물질

지하수 오염은 실태의 파악이 어렵고, 발견된 오염일지라도 제거 복구가 쉽지 않다.

(2) 시추공의 폐쇄 및 원상복구

1) 지하수 개발 및 이용지역의 시설을 철거하거나 원상 복구하여야하는 경우
   ① 지하수의 개발과 이용이 위하여 굴착한 장소에서 지하수가 채수되니 않는 경우
   ② 지하수의 개방과 이용에 따른 신고 의무를 이행하지 않음으로써 폐쇄 명령을 받은 경우
   ③ 지하수의 개발과 이용으로 생물종의 멸종, 고사 등 자연 생태계에 심각한 영향을 주는 경우

2) 폐쇄 및 복구방법
   ① 굴착 작업 중 포기해야 하는 경우
   - 공벽 보호관이 설치되었을 시 이를 제거하고 굴착 깊이까지 시추공 내부에 불투성 재료(시멘트슬러리, 점토 또는 시멘트 모르타르 등)를 다지면서 되메움을 하여야함(공메우기 작업) 지표로부터 약 1.5m 까지는 지하로 오염 물질이 유입을 방지하기 위해 깨끗한 흙으로 다짐

   ② 이용하고 있는 취수정을 폐쇄하는 경우
   - 지표하부에 그라우팅이 되어있는 경우 : 공메우기 작업을 실시함 또 지표하부는 깨끗한 흙으로 다짐
   - 지표하부에 그라우팅이 되어 있지 않는 경우 : 공벽과 보호관 사이에 유공관등의 자재가 설치 되어있는 경우 될 수 있는 대로 이들을 제거한 다음 공메우기 작업을 실시하며. 자표하부는 깨끗한 흙으로 다짐
   - 이는 그라우팅이 되지 않아서 생기는 공간으로 인하여 지표오염 물질 또는 지하수층 각의 오염 통로 역할을 하거나, 보호관 자체의 부식으로 지하수 오염을 증가시키기 때문

(3) 시멘트 충전법

1) 1차 충전

   지하수정 바닥부터 지표하부 약 1.5m까지 충전재를 주입

2) 2차 충전

   1차 충전 후 약 24시간이 경과하면 시멘트가 교결되면서 부피가 감소함 감소된 부피를 다시 시멘트로 충전

3) 마지막 충전

   깨끗한 흙으로 지표까지 다진다.

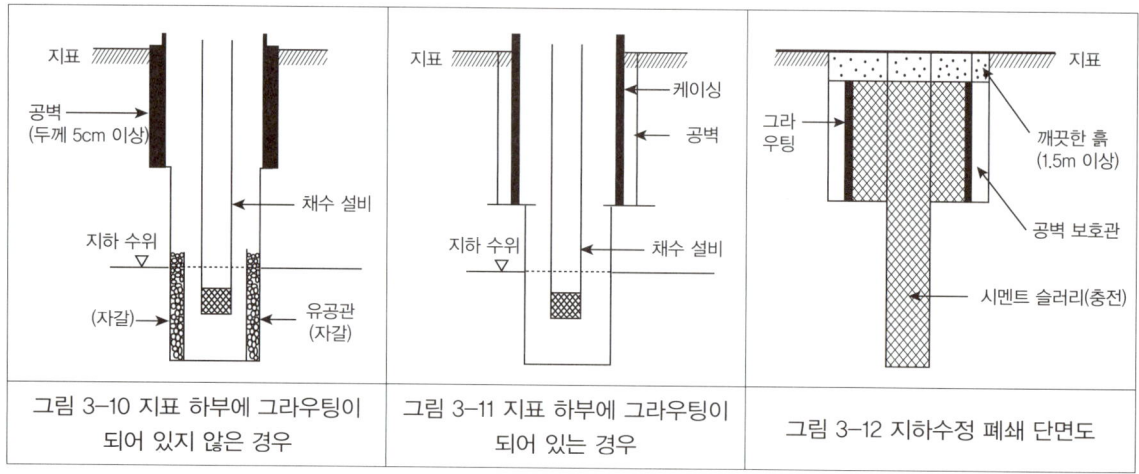

| 그림 3-10 지표 하부에 그라우팅이 되어 있지 않은 경우 | 그림 3-11 지표 하부에 그라우팅이 되어 있는 경우 | 그림 3-12 지하수정 폐쇄 단면도 |

9. 재해예방, 사고대책 및 복구

(1) 시추 사고와 복구 대책

굴착 지점에서의 억류, 비트나 로드늬 탈락, 공벽의 붕괴 등으로 인하여 작업 시간의 지연이나 굴착 불능의 요인으로 작용하는 것을 시추 사고라고 한다.

1) 굴착 사고

① 비트 사고
- 경질 암석을 굴진할 때, 과도한 급압을 가하면 비트가 파손됨.
- 메탈 파편일 경우에 시멘테이션을 실시하여 굳은 다음에 시멘트를 굴진하여 잡아 올리는 방법이나 로드 끝에 포집기를 달아 잡아 올리는 방법이 있음.

② 로드 및 드릴 파이프 사고
- 끊임없는 충격력과 비틀림의 하중을 받으며 공벽과의 마찰, 취급 부주의 등으로 사고 발생.
- 공 내에서 로드나 드릴 파이프가 절단되었을 경우 반드시 인양해야 함. 일반적으로 탭을 로드나 드릴파이프의 하단에 연결시켜 인양함. 만약 로드나 드릴파이프가 기울어져 있어 인양이 곤란할 경우 월 훅이나 스파이럴 가이드를 이용하여 기울어진 것을 바로 세운 후 인양.

2) 굴착 사고

① 로드 하강 불능 사고

이벽이 두껍거나 미고결암의 붕괴 발생 시, 균열층에서 붕괴와 압출 발생 시. 복구 방법으로는 공벽 보호, 확공, 세공, 재굴진 등 다양한 방법이 있음. 최선의 방법으로 케이싱 하는 것이 바람직하다.

② 재밍 (억류 사고)
- 슬러지의 침전, 공벽의 붕괴로 인하여 굴착구가 움직이지 못할 때 발생.
- 복구 방법으로는 강인법, 타격 드로잉, 인위적 공곡 굴진 등이 있음.

3) 지질 사고

단층면이 넓은 파쇄대, 점토층이 여러 층 협재 된 단층, 심하게 압출되는 지층에서는 작업이 어려운 경우가 발생. 특히 굴진 중 벤토나이트질 사암 또는 벤토나이트질 셰일과 같은 지층을 만날 경우 이러한 물질들이 순환수에 의해 흡수, 팽창되어 (수화 팽창) 사고가 발생.

4) 붕괴 사고

가장 곤란한 사고 중 하나. 시추한 지층이 시추공 속에 무너지는 현상. 시추장비가 재밍되므로 일니가 일어나는 위험을 초래, 복구하는 데 많은 시간과 노력이 소요됨

5) 일니 사고

시추 작업 중에 펌프에 의해 순환되고 있는 이수가 저압층 지층의 갈라진 틈으로 들어가서 정상적인 순환이 이루어지지 못하는 현상. 일수라고도 함.

6) 기타 사고

굴진 중에 공구류와 같은 금속물이나 코어를 공 내로 떨어뜨리는 사고, 오이어 로프의 절단, 시추기 각 구성 부분의 고장 등

(2) 안전 대책

1) 굴착 중 로드 및 드릴 파이프 사고 시
- 수시로 로드와 파이프 점검, 낡은 것 교체
- 비트를 무리한 하중으로 회전시키지 말 것
- 부식성 있는 순환수 사용 금지, 접속부에 방청제 도포
- 로드 및 드릴 파이프 바깥에 윤활제 도포
- 드릴 로드에 돕을 칠하여 진동과 마멸 방지

2) 작업 중 로드 하강 불능 시
- 이수 개선하여 공벽 유지
- 이벽 두꺼워 공경 좁아질 경우 코드 크라운 연결하여 이벽을 긁어낸 후 확공
- 미고결암 압출의 경우 펌프의 송수압 높여 세공
- 사력의 압출인 경우 재굴진
- 최선의 방법을 케이싱 설치

3) 작업 중 억류 사고(재밍) 발생 시
- 재밍 직후 윈치를 이용하는 강인법
- 권상기로 복구 곤란 시, 잭을 보조로 사용하여 타격 드로잉
- 타격 드로잉 시 허용 신장 강도 이상의 힘을 가하여 와이어로프, 케이싱 파이프, 로드의 나사 부분이 절단되지 않도록 주의
- 위 방법으로 해결 곤란할 시, 재밍되지 않은 부분을 풀어 올림
- 케이싱 파이프 재밍 시에는 케이싱 커터로 절단하여 회수
- 위 방법으로 해결 곤란 시, 인위적인 공극 굴진으로 작업하여 심도까지 굴진

4) 붕괴 방지 대책
- 이수 비중은 압력과 균형에 맞도록 적정 값 유지
- 탈수량은 10mL 이하로 될 수 있는 한 적게
- 점성, 항복값 겔의 강도를 저하시켜 적정 값 유지
- 붕괴 방지 기능이 우수한 이수 사용
- 붕괴 일으키기 쉬운 혈암층 부분은 펌프 속도 늦추어 이수의 유동에 의한 침식이 일어나지 않도록 함.
- 굴착 슬러지를 완전히 배출 시키면서 굴착
- 굴착 장비의 승강 속도를 늦추어 지층에 이상 압력을 주지 않도록 함.

I. 시추일반 기출예상문제

01 시추의 목적으로 보기 어려운 것은?

① 수갱굴착을 위한 시추
② 통기 및 배수공 목적의 시추
③ 지하수 및 온천 개발 시추
④ 이벽 측정을 위한 시추

해설 시추의 목적은 다양한데, 수갱 굴착, 통기 및 배수공, 토목 공사에서 그라우팅, 지하수 및 온천 개발, 기반 조사, 발파, 천연가스 채취, 시반 공학 등의 목적이 있다.

02 시추의 방법을 크게 두 가지로 나눈 것으로 바른 것은?

① 충격식 시추, 비충격식 시추
② 충격식 시추, 회전식 시추
③ 비파괴 시추, 압력식 시추
④ 압력식 시추, 충격식 시추

해설 시추는 방법에 따라 크게 두 가지로 나누는데, 비트에 충격을 주어 암석을 파쇄하여 천공하는 충격식 시추와, 철판(파이프) 끝에 다이아몬드나 초경합금을 끼워 넣은 비트를 암석면에 대고 누르면서 회전시켜 구멍을 뚫는 회전식 시추가 있다.

03 충격식 시추와 회전식 시추의 종류를 바르게 구분한 것은?

	충격식 시추	회전식 시추
①	엠파이어 시추, 와이어 로프 시추	메탈 비트 시추, 다이아몬드 시추, 숏볼 시추
②	엠파이어 시추, 메탈 비트 시추	와이어 로프 시추, 다이아몬드 시추, 숏볼 시추
③	메탈 비트 시추, 와이어 로프 시추, 다이아몬드 시추	엠파이어 시추, 숏볼 시추
④	엠파이어 시추, 메탈 비트 시추, 숏볼 시추	와이어 로프 시추, 다이아몬드 시추

해설 충격식 시추에는 엠파이어 시추와 와이어 로프 시추가, 회전식 시추에는 메탈 비트 시추, 다이아몬드 시추, 숏볼 시추가 있다.

04 다이아몬드 비트의 장점이 아닌 것은?

① 극경암의 굴착이 용이하다.
② 코어채취율이 높아 지질도사에 사용된다.
③ 슬러지가 적어서 암반 균열을 시멘팅할 경우에 사용된다.
④ 비트의 마멸 속도가 빠르다.

해설 메탈 시추의 경우 비트의 마멸 속도가 빨라 경암 굴착 시 효율이 떨어지는 단점이 있다.

05 메탈 비트의 적정 회전수와 최대 굴착 심도를 바르게 연결한 것은?

① 20~60rpm, 500m
② 60~100rpm, 1,500m
③ 500~1,000rpm, 3,000m
④ 1,000~1,500rpm, 6,000m

해설 메탈 비트의 적정 회전수는 60~100rpm이고 최대 굴착 심도는 1,500m이다. ④ 1,000~1,500rpm, 6,000m은 다이아몬드 비트의 경우이다.

06 다음에서 설명하는 시추기의 요소는?

> 시추기가 공 내에 굴착 장비를 인양, 삽입할 때 승강시키는 장치를 말하며, 크게 밴드 브레이크와 하이드로 댐퍼로 나눈다.

① 원동기
② 추진 장치
③ 권상 장치
④ 유압 장치

해설 권상기는 시추기가 공 내에 굴착 장비를 인양, 삽입할 때 승강시키는 장치를 말하며, 크게 밴드 브레이크와 하이드로 댐퍼로 나눈다.

07 물의 상승 속도가 20cm/s인 공의 공벽 안지름이 20cm, 로드의 바깥 지름이 15cm일 때, 다음 공식을 활용하여 공벽과 로드 또는 굴착 장비 사이에 상승하는 물의 양을 구하면?

> $M = V \cdot F = V \cdot \dfrac{\pi}{4}(D2 - d2)$
> V : 물의 상승 속도
> D : 공벽 또는 외관의 안지름
> d : 로드의 바깥 지름 또는 내관의 바깥지름

① 274.75㎤/s
② 2,747.5㎤/s
③ 27,475㎤/s
④ 274,750㎤/s

해설 $M = V \cdot \dfrac{\pi}{4}(D2 - d2) = 20 \times \dfrac{3.14}{4} \times (202 - 152)$
$= 5 \times 3.14(400 - 225) = 5 \times 3.14 \times 175 = 2747.5$
이므로 답은 ②이다.
V : 물의 상승 속도
D : 공벽 또는 외관의 안지름
d : 로드의 바깥 지름 또는 내관의 바깥지름

08 왕복 펌프는 피스톤 펌프와 플런저 펌프로 나누어지는데, 그 구조와 모양에 따라 다시 단동 펌프와 복동 펌프로 나눈다. 단동 펌프의 종류에 해당하지 않는 것은?

① 단통 펌프
② 2연통 펌프
③ 3연통 펌프
④ 4연통 펌프

해설 단동 펌프의 종류에는 단통, 2연통, 3연통이 있다.

09 다이아몬드 비트 중 논코어 비트에 해당하지 않는 것은?

① 서피스 비트
② 파일럿 비트
③ 콘게이브 비트
④ 테이퍼 비트

해설 다이아몬드 비트 중 코어 비트에는 서피스 비트, 임프레그네이티드 비트가 있고, 논코어 비트에는 파일럿 비트, 콘게이브 비트, 테이퍼 비트가 있다.

10 다음에서 설명하는 비트는?

- 매트리스와 다이아몬드 입자의 연마 정도가 비슷하고, 항상 예리한 연마면을 가지므로 연속적 굴진이 가능하다.
- 충격력에 의하여 다이아몬드 입자가 파손될 우려가 적다.
- 극도로 다이아몬드 소모가 많은 극경암, 정동질의 암석 굴착에 용이하다.

① 트리콘 비트
② 로즈 비트
③ 초핑 비트
④ 임프레그네이티드 비트

해설 임프레그네이티드 비트의 특징은 매트리스와 다이아몬드 입자의 연마 정도가 비슷하고, 항상 예리한 연마면을 가지므로 연속적 굴진이 가능하다는 것, 충격력에 의하여 다이아몬드 입자가 파손될 우려가 적다는 것이며 따라서 극도로 다이아몬드 소모가 많은 극경암, 정동질의 암석 굴착에 용이하고, 균열이 많은 암석의 굴착, 균일질 중경암 이상의 암반을 굴착하는 데 사용된다.

11 리밍 셸(reaming shell)에 대한 설명으로 바르지 않은 것은?

① 길이가 길고 얇은 관상의 비트이다.
② 주로 비트와 코어 배럴 중간에 접속된다.
③ 일정한 공경 유지, 비트의 바깥 지름의 조기 마멸 방지, 장비의 진동 방지 목적으로 사용된다.
④ 종류에는 연마편에 부착된 다이아몬드의 배열에 따라 밸런스형과 인서트형이 있다.

해설 리밍 셸(reaming shell)은 길이가 짧고 얇은 관상의 비트이며, 주로 비트와 코어 배럴 중간에 접속되어 일정한 공경 유지, 비트의 바깥 지름의 조기 마멸 방지, 장비의 진동 방지 목적으로 사용된다. 그 종류에는 연마편에 부착된 다이아몬드의 배열에 따라 밸런스형과 인서트형이 있다.

12 로드와 커플링을 접속할 때, 누수방지 및 결속력 강화를 위해 관의 끝 부분을 테이퍼 하는 정도로 적절한 것은?

① 10° ② 30°
③ 50° ④ 90°

해설 이 경우에는 끝 부분을 30°정도 테이퍼 가공하는 것이 적절하다.

13 로드 커플링의 취급 법으로 바른 것은?

① 로드를 지상에서 던지거나 손상시키는 일이 없도록 한다.
② 로드를 세울 때에는 지상에서 10~20cm의 판자 위에 커플링을 아래로 향하게 하여 세운다.
③ 렌치를 거는 위치는 로드 선단으로부터 약 50cm 위에 건다.
④ 커플링을 점검하여 그 두께가 0.05mm 이상 마멸된 것은 사용하지 않는다.

해설 로드 커플링 취급 시, 로드를 지상에서 던지거나 손상시키는 일이 없도록 하고, 로드를 세울 때에는 지상에서 2~3cm의 판자 위에 커플링을 아래로 향하게 하여 세운 후, 렌치를 거는 위치는 로드 선단으로부터 약 10cm 위에 건다. 또한, 커플링을 점검하여 그 두께가 1.5mm이상 마멸된 것은 사용하지 않는 것이 좋다.

14 다음에서 설명하는 것은?

시추공 굴진 중 붕괴성 연약 지층, 다량의 출수나 일수층, 압출 등의 작업하기 곤란한 지층에서 사용하는 공벽 보호관으로, 이것을 설치하면 공벽과 로드의 마찰 저항 감소 및 로드의 절단 사고 시 복구가 쉬우며 유수를 차단할 수 있다.

① 와이어 라인용 로드
② 케이싱 파이프
③ 드라이브 파이프
④ 로드 스피어

해설 케이싱 파이프는 시추공 굴진 중 붕괴성 연약 지층, 다량의 출수나 일수층, 압출 등의 작업하기 곤란한 지층에서 사용하는 공벽 보호관이다.

15 다음 중 시추 시 송수 장비에 속하지 않는 것은?

① 워터 스위블   ② 딜리버리 호스
③ 석션 호스   ④ 로드 홀더

해설 시추 작업 중 공저로 보내지는 청수나 이수는 상당한 양과 압력이 필요하므로 송수 장비를 제작하여 사용하는데, 워터 스위블, 딜리버리 호스, 석션 호스 등이 송수 장비의 종류에 속한다. 로드 홀더는 작업 중 로드의 승하강 시 시추공 내 로드의 낙하를 방지하기 위한 목적으로 사용되는 장비이다.

16 코어의 채취 보관 방법으로 바르지 못한 것은?

① 주어진 코어의 규격에 따라 목재 또는 철제로 된 코어 상자를 만든다.
② 코어 배럴에서 코어를 빼내어 순서를 거꾸로 하여 심도에 따라 상자 안에 넣는다.
③ 코어가 회수되지 않을 때에는 슬러지를 채취하여 비닐 봉지에 넣어 해당하는 심도에 맞추어 넣는다.
④ 상자마다 시추공 번호, 상자 번호, 심도 등을 기재한다.

해설 코어를 채취할 때에는 코어 배럴에서 코어를 빼내어 순서가 뒤바뀌지 않도록 심도에 따라 상자 안에 차례차례 넣어야 한다.

17 코어 채취 장비 중 이너 튜브를 지상으로 올리는 기구로 선단은 낚시 모양의 래치 장치가 있고, 지름 5mm의 와이어 로프에 연결하여 지상의 윈치에 의해 작동되는 것은?

① 코어 셸 컴플리트
② 싱글 튜브 코어 배럴
③ 와이어 라인 코어 배럴
④ 오버숏

해설 코어 채취 장비 중 오버숏에 대한 설명이다.

18 로드 하강 불능 사고에 대한 설명으로 옳지 않은 것은?

① 이벽이 두꺼울 때와 미고결암의 붕괴 시 발생한다.
② 균열층에서의 붕괴와 압출 시 발생한다.
③ 복구법으로 강인법, 타격 드로잉, 인위적 공곡 굴진 등이 있다.
④ 최선의 복구 방법은 케이싱을 설치하는 것이다.

해설 강인법, 타격 드로잉, 인위적 공곡 굴진 등의 복구법은 재밍(억류사고) 발생 시에 사용하는 것이다.

19 붕괴 방지 대책으로 볼 수 없는 것은?

① 이수 비중은 압력과 균형에 맞도록 적정 값을 유지한다.
② 탈수량은 10㎖이하로 될 수 있는 대로 적게 한다.
③ 붕괴를 일으키기 쉬운 혈암층 부분은 펌프 속도를 높여 이수의 운동에 의한 침식이 일어나지 않도록 한다.
④ 굴착 슬러지를 완전히 굴착시키면서 굴착한다.

해설 붕괴를 일으키기 쉬운 혈암층 부분은 펌프 속도를 늦추어 이수의 운동에 의한 침식이 일어나지 않도록 하는 것이 바람직하다.

20 이수에 대한 설명으로 옳지 않은 것은?

① 시추 작업 시 공 내를 순환하면서 여러 가지 역할을 하는 유체이다.
② 시추 굴진 시 사용되는 순환 유체인 물에 점토와 시추공 내의 상황에 알맞은 적절한 화공 약품을 혼합하여 시추 굴진을 보다 쉽게 하려고 사용하는 흙탕물이다.
③ 일반적으로 많이 사용하는 점토 이수는 물을 흡수하면 축소하는 특성을 가지는 양질의 점토류를 청수 속에 콜로이드 상태로 분산시켜 만든 현탄액의 유체이다.
④ 시추공 내를 순환하면서 비트에 의해 깎여 나온 슬러지나 커팅을 지표로 운반하여 굴진을 돕니다.

해설 이수 중, 일반적으로 많이 사용하는 점토 이수는 물을 흡수하면 팽창하는 특성을 가지는 양질의 점토류를 청수 속에 콜로이드 상태로 분산시켜 만든 현탄액의 유체를 말한다.

21 조니 조절제 중 분산제의 종류에 속하지 않는 것은?

① 탈수 감소제 (CMC)
② 텔라이트 B
③ 텔라이트 FCL
④ 리그네이트

해설 탈수 감소제 (CMC)는 나트륨카르복실메틸 셀롤 로오스로서, 흡수성이 크고 건조 상태에서는 흰색 분말 상태이며 용해되면 풀과 같이 되는 점성 증가제이다.

22 가중제인 바라이트(barite)를 사용하려면 이수 퍼넬 점성이 얼마 정도가 되어야 하는가?

① 1,000㎖에서 최저 10㎖이상
② 500㎖에서 최저 35㎖이상
③ 1,500㎖에서 최저 5㎖이상
④ 100㎖에서 최저 25㎖이상

해설 가중제인 바라이트(barite)를 사용하려면 이수 퍼넬 점성이 500㎖에서 최저 35㎖이상이어야 한다. 점성이 작은 상태에서 사용하면 오히려 일수, 일니, 굴착구 억류 사고 등이 발생할 우려가 있다.

23 이수의 기능으로 적합하지 않은 것은?

① 공벽 보호 기능
② 슬러지 제거 기능
③ 비트의 냉각 기능
④ 코어 채취 기능

[해설] 이수의 기능을 요약하면, 공벽 보호, 슬러지 제거, 비트 냉각, 윤활 작용 들이 있다.

24 벤토나이트 이수의 단점으로 볼 수 있는 것은?

① 조니 과정이 복잡하다.
② 공벽 붕괴 방지 능력이 적다.
③ 염수, 시멘트, 석고와 같은 가용성 전해질에 약하다.
④ 비중이 1.50 이하면, 점성과 항복점이 높아져서 사용 시 비중을 높일 수 없다.

[해설] 벤토나이트 조니는 값이 싸고 조니가 간편한 것이 장점이다.

25 크롬 이수의 장점이 아닌 것은?

① 점성, 겔, 강도, 항복점이 낮다.
② 이암, 셰일류의 팽윤 억제 및 공벽 붕괴 방지력이 우수하다.
③ 온도에 대해 안정성이 크고 높은 비중의 이수 유지가 쉽다.
④ 전해질에 대해 안정성이 크고, 이벽이 두껍고 튼튼하다.

[해설] 크롬 이수의 장점에는 전해질에 대해 안정성이 크고, 이벽이 얇고 튼튼하다는 것이 있다. 단점은 가격이 비싸다는 점, 거품이 발생한다는 점, pH 9.0 이하에서는 쉽게 부패한다는 점 등이 있다.

26 다음에서 설명하는 이수는?

> 적은 양으로도 조니가 가능하며, 공해의 유려가 없고 이수 조니 비용이 저렴하다. 운반 및 보관이 용이하며 소니가 간편하나 단점으로는 시추공 내의 이벽 형성이 불량하여 파쇄가 심하며 심도가 깊은 이수에서는 공경 유지가 상대적으로 불량하다.

① 벤토나이트 이수
② 에멀션 이수
③ 크롬 이수
④ 폴리머 이수

[해설] 설명의 내용은 폴리머 이수이다.

27 머시 퍼넬 점성 측정의 방법으로 바르지 못한 것은?

① 머시 퍼넬 점도계 밑 부분의 튜브를 손가락으로 막은 다음 60메시의 철망을 통하여 측정할 용량의 이수를 채운다.
② 측정할 때에는 이수의 온도를 재고, 그 온도와 퍼넬 정성 값을 표시한다.
③ 일반 광산 시추에서는 1,000㎖를 넣고 1,000㎖가 유출되는 시간으로 퍼넬 점성을 나타낸다.
④ 사용하고 있는 퍼넬 점도계의 정확성을 시험할 때에는 온도 20±2℃의 청수로 시험한다.

[해설] 일반 광산 시추에서는 500㎖를 넣고 500㎖가 유출되는 시간으로 퍼넬 점성을 나타낸다.

28 이수 탈수 시험기를 이용한 탈수량 및 이벽 측정 방법으로 옳지 못한 것은?

① 실린더 내에 100㎖ 이하의 이수를 넣고 프레임 위에 실린더를 얹는다.
② 실린더에 밀착하도록 주의하면서 뚜껑과 패킹 여과지를 얹는다.
③ 탈수량측정을 위해 10cc 메스실린더를 드레인 튜브 밑에 받친 다음, 7kgf/㎠의 압력을 가한다.
④ 30분 후에 가압을 정지하고 감압 밸브를 열어 시험기 내의 압력을 제거한 다음 메스 실린더의 여과 수량을 측정한다.

해설 이수 탈수 시험기를 이용한 탈수량 및 이벽 측정 시에는 실린더 내에 290㎖ 이상의 이수를 넣고 프레임 위에 실린더를 얹는다.

29 지하수의 오염 원인으로 분류한 6개 군의 연결이 바른 것은?

	군	내용
①	제 1 군	오염 물질의 처리 및 저장 또는 처분 설비로부터 누출된 오염 물질
②	제 2 군	배출 방류의 목적으로 설치된 오염물질
③	제 3 군	운송, 배관 시설로부터 누출된 오염 물질
④	제 4 군	지하수 흐름 경로 변경에 따른 오염 물질

해설 지하수 오염 원인을 분류하면
제1군 - 배출 방류의 목적으로 설치된 오염물질
제2군 - 오염 물질의 처리 및 저장 또는 처분 설비로부터 누출된 오염 물질
제3군 - 운송, 배관 시설로부터 누출된 오염 물질
제4군 - 그 밖의 활동으로 배출 및 살포된 오염 물질
제5군 - 지하수 흐름 경로 변경에 따른 오염 물질
제6군 - 인간 활동에 의해 자연적으로 발생된 오염 물질으로 나눌 수 있다.

30 시멘트 충전법에 대한 설명으로 옳지 않은 것은?

① 충전제는 시멘트, 벤토나이트와 물의 혼합물로 한다.
② 충전량은 관정 부피의 200% 정도로 한다.
③ 호스 또는 파이프를 사용하여 지하수정 바닥부터 지표 하부 약 1.5m까지 충전재를 1차 충전한다.
④ 1차 충전 후 24시간 경과하면 다시 시멘트로 2차 충전을 하고 깨끗한 흙으로 지표가지 다진다.

해설 시멘트 충전 시 충전량은 관정 부피의 120%로 하는 것이 적절하다.

II 지하수일반

1. 지하수일반(성인, 분포, 성질)

지하에 존재하는 물을 총칭하여 넓은 뜻으로 지하수라고 부르지만, 대수층 속에 포화 상태로 존재하는 물이 좁은 의미에서의 지하수.

흙의 간극 중에 존재하는 지하수를 토중수라고 부르기도 하며 토중수는 일반적으로 지하수, 중력수, 보유수 등으로 분류함

(1) 지하수

지하수면보다 아래에 존재하는 대수층 속의 물, 일반적으로 포화 상태로 존재.

① 자유수면 지하수
   - 상부 지층의 토사력 간의 공극에 포함하는 중력수
   - 지하수 표면은 토양 공극을 통하여 유하는 대기수와 통함
   - 지하 수면은 대기압과 평형을 유지
   - 강수의 증감에 따라 지하 수면이 상승 또는 하강하여 수량이 증감
   - 지상의 기온과 오염은 수온과 수질에 영향을 줌
   - 채수 방법은 천정호, 심정호

② 피압 지하수
   - 불투수층 사이를 흐르는 압력수
   - 수온과 수질이 계절적으로 변화가 적음
   - 채수 방법은 굴착정

③ 복류수
   - 하상이나 호상 밑이나 부근을 흐르는 물
   - 채수방법은 천정호와 집수 매거

④ 용천수
   - 압력수가 지각의 균열을 통해 지상으로 용출되는 것
   - 채수 중 수질에 영향을 주지 않는 적당한 취수 시설을 함.

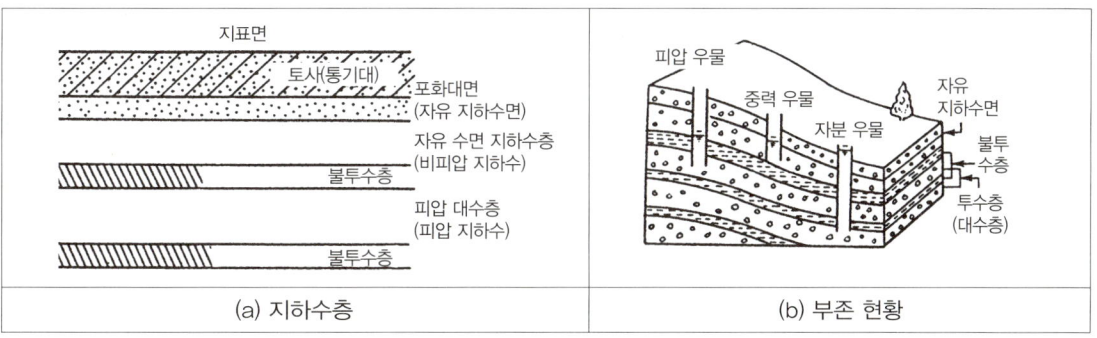

그림 3-13 지하수층 및 부존 현황

(2) 중력수

강우나 지표수가 지하에 침투해서 주로 중력의 작용으로 지하수면을 향해 흐르고 있는 물
- 중력수의 거동은 지하수의 이동과 똑같이 주로 중력의 작용에 의하지만, 일반적으로 불포화 침투하기 때문에 거동은 훨씬 복잡함.

(3) 보유수

간극이나 흙 입자에 붙어 있는 물
- 보유수는 중력의 작용만으로 이동할 수 없지만, 제 조건의 변화에 의해 완만하게 이동하고 그 양도 상당함.
- 이동은 액상이나 기상 단독으로 이루어지는 경우, 액상이 기상으로 변화하여 이루어지는 경우 등이 있음.

① 모관수 : 표면 장력에 의해 흙 입자 간의 약은 간극에 보유되어 있는 물로, 간극의 크기나 형상 및 흙 입자의 표면 성상에 의해서 다름. 지하수면의 변화, 압력, 온도 변화에 의해 이동함.

② 흡착수 : 흙의 입자 표면의 흡입력에 의해서 흡착되어 있는 물. 뜨겁게 하면 없어짐.
- 흙 입자 표면에 얇은 층을 이루고 있지만, 그 양은 흙 입자의 표면적, 성상 및 주변의 상태에 의해 다름.
- 함수비 최대치는 모래에서 약 1%, 실트에서 약 7%, 점토에서는 약 17% 정도

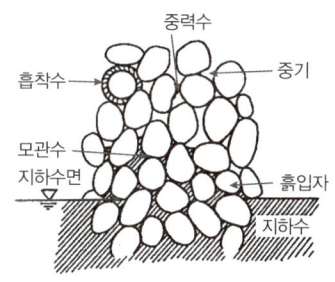

그림 3-14 토중수의 종류

2. 지하수의 흐름

- 지하수는 가만히 있지 않고 언제나 유동을 함.
- 지하수의 유속은 암석의 공극률과 밀접한 관계가 있으나 단순히 단위 부피당 공극률이 직접 대응되는 것은 아님
   예) 점토 - 공극률이 50%이상이자만 유속은 느린 경우도 있음
   모래나 자갈 - 공극률이 점토에 비해 작지만 유속은 비교적 빠름
- 지하수류의 유동 방향은 관측정의 수위를 측정하여 등수위선 (지하수 등고선)을 그리면 이 등수위선에 직각방향으로 흐름.
- 지하수의 유속은 흐르는 곳의 경사와 투수계수에 따라 달라짐
- 수문학적 순환 : 강우나 지표수의 지하 침투 → 지하수가 포화 → 이동 → 해양이나 지표부로 유출

3. 실내투수시험

- 흙 속에서의 물의 흐름을 투수라 하고, 간극의 크기에 따라 투수계수가 달라짐.
- 투수계수 k는 속도를 가지고 있으며 (cm/s), 흙의 모양과 지름, 간극비 및 물의 온도에 따라 결정됨.
- 투수 계수는 모래질 흙에서 크고 점토질 흙에서 매우 적음.

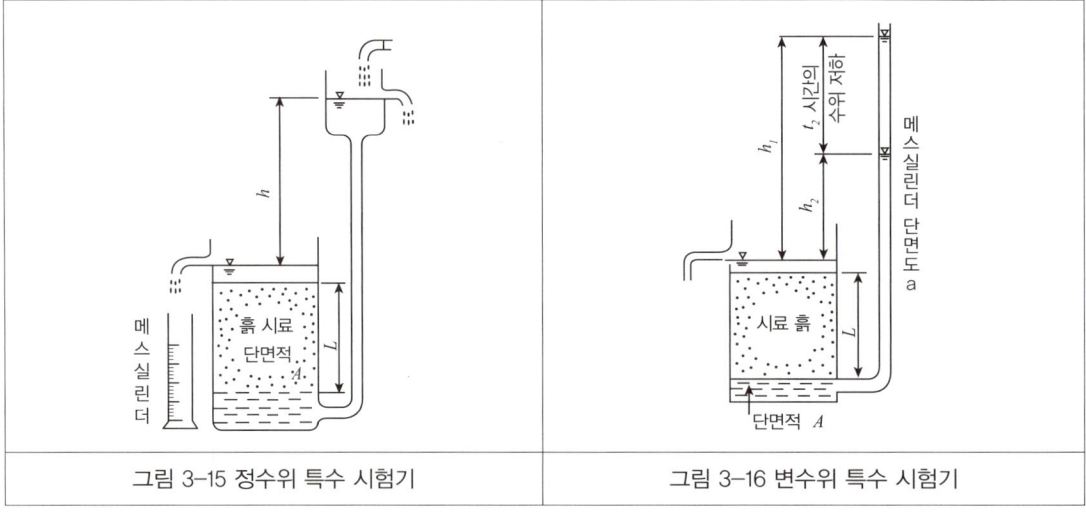

그림 3-15 정수위 특수 시험기   그림 3-16 변수위 특수 시험기

(1) 정수위 투수 시험

- 특수성이 큰 조립토에 적합
- 시료의 단면적이 A(cm²), 높이 L(cm)의 시료를 일정한 수위차에 의하여 일정한 시간 (t) 사이에 침투하는 물의 양 Q(cm³)을 매스 실린더로 측정, 산출식으로 투수계수 k를 구함.

$$k = \frac{QL}{hAt} (cm/s)$$

- ◆ 시험 방법
  - 시료 표면에 여과지를 깔고 두께 약 1cm의 필터용 여과사를 덮음
  - 투수 원통을 수조중에 움직이지 않게 고정하여 시료 밑 부분부터 천천히 물에 담가 포화시킴
  - 투수 원통의 상단 주수구를 통해서 천천히 주수하며 강부의 월류구부터 월류시켜 수위를 일정하게 함
  - 시료 밑 부분의 배수구를 열어서 배수시키며 수저 내의 수위를 일정하게 하고 수조로부터 월류하는 수량이 거의 일정하게 될 때 가지 기다림.
  - 수조 내의 수위와 배수량이 일정하게 될 때까지 기다려 시각 t1부터 t2까지의 시간 동안에 배수되는 배수량 Q를 매스실린더로 측정함
  - 시료 상부의 수위와 수조의 수위와의 수두차 h를 측정함
  - 수온 T를 측정함
  - 시험 후의 시료에 대해 함수량 측정 시험을 함
  - 측정값의 정리 계산을 함.

(2) 변수위 투수 시험

- 비교적 투수성이 낮은 미세한 모래나 실트질 흙에 적합
- 단면적이 A, 시료의 높이인 투수 거리가 L인 시료를 몰드에 넣고 단면적이 a인 유리관 속에 물을 채운 후, 시간이 t1일 때의 유리관의 수위를 h1, 시간이 t2 일 때의 수위를 h2 라고 하고 다음과 같이 누수 계수를 구함.

$$k = \frac{2.3aL}{A(t_1 - t_2)} \log \frac{h_1}{h_2} (cm/s)$$

- 시험 시 유의사항 - 시료 속의 공기를 빼고 물을 채움
  - 투수성이 낮은 흙의 시험에는 유리관의 지름이 작은 것을 사용해야 수위를 관측하기 쉬움

◆ 시험 방법
- 시료 위에 0.0075mm의 황동제 망을 씌우고 그 위에 두께 약 1cm의 여과사를 깐다.
- 여과사의 상면이 투수원통의 상단과 거의 일치하도록 하고 여과사의 윗면에 #40체 망의 황동제 망을 올려놓고 그 위에 투수 원통의 뚜껑을 덮어 투수 원통에 고정시킴
- 시료 용기를 수평으로 놓고 각 장치에 배관 후 모든 밸브를 잠금
- 저수조에 한 번 끓여 탈기한 물을 채운 후 밸브를 열어 급수병에 채운 후 밸브를 잠금
- 배기공에 진공 호스를 연결하고 시료의 진공도가 600mmHg가 되도록 약 10분간 진공 펌프를 작동시킴
- 급수병의 물로 시료의 공극을 완전히 채움
- 시료를 대기압으로 되돌리고 저수조의 물을 스탠드 파이프에 채움. 이 때, 스탠드 파이프의 단면적 a를 측정해야 하고 관로에 공기가 남아있지 않도록 해야 함.
- 하부의 월류 수조에 물을 채우고 수조의 월류 수면에서 스탠드 파이프 표척의 0점까지의 높이 H를 측정함
- 스탠드 파이트릐 수면이 어느 높이 h1, h2까지 하강했을 때의 시간 t1, t2를 기록함. 스탠드 파이트에 물을 채우고 3회 이상 반복함.
- 수온 T와 시험 후시료에 대한 함수비 Wt를 측정함.
- 측정값의 정리 계산을 함.

4. 양수시험

- 양수정에서의 양수량과 관측정에 의해서 주변의 지하수위 저하량을 측정하여 그 측정 결과로부터 역으로 투수 계수 혹은 저류 계수를 구하는 시험.
- 시험 목적 : 우물에서 적정 양수량을 결정하는 것. 종류로는 단계 양수 시험, 대수층 시험, 군정 시험 등이 있음.
    ◆ 시험 방법
    - 양수정과 관측정을 굴착함
    - 우물 간격과 상호간의 고저차 측량
    - 양수량 가정
    - 펌프로 양수를 개시, 시각을 기록
    - 수위 저하가 적당할 때까지 양수하고 그 시각, 관측정의 수위, 양수량, 수온을 측정
    - 지하 수위가 일정해지면 각 우물의 수위 측정
    - 펌프 양수 정지하고 시각 기록

- 양수 정지 후의 기간과 그 때의 관측점 수위를 기록, 회복 후의 각 우물의 정수위 측정
- 측정치를 정리 계산함

(1) 단계 양수 시험 : 적정 양수량을 결정하기 위함.

1) 적정 양수량

우물의 손실 증가나 지하수층의 물리적 성질에 이상 변화를 일으키지 않는 범위의 양수, 경제 양수라고도 함. 양수 시험으로 구한 최대 양수량의 70%

2) 적정 양수량 이론
- 한 우물에서 양수량은 투수 계수와 동수경사에 의해 정해짐
- 우물의 지름과 펌프의 용량을 크게 해도 대수층에 직접되는 수량에는 한계가 있음.
- 직접 한계 이상으로 양수할 경우 모래의 유동으로 취입구의 폐색과 많은 양의 모래가 배출되고 지반의 침몰과 비정상적인 수위 강하 등의 결과가 생김
- 우물에 집적되는 지하수 성분은 대수층의 공극 속에 있는 지하수, 자연 상태로 흐르는 지하수, 양수 중 동수경사 변화로 유동하는 지하수, 상위 대수층으로부터 뽑아내는 지하수 들임.

3) 시험 방법
- 한 단계에서 수위가 안정될 때까지 일정량을 양수함.
- 다음 단계에서 수위가 안정될 때까지 증가 양수량을 양수함.
- 단계별 양수를 반복하여 (6~7회) 양수량과 수위 강하량의 관계를 양수 대수지 위에 작도하여 변곡에 해당되는 한계 양수량을 결정.

4) 한계 양수량 : A
- 층류 : 한계 양수량 (A) 이하의 곡선
- 난류 : 한계 양수량 (A) 이상의 곡선

(2) 대수층 시험 :

1) 목적

대수층의 특성인 투수 계수 k와 투수량 계수 K 및 저류 계수 S를 파악하기 위함.

2) 시험 방법

① 일정량 연속 양수 시험 : 일정량 양수에 따른 수위 강하량 곡선을 작도

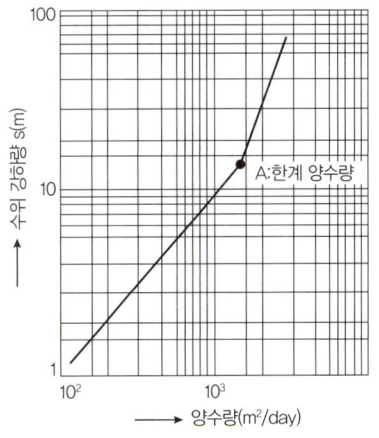

그림 3-17 단계 양수 곡선도

② 수위 회복 시험 : 양수 후, 수위 회복 시간과 수위와의 관계 곡선을 작도

(3) 군정 시험 : 여래 개의 우물에서 안정 양수량을 산정하는 것

5. 지하수 장해와 보전

- 지하수는 대부분 심도 750m 이내에 부존하는데, 우리나라 뿐 만 아니라 다른 여러 나라의 경우도 지표수의 부족으로 지하수에 대한 개발이 이루어지고 있음.
- 무분별한 지하수 개발에 의하여 지하수와 지반의 오염이 되기도 하여 광정이 폐기되는 등 문제가 악화되기도 함.
- 현재 우리나라 지하수 자원에 대한 관리는 일부분을 제외하고는 거의 이루어지지 않는 실정.

6. 온천

(1) 온천의 정의와 분류

- 우리나라, 일본, 남아프리카 - 25℃ 이상
- 영국, 독일, 프랑스, 이탈리아 - 20℃ 이상
- 미국 - 21.1℃ 이상으로 규정하고 있음.
  - 우리나라 온천법 제 2조 : 온천이라 함은 지하로부터 용출되는 25℃ 이상의 온수로서, 그 성분이 인체에 해롭지 아니한 것을 말함.

(2) 온천의 분류

온천의 3대 요소 : 온도, 수질, 수량

1) 온도에 의한 분류

분류	온도 (t)
냉천	t < 25℃
미온천	25℃ ≦ t < 34℃
온천	34℃ ≦ t < 42℃
고온천	42℃ < t

2) 열원에 의한 분류
  - 화산성 온천

세계 대부분의 온천들은 분기공과 함께 화산 지역에 집중적으로 발달되어 있음. 화산에

직접적인 근원을 두고 있는 온천을 지칭. 백두산 온천이 해당.
- 비화산성 온천

  화산과는 직접적인 관계를 갖지 않고, 산성 마그마 관입에 의해 심부에서 가열된 단순 지하수가 투수성인 균열대를 따라 지표에 용출되는 온천을 지칭. 우리나라 대부분의 온천이 해당

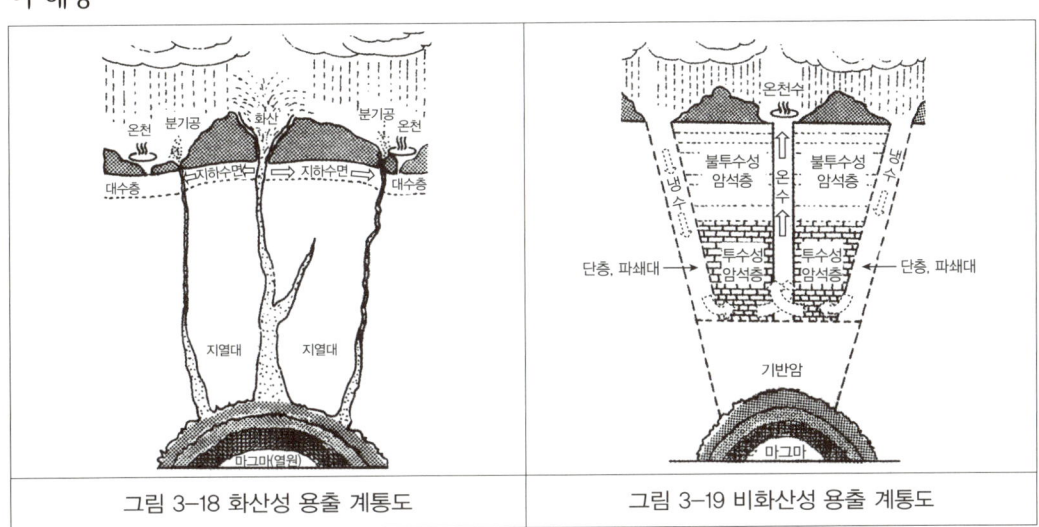

그림 3-18 화산성 용출 계통도   그림 3-19 비화산성 용출 계통도

3) 용출상태에 의한 분류

　지분 온천, 비등천, 끓는 온천, 간헐천, 균열성 온천, 심부 지하수형 온천 등으로 분류

4) 수질에 의한 분류

　① 화학 성분에 의한 분류 : 물 1kg 중 고형 물질을 1,000mg 이상 함유한 것중 주요 음이온인 탄산수소 이온, 염소 이온, 황산 이온을 기준으로 세 종류로 분류. 이것을 양이온 함유량에 따라 다시 분류함.

음이온에 따른 분류	양이온에 따른 분류
중탄산염천 : 주 성분이 HCO_3^-인 광천 (토류천)	알칼리천 : $NaHCO_3$를 주성분으로 한 광천 중탄산토류천 : $Ca(HCO_3)_2$ 및 $Mg(HCO_3)_2$의 이온을 주성분으로 한 광천
염화물천 : 주성분이 Cl^-인 광천	식염천 : $NaCl$이 주성분인 광천 염화 토류천 : $CaCl_2$ 및 $MgCl_2$의 이온을 주성분으로 한 광천
황산염천 : 주성분이 SO_4^{2-}인 광천(고미천)	망초천 : Na_2SO_4가 주성분인 광천 석고천 : $CaSO_4$가 주성분인 광천 정고미천 : $MgSO_4$가 주성분인 광천

- 온천수에 포함된 특유의 화학성분에 따라 민간요법에서 분류할 때에는 11종으로 구분
  : 단순 온천, 단산 탄산천, 중탄산 토류천, 중조천, 식염천, 황산염천, 철천, 명반천, 유황천, 산성천, 방사능천
② 수소이온 농도에 의한 분류 : 용출 시 수소 이온 농도 값 (pH)으로 6단계로 구분

구분	수소이온농도 범위
강산성천	pH < 2
산성천	2 ≦ pH < 4
약산성천	4 ≦ pH < 6
중성천	6 ≦ pH < 7.5
약알칼리천	7.5 ≦ pH < 9
알칼리성천	9 ≦ pH

(3) 우리나라 온천의 분포
- 대부분 쥐라기 대보 화강암체와 백악기의 불국사 화강암체와 밀접한 관계를 가지고 있음
- pH는 대부분 6.55~9.40으로 중성 내지 알칼리성. 중동부 온천들이 알칼리성이고, 중서부의 온천들이 약알칼리성 내지 알칼리성, 동남부의 온천들은 약알칼리성
- 굴착심도는 장소에 따라 다르나 대체적으로 200~300m, 최근에 개발된 온천은 700~1,000m

7. 지하수 오염방지대책 및 조치

(1) **지하수 오염의 원인** : 물리 화학적 오염, 염수에 의한 오염 등
- 일반적 오염원 : 쓰레기, 하수, 분뇨, 공장 폐수, 광산 폐수, 농업 오염수, 방사능 오염
- 기타 오염원 : 자연 오염 (지층의 생성 시 발생), 인공 오염 (지하수의 과도 이용 시 발생)

1) 수질 검사

수질 검사의 목적은 음료의 적합성 여부 판정, 원수의 정화 가능성 판정, 종화 방법과 경제성 판정, 수도 시설의 유해 여부 판정을 위함

① 물리적 검사
- 탁도 : 물의 맑고 흐린 정도를 검사
- 색도 : 물의 색을 나타내는 것
- 냄새 : 오수, 페놀류를 함유한 공장 폐수의 혼입, 플랑크톤의 번식, 염소 처리 등의 원인으로 발생

② 화학적 검사
- pH : 물의 액성의 정도를 나타내는 것, 지표물 1L 중에 용존하는 이온수, 수소 이온의 농도의 역수의 상용 대수로 표시
- 알칼리도 : 수중에 포함되어 있는 알칼리분을 탄산칼슘으로 환산해서 1L 중의 ㎎량으로 표시
- 산도 : 수중의 탄산, 유기산 등을 중화시키는 데 필요한 알칼리를 탄산칼슘의 ppm으로 표시
- 유리탄산 : 수중에 용해된 이산화탄소
- 암모니아성 질소, 알부노이드 질소, 질산성 질소
- 염소 이온 : 수중에 용존하고 있는 염화물 중에 함유한 염소량
- 황산 이온 : 화학 비료, 광산 배수, 공장 폐수의 혼입에 의해 증가.
- 생화학적 산소 요구량 : BOD.
- 용존산소 : DO
- 잔류 염소
- 화학적 산소 요구량
- 경도 : 수중의 칼슘, 마그네슘의 이온량을 이에 대응하는 탄산칼슘의 ppm으로 환산.
- 부유물질 : 수은, 플로우르, 카드뮴, 과망간산칼륨 소비량, 아연 등

③ 세균학적 검사
- 일반 세균수 : 일반적으로 1㏄ 중 100마리 이하
- 대장균군 : 대장균과 흡사한 성질을 가지는 균의 총칭, 병원균의 여부 파악

④ 생물학적 검사 : 수중 생물의 수와 종류를 조사하여 물의 오염도를 추정.

(2) 지하수 오염방지 시설
- 법으로 정한 의무 사항임. 지하수 오염 방지 시설 구조도 참고

(3) 그라우팅 시공
- 지표 오염원의 공 내로 유입되는 통로가 케이싱과 공벽 사이의 틈이기 때문에 중요

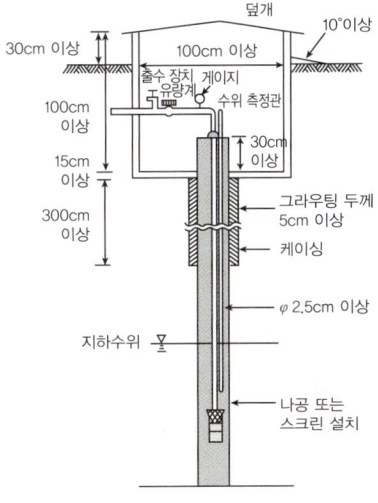

그림 3-20 지하수 오염 방지 시설 구조도

1) 브레든헤드 방법

케이싱 상부에 브레든 헤드라고 부르는 시멘트 덮개를 밀착시켜 케이싱 내부 틈 쪽으로, 그리고 하부에서 상부로 시공하는 방법

2) 트레미 방법

트레미라고 부르는 그라우트 파이프를 틈 하단에 위치시키고, 이를 통하여 시멘트를 틈 하부에서 상부로 주입하는 방법.

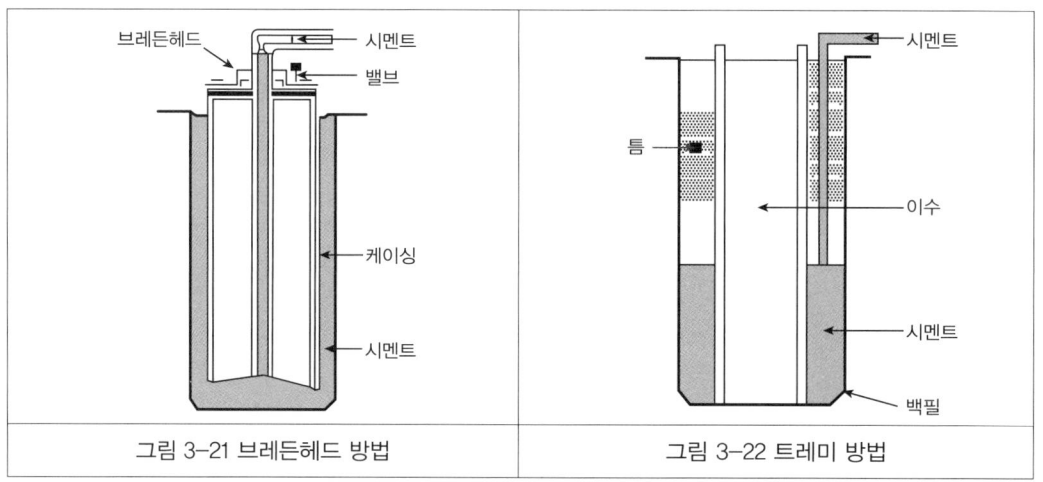

| 그림 3-21 브레든헤드 방법 | 그림 3-22 트레미 방법 |

(4) 폐공 처리

1) 폐공

현재, 또는 앞으로 이용할 계획이 없고 오염 방지 시설 없이 방치되어 있는 우물이나 지반에 굴착된 모든 구멍
- 전국적으로 많이 방치되어 있어 지반 오염이 심각한 실정
- 폐공의 위치와 상태를 파악하여 되메움하는 것을 폐공 관리라고 함.

2) 폐공 메우기 형태
- 폐공의 전 구간 되메우기
- 폐공의 일부 구간 되메우기
- 폐공의 깊이가 200m이상일 때, 전 구간을 되메움할지, 상부의 일부 구간을 되메움할지 판별.

3) 절차

맨홀 제거 → 지표로부터 파기 → 케이싱 제거 → 불투수성 재료 주입 → 모르타르 주입 → 지표부 정리

8. 지반조사 및 시험

(1) 지반 조사

1) 목적

초기의 노선 계획 단계에서부터 공사 단계에 이르기까지 그 과정 및 목적에 따라 실시. 안전하고 경제적인 구조물을 시공하는 데 필요한 기초 자료를 구하기 위함.

2) 조사 순서

자료 조사 및 현장 탐사, 개략 조사 및 보완 조사, 시공 중의 조사 등의 순서로 실시.

3) 조사 계획 흐름도

```
지질학적 조사         지구 물리학적 조사         지구 화학적 조사
      ↘                    ↓                    ↙
   원격 탐사      →      예비 조사      ←      수리 지질 조사
                           ↓
   물리 탐사      →      정밀 조사      ←      재반 공학적 조사
                           ↓
                        종합 검토
                           ↓
                       설계 변수 추론
```

(2) 암반의 분류

1) 건설교통부의 분류 방법

구분	내 용
풍화암	일부는 곡괭이를 사용할 수 있으나, 암질이 부서지고 균열이 1~10cm 정도로서 굴착 또는 절취에는 약간의 화약을 사용해야할 암질
연암	셰일, 사암 등으로 균열이 10~30cm 정도로서, 굴착 또는 절취에는 화약을 사용해야 하나, 석축용으로는 부적합한 암질
보통암	풍화 상태를 엿볼 수 있으나, 굴착 또는 절취에는 화약을 사용해야 하며, 균열이 30~50cm 정도의 암질
경암	화강암, 안산암 등으로서 굴착 또는 절취에 화약을 사용해야 하며, 균열 상태가 1m 이내로, 석축용으로 쓸 수 있는 암질
극경암	암질이 아주 밀착된 단단한 암질

2) 외국의 암반 분류법
   - 터자기의 암반 하중 분류법
   - 로퍼의 분류법 : 터널 설계에 있어서 중요한 기준
   - 디어 분류법 : 시추공에서 회수된 암석 코어의 암질을 나타내는 RQD개념 도입
   - RSR 분류법
   - RMR 분류법
   - Q 분류법

(3) 건설 지반 조사

1) 도로 및 건설 부지 지반 조사

   탄성파 탐사와 전기 탐사법 등 물리학적 탐사법이 많이 이용. 특히 탄성파 굴절법과 전기 비저항 탐사법이 많이 이용

2) 댐 및 원자력 발전소 부지 지반 조사
   - 주로 탄성파 탐사법이 이용되지만, 전기 탐사, 중력 탐사, 자력 탐사, 방사능 탐사 등도 목적에 따라 이용됨.
   - 탄성파 탐사는 기초 암반의 피복층의 두께, 풍화와 균열, 단층 등을 찾고 비교적 넓은 지역의 지질 상황을 단기간에 파악 가능하므로 효과적

(4) 지하 공간 지반 조사

1) 터널 지반 조사

   탄성파 굴절법 탐사를 이용해 경암으로부터 연암에 이르기는 암반 분류 등 암반의 평가를 주로 하고 설계와 시공에 적용, 터널 조사에는 지하수 조사도 평행

2) 지표 근처의 지반 조사

   인구 증가, 산업의 발달, 공간 수요 증가에 따른 지하 공간의 개발 필요성이 증대. 심도가 얕은 지역에서의 지반 재개발과 토목 구조물의 안정성을 위한 지반 조사에는 매설물 조사와 지하 공동 조사가 있음

(5) 암석 시험의 종류

시험 항목	시험 결과값	시험 결과의 이용
비중 시험	비중	비중, 흡수율, 함수비, 포화도, 간극비
밀도 시험	건조 밀도, 흡수 밀도	지반 내의 응력 산정, 지압 발생 예측 지표
흡수율 시험	공극률, 흡수율	암석의 투수성
탄성파 속도 시험	탄성파 전파 속도, 동적 탄성 상수	암반의 균열도 파악, 암반 분류
경도 시험	경도 지수	암석의 경도, 굴착 기계에 의한 암석 굴착 난이도
일축 압축 시험	압축 강도, 탄성 계수, 푸아송비	암석의 역학적 특성, 암반 분류
삼축 압축 시험	점착력, 내부 마찰각	현지 암반의 변형 파괴 특성
압열 인장 시험	인장 강도	암석의 인장 파괴 특성
전단 시험	전단 강도	암석의 전단 파괴 특성

Ⅱ 지하수일반 기출예상문제

01 자유수면 지하수에 대한 설명으로 바르지 않은 것은?

① 토양 공극을 통하여 유하하는 대기수와 통함
② 지상의 기온과 오염은 수온과 수질에 양향을 준다.
③ 상부 지층의 토사력 간의 공극에 포함하는 중력수이다.
④ 불투수층 사이를 흐르는 압력수이다.

해설 불투수층 사이를 흐르는 압력수로, 수온과 수질이 계절적으로 변화가 작은 지하수는 피압 지하수로 분류한다.

02 다음에서 설명하고 있는 것은?

> 흙 입자 표면의 흡입력에 의해서 흡착되어 있는 물로, 뜨겁게 하면 없앨 수 있다. 흙 입자 표면에 얇은 층을 이루고 있지만, 그 양은 흙 입자의 표면적, 성상 및 주변의 상태에 따라서 다르다.

① 복류수   ② 용천수
③ 모관수   ④ 흡착수

해설 흡착수는 일반적으로 흙 입자 표면의 흡입력에 의해서 흡착되어 있는 물로, 뜨겁게 하면 없앨 수 있다. 흙 입자 표면에 얇은 층을 이루고 있지만, 그 양은 흙 입자의 표면적, 성상 및 주변의 상태에 따라서 다르다.

03 지하수의 종류에 따른 채수 방법의 연결이 바른 것은?

① 자유 수면 지하수 – 천정호
② 피압 지하수 – 집수 매거
③ 복류수 – 심정호
④ 복류수 – 굴착정

해설 자유수면 지하수의 경우에 채수 방법은 천정호와 심정호, 피압 지하수의 경우에는 굴착정으로, 복류수의 경우에는 천정호와 집수 매거의 방법을 사용한다.

04 정수위 투수 시험에 대한 설명으로 바르지 못한 것은?

① 비교적 투수성이 낮은 미세한 모래나 실트질 흙에 적합하다.
② 투수 계수 k는 속도를 갖고 있다.
③ 시험 시 시료 표면에 여과지를 깔고 두께 1cm의 필터용 여과사를 덮는다.
④ 투수 원통을 수조 중에 움직이지 않게 고정하여 시료 저부로부터 천천히 물에 담가 포화시킨다.

해설 정수위 투수 시험은 투수성이 큰 조립토에 대하여 적합한 시험이다.

05 변수위 특수 시험에 관한 설명으로 바르지 못한 것은?

① 시료를 넣은 몰드의 누수나 시료의 포화도에 의해 투수 계수의 값은 큰 영향을 받는다.
② 시험을 할 때에는 시료속에 있는 공기를 빼고 물로 채운 후 시험한다.
③ 투수성이 낮은 흙의 시험에는 유리관의 지름이 큰 것을 사용하면 수두를 관측하기 쉽다.
④ 변수위 투수계수를 구하는 공식은 $k = \dfrac{2.3aL}{A(t_1 - t_2)} \log \dfrac{h_1}{h_2}$(cm/s) 이다.

해설 투수성이 낮은 흙의 시험에는 유리관의 지름이 작은 것을 사용하면 수두를 관측하기 쉽고, 이는 광범위한 흙에 대해 적용할 수 있다.

06 다음의 변수위 투수 시험의 순서를 바르게 나열한 것은?

(A) 시료 위에 0.0075mm의 황동제 망을 씌우고 그 위에 두께 약 1cm의 여과사를 깐다.
(B) 시료 용기를 수평으로 놓고 각 장치에 배관 후 모든 밸브를 잠금
(C) 배기공에 진공 호스를 연결하고 시료의 진공도가 600mmHg가 되도록 약 10분간 진공 펌프를 작동시킴
(D) 하부의 월류 수조에 물을 채우고 수조의 월류 수면에서 스탠드 파이프 표척의 0점까지의 높이 H를 측정함
(E) 수온 T와 시험 후 시료에 대한 함수비 Wt를 측정하고, 측정값의 정리 계산을 함.

① (A) → (B) → (C) → (D) → (E)
② (A) → (D) → (C) → (B) → (E)
③ (A) → (D) → (B) → (C) → (E)
④ (D) → (A) → (C) → (E) → (B)

해설 변수위 투수 시험의 순서는
(1) 시료 위에 0.0075mm의 황동제 망을 씌우고 그 위에 두께 약 1cm의 여과사를 깐다.
(2) 여과사의 상면이 투수원통의 상단과 거의 일치하도록 하고 여과사의 윗면에 #40 체망의 황동제 망을 올려놓고 그 위에 투수 원통의 뚜껑을 덮어 투수 원통에 고정시킴
(3) 시료 용기를 수평으로 놓고 각 장치에 배관 후 모든 밸브를 잠금
(4) 저수조에 한 번 끓여 탈기한 물을 채운 후 밸브를 열어 급수병에 채운 후 밸브를 잠금
(5) 배기공에 진공 호스를 연결하고 시료의 진공도가 600mmHg가 되도록 약 10분간 진공 펌프를 작동시킴
(6) 급수병의 물로 시료의 공극을 완전히 채움
(7) 시료를 대기압으로 되돌리고 저수조의 물을 스탠드 파이프에 채움. 이 때, 스탠드 파이프의 단면적 a를 측정해야 하고 관로에 공기가 남아있지 않도록 해야 함.
(8) 하부의 월류 수조에 물을 채우고 수조의 월류 수면에서 스탠드 파이프 표척의 0점까지의 높이 H를 측정함
(9) 스탠드 파이트리 수면이 어느 높이 h1, h2까지 하강했을 때의 시간 t1, t2를 기록함. 스탠드 파이트에 물을 채우고 3회 이상 반복함.
(10) 수온 T와 시험 후 시료에 대한 함수비 Wt를 측정하고 측정값의 정리 계산을 함.

07 양수 시험의 종류에 해당하지 않는 것은?

① 단계 양수 시험
② 대수층 시험
③ 군정 시험
④ 트래써 시험

[해설] 양수 시험의 종류에는 단계 양수 시험, 대수층 시험, 군정 시험이 있으며, 트래써에 의한 시험은 현지 투수 시험의 종류이다.

08 단계 양수 시험에 대한 설명으로 옳지 못한 것은?

① 단계 양수 시험의 목적은 적정 양수량을 결정하기 위함이다.
② 적정 양수량은 경제 양수량이라고도 한다.
③ 적정 양수량은 양수 시험으로 구한 최대 양수의 30% 이다.
④ 적정 양수량은 지하수 포장량을 심하게 소모하지 않는 범위를 말한다.

[해설] 일반적으로 적정 양수량은 양수 시험으로 구한 최대 양수의 70%를 말한다.

09 적정 양수량 이론에 대한 설명으로 바른 것은?

① 한 우물에서 양수량은 투수 계수만으로 정해진다.
② 우물의 지름과 펌프의 용량을 크게 해도 대수층에 직접되는 수량에는 영향이 없다.
③ 집적 한계 이상으로 양수할 경우 모래의 유동으로 취입구의 폐색과 많은 양의 모래가 배출될 수 있다.
④ 집적 한계 이상으로 양수해도 지반의 침몰을 일으키지는 않는다.

[해설] 한 우물에서 양수량은 투수 계수와 동수 경사에 의해서 정해지며, 우물의 지름과 펌프의 용량을 크게 해도 대수층에 직접되는 수량에는 한계가 있으므로 주의해야 한다. 그리고, 집적 한계 이상으로 양수해도 지반의 침몰을 일으킬 수도 있다.

10 그림을 참고 했을 때, 다음에서 설명하는 것은?

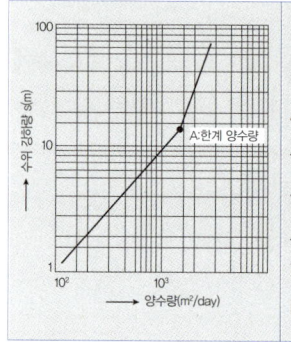

한계 양수량 (A)점 이상의 곡선 (X축과 45°이상) 으로 자연 상태로 흐르는 지하수, 상위 대수층으로부터 뽑아내는 지하수가 이에 속한다.

① 층류   ② 난류
③ 기류   ④ 대류

[해설] 난류는 한계 양수량 (A)점 이상의 곡선 (X축과 45°이상) 으로 자연 상태로 흐르는 지하수로, 상위 대수층으로부터 뽑아내는 지하수가 이에 속한다. 양수량이 A점보다 많게 되면 양수량이 감소하고 배사현상이 일어난다.

11 투수 계수 k와 투수량 계수 K 및 저류 계수 S를 파악하기 위한 양수 시험은?

① 단계 양수 시험   ② 대수층 시험
③ 군정 시험   ④ 직선 시험

[해설] 대수층의 특성인 투수 계수 k와 투수량 계수 K 및 저류 계수 S를 파악하기위한 시험이 대수층 시험이며, 방법으로는 수위 회복 시험과 일정량 연속 양수 시험이 있다.

12 수질의 검사를 위한 물리적 검사의 기준에 속하지 않는 것은?

① 탁도   ② 색도
③ 냄새   ④ pH값

해설 pH값은 화학적 검사의 기준이다.

13 지하수의 오염원으로 종류가 다른 하나는?

① 쓰레기   ② 공장 폐수
③ 농업 오염수   ④ 자연 오염

해설 지하수 오염의 원인을 크게 분류하면
- 일반적 오염원 : 쓰레기, 하수, 분뇨, 공장 폐수, 광산 폐수, 농업 오염수, 방사능 오염
- 기타 오염원 : 자연 오염 (지층의 생성 시 발생), 인공 오염 (지하수의 과도 이용 시 발생)으로 나눌 수 있는데, ④는 기타 오염원의 예이다.

14 온천의 기준이 온도가 같은 나라가 아닌 것은?

① 영국   ② 독일
③ 이탈리아   ④ 미국

해설 영국, 독일, 이탈리아, 프랑스 등에서는 20℃이며, 미국은 21.1℃(70℉)로 규정하고 있다.

15 온도에 의한 온천의 분류로 옳은 것은?

	분류	온도 (t)
①	냉천	t < 25℃
②	미온천	25℃ ≦ t < 37℃
③	온천	37℃ ≦ t < 50℃
④	고온천	50℃ < t

해설 온천의 분류로 바른 것은 다음과 같다.

분류	온도 (t)
냉천	t < 25℃
미온천	25℃ ≦ t < 34℃
온천	34℃ ≦ t < 42℃
고온천	42℃ < t

16 온천의 3대 요소에 속하지 않는 것은?

① 온도   ② 수질
③ 수량   ④ 밀도

해설 온천의 3대 요소는 온도, 수질, 수량이다.

17 용출 상태에 따른 온천의 종류에 속하지 않는 것은?

① 자분 온천   ② 비등천
③ 끓는 온천   ④ 중탄산염천

해설 용출 상태에 따른 온천의 분류에는 자분 온천, 비등천, 끓는 온천, 간헐천, 균열성 온천, 심부 지하수형 온천 등이 있다.

18 주성분이 SO_4^{2-} 인 광천(고미천)인 황산염천을 양이온에 따라 세분류한 종류로 볼 수 없는 것은?

① 망초천   ② 석고천
③ 알칼리천   ④ 정고미천

해설 황산염천을 양이온에 따라 세분류하면 망초천, 석고천, 정고미천이 있으며 알칼리천은 중탄산염천을 세분화한 것에 속한다.

19 수소 이온 농도에 따라 온천을 구분할 때, 중성천의 범위에 속하는 것은?

① pH < 2
② 2 ≤ pH < 4
③ 4 ≤ pH < 6
④ 6 ≤ pH < 7.5

해설 중성천은 6 ≤ pH < 7.5에 속하고 ①은 강산성천, ②는 산성천, ③은 약산성천에 해당한다.

20 우리나라 온천수에 대한 설명으로 바르지 못한 것은?

① 우리나라의 온천은 한반도의 중서부, 중동부 및 동남부 지역에 주로 분포한다.
② 우리나라 온천 분포는 대부분 선캄브리아대 천매암 지질과 밀접한 관계를 갖고 있다.
③ 우리나라 온천수의 pH는 6.55~9.40으로 중성 내지 알칼리성이다.
④ 우리나라 온천의 굴착 심도는 대체적으로 200~300m이고 최근에 개발되는 온천은 700~1,000m이다.

해설 우리나라 온천의 분포는 대부분 쥐라기의 대보 화강암체와 백악기의 불국사 화강암체와 밀접한 관계를 가지고 있다. 수안보 온천가 대표적인 선캄브리아대 지질이고, 척산, 오색, 온양, 부곡 등이 백악기, 이천, 덕산, 도고 등이 쥐라기의 지질이다.

21 다음 그림에 해당하는 온천의 유형은?

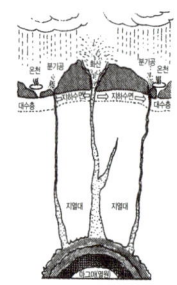

① 화산성 온천
② 비화산성 온천
③ 황산염천
④ 유황천

해설 그림은 화산성 온천을 설명한 그림이며, ③번과 ④번은 온천수의 수질에 따라 요양천으로 분류한 것이다.

22 지반 조사의 조사 순서를 바르게 나열한 것은?

① 자료조사 → 현장 탐사 → 개략 조사 및 보와 조사 → 시공 중의 조사
② 현장 탐사 → 개략 조사 및 보와 조사 → 자료조사 → 시공 중의 조사
③ 자료조사 → 현장 탐사 → 시공 중의 조사 → 개략 조사 및 보와 조사
④ 현장 탐사 → 시공 중의 조사 → 개략 조사 및 보와 조사 → 자료조사

해설 지반 조사는 자료 조사 및 현장 탐사, 개략 조사 및 보완 조사, 시공 중의 조사 등의 순서로 실시한다.

23 국내의 암반 분류 중 풍화 상태를 엿볼 수 있으나 굴착 또는 절취에는 화약을 사용해야 하며, 균열이 30~50cm 정도의 암질은?

① 풍화암
② 연암
③ 보통암
④ 경암

해설 보통암은 국내의 암반 분류 중 풍화 상태를 엿볼 수 있으나 굴착 또는 절취에는 화약을 사용해야 하며, 균열이 30~50cm 정도의 암질이다.

24 외국의 암반 분류법 중, 터널 설계에 있어 지보재의 형태 및 지보량을 결정하는 데 중요한 역할을 하는 터널의 자립 시간 개념을 최초로 도입한 분류법은?

① 터자기 분류법
② 로퍼 분류법
③ 디어 분류법
④ RSR

해설 널 설계에 있어 지보재의 형태 및 지보량을 결정하는 데 중요한 역할을 하는 터널의 자립 시간 개념을 최초로 도입한 것은 로퍼이다. 디어 분류법은 시추공에서 회수된 암석 코어의 암질을 나타내는 RQD 개념이 도입된 분류법이다.

25 터널 지반 조사에 대한 설명에 해당하지 않는 것은?

① 터널 조사에는 탄성파 굴절법 탐사를 이용하여 경암으로부터 연암에 이르는 암반 분류 등 암반의 평가를 주로 한다.
② 시추공을 이용한 검층 등에 의해서도 암반의 경도나 균열의 정도 등이 조사된다.
③ 암석 시편의 물리적 실험에 의해서도 여러 정보를 얻을 수 있다.
④ 터널 공사를 위한 지반 조사 시에는 지하수 관련 조사를 병행할 필요는 없다.

해설 터널 공사는 용수와 이것을 수반하는 주변의 수리 환경의 변화도 중요한 문제이므로 전기 탐사에 의한 지하수 조사도 병행한다. 지하수가 존재하는 지반, 암반 등의 지질과 투수성에 대한 조사, 수량, 수질, 유동 및 지하수압 등의 조사, 기상 수문 지하수 이용 조사 등이 조사대상에 속한다.

26 암반의 분류와 내용이 바르게 짝지어지지 않은 것은?

①	풍화암	일부는 곡괭이를 사용할 수 있으나, 암질이 부서지고 균열이 1~10cm 정도로서 굴착 또는 절취에는 약간의 화약을 사용해야할 암질
②	연암	셰일, 사암 등으로 균열이 10~30cm 정도로서, 굴착 또는 절취에는 화약을 사용해야 하나, 석축용으로는 부적합한 암질
③	보통암	풍화 상태를 엿볼 수 있으나, 굴착 또는 절취에는 화약을 사용해야 하며, 균열이 30~50cm 정도의 암질
④	경암	암질이 아주 밀착된 단단한 암질

해설 경암은 화강암, 안산암 등으로서 굴착 또는 절취에 화약을 사용해야 하며, 균열 상태가 1m 이내로, 석축용으로 쓸 수 있는 암질에 해당한다. 그리고 암질이 아주 밀착된 단단한 암질은 극경암에 해당한다.

27 폐공의 발생 원인이 속하지 않는 것은?

① 지하수 개발 초기 단계에서 채수량 부족이나 수질 부적합으로 우물이 방치된 경우
② 시공이 불량한 경우
③ 사용도중 적은 양수에 의한 대수층의 붕괴
④ 스크린과 케이싱의 부식

해설 대수층은 과도한 양수에 의해 붕괴되는 경우가 대부분이고 이것이 폐공의 원인이 된다.

28 다음 그림이 나타내는 그라우팅 시공 방법의 명칭은?

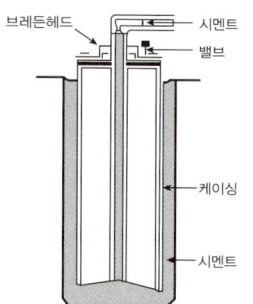

① 브레든헤드 방법
② 트레미 방법
③ 진동 빔 그라우팅
④ 그라우트 커튼

해설 그림은 브레든 헤드 방법으로 케이싱 상부에 브레든 헤드라고 하는 시멘트 덮개를 밀착시켜 케이싱 내부에서 틈 쪽으로, 그리고 하부에서 상부로 시공하는 방법을 나타낸다.

29 실내 암석 시험의 종류와 적용 분야의 내용이 바르게 연결되지 않은 것은?

①	비중 시험	비중	비중, 흡수율, 함수비, 포화도, 간극비
②	밀도 시험	건조 밀도, 흡수 밀도	지반 내의 응력 산정, 지압 발생 예측 지표
③	흡수율 시험	공극률, 흡수율	암석의 투수성
④	탄성파 속도 시험	탄성파 전파 속도, 동적 탄성 상수	암석의 경도, 굴착 기계에 의한 암석 굴착 난이도

해설 탄성파의 속도 실험을 통해서 암반의 균열도를 파악하고 암반을 분류하는 데 사용한다.

30 폐공 처리의 절차를 바르게 나열한 것은?

① 맨홀 제거 → 지표로부터 파기 → 케이싱 제거 → 불투수성 재료 주입
② 지표로부터 파기 → 케이싱 제거 → 불투수성 재료 투입 → 맨홀 제거
③ 케이싱 제거 → 지표로부터 파기 → 맨홀 제거 → 불투수성 재료 주입
④ 불투수성 재료 주입 → 지표로부터 파기 → 맨홀 제거 → 케이싱 제거

해설 폐공의 처리 절차는 맨홀 제거 → 지표로부터 파기 → 케이싱 제거 → 불투수성 재료 주입 → 모르타르 주입 → 지표부 정리로 나열할 수 있다.

MEMO

에너지자원 기술자 양성을 위한 시리즈 Ⅰ

한국광해관리공단 출제기준에 따른
시 추 기 능 사

PART 2

시추기능사 기출문제

시추기능사 기출문제

1   기출문제 2002
2   기출문제 2003
3   기출문제 2004
4   기출문제 2005
5   기출문제 2006
6   기출문제 2007
7   기출문제 2008
8   기출문제 2009
9   기출문제 2010
10   기출문제 2011
11   기출문제 2012
12   기출문제 2013
13   기출문제 2014
14   기출문제 2015
15   기출문제 2016
16   기출문제 2017

시추기능사 2002 기출문제

* 답안카드 작성시 시험문제지 형별누락, 마킹착오로 인한 불이익은 전적으로 수험자의 귀책사유임을 알려드립니다.

01 광상의 형태에 의하여 분류할 때 다음 광상 중 불규칙적인 광상에 속하는 것은?

① 광 맥 ② 광 괴
③ 광 층 ④ 탄 층

정답 ②

해설 광상을 형태로 분류하면 다음과 같다.

규칙	판상(판, 층)	광맥, 광층, 탄층
불규칙	괴상(덩어리)	광괴, 광염, 광소, 포켓

02 변수위 투수 시험기에서 올드의 안지름이 10cm, 높이가 15cm 이다. 여기에 시료를 채우고 물을 채운 후의 유리관의 수위는 90cm 이었고, 투수시간 10분 경과 후 수위는 50cm로 저하하였다. 이 흙 시료의 투수계수는?(단, 유리관의 안지름은 2cm이다.)

① 5.87×10^{-3} cm/s
② 78.5×10^{-3} cm/s
③ 5.87×10^{-4} cm/s
④ 78.5×10^{-4} cm/s

정답 ③

해설 투수계수는 물이 흙이나 암석을 통과하는 정도를 나타내는 값으로 자갈이 높고 점토는 매우 낮으며 변수위 투수 시험을 통해 다음의 공식으로 구할 수 있다.

$$K = 2.3 \times log\frac{h_1}{h_2} \times (\frac{D_2}{D_1})^2 \times \frac{L}{T}$$

여기서, K : 투수계수
h1 : 투수 전 수위(90cm)
h2 : 투수 후 수위(50cm)
D2 : 유리관 직경(2cm)
D1 : 시료통 직경(10cm)
L : 몰드 높이(15cm)
T : 투수시간(10min = 600sec)

따라서, $K = 2.3 \times log\frac{90}{50} \times (\frac{2}{10})^2 \times \frac{15}{600}$
= 5.871×10^{-4} cm/sec 이다.

03 부정합면이 발견되지 않고 성층면으로 대표되나 그 사이에 큰 결층(break)이 있으면 무엇이라 하는가?

① 비정합 ② 준정합
③ 평행 부정합 ④ 난정합

정답 ②

해설 부정합은 두께가 없는 면이나 지질학적으로 긴 시간을 내포하며 난정합, 경사(사교)부정합, 평행부정합(비정합), 준정합 등으로 구분한다.
• 난정합 : 부정합면 아래에 심성암, 변성암과 같은 결정질이 존재하는 경우
• 경사(사교)부정합 : 부정합면 아래에 습곡산맥으로 변한 고지층이 있는 경우
• 평행부정합(비정합) : 부정합 위, 아래 지층이 평행한 경우
• 준정합 : 성층면 사이에 큰 결층(berak)이 있는 경우

04 다음 그림 중 난정합에 속한 것은?

(단, 그림 중 ①변성암 ②심성암 ③습곡된 고지층 ④비정합 아래의 지층 ⑤준정합 아래의 지층 ⑥부정합 위의 지층 U : 부정합)

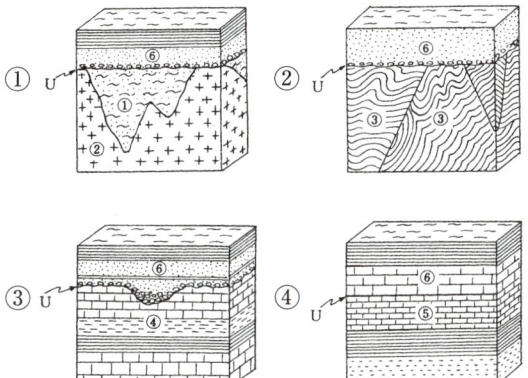

정답 ①

해설
- 난정합 : 부정합면 아래에 심성암, 변성암과 같은 결정질이 존재하는 경우
- 경사(사교)부정합 : 부정합면 아래에 습곡산맥으로 변한 고지층이 있는 경우
- 평행부정합(비정합) : 부정합 위, 아래 지층이 평행한 경우
- 준정합 : 성층면 사이에 큰 결층(berak)이 있는 경우

① 난정합, ② 경사부정합, ③ 평행부정합(비정합), ④ 준정합

05 화강암 표준시료에 들어 있는 미량원소 플루오르(F)의 함량은 800ppm 이다. 실험실에서 이 표준시료를 2회 분석한 결과 각각 780ppm 및 760ppm 이었다. 정확도는 얼마인가?

① 78.25%   ② 82.30%
③ 96.25%   ④ 99.85%

정답 ③

해설

$$정확도(\%) = \frac{실험평균값}{표준값} \times 100$$

$$= \frac{(780+760)/2}{800} \times 100 = 96.25$$

06 상류에 유화물 광상이 있음을 암시하는 지시원소는?

① Zn   ② Mo
③ Hg   ④ SO_4

정답 ④

해설 유화물은 황(S)을 포함하고 있으므로 지시원소 SO_4는 유화물광상이 존재함을 뜻한다.

지시원소	광상
Zn(아연)	아연 광상
Mo(몰리브덴)	반암구리 광상
Hg(수은)	납, 아연, 은 광상
SO_4(황산화물)	황화물 광상

07 합금석영맥이 황철광을 수반 했을 때 그 노두 부근이 풍화 작용을 받으면 무슨 색으로 변하는가?

① 흑갈색
② 갈록색
③ 적갈색
④ 회백색

정답 ③

해설 합금석영맥에 황철광이 있을 때 노두가 풍화작용을 받으면 황산염류는 유출되고 나머지는 수산화철이 되어 적갈색으로 변한 것을 고산(Gossan)이라 한다. 황철광이 없을 때는 회백색 노두가 된다.

08 다음 중 잔류 자기강도를 나타낼 가능성이 가장 큰 것은 어느 것인가?

① 석회암 ② 편마암
③ 화강암 ④ 사 암

정답 ③

해설 자력탐광법은 자성의 차이를 이용하는 탐광법으로 철광상, 자철광의 표사 광상 탐사 및 현무암맥, 화강암 등의 화성암 분포 상태를 조사한다.

09 탐사의 순서가 가장 올바른 것은?

① 지질조사 - 시추 - 물리탐사
② 지질조사 - 물리탐사 - 시추
③ 시추 - 물리탐사 - 지질조사
④ 물리탐사 - 시추 - 지질조사

정답 ②

해설 먼저 지질조사를 하여 지질도를 작성하고 지구화학탐사 혹은 지구물리탐사를 하여 유용광물의 위치를 파악한 후 시추를 하여 채광한다.

10 다음 그림은 탄성파 반사법 탐사시 수평 2층 구조에 대한 반사파의 경로이다. C점에서 반사파의 주시는?

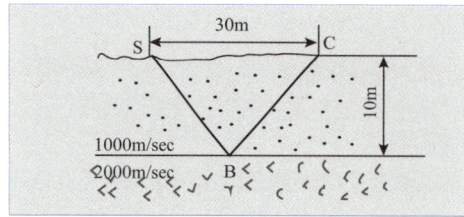

① 6.13×10^{-2} sec
② 3.61×10^{-3} sec
③ 3.61×10^{-2} sec
④ 6.13×10^{-3} sec

정답 ③

해설 반사법 탄성파 탐사는 서로 다른 지층면에서 반사되어 지표에 도달하는 탄성파를 조사하는 것으로 탄성파가 반사점을 지나 수진점까지 도착하는 데 걸리는 시간은 다음과 같다.

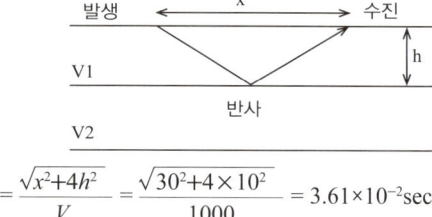

$$T = \frac{\sqrt{x^2+4h^2}}{V_1} = \frac{\sqrt{30^2+4\times 10^2}}{1000} = 3.61\times 10^{-2} \text{sec}$$

11 양호한 이수의 구비조건으로 적당치 못한 것은?

① 탈수량이 적을 것
② 잘 붙지 않아야 할 것
③ 이벽이 두텁고 강인해야 할 것
④ 윤활성이 우수해야 할 것

정답 ③

해설 이수란 시추 작업 시 공 내를 순환하면서 여러 가지 역할을 하는 유체이다.
이수의 구비 조건은 다음과 같다.
① 사분은 1% 이하로, 되도록 포함하지 않아야 한다.
② 적당한 점성을 가져야 한다.
③ 얇고 튼튼한 이벽을 만들수 있어야 한다.
④ 안정성이 높아야 한다.
⑤ pH값은 8.5부근이 가장 적당하다.
⑥ 염분과 전해질의 함유량이 적어야 한다.

12 자력 탐광 측정이 끝난 다음 측정값에 대한 보정을 해야 할 때가 있다. 보정의 종류가 아닌 것은?

① 온도 보정 ② 지점의 보정
③ 경위도의 보정 ④ 지압의 보정

정답 ④

[해설] 자력탐사는 지구 자기에 의해 자화된 광물 및 기반암의 자력을 이용한 탐사법이다.
온도가 높을수록 밀도가 낮아져 자력이 작아지고 위도가 높을수록 자력은 커지며 지형이 높을수록 자력이 작아진다. 즉, 자성은 온도, 위도, 지형에 따라 변하기 때문에 보정해야 한다.

13 심부에 있는 유화광체를 탐지 하는데 다음 중 가장 적합한 방법은?

① 중력탐사 ② 자력탐사
③ 유도분극탐사 ④ 탄성파탐사

[정답] ③
[해설] 유도분극탐사는 다른 방법으로 찾을 수 없는 심부에 부존하는 저품위 광상도 탐사할 수 있기 때문에 비철금속 자원의 필수 탐사법이다. 따라서 심부에 있는 유화광체는 유도 분극탐사가 가장 적합하다.

14 기반암 조사를 위하여 가장 많이 적용되는 지구물리탐사는?

① 자력탐사 ② 탄성파탐사
③ 전기탐사 ④ 중력탐사

[정답] ②
[해설] 탄성파 탐사법은 충격을 가했을 때 발생하는 탄성파(진동)를 이용하는 것이다. 고체내 에서는 여러 종류의 탄성파가 발생하고 탄성파 속도는 암석(고체)〉물(액체)〉공기(기체) 순이며 화강암을 비롯한 심성암의 탄성파 속도가 가장 크다.

15 $2KAlSi_3O_8 + 2H_2O + CO_2 \rightarrow K_2CO_3 + Al_2Si_2O_5(OH)_4 + 4SiO_2$ 와 같은 화학적 풍화작용은?

① 갈철석이 적철석으로 변하는 작용 이다.
② 운모가 갈철석으로 변하는 작용이다.
③ 고령토가 보오크사이트로 변하는 작용이다.
④ 정장석이 고령토로 변하는 작용이다.

[정답] ④
[해설] 화학적 풍화란 암석이 물과 물에 용해되어 있는 이산화탄소와 산소에 의해 분해되어 흙이 되는 과정이다. 대표적인 예가 장석의 풍화로서 다음과 같다.
$2KAlSi_3O_8 + H_2CO_3 + H_2O \rightarrow$
 (정장석) (탄산) (물)
$AlSiO_5(OH)_4 + K_2CO_3 + 4SiO_2$
 (고령토) (탄산칼륨) (규산)

16 다음 광물 중에서 용융점(℃)이 가장 낮은 것은 어느 것 인가?

① 석영 ② 휘안석
③ 황동석 ④ 정장석

[정답] ②
[해설] 용융점(녹는점)이란 고체가 액체로 될 때의 온도로서 석영 1710℃, 정장석 1300℃, 황동석 800℃, 휘안석 525℃이다.

17 다음 광물중 경도가 가장 높은 것은?

① 석영 ② 인회석
③ 강옥 ④ 황옥

[정답] ③
[해설]

모오스 경도	1	2	3	4	5	6	7	8	9	10
광물	활석	석영	방해석	형석	인회석	정장석	석영	황옥	강옥	금강석

18 광물의 간단한 화학분석에서 취관분석시 불꽃색이 녹색인 원소는?

① 리듐(Li)   ② 나트륨(Na)
③ 구리(Cu)   ④ 칼슘(Ca)

정답 ③

해설

원소	구리	나트륨	칼륨	칼슘
기호	Cu	Na	K	Ca
색깔	녹색	노랑	보라	주황

19 치밀하며 반정이 없는 검은 화산암이나, 감람석의 회록색 반정을 가지는 일이 있으며 SiO_2를 적게 포함하여 쉽게 유동하며 굳어져서 용암 표면에 특수한 유동 구조를 보이는 암석은?

① 흑요암   ② 현무암
③ 안산암   ④ 유문암

정답 ②

해설 규산(SiO_2)이 52% 이하이며 감람석을 많이 포함하는 것은 염기성암(현무암, 휘록암, 반려암)이고 용암 표면에 있는 것은 화산암(현무암, 안산암, 유문암)이므로 두 가지에 모두 해당되는 것은 현무암이다.

20 광물을 화학성분에 의하여 분류했을 때 원소광물에 속하는 것은 다음중 어느 것인가?

① 자연금, 황   ② 휘동광, 방연광
③ 강옥, 자철광   ④ 형석, 암염

정답 ①

해설

광물명	자연금	황	휘동광	방연광
화학식	Au	S	Cu_2S	PbS
광물분류	원소	원소	분자	분자

광물명	강옥	자철광	형석	암염
화학식	Al_2O_3	Fe_3O_4	CaF_2	NaCl
광물분류	분자	분자	분자	분자

21 황산제조의 원료가 되는 광물은?

① 황철석   ② 황비철석
③ 명반석   ④ 중정석

정답 ①

해설 황철석(FeS_2)은 황산(H_2SO_4) 제조에서 황의 원료로 사용된다.

22 유기적 퇴적암과 관계 없는 것은?

① 처어트   ② 규조토
③ 활석   ④ 석탄

정답 ③

해설 활석은 백운암[dolomite, $CaMg(CO_3)_2$]이 열변성한 변성암이다.

분류	퇴적물(지름)	퇴적암
유기적 퇴적암	석회질 생물체	석회암
	규질 생물체	처트, 규조토
	식물체	석탄

23 다음 암석중 화성암에 속하는 것은?

① 반려암   ② 응회암
③ 처어트   ④ 천매암

정답 ①

해설
- 반려암 – 화성암
- 응회암, 쳐어트 – 퇴적암
- 천매암 – 변성암

24 퇴적암의 특징이 아닌 것은?

① 건열 ② 화석
③ 층리 ④ 편리

정답 ④

해설
- 퇴적암의 특징 : 층리, 사층리, 퇴적소극, 물결자국(연흔), 건열, 화석 등
- 변성암의 특징 : 벽개, 엽리, 편리, 편마구조, 선구조 등

25 다음 그림은 지질도에 사용하는 기호이다. 맞는 것은?

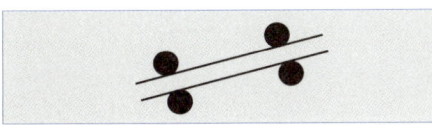

① 고압선
② 가공삭도
③ 차도
④ 배수관

정답 ②

해설 공중에 건너질러 놓은 강삭에 차량을 매달아 사람이나 짐을 나르는 설비인 가공삭도의 기호이다.

26 다음 암석중 우리나라 지질분포상 가장 많이 분포된 암석은?

① 화강 편마암
② 염기성암
③ 결정 편암
④ 화산암

정답 ①

해설 우리나라는 전 국토의 70%가 산지로 구성되어 있으며 화강편마암이 가장 많이 분포되어 있다.

27 지질도 작성 요령에서 내용이 틀린 것은?

① 주상도에는 지층이나 광맥의 위폭과 진폭을 반드시 기입해야 한다.
② 주상도는 일정한 방향에 따라 배열 한다.
③ 지질 단면도에 사용하는 기호와 약호는 지질도와 다르다.
④ 지층경계선은 지형등고선과 지층 등고선의 교정 이외 에는 어떤 곳이든 통과할 수 없다.

정답 ③

해설 지질도에는 노선지질도, 지질도, 지질단면도, 지질주상도 등이 있으며 기호와 약호는 동일하다.

28 다음 조암광물 중 유색광물이 아닌 것은?

① 휘석 ② 장석
③ 각섬석 ④ 감람석

정답 ②

해설 조암 광물 중 석영, 장석, 백운모는 무색광물이고 흑운모, 각섬석, 휘석, 감람석은 유색광물이다.

29 지하수 탐사중 대수층 조사와 관계가 없는 것은?

① 지하지질상태
② 지하수면의 깊이
③ 지하수의 유동방향
④ 지하수의 성분

정답 ④

해설 대수층이란 지하수를 함유하고 있는 다공질의 지층을 말하며 대수층 조사에는 지하지질상태, 지하수위, 지하수 유동 방향 조사 등이 있으며 성분은 수질 조사에 해당된다.

30 우물물의 사용량이 많아지면, 지하수면은 원추형(圓錐型)으로 낮아지며, 지하수면의 낮아지는 범위는 대체로 원형으로 나타난다. 이 원형으로 낮아지는 범위를 무엇이라 하는가?

① 원추 저하곡선 ② 수위 강하량
③ 용천 반경 ④ 영향 반경

정답 ④

해설 우물 사용량이 많아져 지하수면이 원형으로 낮아지는 범위를 영향 반경이라 한다.

31 다음 중 변성 정도가 가장 높은 암석은?

① 슬레이트 ② 셰일
③ 천매암 ④ 편암

정답 ④

해설 셰일(shale)은 접촉(열)변성 또는 광역(동력)변성을 다음과 같이 할 수 있다.
- 접촉변성 : 셰일 → 혼펠스(hornfels)
- 광역변성 : 셰일 → 슬레이트(점판암) → 천매암 → 편암 → 편마암

32 스카른 광물은?

① 열수광상에서 볼 수 있다.
② 접촉교대 광상에서 볼 수 있다.
③ 퇴적광상에서 볼 수 있다.
④ 동력변성 광상에서 볼 수 있다.

정답 ②

해설 화성광상 중 접촉교대광상에서 마그마가 식으면서 수증기와 휘발성분이 석회석과 교대작용을 하면 석류석, 투휘석, 규회석과 같은 스카른 광물이 된다.

33 정마그마 광상이 생성될 때 마그마(magma) 온도는 대략 몇 도 정도 인가?

① 350 - 50℃ ② 500 - 350℃
③ 600 - 500℃ ④ 1000 - 600℃

정답 ④

해설 화성광상의 생성 온도는 정마그마 광상이 600~1200℃, 페그마타이트 광상은 500~600℃, 접촉교대 광상은 380~500℃, 열수 광상이 50~350℃이다.

34 화성광상의 광물중에서 페그마타이트 시대에서 주로 산출되는 주요 광석 광물이 아닌 것은?

① 자철석, 티탄철석
② 니오븀, 베릴륨
③ 우라늄, 토륨
④ 텅스텐, 주석

정답 ①

해설
- 정마그마 광상 : 자철석, 티탄철석, 백금, 니켈 등 고비중 물질
- 페그마타이트 광상 : 우라늄, 토륨, 텅스텐, 탄탈, 베릴륨, 석영, 장석, 운모 등
- 기성 광상 : 석류석, 투휘석, 규회석 등 스카른 광물
- 열수 광상 : 구리, 납, 아연 등

35 석탄층에서 가장 많이 발생하고 특히 역청탄에서 많이 발생하는 천연 가스는?

① 이산화 탄소 ② 메탄 가스
③ 황화수소 가스 ④ 질소

정답 ②

해설 천연가스는 주로 메탄(CH_4)으로 이루어져 있다.

36 다음중 비트의 지름이 가장 큰 것은?

① BX ② AX
③ NX ④ EX

정답 ③
해설 비트 지름 크기 : HX 〉 NX 〉 BX 〉 AX 〉 EX 〉 RX

37 지표의 침강에 의해 해안평야와 계곡에 해수가 침입하여 굴곡이 많은 해안으로 되는데 이를 무엇이라 하는가?

① 마라인 단구 해안
② 리버 단구 해안
③ 리아스식 해안
④ 융기 해안

정답 ③
해설
• 지각 융기의 증거 – 융기 해변, 단구 해안, 심성암과 변성암의 노출 등
• 지각 침강의 증거 – 리아스식 해안, 수몰 육지 등

38 습곡이 마치 대접을 엎어놓은 것처럼 지층이 모두 밖으로 향하여 경사진 습곡은?

① 횡와습곡 ② 향심습곡
③ 배심습곡 ④ 침강습곡

정답 ③
해설 습곡의 볼록한 형태로 지층이 등지고 있어 배심습곡이라 하고 오목한 형태는 지층이 마주 보고 있어 향심습곡이라 한다.

39 단층에서 상반이 하반에 대하여 상대적으로 미끄러져 내려간 것으로 주로 장력이 작용 할 때 생기며 단층면의 경사는 45° 이상의 큰 단층이 많은 것은?

① 수직단층 ② 정단층
③ 역단층   ④ 주향단층

정답 ②
해설 정단층은 인장력이 작용하여 상반이 하강된 것이고 역단층은 횡압력에 의해 상반이 상승한 것이다. 수직단층은 수직방향으로 상하 운동을 한 것이고 주향이동단층은 수평 방향으로만 서로 어긋나게 이동한 것이다.

40 지온증가율은 지역에 따라 다르나 일반적으로 국내에서는 평균 얼마인가?(단, 단위는 ℃/100 meter 이다.)

① 0.5~1.0 ② 2.5~3.0
③ 4.5~5.0 ④ 6.5~7.0

정답 ②
해설 지온은 지하 30m씩 내려감에 따라 1℃씩 상승하므로 100m에는 3℃ 정도이다.

41 전도성 이수를 사용한 시추공과 박층 및 비저항이 매우 높은 지층에 사용하는 검층 방법은 무엇인가?

① 노말 전기비저항 검층(normal resistivity logging)
② 래터럴 전기비저항 검층(lateral resistivity logging)
③ 지향식 전기비저항 검층(focused logging)
④ 전자유도 검층(induction logging)

정답 ③
해설 전기비저항 검층법 중 노말은 2극법으로 지하수 조사에 많이 사용되며, 래터럴은 3극법으로 균질하고 두꺼운 지층에 적합하며, 지향식은 이수의 침입을 받은 공벽 부근 지층에 적합하다. 전자유도검층은 비전도성 이수를 사용한 시추공과 석유 검층에 가장 많이 이용되고

있다.

42 지층의 분류를 기준으로 하여 지하수 검층시 가장 기본적으로 이용되지 않는 검층법은?

① 전기비저항 검층
② 음파검층
③ 감마선 검층
④ 자연전위 검층

정답 ②

해설 여러 가지 물리 검층법 중에서 지하수 조사를 위해 꼭 필요한 것은 자연 전위 검층과 전기 비저항 검층이고 자연 감마선 검층을 같이 적용한다.

43 지하의 전기비저항 분포가 일정한 값으로 분포하고 있고 전기비저항 탐사를 위하여 지표에서 주는 전류의 세기를 일정하게 유지하였다. 이 경우 전류전극의 간격과 지하에 흐르는 전류의 세기에 관한 설명이다. 옳은 것을 선택하시오.

① 전류전극의 간격과 지하에 흐르는 전류의 세기는 관련이 없다.
② 전류전극의 간격이 멀어질수록 전류는 일반적으로 보다 깊게 지하로 침투한다.
③ 전류전극의 간격이 멀어질수록 전류는 일반적으로 보다 얕게 지하로 침투한다.
④ 전류전극의 간격과 지하에 흐르는 전류량은 전혀 관계가 없다.

정답 ②

해설 전기 비저항 탐사에서 비저항이 일정할 때 전류 전극의 간격(a)과 전류의 세기(I)는 비례하므로 간격이 멀어질수록 전류는 깊게 지하로 침투한다.

$$\rho = 2\pi a \frac{V}{I}$$

44 풍화잔류광상에서 가장 중요한 자원은 무엇인가?

① 철-망간
② 동-암염
③ 석고-경석고
④ 보크사이트-고령토

정답 ④

해설 풍화잔류광상이란 암석이 화학적 풍화를 하면서 남아 광상이 된 것으로 장석이 물, 이산화탄소, 산소 등에 의해 보오크사이트, 고령토로 변하는 것이 좋은 예이다.

45 수직 전기비저항 탐사에서 탐사심도와 가장 관계가 깊은 것은?

① 전극의 직경
② 전극의 간격
③ 전극의 길이
④ 전극의 종류

정답 ②

해설 수직 전기 비저항 탐사에서 심도가 깊을수록, 양극 간격이 저항 값은 클수록 커진다.

46 지질시대 구분의 가장 큰 단위는 이언(Eon)으로서 화석이 많이 나타나기 시작한 때부터 오늘까지를 현세이언이라 한다. 다음 시대 중 이에 속하지 않는 것은?

① 원생대
② 고생대
③ 중생대
④ 신생대

정답 ①

해설 지질시대는 화석이 잘 나타나지 않는 은생이언과 화석이 많이 나타나는 현생이언으로 구분한다. 은생이언은 선캄브리아대라고도 하며 시생대와 원생대로 구분하고 현생이언도 화석의 내용에 따라 고생대, 중생대, 신생대로 구분된다.

47 균열이 심한 불균일한 지층에 적당한 코어 비트는?

① 테이퍼 비트
② 콘케이브 비트
③ 파이롯트 비트
④ 임프레그네이트 비트

정답 ④

해설 균열이 심한 불규칙한 지층 즉, 경암에 적합한 다이아몬드 비트 중 임프레그네이트 비트는 다이아몬드 가루와 탄소강을 섞어 만든 것이고 서페이스 비트는 탄소강 표면에 다이아몬드 알을 박아 넣어 만든 것이다.

48 규장질 화성암에서 고철질 화성암으로 갈수록 화학적 성분의 변화를 옳게 설명한 것은?

① SiO_2, K_2O, MgO 성분이 증가한다.
② CaO, Na_2O, Fe_2O_3 성분이 감소한다.
③ MgO, SiO_2, K_2O 성분이 증가한다.
④ FeO, CaO, MgO 성분이 증가한다.

정답 ④

해설 규장질은 규소(Si) 성분이 많아 흰색이고 고철질은 철(Fe)과 마그네슘(Mg)이 주성분이라 색이 어둡다.

49 다음의 지하수 시료 성분중 유아에게 섭취시 청색증을 일으키는 것은?

① 질산성질소   ② 불소
③ 수 은   ④ 염소이온

정답 ①

해설 질산성질소(NO_3-N)가 많이 함유된 물을 유아가 섭취하면 청색증이 유발된다. 그 이유는 혈액 속 헤모글로빈과의 결합력이 산소보다 질산염이 더 크기 때문에 혈액 속 산소 공급이 어려워지기 때문이다.

50 해안가에 위치한 양수정의 자연수위가 h일 때 해수면으로 부터 평형을 이룰 수심은 얼마 이상인가?

① 20h   ② 30h
③ 40h   ④ 50h

정답 ③

해설 양수정 자연수위가 h일 때 우물 수면 높이가 해수면과 평형이 되려면 수심은 40h 이상이어야 한다.

51 지하수위등고선에 대하여 다음 사항 중 맞는 것은?

① 지하수위의 동일한 지점을 연결하여 작성한 것을 지하수위등고선이라 한다.
② 지표의 높낮이에 상관없이 동일한 지하수위를 연결하여 작성된 곡선도를 지하수위 등고선이라 한다.
③ 지하수의 흐름의 방향으로 연결된 곡선도를 지하수위 등고선이라 한다.
④ 지하수위의 유선방향에 직각방향으로 연결된 곡선을 지하수위 등고선이라 한다.

정답 ①

해설 지하수면 등고선도는 지하수면의 높이가 같은 점을 연결하여 만든 것이다.

52 Quick Sand와 Boiling 현상을 설명한 내용중 Boiling 현상에 해당되는 것은?

① 투수력에 의하여 모래가 마치 중력을 잃어버린 상태
② 모래속에 간극수압이 급상승하는 경우
③ 모래가 액상화, 흙의 강도상실 지반지지력 감소
④ 액상화 현상에 의해 지반이 파괴하는 현상

정답 ④
해설 boiling 현상이란 모래 속에서 위쪽으로 흐르는 물의 압력 때문에 모래 입자가 끓어 오르듯 지표면 위로 흘러나와 지반이 파괴되는 것이다.

53 지하수위 저하공법을 설명한 내용중 지수공법에 해당되는 사항은?

① Sump 공법
② 주입 공법
③ Deep Well 공법
④ Well Point 공법

정답 ②
해설 지하수위 저하공법 중 지수공법은 지반을 굴착할 때 용수를 차단하는 공법으로 주입공법과 지수벽공법이 있다. 주입공법은 시멘트액, 모르타르액 등을 주입하여 용수의 유출을 막는다.

54 광천의 온도에 따른 분류에서 고온천은?

① 수온이 42℃ 이상
② 수온이 40℃ 이상
③ 수온이 30℃ 이상
④ 수온이 28℃ 이상

정답 ①
해설 온도에 따라 온천을 분류하면 42℃ 이상일 때 고온천, 34~42℃이면 온천, 25~34℃이면 미온천, 25℃ 이하이면 냉천이라 한다.

55 로드(rod) 또는 코어배럴(core barrel) 하단에 연결한 비트(bit)에 적당한 압력을 가하여 회전을 시켜 그때의 급압(給壓)과 회전력에 의해 지층을 뚫어 원형의 시추공을 굴착하는 시추방법은 무엇인가?

① 회전식시추 ② 충격식시추
③ 회전충격식시추 ④ 관시추

정답 ①
해설 회전식 시추는 로드 또는 코어 배럴에 접속한 비트에 적당한 압력과 회전력을 가함으로써 원형 구멍을 굴착하는 방법이다. 충격식 시추는 와이어로프 또는 로드 끝에 있는 비트의 충격에 의해 지층의 암반을 파쇄 한 다음 충격을 가할 때마다 조금씩 비트의 각도를 회전시켜 원형의 구멍을 뚫는 것이다.

56 시추코어(core)의 정리 및 보관방법을 설명한 것으로 올바르지 않은 것은?

① 채취한 코어 중에서 광석부분은 절단기로 절단하여 반절은 분석용으로 사용하고 나머지는 보관한다.
② 코어는 순차적으로 채취하여 연속되게 배열하고 표면은 물로 깨끗이 청소하여야 한다.
③ 코어를 상자에 정리하는 방법 중 책꽂이 모양의 배열방법이 길이 표시와 지층 변화 상태를 쉽게 알 수 있다.

④ 시추에서 채취한 슬러지(sludge)는 버리고, 코어 부분만 보관한다.

정답 ④

해설 코어 채취율이 100% 가능하다면 슬러지 채취는 필요 없지만 코어 채취율이 저하되었을 때는 슬러지 채취에 각별히 유의해야 하며 슬러지는 코어는 비닐봉지에 넣어 정리하여 보관해야 한다.

57 다음중 펌프의 효율에 영향을 주는 요인이 아닌 것은?

① 펌프의 압력   ② 토출량
③ 청수의 비중   ④ 이수의 pH

정답 ④

해설 펌프의 압력이 클수록 효율은 증가하나 토출량이 많거나 청수의 비중이 클수록 펌프의 효율은 떨어진다.

58 시추펌프는 고장이 생기면 굴착이 불가능하므로 고장에 대한 대책을 세워둠과 동시에 소모품 등을 항상 상비해야한다. 다음 중 펌프 취급상 주의사항에 속하지 않는 것은?

① 각각의 주유장소의 점검 및 보충
② 각 부분의 볼트, 너트의 점검 및 정확한 쥠
③ 피스톤의 장기간 공회전 필요
④ 겨울철에 펌프 내부나 호스 배관 등에 물이 얼어붙지 않도록 주의

정답 ③

해설 공회전 횟수가 지나치게 많으면 펌프의 수명이 짧아진다.

59 사면의 조건과 물체의 성질에 따라 다르지만 물체가 사면에 머물 수 있는 최대각을 무엇이라고 하는가?

① 임계각   ② 마찰각
③ 잔류각   ④ 안식각

정답 ④

해설 외력 없이 자연적으로 흙을 쌓아 올렸을 때 풍화가 진행되면 점착력이 줄고 자연 붕괴가 계속되다가 마지막에 안정된 사면을 형성하게 된다. 이때 흙이 수평면과 이룬 각도를 안식각(angle of repose)이라 하며 물체가 사면에 머물 수 있는 최대 각이다.

60 다음 중 고생대의 연대구분에서 오래된 시기 순으로 맞는 것은?

① 데본기-석탄기-페름기-캠브리아기
② 캠브리아기-데본기-석탄기-페름기
③ 석탄기-페름기-캠브리아기-데본기
④ 페름기-캠브리아기-데본기-석탄기

정답 ②

해설 고생대 : 캄브리아기 – 오르도비스기 – 실루리아기 – 데본기 – 석탄기 – 페름기

시추기능사 2003 기출문제

* 답안카드 작성시 시험문제지 형별누락. 마킹착오로 인한 불이익은 전적으로 수험자의 귀책사유임을 알려드립니다.

01 다음 중 주향 및 경사가 올바르게 기재된 것은?

① N45°E, 30SW ② N45°E, 30NW
③ N45°W, 30SW ④ N30°E, 45NW

정답 ②

해설 지층면과 수평면이 만나는 교선이 북(N)을 기준으로 동(E)으로 45° 향해 있으므로 주향은 N45°E 이고 경사는 북(N)과 서(W) 사이에 30° 기울어져 있으므로 30°NW로 표시한다.

02 회전식 시추의 비트의 형태로서 회전운동과 전단운동에 의하여 암편을 쉽게 제거할 수 있어 장공 및 전시추용에 사용하는 비트는?

① 쵸빙 비트   ② 메탈 비트
③ 트리콘 비트 ④ 케이싱 비트

정답 ③

해설
- 쵸핑 비트(chopping bit) : 공 바닥에 빠진 공구 조각을 회전과 충격에 의해 파쇄
- 메탈 비트(metal bit) : 재질이 초경팁 비트
- 트리콘 비트(threecorn bit) : 3개의 기어 모양이 맞물려 회전과 전단 운동을 하며 장공 유전시추, 온천 시추 등에 많이 사용
- 케이싱 비트(casing bit) : 다이아몬드가 매트릭스 안팎에 세트되어 있고 케이싱 튜브 끝에 연결하여 사용

03 다음 중 가중제를 사용하는 목적이 아닌 것은?

① 이수의 비중을 높이는데 사용
② 붕괴를 막는데 사용
③ 용수의 분출을 막는데 사용
④ 지하수 및 석유를 원활하게 배출

정답 ④

해설 가중제란 이수의 비중을 증가시키는 것으로 바라이트가 주로 사용된다. 비중을 높여야 슬러지 배출이 잘 되어 시추공이 붕괴되지 않고 용수의 분출을 막을 수 있다.

04 다음 시추용 공구 중에서 사고 복구용 기구가 아닌 것은?

① 슈우(shoe)
② 로드 탭(rod tap)
③ 마그넷
④ 로드스피어(rod spear)

정답 ①

해설
- 슈우(shoe) : 케이싱을 때려 박을 때 사용함, 사고 복구용 기구가 아님
- 로드 탭(rod tap) : 시추공에 로드를 빠뜨렸을 때 나사를 내면서 끌어 올림
- 마그넷(magnet) : 자석으로 시추공내의 공구를 끌어 올림
- 로드 스피어(rod spear) : 끝이 송곳처럼 되어 있어 로드 구멍에 끼워 끌어 올림

05 배수펌프 2대를 병렬 운전하면?

① 양수량도 증가하고 양정도 증가한다.
② 양수량은 증가하나 양정은 변화없다.
③ 양수량은 변화없고 양정은 증가한다.
④ 양수량도 변화없고 양정도 변화없다.

정답 ②

해설
- 병렬 : 양수량은 증가하나 양정은 변함없음
- 직렬 : 양수량은 변하지 않고 양정이 증가함

06 지화학 탐광을 잘못 설명한 것은?

① 시추탐사결과를 확인하기 위한 작업이다.
② 등농도 곡선에 의한 광상의 위치를 추정한다.
③ 지하수나 토양 등에 포함된 미량의 금속원소의 농도를 조사한다.
④ 식물의 분포를 조사한다.

정답 ①

해설 지구화학 탐사는 지하에 있는 광상이나 석탄, 석유를 지구 화학적 방법으로 탐사하는 것이며 자연 물질을 화학 분석하여 광화 작용과 관련된 이상 분포를 발견한 후 시추를 시행한다.

07 지구화학탐사를 위한 토양 시료채취 방법으로 가장 적당한 것은?

① 지표 토양을 채취
② 심도 30-50cm 깊이의 토양채취
③ 심도 1m 이상 깊이의 토양채취
④ 불순물이 함유된 토양채취

정답 ②

해설 토양 시료는 깊이 30~45cm 정도의 점토질이 많은 B층에서 채취한다.

08 다음 중 친동 원소(chalcophile elements)가 아닌 것은?

① 구 리   ② 아 연
③ 납   ④ 니 켈

정답 ④

해설 친동원소란 지하 1200~2900km에서 황화물이 풍부한 액체상에 존재하는 원소로서 구리(Cu), 아연(Zn), 납(Pb), 수은(Hg), 카드뮴(Cd), 칼륨(K) 등이다.

09 다음 암석에 염산을 떨어뜨려도 CO_2가 발생하지 않는 것은?

① 방해석   ② 석 탄
③ 석회암   ④ 대리석

정답 ②

해설 탄산염암($-CO_3$)에 염산을 떨어뜨리면 이산화탄소(CO_2)가 발생한다. 방해석은 퇴적물이고 석회암은 방해석의 퇴적암이고 석회암이 열 접촉하여 변성된 것이 대리석이며 세 가지 모두 주성분은 $CaCO_3$ 즉, 탄산염암이다. 석탄의 주성분은 탄소(C)이다.

10 루페(lupe)의 사용목적으로 가장 적합한 것은?

① 광물 성분의 확인
② 광물의 면각 측정
③ 암석, 광물의 조직 감정
④ 암석, 광물의 성인 감정

정답 ③

해설 루페는 암석, 광물의 조직을 감정할 때 사용하는 확대경이다.

11 다음 중 자연적인 물리현상을 이용한 탐사법은?

① 자력 탐사 ② 전기비저항 탐사
③ 탄성파 탐사 ④ 전자파 탐사

정답 ①

해설 자력탐사는 지구의 대자율을 이용하여 탐사하는 것이고 전기 비저항, 전자파, 탄성파탐사는 인공적으로 전기, 탄성파를 발생시켜 탐사하는 것이다.

12 다음 중 지층조사에 가장 확실한 탐사법은?

① 탄성파탐사 ② 전기탐사
③ 시추탐사 ④ 중력탐사

정답 ③

해설 지구 화학적, 지구 물리적 탐사를 한 후 시추를 하여 코어를 채취하는 것이 가장 확실하다.

13 대지에 전류를 보내면 그 매질중에 여러가지 전기 화학적 현상이 발생하는데 이중 과전위 효과를 이용한 방법은?

① 전자법 ② 자연 전위법
③ 비저항법 ④ 유도 분극법

정답 ④

해설 유도분극(Induced Polarization)탐사는 유도분극 현상을 이용하여 다른 방법으로는 찾을 수 없는 심부의 저품위 광상도 탐사할 수 있는 비철금속자원탐사법이다. 유도분극현상(과전위효과)이란 전류를 갑자기 끊거나 전위차가 천천히 감소하거나 상승하는 것으로 지하에 비철금속 광물의 광체나 점토층이 존재할 때 관측할 수 있다.

14 다음 중 중력탐사에 이용되는 측정단위는?

① 밀리갈(mgal) ② 카운터(counter)
③ 가우스(gauss) ④ 감마(γ)

정답 ①

해설
- 중력탐사단위: 1Gal=1g/cm², 1G= 1000mGal
- 카운터 : 방사능 측정기
- 자기장 세기 단위 : gauss
- 자력 단위 : γ(gamma)

15 지구의 중력에 관한 설명이다. 틀린 것은?

① 만유인력과 원심력의 합력은 중력이다.
② 중력의 방향은 지구의 모든 점에서 지구의 중심 방향으로 향한다.
③ 중력은 극에서 적도지방으로 갈수록 감소한다.
④ 중력의 방향은 양극에서만 지구의 중심 방향으로 향한다.

정답 ④

해설 중력의 방향은 지구 어디에서나 지구 중심을 향하며 극지방에서 중력의 크기가 최대이다.

16 다음은 반사파의 경로를 표시한 것이다. D점에 반사파가 도착된 시간은?

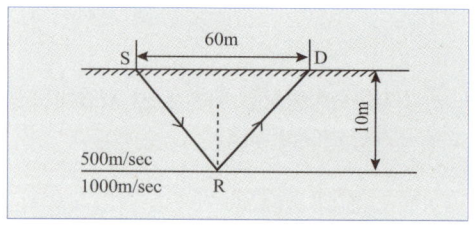

① 0.01sec ② 300msec
③ 126msec ④ 0.126msec

정답 ④

해설
$$T = \frac{\sqrt{x^2+4h^2}}{V_1} = \frac{\sqrt{60^2+4\times 10^2}}{1000} = 0.126\text{sec}$$

17 시추용 유도 전동기의 극수가 4이고 이때의 주파수가 60Hz라 할 때 이 유도전동기의 회전수(rpm)는 얼마인가? (단, 전동기의 효율은 100%임)

① 1700 ② 1750
③ 1800 ④ 1850

정답 ③

해설 회전수(rpm) = $\dfrac{\text{주파수}\times 120}{\text{극수}} = \dfrac{60\times 120}{4} = 1800$

18 로드와 보호관의 접속장치이며, 로드쪽은 암나사, 보호관 쪽은 수나사로 되어 있는 드라이브 파이프의 접속구는 어느 것인가?

① 커플링(Coupling)
② 헤드(Head)
③ 슈우(Shoe)
④ 부싱(Bushing)

정답 ④

해설
- 커플링(coupling) : 로드 연결구는 로드커플링이라 하여 중앙에 구멍이 있어 이수가 통할 수 있다. 케이싱 연결구는 케이싱커플링이라 한다.
- 헤드(head) : 케이싱 머리에 있어 타격을 받는 것
- 슈우(shoe) : 케이싱 끝에 있어 케이싱이 들어가기 쉽게 끝이 뾰족하다.
- 부싱(busing) : 로드와 케이싱의 접속장치로 로드쪽은 암나사, 케이싱쪽은 숫나사이다.

19 각종 지구물리탐사법 중 기반조사를 위하여 주로 사용되는 것은?

① 전기탐사 ② 중력탐사
③ 자력탐사 ④ 탄성파탐사

정답 ④

해설 인공적인 지진을 발생시켜 지층 매질의 탄성 차이에 의한 탄성파 속도를 측정하여 지질 구조 및 암반 분류 등 지하 지질 정보를 추정하는 것이다.

20 토륨(Th)은 어떠한 검층법을 이용해서 검층하는가?

① 온도 검층법 ② 방사능 검층법
③ 음파 검층법 ④ 비저항 검층법

정답 ②

해설 토륨(Th), 우라늄(U), 라돈(Rn)은 방사능 원소이므로 Geiger counter로 방사능을 측정한다.

21 웨너의 전극배열법에 의하여 전기비저항탐사를 한 결과 200mV의 전위차를 측정하였다. 이때 사용전류는 2amp, 전극의 간격은 20m로 하였다. 겉보기 비저항은 얼마인가?

① 10.16Ω-m ② 12.56Ω-m
③ 25.62Ω-m ④ 57.84Ω-m

정답 ②

해설 4극법 원리(Wenner법)에 의하면 겉보기 저항은 다음과 같이 구할 수 있다.

$\rho = 2\pi a \dfrac{V}{I} = 2\pi \times 20\text{m} \times \dfrac{0.2V}{2I} = 12.56\Omega\text{-m}$

22 광물의 형태에서 면각이라 함은 다음 중 어느 것인가?

① 2개의 결정면이 이루는 각을 면각이라 한다.
② 3개 이상의 면이 만나는 점을 면각이라 한다.
③ 2개의 결정면으로 만드는 직선을 면각이라 한다.
④ 다면체를 만드는 평면을 면각이라 한다.

정답 ①

[해설] 면각이란 2개 결정면이 이루는 각이고, 우각이란 3개 면이 만나서 생기는 꼭지점이다.

23 다음은 광물을 분류한 것이다. 서로 잘못 분류한 것은 어느 것인가?

① 황화광물 = 중정석, 회중석
② 산화광물 = 자철석, 공작석
③ 할로겐광물 = 형석, 빙정석
④ 규산염광물 = 감람석, 황옥

[정답] ①

[해설]
- 황화광물 : 황철석(FeS_2), 섬아연석(ZnS), 방연석(PbS)
- 산화광물 : 자철석(Fe_3O_4), 적철석(Fe_2O_3), 공작석 [$Cu_2CO_3(OH)_2$]
- 할로겐광물 : 형석(CaF_2), 빙정석(Na_3AlF_6)
- 규산염광물 : 활석[$Mg_3SiO_4O_{10}(OH)_2$], 전기석(붕규산염), 황옥[$Al_2(F, OH)_2SiO_4$], 석류석[(Ca, Mg, Fe, Mn)$_3$(Al, Fe, Cr, Mn)$_2$(SiO_4)$_3$], 지르콘($ZrSiO_4$)
- 기타 : 중정석($BaSO_4$), 회중석($CaWO_4$)

24 다음 그림과 같은 결정모형에서 오일러(Euler)의 방정식을 증명한 것은?

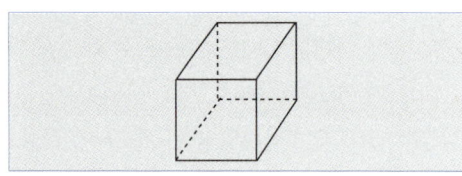

① 4 + 6 = 8 + 2
② 5 + 7 = 10 + 2
③ 6 + 8 = 12 + 2
④ 7 + 9 = 14 + 2

[정답] ③

[해설] Euler 법칙
면의 수 + 꼭지점(우각)의 수 = 모서리(능)의 수 +2
∴ 6 + 8 = 12 +2

25 보석류 광물 중에서 취관으로 녹이면 갈색 또는 검은색 유리가 되는 보석 광물은?

① 석류석 ② 전기석
③ 황 옥   ④ 첨정석

[정답] ①

[해설] 취관분석은 알콜램프 불꽃이 바람에 의해 휘어져 숯위에 있는 시료를 녹여 유색의 금속 구슬이 되는 것으로 성분을 알아내는 방법이다.
Ag(은) - 흰색 Cu(구리) - 적색, 흑색 Sn(주석) - 흰색
석류석 - 갈색, 흑색

26 다음 광물 중 자외선을 비추면 청백색의 형광을 나타내는 것은?

① 회중석 ② 방해석
③ 황 옥   ④ 활석

[정답] ①

[해설] 회중석($CaWO_4$)에 자외선을 비추면 형광색을 띄어 광맥을 찾기가 쉽고 방해석은 복굴절을 일으키고 활석은 백운암이 열변성을 한 것으로 요곡성을 가지고 있다.

27 모오스 경도에서 굳기가 5에 해당하는 광물은?

① 정장석 ② 인회석
③ 형 석   ④ 방해석

[정답] ②

해설

모오스 경도	1	2	3	4	5	6	7	8	9	10
광물	활석	석영	방해석	형석	인회석	정장석	석영	황옥	강옥	금강석

28 다음 변성암의 설명에서 옳은 것은 어느 것인가?

① 암석이 접촉변성작용을 받으면 편리구조를 보인다.
② 암석이 접촉변성작용을 받으면 편마구조를 보인다.
③ 암석이 광역변성작용을 받으면 엽상구조를 보인다.
④ 암석이 광역변성작용을 받으면 호온펠스조직을 보인다.

정답 ③

해설 편리구조와 편마구조는 암석이 동력변성작용을 받아 생기고 세일이 접촉(열)변성작용을 받아 혼펠스가 된다. 광역 변성암에서 고온, 고압에 의해 광물들이 일정한 방향으로 재배열 된 조직을 엽상구조(엽리)라 한다.

29 주상절리가 가장 잘 나타나는 암석은?

① 화강암   ② 편마암
③ 현무암   ④ 섬록암

정답 ③

해설 절리는 화성암이 풍화작용과 지각변동에 의해 틈이 생기는 것으로 모양에 따라 구분한다.
• 주상절리 – 육각기둥 모양 – 현무암
• 판상절리 – 판 모양 – 안산암
• 방상절리 – 육면체 모양 – 화강암

30 다음에서 쇄설성 퇴적암으로 나열되어 있는 것은?

① 안산암, 현무암, 흑요암, 유문암
② 석탄, 석회암, 규조토, 처어트
③ 역암, 각력암, 사암, 셰일
④ 석회암, 경석고, 암염, 초석

정답 ③

해설

분류	생성과정	물질 기원
쇄설성	처음부터 고체로 존재하다가 퇴적된 물질	암석 조각, 광물 입자, 화산 분출물
화학적	암석에서 용해되어 용액이 되었다가 침전되면서 고체로 됨	화학성분
유기적	생물의 유해가 쌓여 퇴적된 것	생물의 유해

① 화성암, ② 유기적 퇴적암, ③ 쇄설성 퇴적암, ④ 화학적 퇴적암

31 응회암이 변성작용를 받으면 어떤 암석이 만들어 지는가?

① 편마암   ② 집괴암
③ 천매암   ④ 단층각력암

정답 ③

해설 화산재, 화산진 → (퇴적) → 응회암 → (동력변성) → 녹색 천매암

32 화성암의 주 성분 광물이 아닌 것은?

① 장 석   ② 각섬석
③ 휘 석   ④ 석류석

정답 ④

해설 화성암의 조암 광물은 석영, 장석, 백운모, 흑운모, 각섬석, 휘석, 감람석이다.

33 다음 중 스카른(skarn)과 관계가 깊은 것은?

① 정마그마광상
② 기성광상
③ 열수광상
④ 페그마타이트광상

정답 ②

해설 기성광상에서 석회암이나 염기성 화성암에 화강암이 관입하면 접촉대에서 교대작용이 일어나 석류석, 투휘석, 규회석과 같은 여러 접촉변성광물 집합체인 스카른(skarn)광물이 만들어진다.

34 일반적인 평균지온 기울기를 바르게 표기한 것은?

① 5℃/30m   ② 1℃/10m
③ 1℃/30m   ④ 5℃/10m

정답 ③

해설 지하 심도가 30m에 1℃씩 증가한다.

35 삼엽충은 어느 시대의 표준화석인가?

① 시생대   ② 신생대
③ 중생대   ④ 고생대

정답 ④

해설 삼엽충은 고생대 중 캄브리아기의 표준화석이다. 중생대의 표준화석은 암모나이트, 시조새, 공룡 등이다.

36 지하수의 용해 및 침전작용으로 생긴 것이 아닌 것은?

① 돌리네(doline)
② 포트 호울(pot hole)
③ 카르스트(karst)
④ 종류석(stalactite)

정답 ②

해설 석회암이 지하수에 용해되어 석회석 동굴이 생기는 데 돌리네는 지표면의 석회암이 녹아 작게 패인 곳이며 카르스트는 석회동굴이 파괴되어 변한 곳이고 종류석은 석회석 동굴에서 석회석이 녹아 고드름처럼 형성된 것이다. 포트 홀은 하천바닥의 오목한 곳에 와류가 생겨 구멍이 커진 것으로 지하수의 용해와는 무관하다.

37 지하수의 수온에 대한 설명이다. 잘못 설명된 항은?

① 얕은 우물이나 샘의 연평균 수온은 그 곳의 연평균기온보다 1-2℃ 높다.
② 지하수의 온도는 위도가 높아짐에 따라 증가한다.
③ 지하 수온의 일변화는 1m이내에서 없어지고, 연변화도 20m 이내에서 없어진다.
④ 지하수온은 위도나 고도에 따라서도 변한다.

정답 ②

해설 위도가 높아질수록 기온이 낮아지므로 지하수 온도는 위도가 높아짐에 따라 낮아진다.

38 지표의 변화에서 지표수의 퇴적작용으로 인하여 생성되는 것과 관계없는 것은 다음 중 어느 것인가?

① 삼각주   ② 잔 구
③ 하안단구   ④ 선상지

정답 ②

해설 삼각지 : 강물의 여러 줄기로 갈라지면 유속은 감소하여 물질이 바다 쪽으로 계속 퇴적하다가 해수면보다 높은 퇴적층이 나타나는 것
• 잔구 : 산지가 침식을 받아 낮아진 단계의 고립된 언

덕
- 하안단구 : 퇴적과 부분 침식으로 하천의 유로와 양의 변해 계단모양으로 생성된 것
- 선상지 : 산지의 유수가 평야에서 분산되면 유속이 낮아져 물질을 골짜기 앞에서 부채꼴로 퇴적된 것

39 대수층으로부터 지하수를 채수해낼 때 배출되지 않은 지하수량을 무엇이라 하는가?

① 비산출율 ② 비보유율
③ 공극율 ④ 유효공극율

정답 ②
해설 비보유율은 지하수가 중력에 의해 배출된 후 암석에 남아 있는 물의 부피를 전체부피(%)로 나눈 값이다.

40 다음 중 구리 광물과 관계가 없는 것은?

① 황동석 ② 공작석
③ 코벨 라이트 ④ 금홍석

정답 ④
해설 황동석 - $CuFeS_2$, 공작석 - Cu_2CO_3, 코벨라이트 - CuS, 금홍석 - TiO_2

41 다음의 광상생성 시대 중 증기압이 가장 높은 시대는?

① 정마그마 시대
② 열수시대
③ 페그마타이트 시대
④ 기성시대

정답 ④
해설 페그마타이트기를 지나 생성 중에 있는 화성암과 마그마가 더 냉각되면 유동성이 있는 것은 수증기와 휘발성 성분인데 이 성분이 차지할 공간이 매우 좁아져 증기압이 최대가 되고 주위의 암석을 뚫고 침입하게 되는 시기를 기성시대라 한다.

42 석탄을 협재하는 사동통은 지층일람표에서 어느 계에 속하는가?

① 평안계 ② 대동계
③ 조선계 ④ 상원계

정답 ①
해설
- 고생대 석탄기, 페름기 – 평안계 (무연탄, 흑연, 석탄 협재)
- 고생대 캄프리아기 – 조선계(석회석 협재)
- 중생대 – 대동계

43 연료로서의 석탄의 가치는 발열량에 의하여 결정된다. 열량이 높은 석탄은 주로 무엇이 많기 때문인가?

① 고정탄소와 회분
② 수분과 회분
③ 고정탄소와 휘발성분
④ 수분과 휘발성분

정답 ③
해설 석탄의 성분 중 고정탄소와 휘발성분이 많을수록 열량이 높은 좋은 연료가 되지만 수분과 회분이 많을수록 열량이 낮은 연료가 된다.

44 가열하여 휘발분만을 뺀 후에 코크스(coke)를 얻을 수 있으며, 우리나라에서는 생산되지 않는 것은?

① 토 탄 ② 갈 탄
③ 역청탄 ④ 무연탄

정답 ③

해설 역청탄은 갈탄이 탄화되어 외부로 연기가 나지 않으며 코크스의 원료가 된다.

45 횡와 습곡에 대한 설명중 맞는 것은?

① 축면이 수직인 습곡
② 축면이 경사진 습곡
③ 축면이 수평인 습곡
④ 축면의 방향이 일정하지 않은 습곡

정답 ③

해설 횡와 습곡은 축면이 누운 것처럼 수평인 습곡이다. 축면이 수직이면 정습곡이고 축면이 경사진 습곡은 경사습곡이다.

46 지각의 화학성분중 가장 많은 것은?

① Si(규소)　② Fe(철)
③ O(산소)　④ Al(알루미늄)

정답 ③

해설 지각의 8대 구성원소와 성분함량

원소기호	O	Si	Al	Fe	Ca	Mg	Na	K
원소이름	산소	규소	알루미늄	철	칼슘	마그네슘	나트륨	칼륨
무게(%)	45	27	8	6	5	3	1	1

47 단층의 종류중 상반이 하반에 대하여 미끄러져 올라간 단층은?

① 수직단층　② 정단층
③ 역단층　　④ 주향이동단층

정답 ③

해설
- 정단층 : 인장력 때문에 상반이 하강한 것
- 역단층 : 횡압력 때문에 상반이 상승한 것
- 수직단층 : 상하반 구분이 없이 수직으로 이동
- 주향이동단층 : 양쪽 지괴가 수평으로만 이동

48 다음중 전기검층 종류가 아닌 것은?

① 자연전위검층(SP검층)
② 비저항검층
③ 유도분극검층
④ 공경검층(Caliper검층)

정답 ④

해설 전기검층은 전기화학적 전위 변화를 이용하는 자연전위탐사, 겉보기 전기 비저항의 변화를 이용하는 전기비저항탐사, 분극 전위의 변화를 이용하는 유도분극탐사 등이 있다. 공경검층은 시추에 의해 뚫은 구멍의 지름을 검사하는 것이다.

49 SP(Spontaneous Polarization)검층의 단위로 쓰이는 것은?

① mV　　　② sec/m
③ g/cm3　　④ ℃/m

정답 ①

해설 자연전위(S.P.)법은 황화 광물의 광체 주변에서 발생하는 수백 mV의 전위차, 즉 광화 전위를 측정하는 전기검층법의 한 종류이고 단위는 mV임.

50 이수(mud)로 교체된 구역(flushed zone)과 본래의 상태를 유지하고 있는 구역(virgin zone)에 대한 물 포화율(water saturation)을 계산하는 데 가장 유효한 검층 방법은?

① 공경 검층　② 전기비저항 검층

③ 온도 검층 ④ 자연방사능 검층

정답 ②

해설 이수로 교체된 구역에서는 전기 전도성이 높아 전류가 집중하므로 전기비저항 검층을 이용하면 효과적이다.

51. 반사법 탄성파 탐사를 수행하려고 한다. 지오폰의 전개법으로 적당하지 않는 것은?

① 공통오프셋법 ② 공심점법
③ 슐럼버져법 ④ 양측전개법

정답 ③

해설 지오폰(geo-phone)은 지각진동을 측정하는 진동 가속도계이며 전개법에는 공통오프셋법, 공심첨법, 양측전개법이 있다. 슬러버져법은 대수층 탐사에 효과적인 전기 비저항 탐사법이다.

52. 다음 중 페그마타이트 광상에서 주로 생성되는 광석광물은?

① 석석-철망간중석-휘수연석
② 크롬철석-자철석-백금
③ 황동석-섬아연석-방연석
④ 녹주석-전기석-황옥

정답 ①

해설

화성 광상	생성 광물
정마그마	다이아몬드, 백금, 철, 니켈, 크롬철석, 자철석, 티탄철석, 함니켈 황철석 광상, 인회석
pegmatite	석석, 철망간중석, 휘수연석, 석영, 운모, 텅스텐, 창연광, 금, 몰리브덴, 베릴륨, 우라늄, 리튬
접촉교대 (기성 광상)	석류석, 투휘석, 규회석(스카른광물)
열수	유비철석, 자류철석, 섬아연석, 방연석, 은, 안티몬, 수은

53. 다음 화성암 중 석영 함유량이 제일 큰 심성암은?

① 화강암 ② 유문암
③ 조면암 ④ 안산암

정답 ①

해설 심성암은 반려암, 섬록암, 화강암이고 이중에서 석영 함유량이 가장 많은 것은 산성암(66% 이상)인 화강암이다.

54. 다음 중 투수계수의 단위로서 옳은 것은?

① m/min ② m2/min
③ m3/min ④ kg/cm2

정답 ①

해설 투수계수(수리전도율, K)는 단위 시간동안 동수 경도하에서 단위면적을 통해 유출되는 지하수 유출률이다.

$$t = \frac{Q}{A}\left(\frac{m^3/min}{m^2}\right) = m/min$$

55. 전기비전도가 매우 낮은 물은?

① 여러 가지 광물질이 포함된 물이다.
② 화학적으로 순수한 물이다.
③ 양이온이 다량 함유된 물이다.
④ 지하수에 철분이 다량 함유된 물이다.

정답 ②

해설 물에 용질(불순물)이 많이 들어 있을수록 전기를 잘 통과시키므로 순수한 물일수록 전기비전도는 낮다.

56. 온천의 수온에서 온천수에 해당하는 온도는?

① 25℃ 이상 ② 15℃ 이상
③ 24℃ 이상 ④ 20℃ 이상

정답 ①
해설 수온이 25℃ 이상이면 온천이라 한다. 온천은 다시 미온천, 온천, 고온천으로 분류한다.

57 다음의 시추코어(core) 기기중 사력층이나 점토질 등의 약한 지반의 코어채취에 적합한 기구는 무엇인가?

① 샘플러(sampler)
② 코어쉘(core shell)
③ 싱글튜브 코어배럴
④ 더블튜브 코어배럴

정답 ①
해설 코어 배럴은 코어를 보관하는 통으로 싱글과 더블 튜브 코어 배럴이 있다. 지반이 단단한 경암에서는 싱글 튜브 코어 배럴을 사용하고 연암에서는 내관과 외관이 있는 더블 튜브 코어 배럴을 사용해야 코어를 부수지 않고 원형대로 채취할 수 있다. 샘플러(sampler)는 사력층이나 점토질 등 매우 약한 지반에서는 더블 튜브 코어 배럴을 사용해도 코어 채취가 곤란할 때 사용하는 것이고 코어쉘은 코어리프터를 보관하는 통이다.

58 다음은 이수(泥水)의 조니조정제(調泥調整劑)의 종류와 성질에 대해 설명한 것이다. 이중 맞는 것은 어느 것인가?

① 나트륨(Na)계 벤토나이트는 해수를 이수로 이용할 때 사용한다.
② 칼슘(Ca)계 벤토나이트는 청수를 이수로 이용할 때 사용한다.
③ 이수의 점성을 증가시키기 위해 주로 씨엠씨(CMC)가 사용된다.
④ 이수의 비중을 높이기 위해서 주로 씨클레이(C-clay)가 사용된다.

정답 ③
해설 해수를 이수로 사용할 때 나트륨계 벤토나이트는 해수 속의 염분과 반응하기 때문에 부적합하므로 칼슘계 벤토나이트를 사용한다. 점성 증가제로는 CMC, C-clay를 사용하며 비중 증가제로는 바라이트를 주로 사용한다.

59 높은 곳은 침식에 의해 삭박되고, 낮은 곳에서는 풍화와 침식으로 떨어져 나온 풍화생성물 또는 쇄설물이 퇴적되는 것을 무엇이라고 하는가?

① 조산운동   ② 조륙운동
③ 평형작용   ④ 화산작용

정답 ③
해설 높은 곳은 깎기고 낮은 곳은 퇴적되는 것은 평형작용이고 지각 변동으로 인해 육지가 습곡산맥을 형성하는 것은 조산운동이며 육지가 침강하거나 상승하는 것은 조륙운동이다.

60 페그마타이트광상에서 나타나는 희원소가 아닌 것은?

① Be   ② U
③ Sb   ④ Li

정답 ③
해설 페그마타이트 광상에서는 우라늄(U), 몰리브덴(Mo), 리튬(Li), 베릴륨(Be) 등과 같은 희유 원소를 포함한 광물이 형성되고 안티몬(Sb)은 열수광상에서 형성된다.

시추기능사 2004 기출문제

* 답안카드 작성시 시험문제지 형별누락, 마킹착오로 인한 불이익은 전적으로 수험자의 귀책사유임을 알려드립니다.

01 마그마가 심성암으로 고화될 때 처음 생긴 심성암을 중심으로 수축하기 때문에 생기는 절리는?

① 판상절리 ② 신장절리
③ 주상절리 ④ 장력절리

정답 ③

해설 절리는 화성암이 풍화작용과 지각변동에 의해 틈이 생기는 것이다.
- 주상절리 – 육각기둥 모양 – 현무암
- 판상절리 – 판 모양 – 안산암
- 방상절리 – 육면체 모양 – 화강암
- 신장절리 – 횡압력을 받아 습곡이 형성될 때 응력 때문에 생성
- 전단절리 – 횡압력에 의한 전단력으로 2개의 교차 방향에 생성

02 다음 그림 중 비정합에 속하는 것은?

(단, 그림 중 ①변성암 ②심성암 ③습곡된 고지층 ④비정합 아래의 지층 ⑤준정합 아래의 지층 ⑥부정합 위의 지층 U - 부정합)

① 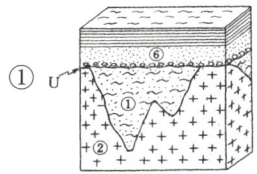 ②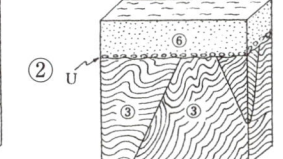

③ 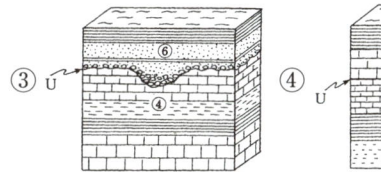 ④

정답 ③

해설 부정합은 두께가 없는 면이나 지질학적으로 긴 시간을 내포하며 난정합, 경사(사교)부정합, 평행부정합(비정합), 준정합 등으로 구분한다.
- 난정합 : 부정합면 아래에 심성암, 변성암과 같은 결정질이 존재하는 경우
- 경사(사교)부정합 : 부정합면 아래에 습곡산맥으로 변한 고지층이 있는 경우
- 평행부정합(비정합) : 부정합 위, 아래 지층이 평행한 경우
- 준정합 : 성층면 사이에 큰 결층(berak)이 있는 경우

① : 난정합 ② : 경사부정합
③ : 비정합(평행부정합) ④ : 준정합

03 금광맥 표준시료에 들어 있는 미량원소 As의 함량은 800ppm이다. 실험실에서 표준시료를 2회 분석하여 본 결과 각각 780ppm 및 790ppm 이었다. 정밀도는?

① ± 0.64% ② ± 0.46%
③ ± 4.6% ④ ± 46%

정답 ①

해설
평균값 = $\frac{780+790}{2}$ = 785

정밀도(%) = $\frac{표준편차}{평균값} \times 100$

$= \pm \frac{\sqrt{(780-785)^2/2 + (790-785)^2/2}}{785} \times 100$

$= \frac{5}{785} \times 100 = 0.6$

04 노두가 자연적으로 파쇄되어 지표에 떨어져 탐광에 도움을 주는 암석은?

① 수석 ② 전석
③ 맥석 ④ 상석

정답 ②

해설
- 노두 : 광상이 지표에 노출되어 있는 부분
- 전석(표석) : 노두의 일부분이 사면에 따라 낙하하거나 물에 따라 계곡 하류까지 이동된 것
- 맥석 : 경제적 가치가 없는, 쓸모없는 돌

05 지구화학 탐사에서 탐사의 지침이 되는 지시원소에 대한 설명 중 적당하지 않는 것은?

① 화학적 분석이 용이하고, 분석비가 저렴한 원소
② 광체 부근에 있는 이동성이 적은 원소
③ 지구 화학적 환경에서 이동도가 큰 원소
④ 탐사 대상광체와 지질학적 및 지구 화학적으로 관련성이 있는 원소

정답 ②

해설 지시원소란 지구화학탐사에서 암석, 토양, 식물 등의 시료를 분석하여 검출되는 미량원소로서 시료 아래 지하의 광상을 추정할 수 있다. 화학분석이 쉽고 분석비가 저렴해야하며 이동도가 커야 한다.

06 유전탐사에 있어서 단시일의 개략적인 조사를 위해서 제일 바람직한 방법은 다음 중 어느 것인가?

① 탄성파 탐사
② 전기비저항 탐사
③ 자연전위 탐사
④ 중력탐사

정답 ④

해설 간단하고 개략적으로 탐사를 하여 지하에 저밀도 물체가 존재함을 추정할 수 있다.

07 폭약을 폭발시켜 지하구조를 알아내는 방법은?

① 전자 탐사법 ② 유도분극 탐사법
③ 탄성파 탐사법 ④ 비저항 탐사법

정답 ③

해설 탄성파 탐사는 인공적으로 폭약을 폭발시켜 지층 내에 전파되는 탄성 파동의 전파 특성을 분석하여 지하 지질 정보를 추정하는 것이다.

08 대수층 탐지를 위하여 가장 경제적인 방법은?

① 전기비저항탐사
② 탄성파굴절법탐사
③ 시추 탐사
④ 물리 검층

정답 ①

해설 대수층은 지하수를 함유하고 있는 지층을 말하며 전기비저항 탐사는 지표면에 일정한 거리를 두고 한 쌍의 전극을 설치한 후 전류로 인해 전위 분포를 일으키게 하여 전기 전도도 분포 상태를 측정함으로써 대수층 보존 여부와 부존 양상을 탐사하는 방법

09 유층에서의 원유성질 중 일정온도에서 원유와 천연가스의 혼합물에 압력을 가하면 천연가스는 원유에 용해된다. 이때의 원유 성질 중 맞는 것은?

① 용적은 팽창하며 점성은 올라간다.
② 용적은 팽창하며 점성은 내려간다.
③ 용적은 축소하며 점성은 올라간다.
④ 용적은 축소하며 점성은 내려간다.

정답 ②

해설 천연가스가 원유에 녹아 들어오면 부피(용적)은 증가하고, 점성이 없는 천연가스 때문에 원유의 점성은 낮아진다.

10 다음 그림은 다이어몬드 리이밍셸을 나타낸 것이다. 각부의 명칭이 ①-②-③-④의 순서로 옳게 표시된 것은?

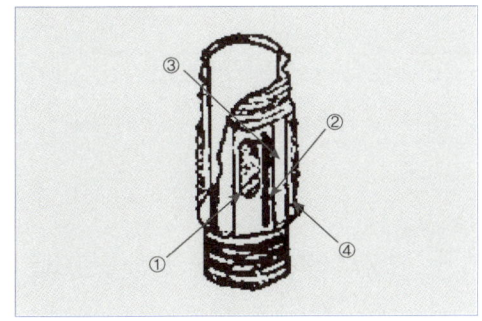

① 매트릭스-워터웨이-프로텍터-샹크
② 매트릭스-프로텍터-워터웨이-샹크
③ 샹크-매트릭스-워터웨이-프로텍터
④ 샹크-워터웨이-매트릭스-프로텍터

정답 ②

해설 리밍셸은 비트가 암반을 굴착하면 비트 옆면이 닳아 공지름이 작아지게 되는 것을 방지하기 위해 사용하며 구소는 그림과 같이 ① 매트릭스, ② 프로텍터, ③ 워터웨이, ④ 샹크 로 구성되어 있다.

11 탄성파 탐사에서 굴절법에 적용되는 법칙은?

① 스넬의 법칙 ② 쥴의 법칙
③ 쿠롱의 법칙 ④ 뉴톤의 법칙

정답 ①

해설 Snell 법칙은 빛의 굴절에 대한 것으로 다음과 같은 식이 성립한다.

$$\sin\alpha = \frac{n_1}{n_2} = \frac{V_1}{V_2}$$

여기서, α : 굴절각, n : 굴절률, V : 전파속도이다.

12 중력탐사는 암석의 어떤 물리적 성질을 이용하는가?

① 자성   ② 탄성
③ 밀도   ④ 함수율

정답 ③

해설 지하에 철광상이 있으면 밀도가 크기 때문에 지표면의 중력계 수치가 크게 나타난다. 밀도란 단위부피에 대한 질량으로 중력에 큰 영향을 미친다.

13 다음 중 일정한 지역에 분포되어 있는 지층을 오래된 것 부터 새로운 것까지 두께의 비로 나타낸 그림은?

① 지질도   ② 지질 단면도
③ 주상 단면도 ④ 갱내 지질도

정답 ③

해설 지질도를 작성하려면 노선 지질도를 만든 다음 지질도를 작성하고 이를 바탕으로 지질 단면도와 지질 주상도를 작성한다.
- 노선 지질도 : 지질 조사를 한 노선을 따라 조사 내용을 지형도에 기재한 것
- 지질도 : 여러 곳의 노선 지질도를 종합하여 작성한 것
- 지질 단면도 : 지질도에서 두 지점을 연결하는 직선 아래의 지하 지질 구조와 암석 분포를 표시한 것

- 지질 주상도 : 지층을 오래 된 것부터 아래에 표시하되 지층의 두께에 따라 기둥 모양으로 그린 것

14 갱내 조사 시 라돈(Rn)의 영향, 측점의 위치 등에 주의해야 할 탐광법은?

① 화학 탐광 ② 중력 탐광
③ 방사능 탐광 ④ 전위법

정답 ③

해설 라돈, 우라늄, 토륨 등은 방사능 원소이므로 가이거 계수기와 신틸레이션 계수기 등의 방사능 탐광법을 사용한다.

15 다음 광물과 결정계가 서로 올바르게 짝지어진 것은 어느 것인가?

	결정계	광물
①	등축정계	황옥, 십자석, 중정석
②	정방정계	암염, 형석, 방연석
③	사방정계	회중석, 황동석, 금홍석
④	육방정계	수정, 녹주석, 방해석

정답 ④

해설
- 등축정계 : 다이아몬드, 형석, 황철석, 암염, 방연석
- 정방정계 : 회중석, 황동석, 금홍석
- 사방정계 : 십자석, 황옥, 중정석
- 육방정계 : 수정, 인회석, 방해석, 녹주석
- 단사정계 : 정장석, 석고, 각섬석
- 삼사정계 : 남정석, 사장석, 부석

16 한 개의 큰 광물 중에 다른 종류의 작은 결정들이 다수 불규칙하게 들어 있는 석리는?

① 유리질 석리 ② 포이킬리틱 석리
③ 비정질 석리 ④ 문상 석리

정답 ②

해설 석리(조직, texture)란 화성암의 특징 중 광물 입자들이 모여 만든 소규모의 것
- 유리질 석리 : 육안으로도 현미경으로도 관찰할 수 없는 것
- 포이킬리틱 석리 : 한 개의 큰 광물속에 다른 종류의 작은 결정들이 불규칙하게 포함되어 있는 것
- 비정질 석리 : 육안으로는 볼 수 없으나 현미경으로 관찰할 수 있는 것
- 문상 석리(페그마타이트 조직) : 고대 상형 문자 모양의 배열 상태

17 다음 광물 중에서 진주 광택에 속하는 광물은?

① 활석, 수활석 ② 석면, 석고
③ 석영, 전기석 ④ 고령토, 점토

정답 ①

해설

진주 광택 – 활석, 수활석	견사 광택 – 석면, 석고
유리 광택 – 석영, 전기석	토상 광택 – 고령토, 점토
금광 광택 – 금강석, 방연석	지방(수지) 광택 – 유황

18 광물의 형태를 설명한 것 중 틀린 것은 다음 중 어느 것인가?

① 다면체를 만드는 평면을 결정면이라 한다.
② 두 면 사이의 각을 면각이라 한다.
③ 3개 이상의 면이 만나는 점을 우각이라 한다.
④ 평면, 면각, 우각을 통틀어 결정의 요소라 한다.

정답 ④

해설 Euler 법칙 : 결정에서 면 수와 꼭지점 수의 합은 모서리 수와 2의 합과 같다.
f + s = e + 2
f(면) : 다면체를 만드는 평면
s(꼭지점, 우각): 3개이상의 면이 만나는 곳
e(모서리, 능): 2개이상의 면이 만나 생성
결정의 3요소 : 면, 우각, 능

19 다이아몬드와 흑연, 백철석과 황철석은 어떤 관계가 있는가?

① 유질동상　　② 동질이상
③ 혼정　　　　④ 고용체

정답 ②
해설 동질 이상(同質異像, polymorphism) : 화학 조성은 같으나 결정 모양과 물리적 성질이 다른 것
(예) 방해석($CaCO_3$:육방정계)과 아라고나이트($CaCO_3$:사방정계) 다이아몬드(C:등축정계)와 흑연(9C:육방정계) 등

20 다음 광물 중 마그마의 관입에 의한 접촉 변성된 광물(스카른광물)로 가장 흔한 광물은?

① 정장석　　② 갈철석
③ 형석　　　④ 석류석

정답 ④
해설 접촉교대 광상(기성 광상)에서는 마그마 접촉부(380-500℃)에 Cu, Fe 등이 석회암 속으로 침투되어 스카른 광물(석류석, 투휘석, 규회석, 전기석 등)이 생성된다.

21 활석, 전기석, 석류석, 지르콘, 황옥 등은 다음 중 어떤 광물에 속하는가?

① 규산염 광물　　② 붕산염 광물
③ 탄산염 광물　　④ 황화 광물

정답 ①
해설
- 규산염광물 : 활석($Mg_3SiO_4O_{10}(OH)_2$), 전기석(붕규산염), 지르콘($ZrSiO_4$), 황옥[$Al_2(F,OH)_2SiO_4$]
- 붕산염광물 : Ludwigite(루드뷔자이트, $Mg_2Fe^{3+}BO_5$), 붕사($Na_2B_4O_7 10H_2O$)
- 탄산염광물 : 방해석($CaCO_3$), 아라고나이트($CaCO_3$), 백운석[$CaMg(CO_3)_2$]
- 황화광물 : 황철석(FeS_2), 섬아연석(ZnS), 방연석(PbS)

22 다음 중 할로겐광물에 가장 관계 깊은 것은?

① 석영　　② 형석
③ 자철석　④ 회중석

정답 ②
해설
- 할로겐 원소 : F(플루오르), Cl(염소), Br(브롬), I(요오드) 등
- 할로겐 광물 : 할로겐 원소를 함유하고 있는 광물, 형석(CaF_2), 빙정석(Na_3AlF_6), 암염($NaCl$) 등

23 다음 암석 중 중성암에 속하는 것은?

① 석영반암　② 안산암
③ 현무암　　④ 감람암

정답 ②
해설 중성암은 규산 함량이 52-66%인 화성암으로 안산암, 섬록반암, 섬록암이 대표적이다.

24 다음 변성암 중에서 편리를 가지지 않은 것은?

① 점판암　② 대리암
③ 천매암　④ 편암

정답 ②
해설 화성암이나 퇴적암이 높은 압력에 의해 판상 모양으로 재배열된 것인 편리는 동력변성암에 나타나는 구조적 특징이다. 대리암은 석회암에 고온의 마그마가 관입하여 접촉변성된 것이다.

25 광역 변성암(동력 변성암)에 속하지 않는 것은?

① 천매암　　② 편마암
③ 혼펠스　　④ 편암

정답 ③

해설 혼펠스는 세일이 열접촉변성한 것이다.
- 접촉변성 : 세일 → 혼펠스(hornfels)
- 광역변성 : 세일 → 슬레이트(점판암) → 천매암 → 편암 → 편마암

26 국내(남한)에 가장 많이 분포하는 암석은?

① 화강암　　② 화강 편마암
③ 편암　　　④ 석회암

정답 ②

해설 화성암이 동력변성을 받아 생성되는 화강편마암이 국내에 가장 많다.

27 석영조면암에 유상구조가 보이면?

① 석영조면암　② 석영안산암
③ 석영반암　　④ 유문암

정답 ④

해설 유상 구조란 화산암이 유동하여 굳어질 때 생성되는 평행구조이므로 마그마가 흐른 흔적이 잘 나타나는 유문암이 해당된다.

28 어떤 광물을 석고로 그었더니 석고에 흠이 생겼으며 형석으로 그었더니 이 광물에 흠이 생겼다. 이 광물의 경도는?

① 2도　　② 3도
③ 4도　　④ 5도

정답 ②

해설 모오스 경도계상에서 2인 석고보다 단단하고 4인 형석보다 약한 것은 경도 3인 방해석이다.

모오스 경도	1	2	3	4	5	6	7	8	9	10
광물	활석	석영	방해석	형석	인회석	정장석	석영	황옥	강옥	금강석

29 지하수면의 설명 중 맞는 것은?

① 통기대와 포화대의 경계상에 있다.
② 중간대와 모관대 사이에 있다.
③ 포화대와 중간대의 경계상에 있다.
④ 토양수대 바로 아래 있다.

정답 ①

해설 지하수면은 물로 포화되어 있는 포화대의 상부면이다. 대수층은 지표에서 아래로 표피층, 통기대(토양수대, 중간대, 모세관대), 포화대로 구성되며 통기대와 포화대의 경계상에 지하수면이 있다.

30 다음 중 유리의 원료로 사용되는 것은?

① 방해석　　② 다이아몬드
③ 석영　　　④ 점토

정답 ③

해설 석영(SiO2)은 유리 원료로 사용되며 녹는점이 1,700℃로 높으며 풍화에도 잘 견딘다.

31 우리나라의 온천(溫泉)은 주로 무슨 암석과 가장 밀접한 관계를 갖는가?

① 충적층(沖積層)　② 화강암(花崗岩)
③ 석회암(石灰岩)　④ 현무암(玄武岩)

정답 ②
해설 우리나라는 화강편마암이 가장 많으므로 화강암 지대에서 온천이 많이 생긴다.

32 다음 암석중 화학적 퇴적암은 어느 것인가?

① 석탄   ② 셰일
③ 석고   ④ 규조토

정답 ③
해설
- 유기적 퇴적암 – 석탄, 규조토
- 쇄설성 퇴적암 – 셰일, 역암, 사암, 응회암, 집괴암

〈화학적 퇴적암의 분류〉

분류	퇴적물(지름)	퇴적암
화학적 퇴적암	암염(NaCl)	암염
	석고(CaSO4·2H2O)	석고
	방해석(CaCO3)	석회암
	석영(SiO2)	처트

33 접촉 교대 광상을 생성시키는 작용으로서 가장 적당하다고 생각되는 것은?

① 접촉작용과 동력변성작용
② 동력변성작용과 교대작용
③ 열변성작용과 교대작용
④ 기성변질작용과 풍화작용

정답 ③
해설 기성광상에서 석회암이나 염기성 화성암에 화강암이 관입하면 접촉대에서 교대작용이 일어나 석류석, 투휘석, 규회석과 같은 여러 열변성광물 집합체인 스카른(skarn)광물이 만들어진다.

34 필석의 화석이 발달된 지층의 지질 시대는?

① 백악기   ② 트라이아스기
③ 오르도비스기   ④ 페름기

정답 ③
해설 지질시대별 대표 화석

중생대	백악기	속씨식물
	쥐라기	겉씨식물, 양치식물
	트라이아스기	공룡, 포유류, 악어, 암모나이트
고생대	페름기	파충류, 양서류
	석탄기	곤충, 양서류, 파충류, 석탄나무
	데본기	원시속씨식물, 완족동물, 산호
	실루리아기	관다발조직육상생물, 갑주어
	오르도비스기	무척추동물, 삼엽충, 필석
	캄브리아기	삼엽충, 최초척추동물

35 석유광상이 형성되기 쉬운 유전의 구조로서 가장 중요한 것은?

① 배사구조   ② 향사구조
③ 암염구조   ④ 단층구조

정답 ①
해설 석유가 저장될 수 있는 구조(오일 트랩)에는 저류암, 덮개암, 지질 구조가 필요한데 지질 구조에는 배사 구조가 가장 많다.

36 지각은 위층과 아래층으로 나눌 수 있는데 위층의 두께는 10 – 30 km 정도라 한다. 이층의 화학적 성분은 주로 무엇으로 되어 있는가?

① 규소와 알루미늄
② 규소와 마그네슘
③ 규소와 칼륨
④ 규소와 나트륨

정답 ①

해설 지각의 8대 구성원소와 성분함량

원소기호	O	Si	Al	Fe	Ca	Mg	Na	K
원소이름	산소	규소	알루미늄	철	칼슘	마그네슘	나트륨	칼륨
무게(%)	45	27	8	6	5	3	1	1

37 습곡의 측면이 수평에 가까운 상태로 된 것은?

① 정 습곡 ② 경사 습곡
③ 횡와 습곡 ④ 등사 습곡

정답 ③

해설 횡와 습곡은 축면이 누운 것처럼 수평인 습곡이다. 축면이 수직이면 정습곡이고 축면이 경사진 습곡은 경사 습곡이다.

38 두 개의 단층 사이의 지괴가 상승한 것은?

① 오-바 스러스트 ② 지구(granen)
③ 지루(horst) ④ 스리큰 사이드

정답 ③

해설 두 개의 정단층 사이에 있는 지괴가 가라 앉아 있으면 지구라고 하며 상승되어 있으면 지루라고 한다.

39 다음중 지열유량 단위는?

① HFU ② ℃/km
③ m/sec ④ Gal

정답 ①

해설 HFU(Heat FLOW Unit)는 지구 내부에서 표면으로 방출되는 열 흐름의 양이며 1HFU = 10^{-6} cal/cm²·s이다.

40 물리검층으로 알 수 없는 것은?

① 저유층의 두께
② 공극율(porosity)
③ 투수율(permeability)
④ 물 포화도(water saturation)

정답 ①

해설 물리 검층은 시추공 내에 물리 탐사 기기를 넣어 공 주위의 지층을 연속적으로 조사하는 것이다. 지층의 성질을 원위치에서 측정하기 때문에 정확도가 높으며 토건 지반조사, 광물 및 석탄 탐사에도 많이 이용한다. 따라서 공극률, 투수율, 물 포화도를 알 수 있다.

41 다음 중 건공(dry hole)에서 검층을 할 수 없는 것은?

① 자연전위 검층
② 전자유도 검층
③ 공경 검층
④ 방사능 검층

정답 ①

해설 대지에 자연적으로 흐르는 지전류를 관측하는 자연 전위 검층법은 해수 침투, 지하수 유동, 비철 금속을 탐사하는 데 사용된다. 건공은 광화전위차가 적어 검층이 곤란하다.

42 다음 중에서 RQD(Rock Quality Designation)에 대한 설명 중 틀린 것은?

① 회수된 코아 중 5cm 이상 되는 코어 길이의 합을 굴진 길이에 대한 백분율로 나타낸다.
② 국제 암반학회에서는 최소한 더블 튜브 코어 배럴을 사용한 NX규격 이상의 코어를 대상으로 한다.

③ 심한 풍화(highly weathered) 이상인 코어는 RQD=0으로 처리한다.
④ RQD 산정 시 코어 길이는 코아 중앙을 따라 측정한다.

정답 ①

해설 RQD(Rock Quality Designation, 암질 지수)는 가장 널리 사용되는 암반의 정량적 평가 지수로서 길이가 10cm 이상인 코어들의 길이의 합을 총 시추 길이에 대한 비율로 나타낸 값이며 25% 미만이면 암질은 매우 불량(very poor), 90% 이상이면 매우 양호(excellent)한 암질이다.

43 탄층의 상하 경계에서는 붕괴가 잘 일어난다. 이를 탐지 하는데 가장 유효한 검층 방법은?

① 전기비저항 검층
② 자연감마선 검층
③ 공경 검층
④ Caliper 검층

정답 ④

해설 caliper 검층은 탄층 상하 경계에서 붕괴를 막기 위해 시추된 공의 안지름을 연속적으로 측정하는 것이다.

44 상부 지층의 탄성파 속도가 2,000m/sec이고 기반암의 탄성파 속도가 4,000m/sec인 2개의 지층으로 이루어진 구조가 있다. 이러한 지층 구조에서 1층에서 2층으로 입사 할 때 입사각이 25도를 유지하는 탄성파가 1층으로 반사할 경우 반사각은 몇 도인가?

① 30도
② 60도
③ 90도
④ 25도

정답 ④

해설 반사법 탄성파 탐사에서 입사각과 반사각은 같기 때문에 25도이다.

45 다음은 중력탐사에 필요한 중력보정에 관한 항목들이다. 다음 중에서 중력보정과 전혀 관계없는 것은?

① 부우게 보정
② 고도 보정
③ 풍화대 보정
④ 지형보정

정답 ③

해설 중력은 고도, 지형, 밀도에 따라 달라지기 때문에 고도, 지형, 부우게 보정을 해야 한다. 지각이 두꺼운 곳은 부우게 이상이 음수가 되고 얇은 곳은 양수가 되므로 보정해야 한다.

46 감람암과 같은 초염기성 암석이 열수의 작용을 받아 생성 된 변성암으로서 암록색·암적색·녹황색 등을 띠며 지방광택을 보여주는 암석은?

① 사문암
② 호온펠스
③ 천매암
④ 편마암

정답 ①

해설 감람석의 열접촉변성암은 사문암이고 셰일은 열접촉변성되면 혼펠스가 되고 동력변성을 받으면 슬레이트, 천매암, 편암, 편마암 순서로 변성된다.

47 공내가 밀리거나 붕괴 등으로 케이싱을 목적하는 심도까지 삽입할 수 없을 때 사용되는 기구는?

① 언더리머
② 인사이드 탭
③ 케이싱 커터
④ 케이싱 리밍 커터

정답 ①

해설
- 인사이드 탭 : 공내에 잔류하는 장비류를 회수하는 기구
- 케이싱 커터 : 재밍이나 공곡 등으로 인해 케이싱의 인양이 불가능할 때 절단하여 저항을 감소시킴으로써 케이싱 파이프의 회수율을 증가시킴

48 완만한 속도로 진행되는 사태만으로 묶은 항은?

① 산사태(landslide), 이류(mudflow)
② 포행(creep), 토속류(solifluction)
③ 산사태(landslide), 포행(creep)
④ 이류(mudflow), 토속류(solifluction)

정답 ②

해설 사태란 중력의 직접적인 작용에 의해 암석이나 풍화생성물이 낮은 곳으로 이동하는 현상이며 급격한 사태에는 산사태, 땅꺼짐, 이류 등이 있고 완만한 사태에는 포행, 토석류 등이 있다.

49 열수광상의 생성조건에 맞지 않는 것은?

① 광화용액이 유용성분을 충분히 함유해야 한다.
② 광물침전이 집중적으로 침전할 수 있는 공간이 있어야 한다.
③ 유용성분이 분산되지 않고 농집 되어야 한다.
④ 모암이 치밀 견고하여 균열이 없어야 한다.

정답 ④

해설 열수광상은 마그마가 거의 화성암으로 고결되고 금, 은, 구리 등 금속 성분이 많은 열수 용액이 남아 있을 때 형성된다. 열수 용액이 주변 암석의 틈을 뚫고 들어가 굳으면서 금속 광물을 침전시키면 열수 광상이 형성된다.

50 다음의 설명으로 적정한 것은?

> 『단위시간동안 단위 동수구배하에서 단위면적을 통해 유출되는 지하수의 유출율』

① 수리전도도 ② 저류계수
③ 비산출율 ④ 비보유율

정답 ①

해설
- 저류계수(S) : 수두가 1m 만큼 변화할 때 대수층 1㎡ 면적에서 유출 또는 유입되는 지하수의 부피
- 비산출율 : 중력에 의해 배출되는 수량을 전체 부피로 나눈 값
- 비보유율 : 지하수가 중력에 의해 배출된 후 암석에 남아 있는 물의 부피를 전체 부피로 나눈 값

51 다음 중 동수구배에 대한 설명으로 틀린 것은?

① 일반적으로 지형면의 형태와 반대로 형성된다.
② 임의의 두 지점간의 수위차를 말한다.
③ 수두가 높은 곳에서 낮은 곳으로 지하수가 유동한다.
④ 임의 방향으로의 수두변화율을 말한다.

정답 ①

해설 동수구배(동수경사)란 지하수의 이동 거리에 대한 수위차로서 물은 수두가 높은 곳에서 낮은 곳으로 흐르고 흙과 암석의 간극 또는 암석내의 균열대를 따라 이동하므로 지형면 변화와 일치한다.

52 어떤 지하수 시료에서 측정된 전기전도도의 수치가 175μ mhos 이었을 때 지하수 시료내의 고용물질 함량을 계산하면 얼마인가?(단 비례상수는 0.59이며, 소수점 첫째자리까지 표기)

① 103.3㎎/ℓ ② 104.1㎎/ℓ
③ 99.8㎎/ℓ ④ 296.6㎎/ℓ

정답 ①

해설 물에 고형물질이 많을수록 전기가 잘 통하므로 전기전도도와 고형물질 농도는 비례한다.
고형물질 농도 = 비례상수 × 전기전도도
= 0.59 × 175 = 103.25 mg/L

53 다음 중 입경이 비교적 큰 조립질 매질의 투수시험에 적합한 실내 투수시험법은?

① 정수위 투수시험
② 변수위 투수시험
③ 순간충격시험
④ 단공양수시험

정답 ①

해설 투수 계수 측정법으로 실내법, 야외법, 도해법이 있고 실내법에는 공식에 의한 간접법과 투수계에 의한 직접법이 있으며, 직접법으로는 투수계수가 크고 흙의 입경이 5mm 이상인 조립질의 경우에 측정하는 정수위 투수시험과 입경이 1mm 이하인 세립질이거나 난투수성 토양인 경우에 측정하는 변수위 투수시험이 있다.

54 다음의 수문방정식을 완성하기 위하여 빈칸에 알맞은 것은?

『유입 = 유출 + (　　　)』

① 저류량의 변화　② 기상조건의 변화
③ 투수성의 변화　④ 사용량의 변화

정답 ①

해설 수문(水文, hydrology)은 지구상의 물의 순환에 관한 것으로 유입량은 유출량과 저류량 변화의 합이다.

55 다음중 탄성파속도 검층법의 종류가 아닌 것은?

① 다운홀(down hole)법
② 업홀(up hole)법
③ 공간속도측정(cross hole)법
④ 수평홀(parallel hole)법

정답 ④

해설 탄성파 탐사법은 지구 내부 구조에 따라 탄성파 속도와 진폭 등이 여러 형태로 변하는 점을 이용하여 탐사하는 것으로 진원과 수진기 설치 위치에 따라 다운홀(down hole)법, 업홀(up hole)법, 크로스홀(cross hole)법, 표유법 등이 있다.

56 수리 분산의 역학적 설명중 미시적 분산에 해당되는 사항은?

① 대수층 공극에 오염된 물질은 불규칙 공극을 따라 이동 분산한다.
② 지하수의 흐름방향에 오염물질이 종횡방향으로 분산된다.
③ 역학적인 분산은 이류작용에 의하여 생기는 것이지 화학적인 변화와 무관하다.
④ 오염된 지하수는 지하수의 흐름방향에 분산되고 그 결과 농도는 점차 감소된다.

정답 ①

해설 지하수 오염 물질이 분산되는 과정 중 가장 영향이 적은 것은 불규칙한 공극을 따라 이동, 분산하는 것이다.

57 지하수장애 요인 중 우물을 고갈시키는 요인과 무관한 사항은?

① 도로 터널 으로 지하수 유출
② 도로 포장으로 지하수 유입차단
③ 호안 굴착으로 수위강하
④ 항만 지하수위 저하공법으로 수위 저하

정답 ②
해설 도로 포장은 지표 일부에 해당되기 때문에 지하수 유입 차단과는 거리가 멀다.

58 더블튜브 코어배럴(double tube core barrel)에서 내관(內管)의 내경(內徑)이 가장 큰 것은?

① EX ② AX
③ BX ④ NX

정답 ④
해설 내경 크기 : HX 〉NX 〉BX 〉AX 〉EX 〉RX

59 중량법(重量法)을 이용하여 이수(泥水)의 비중을 측정하려고 한다. 용기의 무게가 10g, 이수를 넣었을 때 용기무게가 17g, 이수와 똑같은 용량의 청수를 넣었을 때의 용기무게가 15g 일 때 이수의 비중은 얼마인가?

① 1.0 ② 1.2
③ 1.4 ④ 1.6

정답 ③
해설 이수 비중 = $\dfrac{\text{이수 무게}}{\text{청수 무게}} = \dfrac{17-10}{15-10} = 1.4$

60 보웬(Bowen)의 반응계열중 가장 고온에서 정출되는 것은?

① 휘석 ② 감람석
③ 각섬석 ④ 흑운모

정답 ②
해설 Bowen 반응 계열이란 마그마에서 광물이 생성되는 과정이 불연속 반응 계열과 연속 반응 계열이 있으며 서로 독립적으로 결정 작용이 진행되다가 마지막에는 하나의 계열이 된다는 것이다. 고온에서 고결 생성되는 것은 감람석이고 저온에서 생성되는 것은 석영이며 화학적 풍화에 대한 저항 강도와 안정성은 석영으로 갈수록 점차 크다.

불연속 반응 계열 : (고온)감람석 → 휘석 → 각섬석 → 흑운모 → 정장석 → 백운모 → 석영(저온)
연 속 반응 계열 : Ca 사장석 ─────────→ Na 사장석

시추기능사 2005 기출문제

* 답안카드 작성시 시험문제지 형별누락, 마킹착오로 인한 불이익은 전적으로 수험자의 귀책사유임을 알려드립니다.

01 상부 지층의 탄성파 속도가 1,000m/sec이고, 기반암의 탄성파 속도가 2,000m/sec인 2개의 지층으로 이루어진 구조가 있다. 이러한 지층 구조에서 지표에서 파를 보낼 경우 임계각은 몇 도인가?

① 45° ② 30°
③ 60° ④ 90°

정답 ②

해설
$$sin\alpha = \frac{V_1}{V_2} = \frac{1000}{2000} = \frac{1}{2}$$
$$\alpha = 30°$$

02 다음 중 중생대에 해당하지 않는 것은?

① 백악기 ② 쥬라기
③ 트라이아스기 ④ 데본기

정답 ④

해설
- 중생대 : 트라이아스기 – 쥬라기 – 백악기
- 고생대 : 캄브리아기 – 오르도비스기 – 실루리아기 – 데본기 – 석탄기 – 페름기

03 지구 물리 탐사 방법중에서 굴절법과 반사법은 어느 탐사 방법에 속하는가?

① 전기 탐사 ② 중력 탐사
③ 탄성파 탐사 ④ 자력 탐사

정답 ③

해설 굴절법 탐사법은 인공적인 탄성파를 발생시켜 표면층보다 탄성파 속도가 큰 지층이 지하에 있을 때 지층을 굴절하여 오는 파를 관측해서 지하 지질 정보를 얻는 것이고 반사법 탐사법는 서로 다른 지층면에서 반사되어 지표에 도달하는 탄성파를 조사하는 것이다. 두 가지 방법 모두 충격을 가했을 때 발생하는 탄성파(진동)를 이용하는 탄성파 탐사법이다.

04 정상적인 메시퍼늘 점성시험기로 물의 온도 20°C에서 점성을 측정할 때 1500ml의 청수를 넣고 946ml가 유출 하는 정확한 시간은?

① 18.5±0.5초 ② 16.5±0.5초
③ 26±0.5초 ④ 28±0.5초

정답 ③

해설 마시 퍼넬 점성 측정에서 20±2°C의 청수로 시험할 때는 1500mL를 넣고 946mL가 유출되는 시간은 26±0.5초이며 500mL를 넣었을 때는 18.5±0.5초이면 점도계는 정확한 것이다.

05 부정합면이 발견되지 않고 성층면으로 대표되나 그 사이에 큰 결층(break)이 있는 부정합은 다음 중 무엇인가?

① 비정합 ② 준정합
③ 평행 부정합 ④ 난정합

정답 ②

해설
- 비정합(평행부정합) : 부정합 위, 아래 지층이 평행한 경우
- 준정합 : 성층면 사이에 큰 결층(berak)이 있는 경우
- 난정합 : 부정합면 아래에 심성암, 변성암과 같은 결정질이 존재하는 경우
- 경사(사교)부정합 : 부정합면 아래에 습곡산맥으로 변한 고지층이 있는 경우

06 다음 중 변성정도가 가장 낮은 암석은?

① 편마암   ② 편암
③ 천매암   ④ 슬레이트

정답 ④

해설 세일(shale)은 접촉(열)변성 또는 광역(동력)변성을 다음과 같이 할 수 있다.
- 접촉변성 : 세일 → 혼펠스(hornfels)
- 광역변성 : 세일 → 슬레이트(점판암) → 천매암 → 편암 → 편마암

07 석탄은 주위의 암석에 비하여 밀도가 매우 낮으며 어느 특정지역의 석탄은 회분(ash)이 섞여 있다. 이를 밝혀내는데 가장 유효한 검층 방법은?

① 음파 검층   ② 밀도 검층
③ 중성자 검층   ④ 전기비저항 검층

정답 ②

해설 밀도란 단위 부피당 질량인데 석탄은 암석에 비해 밀도가 작으므로 밀도 검층이 가장 유효하다.

08 시추탑의 높이 결정시 고려하지 않아도 되는 사항은?

① 굴착 심도
② 권양 속도
③ 승강기구에 의한 손실치수
④ 배관 거리

정답 ④

해설 시추탑의 높이는 굴착심도에 따라 작업 능률이 경제적이도록 다음사항을 고려해야 함
① 굴착 심도에 따라 유효 높이 결정
② 도르래 사용 방법에 따른 손실 치수
③ 승강을 위한 기구에 의한 손실 치수
④ 권상 속도에 의한 조업 오차

09 지구물리탐사법의 측정 단위로 관계가 맞지 않는 것은?

① 자연전위법 - mV
② 자력탐사법 - mR
③ 중력탐사법 - mgal
④ 탄성파탐사법 - m/sec

정답 ②

해설
자연 전위법 : mV   자력 : γ(gamma)
중력 : Gal(1g/cm^2)   탄성파 : m/s

10 지하수를 개발할 때 비용이 적게 들고 기계의 조작도 쉬운 반면, 굴진속도가 느리며 코어(core)의 양이 적고, 코어의 감정에 불확실한 요소가 있는 지하수 개발방법은?

① 회전식   ② 충격식
③ 역회전식   ④ 수굴식

정답 ②

해설 충격식은 무거운 비트의 충격에 의한 것으로 저비용과 기계 조작이 쉽지만 굴진 효율과 코어 회수율이 낮다. 회전식은 비트에 압력과 회전력을 가해 구멍을 굴착하는 방법으로 암석의 강도에 무관하게 효율이 높고 굴착 방향에 구애를 받지 않는 장점이 있다.

11 다음 중 퇴적암의 특징이 아닌 것은?

① 건열　　② 화석
③ 층리　　④ 편리

정답 ④

해설
- 퇴적암의 특징 : 층리, 사층리, 퇴적소극, 물결자국(연흔), 건열, 화석 등
- 변성암의 특징 : 벽개, 엽리, 편리, 편마구조, 선구조 등

12 화성암에서 초염기성암의 SiO2 함유량은 어느 정도인가?

① SiO2 > 65%
② SiO2(55-65%)
③ SiO2 < 45%
④ SiO2(52-55%)

정답 ③

해설

```
초염기성암   염기성암   중성암   산성암
             45        52      66      SiO₂(%)
    <                                          >
```

13 다음 중 다이아몬드 비트의 종류가 아닌 것은?

① 파일럿 비트　　② 콘케이브 비트
③ 테이퍼 비트　　④ 트리콘 비트

정답 ④

해설

재질 \ core유무	core	non-core
metal	crown	reaming, three corn, rose, chopping, flat
diamond	surface, impregnated	pilot, corn cave, taper

14 양수시험에 필요사항이 아닌 것은?

① 양수정　　② 비저항 측정기
③ 양수기　　④ 수위측정기

정답 ②

해설 비저항 측정기는 전기 탐사법으로서 지하 광물을 탐사하는 기구이다.

15 다음 중 비트 규격이 큰 것부터 작은 순서로 나열된 것은?

① NX→AX→BX→EX
② NX→BX→AX→EX
③ BX→NX→EX→AX
④ AX→BX→NX→EX

정답 ②

해설 지름 크기 : HX 〉 NX 〉 BX 〉 AX 〉 EX 〉 RX

16 로드와 보호관의 접속장치이며, 로드쪽은 암나사, 보호관쪽은 수나사로 되어 있는 드라이브 파이프의 접속구는 어느 것인가?

① 커플링(Coupling)
② 헤드(Head)
③ 슈우(Shoe)
④ 부싱(Bushing)

정답 ④

해설
- 커플링(coupling) : 로드 연결구는 로드커플링이라 하여 중앙에 구멍이 있어 이수가 통할 수 있다. 케이싱 연결구는 케이싱커플링이라 한다.
- 헤드(head) : 케이싱 머리에 있어 타격을 받는 것
- 슈우(shoe) : 케이싱 끝에 있어 케이싱이 들어가기 쉽게 끝이 뾰족하다.
- 부싱(busing) : 로드와 케이싱의 접속장치로 로드쪽은 암나사, 케이싱쪽은 숫나사이다.

17 다음 광물 중 경도가 가장 높은 것은?

① 석영　　② 인회석
③ 강옥　　④ 황옥

정답 ③

해설

모오스 경도	1	2	3	4	5	6	7	8	9	10
광물	활석	석영	방해석	형석	인회석	정장석	석영	황옥	강옥	금강석

18 다음 중 방사능 탐사용 측정기는?

① 샤아프 A-3
② 신틸레이션계수기
③ 슈미터 자력계
④ 핵 자력계

정답 ②

해설 라돈, 우라늄, 토륨 등은 방사능 원소이므로 가이거 계수기와 신틸레이션 계수기 등의 방사능 탐광법을 사용한다.

19 다음 중 화성암의 특징을 나타내는 구조가 아닌 것은?

① 유동구조　　② 호상구조
③ 유상구조　　④ 엽리구조

정답 ④

해설 유동 구조란 심성암(화성암)이, 유상구조는 화산암(화성암)이 유동하여 굳어질 때 생성되는 평행구조이고 호상구조는 색이 다른 광물(화성암)들이 층상으로 번갈아 배열된 구조이다. 엽리는 재결정작용을 받아 판상의 광물이 평행하게 배열되어 나타나는 평행 구조로서 변성암의 구조이다.

20 심성암은 광물의 알갱이들이 육안으로 구별될 정도로 큰 현정질 조직을 보여준다. 다음 중 현정질 조직에 속하지 않은 것은?

① 조립질　　② 유리질
③ 중립질　　④ 세립질

정답 ②

해설

현정질(입상) - 육안 구별	등립질	거의 같은 크기
	조립질	지름 5mm 이상
	중립질	지름 1-5mm
	세립질	지름 1mm 이하
	seriate	여러 크기
비현정질 - 현미경 구별	미정질	현미경 감정 가능
	은미정질	현미경 감정 난이

21 다음 중 두 물체 사이에 작용하는 인력, 즉 뉴튼의 만유인력 법칙이 기초가 되는 탐사법은?

① 전기탐사
② 자력탐사
③ 중력탐사
④ 탄성파탐사

정답 ③

해설

탐사 종류	물리적 특성 및 이용되는 현상
중력 탐사	밀도, 만유인력, 중력가속도 변화
자력 탐사	대자율, 정적 자기장 변화
전기비저항, 자연전위탐사	전기 비저항 변화, 전위 변화
탄성파 탐사	탄성파 속도
방사능 탐사	방사능 조사

22 단층, 습곡, 지진 등에 의하여 지각의 일부가 함몰하거나 우묵하게 들어가 호수를 이룬 것을 무엇이라 하는가?

① 폐색호   ② 잔적호
③ 구조호   ④ 침식호

정답 ③

해설 호수를 생성 원인에 의해 분류하면 다음과 같다.
- 구조호 : 습곡, 단층, 지진 등 지각 운동으로 만들어진 것
- 폐색호 : 하천이 사태, 화산분출물, 빙하퇴적물, 사구로 인해 가로막혀서 된 것
- 침식호 : 얼음이 바람의 침식작용으로 만들어진 것
- 잔적호
  - 해호 : 바다의 일부가 만들어진 것
  - 우각호 : 곡류하는 강줄기 일부가 떨어져 변한 것
- 화구호와 칼데라호 : 화구와 칼데라에 빗물이 괴어 만들어진 것

23 다음 중 회전식 시추기의 주요구성 장치가 아닌 것은?

① 원동기   ② 펌프
③ 천공장치   ④ 운송장치

정답 ④

해설 회전식 시추기는 일반적으로 추진 장치, 권상 장치, 전동 장치, 펌프 및 원동기 등으로 구성되어 있다.

24 지구화학탐사에서 탐사의 지침이 되는 지시 원소로서 적당하지 않은 것은?

① 화학분석이 쉬운 것
② 분석비가 저렴한 것
③ 지구화학적 환경에서 이동도가 적은 것
④ 탐사대상광체와 지질학적 관련이 있을 것

정답 ③

해설 지시원소란 지구화학탐사에서 암석, 토양, 식물 등의 시료를 분석하여 검출되는 미량원소로서 대상 광상과 지질학적 관련이 있어 시료 아래 지하의 광상을 추정할 수 있다. 화학분석이 쉽고 분석비가 저렴해야하며 이동도가 커야 한다.

25 다음은 이수(泥水)의 조니조정제(調泥調整劑)의 종류와 성질에 대해 설명한 것이다. 이 중 맞는 것은?

① 나트륨(Na)계 벤토나이트는 해수를 이수로 이용할 때 사용한다.
② 칼슘(Ca)계 벤토나이트는 청수를 이수로 이용할 때 사용한다.
③ 이수의 점성을 증가시키기 위해 주로 씨엠씨(CMC)가 사용된다.
④ 이수의 비중을 높이기 위해서 주로 씨클레이(C-clay)가 사용된다.

정답 ③

해설 해수를 이수로 사용할 때 나트륨계 벤토나이트는 해수 속의 염분과 반응하기 때문에 부적합하므로 칼슘계 벤토나이트를 사용하고 나트륨계 벤토나이트는 청수를 이수로 사용할 때 적합하며 점성 증가제로는 CMC, C-clay를 사용하고 비중 증가제로는 바라이트를 주로 사용한다.

26 화성 쇄설암에 속하는 퇴적암은?

① 셰일   ② 석회암
③ 집괴암   ④ 암염

정답 ③

[해설]

분류	물질 기원	퇴적물(지름)	퇴적암
쇄설성 퇴적암	암석 조각, 광물 입자	자갈(2mm 이상)	역암
		모래(2~1/16mm)	사암
		점토, 미사(1/16mm이하)	셰일
	화산 분출물	화산진, 화산재(4mm이하)	응회암
		화산력, 화산탄(4mm이상)	집괴암

- 셰일 : 광물 입자 쇄설성 퇴적암
- 석회암, 암염 : 화학적 퇴적암

27 다음 중 황화광물이 아닌 것은?

① 방연석   ② 황철석
③ 휘안석   ④ 자철석

정답 ④

해설
- 황화광물 : 방연석(PbS), 황철석(FeS2), 휘안석(Sb2S3)
- 산화광물 : 자철석(Fe3O4)

28 다음 지질 계통 중 조선계에 속하는 것은?

① 낙동통   ② 대석회암통
③ 불국사통   ④ 신라통

정답 ②

해설

신생대	제4계	충적층, 홍적층
	제3계	불국사 화강암, 화산활동
중생대	경상계	낙동통, 신라통, 불국사통
	대동계	선연통, 유경통
고생대	평안계	홍점통, 사동통, 고방산통, 녹암통
	조선계	양덕통, 대석회암통

29 웨-너(Wenner)의 전극배열로 0.5 [A]의 전류를 사용하여 측정된 전위차는 300[mV], 이 때 전극의 간격은 30 [m]이었다. 대지의 겉보기 전기비저항 몇 [Ωm] 인가? (단, 전기비저항 = $2\pi a(\Delta V/I)$)

① 1620.12   ② 162.01
③ 113.04   ④ 1130.40

정답 ③

해설 4극법 원리(Wenner법)에 의해 겉보기 저항은 다음과 같이 구할 수 있다.

$$\rho = 2\pi a \frac{V}{I} = 2\pi \times 30\text{m} \times \frac{0.3V}{0.5A} = 113(\Omega\text{-m})$$

30 시추작업에서 순환이수의 비중을 측정하기 위하여 사용되는 기구는?

① 머쉬헌넬   ② 머드밸런스
③ 샤로미터   ④ 사분 측정기

정답 ②

해설
- 머드밸런스 (이수천칭) – 비중 측정
- 머쉬퍼넬, 샤로미터 – 점성 측정
- 사분측정기 – 사분 함유량 측정

31 석유가 많이 보존될 수 있는 지질 구조는?

① 향사구조   ② 배사구조
③ 지루구조   ④ 절리구조

정답 ②

해설 석유가 저장될 수 있는 구조(오일 트랩)에는 저류암, 덮개암, 지질 구조가 필요한데 지질 구조에는 배사 구조가 가장 많다.

32 화성암의 육안적 분류를 위하여 기준이 되는 화학성분은?

① Al2O3 ② SiO2
③ Na2O ④ K2O

정답 ②

해설 규산(SiO2) 함량이 많을수록 산성암으로 백색이고 밝으며, 함량이 적을수록 염기성암으로 광물 색이 어두우므로 육안적 분류의 기준이 될 수 있다.

33 다음 시추용 공구 중에서 사고 복구용 기구가 아닌 것은?

① 슈우(shoe)
② 로드 탭(rod tap)
③ 마그넷
④ 로드스피어(rod spear)

정답 ①

해설
- 슈우(shoe) : 케이싱을 때려 박을 때 사용함, 사고 복구용 기구가 아님
- 로드 탭(rod tap) : 시추공에 로드를 빠뜨렸을 때 나사를 내면서 끌어 올림
- 마그넷(magnet) : 자석으로 시추공내의 공구를 끌어 올림
- 로드 스피어(rod spear) : 끝이 송곳처럼 되어 있어 로드 구멍에 끼워 끌어 올림

34 결정 광물에 있어 결정면의 수(F)와 우각의 수(S) 및 능의 수(E)와의 관계식으로 옳은 것은?

① F + S = E - 2
② F + S = E + 2
③ F + E = S + 2
④ F + E = S - 2

정답 ②

해설 Euler 법칙 : 결정에서 면 수와 꼭지점 수의 합은 모서리 수와 2의 합과 같다.
f + s = e + 2
f(면) : 다면체를 만드는 평면
s(꼭지점, 우각) : 3개이상의 면이 만나는 곳
e(모서리, 능) : 2개이상의 면이 만나 생성
결정의 3요소 : 면, 우각, 능

35 다음 중 측정간격(전극간격)을 동일하게 하여 전기 비저항을 측정하는 방법은?

① 웨 너 법
② 슐럼버저법
③ 쌍극자법
④ 투 람 법

정답 ①

해설 전기 비저항 탐사법은 대지에 인공적으로 전류를 보내고 암석과 광물의 전기전도도차이에 의해 발생하는 전위를 측정하는 것으로 4개의 전극을 사용한 것은 Wenner(웨너)법이다.

36 다음 중 할로겐광물에 속하는 것은?

① 석 영
② 형 석
③ 자철석
④ 휘안석

정답 ②

해설
- 할로겐 원소 : F(플루오르), Cl(염소), Br(브롬), I(요오드) 등
- 할로겐 광물 : 할로겐 원소를 함유하고 있는 광물, 형석(CaF_2), 빙정석(Na_3AlF_6), 암염(NaCl) 등

37 시추공의 공곡(시추공의 휨)의 방지대책으로 올바르지 못한 것은?

① 절삭이 양호한 비트(bit)를 사용한다.
② 코어튜브(core tube)는 가능하면 짧은 것을 사용한다.
③ 송수량을 많게 하여 슬라임(slime) 배제를 양호하게 한다.
④ 적정한 비트 회전수와 하중에 따라 무리하지 않게 굴착한다.

정답 ②
해설 공곡이란 시추공이 직선을 유지하지 못하고 곡선으로 휘어지는 것인데 코어 튜브 길이와는 무관하다.

38 다음은 통기대를 세분화한 것이다. 관계가 가장 먼 것은?

① 토양수대
② 포화대
③ 모관대
④ 중간대

정답 ②
해설 대수층은 지표에서 아래로 표피층, 통기대(토양수대, 중간대, 모세관대), 포화대로 구성되며 통기대는 공기를 포함한 지층으로 바도즈대, 불포화대 라고도 한다. 통기대와 포화대의 경계상에 지하수면이 있다.

39 자력탐사는 암석, 광물의 어떤 물리적 성질을 이용하는가?

① 밀도
② 대자율
③ 비저항
④ 탄성율

정답 ②
해설

탐사 종류	물리적 성질
중력 탐사	밀도
자력 탐사	대자율
전기비저항탐사	전기 비저항
탄성파 탐사	탄성율

40 온천에서 알칼리천에 해당되는 것은?

① CO_2의 함량이 1,000ppm 이상이고 고형성분이 1,000ppm 미만인 광천
② 고형물질의 함량이 1,000ppm 이상이며 주성분이 HCO_3^-와 Na^+인 광천
③ 고형물질의 함량이 1,000ppm 미만이며 주성분이 HCO_3^-와 Ca 및 Hg인 광천
④ 수온이 항상 25℃ 이상이며 CO_2 및 고형물질의 함량이 1,000ppm 미만의 광천

정답 ②
해설 화학조성에 의한 온천수 분류

온천이란	음이온에 의한 분류	양이온에 의한 분류 – 주성분	
물 1kg 속에 총고형물질 (TSS)을 1g 이상 함유한 것 (1000ppm) 중	중탄산염천 (HCO_3^-)	알칼리천	$NaHCO_3$
		중탄산토류천	$Ca(HCO_3)_2$, $Mg(HCO_3)_2$
	염화물천 (Cl^-)	식염천	$NaCl$
		염화토류천	$CaCl_2$, $MgCl_2$
	황산염천 (SO_4^{2-})	망초천	Na_2SO_4
		석고천	$CaSO_4$
		정고미천	$MgSO_4$

41 지하수 및 일반적인 수두차에 의한 간극수압 증가로 인하여 지반이 불안정한 상태를 초래하는 요인 중 해당되지 않는 사항은?

① 전단강도 감소
② 모래의 액상화
③ 동상현상
④ 침투력 증가에 의한 Piping 또는 Boiling

정답 ③
해설 지하수 양수를 많이 하면 수면 높이 차가 심해지고 간극수압이 증가하여 지반이 불안정해지다가 붕괴하게 되는데 이러한 현상의 발생원인은 전단강도 감소, 모래의 액상화, 보일링 등이 있다.

42 다음 중 반도체로 쓰이는 실리콘(Si)의 원료 광물은 어느 것인가?

① 장 석
② 석 영
③ 네펠린
④ 형 석

정답 ②
해설 규소(Si, 실리콘)은 지각의 8대 구성 원소 중 2번째로 많으며 실리콘의 원료 광물인 석영(SiO_2)은 풍화에 가장 잘 견디며 보웬의 반응계열에서 가장 마지막에 생성된다.

43 다음은 화성광상의 종류를 나열한 것이다. 이들 중에서 석영, 장석, 운모 등의 큰 결정질을 정출시키고 희유원소 광물이 생성되는 광상은?

① 정마그마 광상
② 페그마타이트광상
③ 기성 광상
④ 열수 광상

정답 ②
해설

화성 광상	생성 광물
정마그마 광상	다이아몬드, 백금, 철, 니켈, 크롬철석, 자철석, 티탄철석, 함니켈 황철석 광상, 인회석
pegmatite 광상	석석, 철망간중석, 휘수연석, 석영, 운모, 텅스텐, 창연광, 금, 희유원소(몰리브덴, 베릴륨, 우라늄, 리튬)
접촉교대 광상(기성 광상)	석류석, 투휘석, 규회석(스카른광물)
열수 광상	유비철석, 자류철석, 섬아연석, 방연석, 은, 안티몬, 수은

44 다음 중 변성암에 속하지 않는 것은?

① 대리암
② 천매암
③ 현무암
④ 혼펠스

정답 ③
해설 석회암이 열접촉변성을 하면 대리암이 되고 세일이 열접촉변성을 하면 혼펠스가 되고 동력변성을 하면 점판암→천매암→편암→편마암이 된다. 현무암은 마그마가 지표 밖으로 나와 굳어 생성된 화성암이다.

45 일반 육상시추에서 주로 사용하는 펌프의 형식은?

① 왕복형 펌프
② 베인형 에어 펌프
③ 분사 펌프
④ 축류형 펌프

정답 ①
해설 시추용 펌프는 일반적으로 고압을 필요로 하므로 왕복펌프가 사용되고 원심 펌프는 특별한 경우에만 사용한다.

46 다음 중 Darcy의 법칙과 관련된 것은?

① 지하수의 유속은 토출수온에 비례 한다.
② 지하수 유속은 지하수수심에 반비례 한다.
③ 지하수유속은 지하수영향반경에 비례 한다.
④ 지하수의 유속은 동수구배에 비례 한다.

정답 ④

해설 Darcy 법칙 : 지하수 흐름에 관한 법칙으로 지하수의 유속은 수두경사에 비례한다.
$v = ki$
여기서, v : 유속 k : 투수계수 i : 수두경사(동수구배)이다.

47 다음 중 강한 자석에만 끌리는 상자성 광물은 어느 것인가?

① 자철석   ② 방해석
③ 황동석   ④ 각섬석

정답 ④

해설
- 강자성 광물 : 자석에 끌림 – 자철석(Fe_3O_4)
- 상자성 광물 : 강한 자석에만 끌림
   – 각섬석(Ca, Na, Mg, Fe, Al)
- 반자성 광물 : 자성 없음 – 방해석

48 방사능검층의 종류가 아닌 것은?

① 중성자 검층
② 밀도 검층
③ 자연 감마선 검층
④ 전자유도검층

정답 ④

해설 라돈, 우라늄, 토륨 등은 방사능 원소이므로 가이거 계수기와 신틸레이션 계수기 등의 방사능 검층법을 사용한다.
방사능 검층법에는 중성자 검층, 밀도 검층, 자연감마선 검층 등이 있다.
자유도 검층은 전자기장 강도, 위상 변화를 이용하는 것이다.

49 다음 그림은 수평 2층 구조시 반사파의 경로를 표시한 것이다. C점에 반사파가 도착되는 시간은?

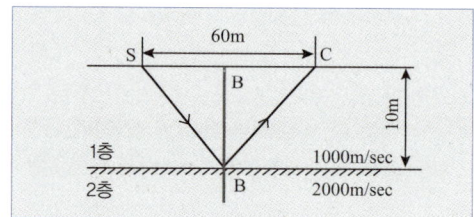

① 11.22×10^{-3} sec
② 12.11×10^{-2} sec
③ 8.25×10^{-2} sec
④ 5.22×10^{-2} sec

정답 ③

해설
$$T = \frac{\sqrt{x^2 + 4h^2}}{V_1} = \frac{\sqrt{80^2 + 4 \times 10^2}}{1000} = 8.25 \times 10^{-2} \text{sec}$$

50 지각 내부에 있는 높은 온도의 용융 상태인 Magma가 냉각 고결하여 된 암석은?

① 화성암
② 퇴적암
③ 변성암
④ 동력 변성암

정답 ①

해설

암석	생성 원인
화성암	마그마가 지표로 분출되거나 지하에서 굳어짐(화성 활동)
퇴적암	암석이 풍화, 침식작용을 받아 분해되고 운반되어 하천, 바다에 퇴적물로 굳어짐(풍화, 침식, 고화 작용)
변성암	화성암이나 퇴적암이 온도와 압력이 달라져 새로운 광물 조성으로 변한 것 (변성 작용)

51 다음과 같은 특징을 가지는 암석은?

> 지붕용 슬레이트, 벼룻돌, 숫돌 등으로 쓰인다.
> 광역변성암이다.
> 셰일과 비슷하나 셰일의 형층면과 관계가 없는 방향으로 쪼개짐이 발달된 암석, 색은 회색, 검정색 등이 있다.

① 편마암 ② 점판암
③ 대리암 ④ 안산암

정답 ②

해설 셰일이 광역변성을 받아 생성되는 점판암(slate)의 특징이다.
- 광역변성 : 셰일 → 슬레이트(점판암) → 천매암 → 편암 → 편마암

52 지표의 침강에 의해 해안평야와 계곡에 해수가 침입하여 굴곡이 많은 해안으로 되는데 이를 무엇이라 하는가?

① 마라인 단구 해안
② 리버 단구 해안
③ 리아스식 해안
④ 융기 해안

정답 ③

해설
- 지각 융기의 증거 – 융기 해변, 단구 해안, 심성암과 변성암의 노출 등
- 지각 침강의 증거 – 리아스식 해안 : 굴곡 많음, 서해안과 남해안

53 시추작업에서 로드나 케이싱을 타입하거나 뺄 때 드라이브 해머의 충격을 받는 쇠로서 원통의 중앙부에 로드나 케이싱이 접속될 수 있도록 암나사로 되어있는 기구는?

① 슈(shoe)
② 커플링(coupling)
③ 부싱(bushing)
④ 노킹블록(knocking block)

정답 ④

해설
- 슈우(shoe) : 케이싱 끝에 있어 케이싱이 들어가기 쉽게 끝이 뾰족하다.
- 커플링(coupling) : 로드 연결구는 로드커플링이라 하여 중앙에 구멍이 있어 이수가 통할 수 있다. 케이싱 연결구는 케이싱커플링이다.
- 부싱(busing) : 로드와 케이싱의 접속장치로 로드쪽은 암나사, 케이싱쪽은 숫나사이다.
- 노킹블록(knocking block) : 로드나 케이싱을 때려 넣을 때 드라이브 해머의 충격을 받는 것으로 로드나 케이싱이 충격으로 파손되지 않기 위함이다.

54 다음 중 시추용 이수의 비중을 증가시킬 목적으로 사용하는 것은?

① 소석회   ② 바라이트
③ 시멘트   ④ 벤토나이트

정답 ②

해설 이수의 비중을 증가시키는 것으로 가중제로는 바라이트(barite)가 주로 사용된다. 비중을 높여야 슬러지 배출이 잘 되어 시추공이 붕괴되지 않고 용수의 분출을 막을 수 있다.

55 석회암이 발달한 지역에 마그마가 관입할 때 형성되는 화성광상은?

① 접촉교대광상　② 열수광상
③ 기성광상　　　④ 마그마광상

정답 ①
해설 접촉교대 광상에서는 마그마 접촉부(380~500℃)에 Cu, Fe 등이 석회암 속으로 침투되어 스카른광물(석류석, 투휘석, 규회석, 전기석 등)이 생성된다.

56 다음 중 알루미늄과 관련이 가장 깊은 것은?

① 공작석　② 장미휘석
③ 고령토　④ 금홍석

정답 ③
해설 지각에 많이 분포하는 장석은 물과 물에 녹아있는 이산화탄소와 산소에 의해 화학적으로 다음과 같이 풍화하여 고령토, 보오크사이트와 같은 알루미늄 함유 토양이 된다.

$KAlSi_3O_8 + H_2CO_3 + H_2O \rightarrow Al_2Si_2O_5(OH)_4$
　(장석)　　　　　　　　　　(고령토)
$Al_2Si_2O_5(OH)_4 + H_2O \rightarrow Al_2O_3 3H_2O$
　(고령토)　　　　　　(보오크사이트)

57 우리나라에 분포되어 있는 암석으로서 전국토의 과반수를 차지하고 있는 암석은?

① 화강암과 화강편마암
② 사암과 역암
③ 백운암과 석회암
④ 규암과 안산암

정답 ①
해설 우리나라는 전 국토의 약 70%가 산지로 구성되어 있고 이 산지의 70%가 화강암과 화강편마암으로 매장량이 풍부하고 강도와 색상이 우수하여 내수용과 수출용 석재로 이용한다.

58 다음 기호가 나타내는 의미는 무엇인가?

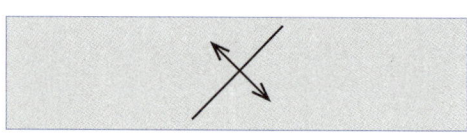

① 단층　② 향사
③ 배사　④ 주향과 기울기

정답 ③
해설

단층	향사	배사	주향, 경사

59 투수계수의 단위로서 옳은 것은?

① m/min　② m²/min
③ m³/min　④ kg/cm²

정답 ①
해설 투수계수(수리전도율, K)는 단위 시간동안 동수 경도하에서 단위면적을 통해 유출되는 지하수 유출률이다.

$K = \dfrac{Q}{A} \left(\dfrac{m^3/min}{m^2} = m/min \right)$

60 중력 탐사 후 실시하는 보정 방법에 해당되지 않는 것은?

① 위도 보정　② 고도 보정
③ 온도 보정　④ 지형 보정

정답 ③
해설 중력은 밀도(부우게)와 위도에 비례하고 고도에 반비례하기 때문에 중력탐사 후 보정해야 한다.

시추기능사 2006 기출문제

* 답안카드 작성시 시험문제지 형별누락, 마킹착오로 인한 불이익은 전적으로 수험자의 귀책사유임을 알려드립니다.

01 경사된 단층면에서 압축력의 작용으로 상반이 위로 올라간 단층은?

① 정단층 ② 역단층
③ 수직단층 ④ 경사단층

정답 ②

해설
- 정단층 : 인장력 때문에 상반이 하강한 것
- 역단층 : 횡압력 때문에 상반이 상승한 것
- 수직단층 : 상하반 구분이 없이 수직으로 이동한 것
- 주향이동단층 : 양쪽 지괴가 수평으로만 이동한 것

02 석영, 장석, 운모의 큰 결정으로 구성된 암석 내에서 희원소(rareelementr) 광층이 산출되는 광상은?

① 정마그마광상
② 기성광상
③ 접촉교대광상
④ 페그마타이트광상

정답 ④

해설

화성 광상	생성 광물
정마그마	다이아몬드, 백금, 철, 니켈, 크롬철석, 자철석, 티탄철석, 함니켈 황철석 광상, 인회석
pegmatite	석석, 철망간중석, 휘수연석, 석영, 운모, 텅스텐, 창연광, 금, 희유원소(몰리브덴, 베릴륨, 우라늄, 리튬)
접촉교대 (기성)	석류석, 투휘석, 규회석(스카른광물)
열수	유비철석, 자류철석, 섬아연석, 방연석, 은, 안티몬, 수은

03 변성암에 바늘모양의 광물이나 주상의 광물이 한 방향으로 평행하게 배열되어 늘어선 구조는?

① 습곡구조 ② 단층구조
③ 층리구조 ④ 선구조

정답 ④

해설
- 습곡 구조 : 지층이 수평으로 퇴적된 후 횡압력을 받아 구부러진 구조
- 단층 구조 : 지각에 횡압력, 인장력, 중력이 작용하여 생긴 틈을 경계로 양쪽 지괴가 이동하여 어긋난 것
- 층리 구조 : 퇴적물이 층상으로 쌓여 만들어진 평행한 구조
- 선 구조 : 변성암이 바늘모양(침상)이나 기둥모양(주상) 결정으로 평행 배열된 구조

04 고온의 온천가스와 증가 함께 분출하여 뜨거운 물이 거품모양으로 부글거리며 끓어오르듯 솟아 나오는 온천은?

① 간헐천 ② 사구천
③ 중력천 ④ 비등천

정답 ④

해설 온천수의 용출 상태에 따라 자분 온천, 비등천, 끓는 온천, 간헐천, 균열성 온천, 심부 지하수형 온천 등으로 분류한다.
- 간헐천 : 비등천이 주기적으로 폭발하듯 끓는 경우
- 중력천 : 중력에 의해 지표로 솟아 나옴
- 비등천 : 온천가스와 수증기가 함께 분출하여 온천이 거품처럼 부글거리며 끓어오르듯 솟아 나옴

05 스카른 광물에 속하지 않은 것은?

① 석류석　　② 크롬석
③ 녹염석　　④ 투휘석

정답 ②

해설 기성광상에서 석회암에 뜨거운 마그마가 관입하면 경계면에서 교대작용이 일어나 생성되는 새로운 광물을 스카른 광물이라 하며 석류석, 투휘석, 규회석, 녹염석 등 칼슘을 함유한 광물이다.

06 할로겐광물에 속하는 것은?

① 석영　　② 형석
③ 자철석　　④ 회중석

정답 ②

해설
- 할로겐 원소 : F(플루오르), Cl(염소), Br(브롬), I(요오드) 등
- 할로겐 광물 : 할로겐 원소를 함유하고 있는 광물, 형석(CaF_2), 빙정석(Na_3AlF_6), 암염(NaCl) 등

07 동수구배에 대한 설명으로 틀린 것은?

① 일반적으로 지형면의 구배와 반대로 형성된다.
② 임의의 두 지점간의 수위차를 말한다.
③ 수두가 높은 곳에서 낮은 곳으로 지하수가 유동한다.
④ 임의 방향으로의 수두변화율을 말한다.

정답 ①

해설 동수구배(동수경사)란 지하수의 이동 거리에 대한 수위차로서 물은 수두가 높은 곳에서 낮은 곳으로 흐르고 흙과 암석의 간극 또는 암석내의 균열대를 따라 이동하므로 지형면 변화와 일치한다.

08 변성도가 가장 큰 것은?

① 셰일　　② 편암
③ 점판암　　④ 천매암

정답 ②

해설 셰일의 변성도는 다음 순서에 따라 증가한다.
- 접촉변성 : 셰일 → 혼펠스(hornfels)
- 광역변성 : 셰일 → 슬레이트(점판암) → 천매암 → 편암 → 편마암

09 벽개(쪼개짐)가 잘 나타나는 광물은?

① 방해석　　② 석영
③ 강옥　　④ 금강석

정답 ①

해설 벽개(cleavage, 쪼개짐)는 세립질 암석에 틈이 발달되어 쪼개지는 성질로서 운모, 금홍석, 방해석, 방연석, 형석, 장석, 각섬석 등에 잘 나타난다.

10 지구중력은 측정 고도가 높아질수록 어떻게 변하는가?

① 증가한다.
② 감소한다.
③ 변하지 않는다.
④ 불규칙하게 변한다.

정답 ②

해설 고도가 높아질수록, 밀도가 작을수록 중력은 감소한다.

11 지구화학탐사를 위해 하천과 같은 수계가 발달된 지역에서 광역적인 예비조사를 하려고 한다. 다음 중 가장 적합한 채취 시료는?

① 암석　　② 표사
③ 식물　　④ 휘발성가스

정답 ②

해설 지구화학탐사는 광상, 석탄, 석유 등을 지구 화학적 방법으로 탐사하는 것이며 대상 시료는 암석, 토양, 퇴적물, 자연수, 식물, 휘발성 가스 등을 이용하다. 하천이 잘 발달된 지역에서 광역 탐사를 할 때는 표사(퇴적물)을 주로 이용한다.

12 다음의 설명에 해당하는 것은?[단위 시간동안 단위 동수구배하에서 단위 면적을 통해 유출되는 지하수의 유출율]

① 수리전도도 ② 저류계수
③ 비산출율   ④ 비보유율

정답 ①

해설
- 수리전도도(투수계수) : 단위 시간동안 동수 경도하에서 단위면적을 통해 유출되는 지하수 유출률
- 저류계수 : 수두가 1m 만큼 변화할 때 대수층 1㎡ 면적에서 유출 또는 유입되는 지하수의 부피
- 비산출율 : 중력에 의해 배출되는 수량을 전체 부피로 나눈 값
- 비보유율 : 지하수가 중력에 의해 배출된 후 암석에 남아 있는 물의 부피를 전체 부피로 나눈 값

13 굳기(경도)가 가장 큰 광물은?

① 활석   ② 방해석
③ 인회석 ④ 석영

정답 ④

모오스 경도	1	2	3	4	5	6	7	8	9	10
광물	활석	석고	방해석	형석	인회석	정장석	석영	황옥	강옥	금강석

14 사고 복구용 장비 중 비트의 메탈 팁 또는 사용하던 공구류의 공내 잔류 때 로드에 접속한 강력한 자석의 힘으로 회수하는 것은?

① 마그넷   ② 로드 스피어
③ 탭   ④ 월훅

정답 ①

해설
- 마그넷(magnet) : 자석으로 시추공내의 공구를 끌어 올림
- 로드 스피어(rod spear) : 끝이 송곳처럼 되어 있어 로드 구멍에 끼워 끌어 올림
- 탭(tap) : 시추공에 로드를 빠뜨렸을 때 나사를 내면서 끌어 올림
- 월훅(wall hook) : 케이싱이 공 내에서 기울어져 있을 때 바로잡은 다음 탭을 이용하여 끌어 올림

15 자연전위(Self Potential)탐사에서 측정하는 자연전위의 단위로 맞는 것은?

① mV   ② m/sec
③ g/cm³   ④ C/m

정답 ①

해설 자연전위탐사는 전기탐사법의 한 종류이므로 단위는 mV이다.

16 다음 중 지하암반의 공극들 사이에 부존하고 있는 지하수를 가장 효과적으로 찾아내는 지구물리 탐사법은?

① 중력탐사   ② 방사능탐사
③ 자력탐사   ④ 전기비저항탐사

정답 ④

해설

중력탐사 – 석유, 암염, 중금속	방사능탐사 – 우라늄
자력탐사 – 자성광체	전기비저항탐사 – 지하수

17 감람암과 같은 초엽기성 암석이 열수의 작용을 받아 생성된 변성암으로서 암록색·암적색·녹황색 등을 띠며 지방 광택을 보여주는 암석은?

① 사문암 ② 혼펠스
③ 첨매암 ④ 편마암

정답 ①

해설
- 접촉변성 : 세일 → 혼펠스(hornfels)
- 감람암 → 사문암
- 광역변성 : 세일 → 슬레이트(점판암) → 천매암 → 편암 → 편마암

18 다음 지하수 성분 중 유아에게 섭취시 청색증을 일으키는 것은?

① 질산성질소 ② 불소
③ 수은   ④ 염소이온

정답 ①

해설 질산성질소(NO3-N)가 많이 함유된 물을 유아가 섭취하면 청색증이 유발된다. 그 이유는 혈액 속 헤모글로빈과의 결합력이 산소보다 질산염이 더 크기 때문에 혈액 속 산소 공급이 어려워지기 때문이다.

19 보웬(Bowen)의 반응계열에서 마그마가 냉각될 때 가장 먼저 정출되는 광물은?

① 감람석 ② 휘석
③ 석영   ④ 각섬석

정답 ①

해설 Bowen 반응 계열이란 마그마에서 광물이 생성되는 과정이 불연속 반응 계열과 연속 반응 계열이 있으며 서로 독립적으로 결정 작용이 진행되다가 마지막에는 하나의 계열이 된다는 것이다. 고온에서 고결 생성되는 것은 감람석이고 저온에서 생성되는 것은 석영이며 화학적 풍화에 대한 저항 강도와 안정성은 석영으로 갈수록 점차 크다.

20 시료의 단면적이 10cm² 이고, 길이가 20cm인 시료에 1분간 100cm³의 물을 통과시켰을 때 이 시료의 투수계수는 얼마인가? (단, 수두차는 5cm)

① 0.67cm/sec ② 1.67cm/sec
③ 0.83cm/sec ④ 1.83cm/sec

정답 ①

해설 정수위법에 의한 투수계수는 다음과 같이 구한다.
- 유속 = 투수계수 × 동수구배
- 투수계수 = 유속 ÷ 동수구배
  = (유량/면적) ÷ (수두차/길이)

$$K = \frac{Q}{A} \div \frac{h}{l}$$

$$= \frac{100 cm^3/\min \times 20 cm}{10 cm^2 \times 5 cm} = 40 cm/\min$$

$$= \frac{40 cm}{\min} \times \frac{1\min}{60\sec} = 0.67 cm/\sec$$

21 이수가 구비해야 할 조건이 틀린 것은?

① 얇고 튼튼한 이벽을 만드는 성질이 있어야 한다.
② 적당한 점성을 가져야 한다.
③ 사분을 포함하지 않아야 한다.
④ 염분, 전해질의 함유량이 많아야 한다.

정답 ④

해설 이수란 시추 작업시 공 내를 순환하면서 여러 가지 역할을 하는 유체이다.
이수의 구비 조건은 다음과 같다.
① 사분은 1% 이하로, 되도록 포함하지 않아야 한다.
② 적당한 점성을 가져야 한다.
③ 얇고 튼튼한 이벽을 만들 수 있어야 함
④ 안정성이 높아야 한다.
⑤ pH값은 8.5부근이 가장 적당하다.
⑥ 염분과 전해질의 함유량이 적어야 한다.

22 주상절리가 가장 잘 나타나는 암석은?

① 화강암　　② 편마암
③ 현무암　　④ 섬록암

정답 ③

해설 절리는 화성암이 풍화작용과 지각변동에 의해 틈이 생기는 것이다.
- 주상절리 – 육각기둥 모양 – 현무암
- 판상절리 – 판 모양 – 안산암
- 방상절리 – 육면체 모양 – 화강암
- 신장절리 – 횡압력을 받아 습곡이 형성될 때 응력 때문에 생성
- 전단절리 – 횡압력에 의한 전단력으로 2개의 교차 방향에 생성

23 화산회가 쌓여서 굳어진 퇴적암은?

① 처어트　　② 응회암
③ 규조토　　④ 고회암

정답 ②

해설

퇴적물(지름)	퇴적암
화산진, 화산재(4mm이하)	응회암
고회석[($CaMg(CO_3)_2$)]	고회암
석영(SiO_2)	처트
규질 생물체	처트, 규조토

24 요업원료로서 이용되는 것은?

① 고령토　　② 섬아연석
③ 인회석　　④ 크롬철석

정답 ①

해설 지각에 많이 분포하는 장석이 화학적 풍화가 되면 고령토가 되고 다시 가수분해 되어 보오크사이트로 된다. 고령토는 요업, 종이, 화장품의 원료로 사용된다.

$KAlSi_3O_8 + H_2CO_3 + H_2O \rightarrow Al_2Si_2O_5(OH)_4$
(장석)　　　　　　　　　　　(고령토)

$Al_2Si_2O_5(OH)_4 + H_2O \rightarrow Al_2O_3 3H_2O$
(고령토)　　　　　　　(보오크사이트)

25 시추용 기구인 리밍셸(reamming shell)의 사용목적으로 틀린 것은?

① 일정한 시추공경의 유지
② 장비의 진동 방지
③ 비트의 바깥지름의 조기 마멸 방지
④ 시추용수를 공저에 공급

정답 ④

해설 비트와 코어 배럴 사이에 접속되며 짧고 얇은 관상 비트로 바깥에 절삭면이 있어 일정한 공경 유지, 로드 마멸 방지, 장비 진동 방지를 위해 사용한다.
- 연결 순서 : rod – rod coupling – core barrel head – core barrel – reamming shell – bit

26 지하수의 과잉양수로 인해 초래되는 영향과 거리가 먼 것은?

① 강우 시 지하 침투량의 저하
② 주변 우물의 고갈
③ 토중수나 주변 하천수의 지하유입 촉진
④ 지하수 수질의 변화

정답 ①

해설 지하수를 과잉 양수하면 주변 우물이 고갈되고 주변 하천수의 지하 유입이 촉진되며 지하수 수질이 변하고 강우시 지하 침투량이 증가한다.

27 지하수의 수직분포도에서 통기대(비포화대)와 포화대의 중간에 위치하는 것은?

① 모관대 ② 지하수면
③ 대수층 ④ 중간대

정답 ②

해설 지하수의 수직분포는 표피층 – 통기대(토양수대 – 중간대 – 모세관대) –포화대 이고 모세관대와 포화대 사이에 지하수면이 위치한다.

28 실제거리 20km는 1:50,000인 지형도에서는 얼마의 길이가 되는가?

① 20cm ② 30cm
③ 40cm ④ 50cm

정답 ③

해설
$$\frac{20km}{50,000} \times \frac{1,000m}{1km} \times \frac{100cm}{1m} = 40cm$$

29 경제적 양수량이라고도 하며, 우물손실의 증가나 지하수층의 물리적 성질 변화를 일으키지 않는 범위의 양수량을 가르키는 것은?

① 적정 양수량 ② 과잉 양수량
③ 한계양수량 ④ 최대 양수량

정답 ①

해설 우물 손실의 증가를 막고 지하수층의 물리적 성질이 변하지 않는 범위내에서의 양수량을 경제양수량 또는 적정양수량이라 하며 한계양수량의 70%이다.

30 지구화학 탐사에서 탐사의 지침이 되는 지시원소의 조건으로 관련이 없는 것은?

① 화학적 분석이 용이하고, 분석비가 저렴한 원소
② 광체 부근에 있는 이동성이 적은 원소
③ 지구화학적 환경에서 이동도가 큰 원소
④ 탐사 대상광체와 지질학적 및 지구 화학적으로 관련성이 있는 원소

정답 ②

해설 지시원소란 지구화학탐사에서 암석, 토양, 식물 등의 시료를 분석하여 검출되는 미량원소로서 대상 광상과 지질학적 관련이 있어 시료 아래 지하의 광상을 추정할 수 있다. 화학분석이 쉽고 분석비가 저렴해야하며 이동도가 커야 한다.

지시원소	광상
Zn(아연), Cu(구리)	Cu–Pb–Zn 광상
Zn(아연)	Ag–Pb–Zn 광상
Hg(수은)	Pb–Zn–Ag 광상
SO4(황산화물)	황화물 광상
As(비소)	Au–Ag 광상
B(붕소)	Sn–W–Be–Mo 광상
Rn(라돈)	U광상
Mo(몰리브덴)	반암구리 광상

31 다음 중 실내투수시험으로 맞는 것은?

① 정수위법 ② 대수층시험법
③ 양수시험법 ④ 유속측정법

정답 ①

해설 투수성 시험법 중 실내법에는 정수위법, 변수위법, 입도분포법, 압밀시험법이 있다. 양수법, 유속측정 기기법은 현장법이다.

32 코어 채취용 기구인 더블 코어 배럴(double tube barrel)의 내관 중 내경의 치수가 가장 큰 것은?

① EX ② AX
③ BX ④ NX

정답 ④
해설 지름 크기 : HX > NX > BX > AX > EX > RX

33 습곡 측면이 수직이고 축이 수평이며, 양쪽 윙이 대칭을 이루는 습곡은?

① 정습곡 ② 경사습곡
③ 급사습곡 ④ 완사습곡

정답 ①
해설 습곡은 지층이 수평으로 퇴적된 후 횡압력을 받아 구부러진 것이다.
- 정습곡 : 습곡 축면이 수직이고 양쪽 날개가 서로 대칭인 것
- 경사 습곡 : 습곡 축면이 한쪽으로 기울어져 있고 날개가 비대칭임
- 등사 습곡 : 습곡 축면과 날개의 경사각과 경사방향이 모두 같음
- 횡와 습곡 : 습곡 축면와 날개가 거의 수평을 이룸

34 연료로서의 석탄의 가치는 발열량에 의하여 결정된다. 발열량이 높은 석탄은 주로 무엇이 많기 때문인가?

① 고정탄소와 회분
② 수분과 회분
③ 고정탄소와 휘발성분
④ 수분과 휘발성분

정답 ③
해설
- 석탄 탄화도 : 토탄→갈탄→역청탄→무연탄
- 탄화도가 높을수록 고정탄소는 증가하고 수분과 휘발분은 감소하여 연료가치가 높아진다. 연소 후 남은 것이 회분이다.

35 바라이트(barlite)는 이수에서 어떤 역할을 하는 첨가제인가?

① 분산제 ② 비중 증가제
③ 탈수제 ④ 윤활제

정답 ②
해설 이수의 비중을 증가시키는 가중제로는 바라이트(barite)가 주로 사용된다. 바라이트는 중정석(비중 4.3)이 주성분이고 비중을 높여야 슬러지 배출이 잘 되어 시추공이 붕괴되지 않고 용수의 분출을 막을 수 있다.

36 다음 중 석회암이 변성작용을 받아서 만들어진 암석은?

① 편마암 ② 대리암
③ 화강암 ④ 응회암

정답 ②
해설

기존 암석		변성암	변성 작용
퇴적암	셰일	혼펠스	접촉 변성
		슬레이트→천매암→편암→편마암	광역 변성
	사암	규암	접촉 변성
	석회암	대리암	접촉 변성
화성암	현무암	녹색 편암→편마암	광역 변성
	감람암	사문암	접촉 변성

37 단층, 습곡, 지진 등에 의하여 지각의 일부가 함몰하거나 오목하게 들어간 곳이 호수로 된 것은?

① 폐색호 ② 침식호
③ 화구호 ④ 구조호

정답 ④

해설 호수를 생성 원인에 의해 분류하면 다음과 같다.
- 구조호 : 습곡, 단층, 지진 등 지각 운동으로 만들어진 것
- 폐색호 : 하천이 사태, 화산분출물, 빙하퇴적물, 사구로 인해 가로막혀서 된 것
- 침식호 : 얼음이 바람의 침식작용으로 만들어진 것
- 잔적호
  - 해호 : 바다의 일부가 만들어진 것
  - 우각호 : 곡류하는 강줄기 일부가 떨어져 변한 것
- 화구호와 칼데라호 : 화구와 칼데라에 빗물이 괴어 만들어진 것

38 수은이 산출되는 원료의 광물은?

① 진사 ② 주석
③ 석영 ④ 휘석

정답 ①

해설 ① 진사(HgS) ② 주석(Sn)
③ 석영(SiO_2) ④ 휘석[Ca(Mg,Fe)Si_2O_6]
수은(Hg)의 원료 광물은 자연 수은(Hg)과 진사(HgS)이다.

39 중생대 백악기에 해당되는 우리나라 지질시대는?

① 평안계 ② 조성계
③ 경상계 ④ 운천계

정답 ③

해설

신생대	제4기		충적층, 홍적층
	제3기	제3계	불국사 화강암, 화산활동
중생대	백악기	경상계	낙동통, 신라통, 불국사통
	트라이아스기, 쥐라기	대동계	선연통, 유경통
고생대	석탄기, 페름기	평안계	홍점통, 사동통, 고방산통, 녹암통
	캄브리아기, 오르도비스기	조선계	양덕통, 대석회암통

40 화광물이 아닌 것은?

① 적동석 ② 자철석
③ 황철석 ④ 적철석

정답 ③

해설
- 산화 광물 : 적동석(Cu_2O), 자철석(Fe_3O_4), 적철석(Fe_2O_3)
- 황화 광물 : 황철석, 백철석(FeS_2)

41 화학적 풍화에 가장 안전한 것은?

① 장석 ② 석영
③ 흑운모 ④ 감람석

정답 ②

해설 마그마에서 광물이 생성되는 과정 중 고온에서 고결 생성되는 것은 감람석이고 저온에서 생성되는 것은 석영이며 화학적 풍화에 대한 저항 강도와 안정성은 석영으로 갈수록 점차 크다.
감람석 → 휘석 → 각섬석 → 흑운모 → 정장석 → 백운모 → 석영

42 화성암의 조암광물이 아닌 것은?

① 석영　　② 백운모
③ 방해석　④ 각섬석

정답 ③

해설 화성암을 이루는 주요 조암 광물은 석영, 장석, 운모, 각섬석, 휘석, 감람석 등이다.

43 대수층의 분류에 속하지 않은 것은?

① 자유면대수층　② 피압대수층
③ 난대수층　　　④ 누수대수층

정답 ④

해설 대수층이란 지하수를 함유하고 있는 다공질의 지층이다.
- 자유면 대수층 : 대수층이 상부의 통기대와 바로 접하는 대수층
- 피압 대수층 : 불투성 지층 사이에 존재하는 고압 대수층
- 자분정식 대수층 : 피압면이 지표보다 높은 곳에 형성되어 압력차에 의해 지표로 솟아 나옴
- 난대수층 : 투수성이 나쁜 곳으로 소량의 지하수를 함유함
- 누수 대수층 : 피압 대수층이나 자유면대수층에서 상하의 불투수층으로부터 물의 유입이 있는 대수층
- 부유 대수층 : 부분적인 난대수층이 존재하여 주 지하수면 보다 높은 위치에 지하수를 함유함

44 지하수의 주요 오염원은 정오염원과 비정오염원으로 나눌 수 있다. 비정오염원에 해당하는 것은?

① 쓰레기매립장
② 유해폐기물 처분장
③ 지하저장탱크
④ 산성비

정답 ④

해설
- 정오염원 : 오염원이 지하수에 직접적으로 영향을 주는 것 (예) 매립장, 폐기물처리장, 저장시설
- 비정오염원 : 오염원이 다른 물질과 먼저 섞인 후 2차적(간접적)으로 지하수에 영향을 주는 것 (예)산성비

45 지하수의 지질작용과 관련 없는 것은?

① 돌리네
② 카르스트지형
③ 삼릉석
④ 석순

정답 ④

해설 석회암이 지하수에 용해되어 석회석 동굴이 생기는 데 돌리네는 지표면의 석회암이 녹아 작게 패인 곳이며 카르스트는 석회동굴이 파괴되어 변한 곳이고 종유석은 석회석 동굴에서 석회석이 녹아 고드름처럼 형성된 것이며 종유석에서 물과 석회물질이 낙하하여 쌓인 것은 석순이다. 삼릉석은 바람과 모래에 의해 암석이 삼각뿔 모양으로 침식된 것이므로 지하수와 무관하다.

46 온천이란 지하에서 몇°C 이상의 더운 물이 나오는 것을 말하는가?

① 10℃
② 15℃
③ 20℃
④ 25℃

정답 ④

해설 우리나라 온천법상 온천이란 지하로부터 용출되는 25℃ 이상의 온수로서 그 성분이 인체에 해롭지 아니한 것이다.

47 조산운동과 같은 지각변동은 암석에 큰 편압을 가하여서 암류대의 암석에 유동을 일으키고 재결정작용을 일으켜 암석을 변성시키는 작용을 한다. 이러한 작용을 무엇이라고 하는가?

① 접촉변성작용 ② 동력변성작용
③ 교대작용   ④ 초변성작용

정답 ②

해설
- 접촉변성작용 : 마그마가 방출하는 열이 주위의 암석을 변성시키는 것
- 동력변성작용 : 지각변동으로 인한 큰 압력에 의해 재결정작용을 일으켜 암석을 변성하게 하는 것이며 넓은 지역에 동시에 일어나므로 광역변성 작용이라고도 한다.
- 교대작용 : 광물 속의 액체나 기체가 분리되어 광물의 화학 성분을 조금씩 녹여 주위의 다른 암석에 그 성분을 공급하여 변성시키는 것
- 초변성작용 : 제자리에 마그마가 생성되거나 굳어져 새로운 암석이 되는 것

48 다음 중 유기적 퇴적암에 속하는 것은?

① 규조토 ② 사암
③ 응회암 ④ 셰일

정답 ①

해설
- 유기적 퇴적암 – 석탄, 규조토
- 쇄설성 퇴적암 – 셰일, 역암, 사암, 응회암, 집괴암
- 화학적 퇴적암 – 암염, 석고, 석회암, 처트

49 다음 중 충격식 시추에 해당하는 것은?

① 엠파이어시추
② 메탈비트시추
③ 다이아몬드비트시추
④ 쇼트볼시추

정답 ①

해설 회전식 시추는 로드 또는 코어 배럴에 접속한 비트에 적당한 압력과 회전력을 가함으로써 원형 구멍을 굴착하는 방법이다. 충격식 시추는 와이어로프 또는 로드 끝에 있는 비트의 충격에 의해 지층의 암반을 파쇄 한 다음 충격을 가할 때마다 조금씩 비트의 각도를 회전시켜 원형의 구멍을 뚫는 것으로 엠파이어, 로드, 로우프 시추가 대표적인 충격식 시추법이다.

50 변성암의 특징을 나타내는 구조가 아닌 것은?

① 쪼개짐 ② 건열
③ 엽리   ④ 편리

정답 ②

해설
- 퇴적암의 특징 : 층리, 사층리, 퇴적소극, 물결자국(연흔), 건열, 화석 등
- 변성암의 특징 : 벽개, 엽리, 편리, 편마구조, 선구조 등

51 다음 중 심부에 있는 황화광체를 탐지하는데 가장 적합한 탐사방법은?

① 중력탐사   ② 자력탐사
③ 유도분극탐사 ④ 탄성파탐사

정답 ③

해설 유도분극탐사는 다른 방법으로 찾을 수 없는 심부에 부존하는 저품위 광상도 탐사할 수 있기 때문에 비철금속 자원의 필수 탐사법이다. 따라서 심부에 있는 유화광체는 유도분극탐사가 가장 적합하다.

52 다음 중 암석의 평균 대자율이 큰 것으로부터 작은 순서로 나열된 것은?

① 화성암 – 퇴적암 – 변성암
② 화성암 – 변성암 – 퇴적암
③ 변성암 – 퇴적암 – 화성암
④ 퇴적암 – 변성암 – 화성암

정답 ②

해설 자력탐사는 대자율을 이용하는 물리적 탐사법이고 단위는 γ(감마)이다.
1γ = 1nT(나노테슬라)
대자율(자화율)은 자화 정도를 나타내는 척도이며 다음과 같이 구한다.

대자율 = $\dfrac{\text{자화 강도}}{\text{외부 자기장 세기}}$ ($k = \dfrac{I}{H}$)

- 광물의 대자율 : 자철석(Fe_3O_4) 〉 티탄철석 〉 자황철석 〉 크롬철석
- 암석의 대자율 : 염기성 화성암 〉 산성 화성암 〉 변성암 〉 퇴적암

(자철석 함유량이 비교적 많은 화성암과 변성암의 대자율이 퇴적암에 비해 크다.)

53 화성암에서 SiO_2성분이 45~53%이고 대체로 어두운 색을 띠는 것은?

① 염기성암 ② 산성암
③ 초염기성암 ④ 중성암

정답 : ①

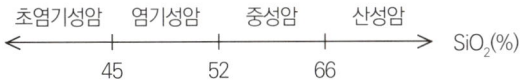

염기성암은 규산(SiO_2) 함량이 45~52%인 화성암으로 어두운 색을 띠며 현무암, 휘록암, 반려암이 대표적이다.

54 충청북도 보은, 옥천 지방에는 우라늄 광물이 매장되어 있다. 가장 효과적인 탐사 측정기는 무엇인가?

① 연직 자력계 ② 지진 탐사기
③ 가이거계수기 ④ pH측정기

정답 ③

해설 라돈, 우라늄, 토륨 등은 방사능 원소이므로 가이거 계수기와 신틸레이션 계수기 등의 방사능 검층법을 사용한다. 방사능 검층법에는 중성자 검층, 밀도 검층, 자연감마선 검층 등이 있다. 전자유도 검층은 전자기장 강도, 위상 변화를 이용하는 것이다.

55 퇴적암의 생성순서를 밝혀주는 법칙으로 아래 놓인 지층이 위에 놓인 지층보다 시간적으로 먼저 형성되었다는 법칙은?

① 동일과정의법칙 ② 누중의법칙
③ 부정합의 법칙 ④ 관입의 법칙

정답 ②

해설
- 동일과정의 법칙 : 풍화, 침식, 퇴적, 화산활동 등이 계속 반복되어 현재가 되었다.
- 누중의 법칙 : 아래에 놓여 있는 것이 먼저 쌓인 지층이고 위에 놓인 것이 후에 쌓인 지층이다.
- 부정합의 법칙 : 부정합면은 두께가 없는 면이지만 긴 시간이 흐름을 내포 한다.
- 관입의 법칙 : 관입당한 암석이 관입한 암석보다 시간적으로 먼저이다.

56 균질한 극경암 시추에 가장 적당한 비트는 다음 중 어느 것인가?

① 매트릭스가 연한 임프레그네이티드 코어비트
② 매트릭스가 연한 표면식입 코어비트
③ 매트릭스가 아주 강한 표면식입 코어비트
④ 메탈 크라운비트

정답 ①

해설 1. 메탈 비트 : 크라운 강판에 초경합금 팁을 용착한 비트, 표토층이나 연질암의 굴착에 사용
2. 다이아몬드 비트 : 크라운 상단에 다이아몬드를 분말 소결법으로 가공한 비트, 경암에서 굴진 효율이 높음
(1) 서피스(surface) 비트 : 표면에 다이아몬드를 박아 넣은 것

(2) 임프레그네이티드(impregnated) 비트 : 다이아몬드를 분쇄·혼합한 것, 연속 굴착 가능, 다이아몬드 입자 파손 적음, 균열 파쇄성 암석이나 균질 중경암 이상의 암반 굴착에 사용

57 자유면 지하수에 대한 설명이 아닌 것은?

① 지상의 기온과 오염은 수온과 수질이 영향을 받는다.
② 지하수면은 대기압과 평형을 유지 한다.
③ 강수의 증감에 따라 지하수면이 상승, 하강한다.
④ 불투수층 사이를 흐르는 압력수이다.

정답 ④
해설 자유면 대수층은 상부의 통기대와 바로 접하기 때문에 지상 기온과 오염의 영향을 받고 지하수면이 대기압과 평형을 유지하며 강수량의 영향을 받으나 불투성 지층 사이에 존재하는 고압 대수층은 피압대수층이다.

58 제강, 고온성 합금, 화학시약, 방화제, 살균제, 착색제 등에 쓰이는 몰리브덴의 원료 광물은?

① 진사
② 휘수연석
③ 장미휘석
④ 휘창연석

정답 ②
해설 ① HgS(진사)
② MoS2(휘수연석)
③ 장미휘석[(Mn,Fe,Ca)SiO3]
④ 휘창연석(Bi2S3)

59 지하수위가 하천수위보다 높아 지하수가 하천으로 유입되어 하천유량을 유지시키는 하천을 무엇이라 하는가?

① 이득하천
② 손실하천
③ 배양하천
④ 충전하천

정답 ①
해설
• 이득하천 : 지하수가 하천으로 흘러 들어감
• 손실하천 : 하천수가 지하수로 흘러 들어감

60 2층 구조인 지층의 발파점에서 30m 떨어진 시점에 반사파가 도착되는 시간은?(단, 1층 및 2층의 탄성파 속도는 각각 500m/sec, 1000m/sec 이고, 2층의 심도는 10m이다.)

① 7.2^-10^- sec
② 7.2^-10^{-3} sec
③ 7.2^-10^{-4} sec
④ 7.2^-10^- sec

정답 ①
해설
$$T = \frac{\sqrt{x^2+4h^2}}{V_1} = \frac{\sqrt{30^2+4\times 10^2}}{500} = 7.2\times 10^{-2} sec$$

시추기능사 2007 기출문제

* 답안카드 작성시 시험문제지 형별누락, 마킹착오로 인한 불이익은 전적으로 수험자의 귀책사유임을 알려드립니다.

01 Au-Ag 광상의 지시원소는?

① Zn ② As
③ Rn ④ B

정답 ②

해설 지시원소란 지구화학탐사에서 암석, 토양, 식물 등의 시료를 분석하여 검출되는 미량원소로서 대상 광상과 지질학적 관련이 있어 시료 아래 지하의 광상을 추정할 수 있다. 화학분석이 쉽고 분석비가 저렴해야하며 이동도가 커야 한다.

지시원소	광상
Zn(아연), Cu(구리)	Cu-Pb-Zn 광상
Zn(아연)	Ag-Pb-Zn 광상
Hg(수은)	Pb-Zn-Ag 광상
SO4(황산화물)	황화물 광상
As(비소)	Au-Ag 광상
B(붕소)	Sn-W-Be-Mo 광상
Rn(라돈)	U광상
Mo(몰리브덴)	반암구리 광상

02 회전식 시추방법이 아닌 것은?

① 엠파이어 시추
② 메탈 비트 시추
③ 다이아몬드비트 시추
④ 쇼트볼 시추

정답 ①

해설 회전식 시추는 로드 또는 코어 배럴에 접속한 비트에 적당한 압력과 회전력을 가함으로써 원형 구멍을 굴착하는 방법이다. 충격식 시추는 와이어로프 또는 로드 끝에 있는 비트의 충격에 의해 지층의 암반을 파쇄 한 다음 충격을 가할 때마다 조금씩 비트의 각도를 회전시켜 원형의 구멍을 뚫는 것으로 엠파이어, 로드, 로우프 시추가 대표적인 충격식 시추법이다.

03 펌프의 소요마력을 결정하는 주 요소는?

① 토출량과 압력 ② 이수의 비중
③ 청수의 비중   ④ 이수의 점성

정답 ①

해설 펌프란 낮은 곳의 물에 운동에너지와 압력에너지를 공급하여 높은 곳으로 수송하는 기계이다. 펌프에 필요한 소요마력은 송출량(토출량)과 압력에 의해 결정된다.

04 광물의 결정에 있어서 2개의 결정면이 이루는 각을 면각이라 한다. 다음 중 면각 일정의 법칙이 적용되는 경우는?

① 광물 성분에 관계없이 항상 적용된다.
② 동일 광물의 결정에만 적용된다.
③ 광물의 종류는 달라도 형태가 같으면 적용된다.
④ 결정계가 같은 광물의 결정에는 항상 적용된다.

정답 ②

해설 면각이란 광물의 면과 면이 이루는 각으로 광물의 결정 구조가 같으면 크기가 달라도 면각이 일정하다. 다시 말해 등온, 등압하에서 같은 종류의 결정은 대응하는 결정면이 이루는 각도가 항상 일정하다는 법칙이다.

05 두 물체 사이에 작용하는 인력, 즉 뉴턴의 만유인력의 법칙을 기초로 하는 탐사법은?

① 전기탐사 ② 전자탐사
③ 탄성파탐사 ④ 중력탐사

정답 ④

해설

탐사 종류	물리적 특성 및 이용되는 현상
전기 탐사	전기 비저항 변화, 전위 변화
전자 탐사	전기전도도, 투자율
탄성파 탐사	탄성파 속도
중력 탐사	밀도, 만유인력, 중력가속도 변화

06 다이아몬드 비트 중 논코어 비트에 속하지 않는 것은?

① 콘케이브 비트
② 파일럿 비트
③ 임프레그네이티드 비트
④ 테이퍼 비트

정답 ③

해설 아래 표와 같이 impregnated bit는 코어비트이다.

재질 \ core유무	core	non-core
metal	crown	reaming, three corn, rose, chopping, flat
diamond	surface, impregnated	pilot, corn cave, taper

07 다음 그림 중 사교부정합에 속하는 것은?(단, 그림 중 ① 변성암 ② 심성암 ③ 습곡된 고지층 ④ 비정합 아래의 지층 ⑤ 준정합 아래의 지층 ⑥ 부정합 위의 지층 U : 부정합)

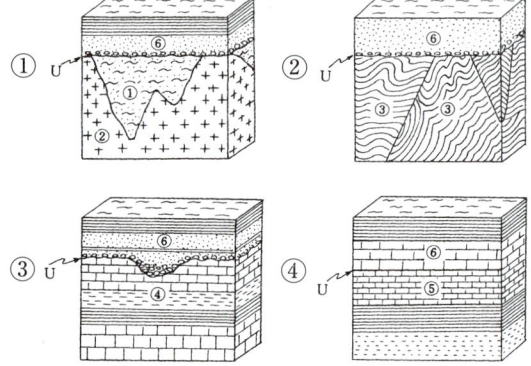

정답 ②

해설
- 난정합 : 부정합면 아래에 심성암, 변성암과 같은 결정질이 존재하는 경우
- 경사(사교)부정합 : 부정합면 아래에 습곡산맥으로 변한 고지층이 있는 경우
- 평행부정합(비정합) : 부정합 위, 아래 지층이 평행한 경우
- 준정합 : 성층면 사이에 큰 결층(berak)이 있는 경우

① 난정합, ② 경사부정합, ③ 평행부정합(비정합), ④ 준정합

08 지하의 석탄층을 탐사하려 한다. 가장 이상적인 탐사 순서는?

① 탄성파 탐사 → 지질조사 → 시추
② 지질조사 → 탄성파 탐사 → 시추
③ 시추 → 탄성파 탐사 → 지질조사
④ 탄성파 탐사 → 시추 → 지질조사

정답 ②

해설 석탄층을 탐사하려면 먼저 지구화학적 지질조사를 한 후 물리적으로 탄성파 탐사를 하여 지하 구조에 존재 유무를 판단한 후 시추를 하여 코어를 채취한다.

09 중력탐사에서 실시하는 보정에 해당 되지 않는 것은?

① 고도보정 ② 경도보정
③ 위도보정 ④ 지형보정

정답 ②

해설 중력은 밀도(부우게)와 위도에 비례하고 고도, 지형의 높이에 반비례하기 때문에 중력탐사 후 보정해야 한다.

10 전기탐사에서 웨너(Wenner)의 전극 배열법에 의해 0.2[A]의 전류를 사용하여 측정된 전위차가 500[mV]였다면, 이 대지의 겉보기 전기 비저항은?
(단, 전극의 간격은 50m, $\rho = 2\pi a \dfrac{\Delta V}{I}$)

① 785[Ω-m]   ② 976[Ω-m]
③ 1156[Ω-m] ④ 1256[Ω-m]

정답 : ①

해설
$\rho = 2\pi a \dfrac{V}{I} = 2\pi \times 50\text{m} \times \dfrac{0.5V}{0.2A} = 785(\Omega\text{-m})$

11 다음 그림을 보고 직접파가 B점에 도착되는 시간은?(단, SB = 60m, 1층 탄성파속도 = 500m/sec, 2층 탄성파 속도 = 1000m/sec)

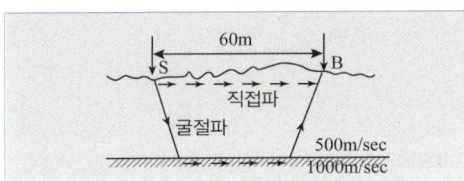

① 0.12sec ② 0.83 sec
③ 1.7 sec ④ 2sec

정답 ①

해설 속도 = $\dfrac{거리}{시간}$

시간 = $\dfrac{거리}{속도} = \dfrac{60m}{500m/s} = 0.12s$

12 와이어 로프 시추기의 굴착기구를 나열해 놓은 것이다. 아래로부터 굴착기구의 연결순서가 올바른 것은?

> A. 비트 B. 싱커바 C. 오오거스템
> D. 쟈(Jars) E. 로우프 소켓

① A - B - C - D - E
② A - C - B - D - E
③ A - C - D - B - E
④ A - B - D - C - E

정답 ③

해설 와이어로프 시추기는 충격식 시추법으로 로우프에 비트를 붙여 시추한다.
아래로부터 연결순서는 비트 – 오오거스템 – 쟈 – 싱커바 – 로프소켓 순이다.

13 석유 탐사 시 지층의 저유구조를 탐지하기 위해 가장 많이 활용되는 탐사법은?

① 반사법 탄성파 탐사
② 방사능 탐사
③ 지열 탐사
④ 전자 탐사

정답 ①

해설 탄성파 탐사는 인공적으로 폭약을 폭발시켜 지층 내에 전파되는 탄성 파동의 전파 특성을 분석하여 지하 지질 정보를 추정하는 것으로 굴절법과 반사법이 있다. 석유나 지하수 같은 액체에서의 전파속도가 암석의 전파속도 보다 느리므로 부존 유무를 판단할 수 있다. 반사법 탄성파 탐사는 원래 석유 탐사 분야에서 지하 심부 탐사에 이용되어 왔다.

14 다음 중 바람에 운반된 모래에 의한 침식작용 즉, 풍식작용에 의해 생성되는 것은?

① 삼능석   ② 하안단구
③ 구조토   ④ 사 행

정답 ①

해설
- 삼능석 : 바람과 모래에 의해 암석이 삼각뿔 모양으로 침식된 것
- 하안단구 : 퇴적과 부분 침식으로 하천의 유로와 양이 변해 계단모양으로 생성된 것
- 구조토 : 빙하가 녹아 흙, 모래가 운반되어 지표면에 쌓인 것
- 사행 : 하안이 침식되기 쉬운 모래와 자갈로 되어 있는 곳에 생기는 곡류

15 다음 중 우라늄·토륨 등의 탐사와 암석의 절대 연령 측정에 활용되는 탐사법은?

① 전자탐사
② 방사능 탐사
③ 탄성파 탐사
④ 유도 분극법

정답 ②

해설 라돈(Rn), 우라늄(U), 토륨(Th) 등은 방사능 원소이므로 가이거 계수기와 신틸레이션 계수기 등의 방사능 탐광법을 사용한다.

16 시추코어의 정리 및 배열방법으로 가장 적절치 않은 것은?

① 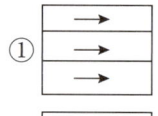   ②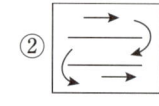
③ 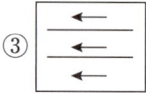   ④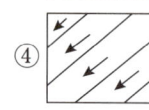

정답 ④

해설 코어와 슬러지는 지질 구조와 광상의 부존 상황에 대한 중요한 자료이므로 정리와 보관을 정확히 해야 한다.
① 책꽂이 모양 배열, ② 지그재그 방법
③ 책꽂이 반대 모양 배열

17 변성암의 조직과 관계가 없는 것은?

① 압력에 의한 압쇄조직
② 분급작용에 의한 분급 조직
③ 재결정에 의한 재결정 조직
④ 교대작용에 의한 반상 변정질 조직

정답 ②

해설 분급은 물에 의해 토양이 크기별로 쌓이는 것이므로 퇴적암과 관계있다.

18 외력에 의해 파괴되지 않고 순응한 변형에 해당하는 지질구조는?

① 습 곡
② 단 층
③ 오버스러스트
④ 절 리

정답 ①

해설
- 습곡 : 지층이 수평으로 퇴적된 후 횡압력으로 인해 구부러진 것, 파괴되지 않음
- 단층 : 지각에 횡압력, 인장력 또는 중력이 작용해 생긴 틈을 경계로 양쪽 지괴가 이동하여 어긋난 것
- 오버트러스트 : 단층면의 경사가 45도 내지 수평인 대규모의 역단층 (습곡 → 횡와습곡 → 역단층)
- 절리 : 암석이 지각변동에 의해 압축력 또는 인장력을 받거나 화성암이 냉각 또는 수축하면 생기는 틈

19 다음 중 공극률이 가장 큰 것은?

① 점 토   ② 셰 일
③ 사 암   ④ 화강암

정답 ①

해설 공극률(%) = $\dfrac{\text{물의 부피}}{\text{전체 부피}} \times 100$

공극률이 높다는 것은 공간에 물이 많이 들어 있다는 의미이므로 점토의 공극률이 가장 높다.

20 다음 중 결정의 중심을 지나는 3개의 가상적인 축이 서로 직교하며, 길이도 같은 광물의 결정계는?

① 육방정계   ② 등축정계
③ 사방정계   ④ 삼사정계

정답 ②

해설
- 등축정계 : a=b=c, α=β=γ=90° : 다이아몬드, 형석, 황철석, 암염, 방연석
- 육방정계 : 수평축 길이 동일, 수평축각=120° : 수정, 인회석, 방해석, 녹주석
- 사방정계 : a≠b≠c, α=β=γ=90° : 십자석, 황옥, 중정석
- 삼사정계 : a≠b≠c, α≠β≠γ≠90° : 남정석, 사장석, 부석

21 화성암의 조직 중 육안으로 화성암의 파면을 볼 때 광물 알갱이들이 하나하나 구별되어 보이는 정도를 말하는 것은?

① 현정질 조직   ② 미정질 조직
③ 유리질 조직   ④ 은미정질 조직

정답 ①

해설
- 현정질(입상) : 육안 구별 가능
- 미정질(비현정질) : 현미경 구별 가능
- 은미정질 : 육안, 현미경 구별 불가
- 유리질 : 비결정질

22 어떤 광물을 석고로 그었더니 석고에 흠이 생겼고 형석으로 그었더니 그 광물에 흠이 생겼다면 이 광물의 종류로 맞는 것은?(단, 모스(Mohs) 경도계 기준)

① 활 석   ② 방해석
③ 정장석   ④ 강 옥

정답 ②

해설

모오스 경도	1	2	3	4	5	6	7	8	9	10
광물	활석	석영	방해석	형석	인회석	정장석	석영	황옥	강옥	금강석

23 비금속 광택과 광물의 연결이 맞는 것은?

① 진주광택 - 활석
② 유리광택 - 석면
③ 금강광택 - 점토
④ 지방광택 - 다이아몬드

정답 ①

해설

진주 광택 – 활석, 수활석	토상 광택 – 고령토, 점토
견사 광택 – 석면, 석고	금광 광택 – 금강석, 방연석
유리 광택 – 석영, 전기석	지방(수지) 광택 – 네펄린, 유황

24 어떤 암석을 육안으로 관찰하였더니 편리, 편마 구조, 혼펠스 구조와 같은 특징을 나타내었다. 이와 같은 특징을 갖는 암석은?

① 화성암   ② 기계적 퇴적암
③ 화학적 퇴적암   ④ 변성암

정답 ④

해설 세일(shale)은 접촉(열)변성 또는 광역(동력)변성을 다음과 같이 한다.
- 접촉변성 : 세일 → 혼펠스(hornfels)
- 광역변성 : 세일 → 슬레이트(점판암) → 천매암 → 편암 → 편마암

엽리란 고온·고압 때문에 광물들이 일정한 방향으로 재배열되는 것이고 판상 광물이 평행하게 배열된 엽리를 편리구조라 하며 편암에서 볼 수 있다.

광역 변성 정도가 증가하면 편암의 재결정 작용이 일어나 색을 달리하는 두 종류 이상의 광물들이 번갈아 들어 있는 편마구조가 편마암에 나타난다.

25 유리공업, 내화공업, 연마제, 규소철의 원료로 쓰이며, 또 반도체로 쓰이는 실리콘의 주 원료광물인 것은?

① 장 석 ② 석 영
③ 네펠린 ④ 형 석

정답 ②

해설 장석 : 요업, 유약, 타일, 유리 제조
석영 : 실리콘 원료 광물, 유리, 내화공업
네펠린 : 유리, 벽돌, 타일 제도
형석 : 렌즈, 유리, 용제

26 흑연과 다이아몬드와 같이 화학 조성은 같지만, 결정구조가 다른 광물의 관계를 무엇이라 하는가?

① 고용체 ② 유질동상
③ 혼 정 ④ 동질이상

정답 ④

해설
- 동질 이상 : 화학 조성은 같으나 결정 모양과 물리적 성질이 다른 것
  (예) $CaCO_3$: 방해석, 사방정계
      C : 다이아몬드, 흑연
- 유질 동상 : 화학 조성이 비슷하면서 결정 모양이 같은 것
  (예) 방해석($CaCO_3$)과 능철석($FeCO_3$)
- 고용체 (固溶體, solid solution) : 액체에서 용액과 같은 의미를 갖는 고체상으로 화학 조성이 변하면서도 동일한 결정 모양을 가지는 광물 (예) 사장석
- 혼정 : 두 가지 이상의 이온이나 분자에 의해 불규칙해진 결정 (예) 백반, 사장석

27 다음 기호는 지질도에 사용되는 것이다. 무엇을 의미하는가?

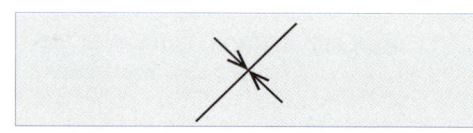

① 단층 ② 향사
③ 배사 ④ 주향과 기울기

정답 ③

해설

단층	향사	배사	주향, 경사
↙	✕	✕	∨

28 황석 제조에 많이 쓰이고, 구리와 합금하여 놋쇠를 만들며 염료, 살충제, 의약품의 제조에 쓰이는 것은?

① 납 ② 아 연
③ 망간 ④ 몰리브덴

정답 ②

해설
- 납(Pb) : 축전지, 납관, 땜납
- 아연(Zn) : 함석, 놋쇠, 염료, 살충제
- 망간(Mn) : 제강, 건전지, 유리, 도료
- 몰리브덴(Mo) : 제강, 합금, 시약, 살균제

29 다음 중 화산 쇄설물이 고결되어 이루어진 화성 쇄설암에 속하는 암석 군은?

① 응회암, 집괴암 ② 점판암, 셰일
③ 응회암, 점토   ④ 황토, 점판암

정답 ①

해설

분류	물질 기원	퇴적물(지름)	퇴적암
쇄설성 퇴적암	암석 조각, 광물 입자	자갈(2mm 이상)	역암
		모래(2~1/16mm)	사암
		점토, 미사(1/16mm이하)	셰일
	화산 분출물	화산진, 화산재(4mm이하)	응회암
		화산력, 화산탄(4mm이상)	집괴암

30 다음 화성암 중 SiO_2 함유량(%)이 가장 높은 암석은?

① 반려암 ② 현무암
③ 섬록암 ④ 화강암

정답 ④

해설 규산 함량이 66% 이상이면 산성암이고 유문암, 화강반암, 화강암이 대표적이다. 반려암과 현무암은 염기성암이고 섬록암은 중성암이다.

31 다음 중 변성암에 속하지 않는 것은?

① 대리암 ② 천매암
③ 안산암 ④ 혼펠스

정답 ③

해설 안산암은 지표에서 냉각된 화산암이면서 규산의 성분으로 보면 중성암인 화성암이다. 석회암이 열 변성하면 대리암이 되고 셰일이 동력변성하면 천매암이 되고 셰일이 접촉변성하면 혼펠스가 된다.

32 스카른(skarn)과 관계가 깊은 광상은?

① 정마그마광상
② 기성광상
③ 열수광상
④ 페그마타이트광상

정답 ②

해설 화성광상 중 기성광상에서 마그마가 식으면서 수증기와 휘발성분이 석회석과 교대작용을 하면 석류석, 투휘석, 규회석과 같은 스카른 광물이 된다.

33 중생대에 속하지 않는 것은?

① 트라이아스기
② 쥐라기
③ 백악기
④ 캄브리아기

정답 ④

해설
- 중생대 : 트라이아스기 - 쥐라기 - 백악기
- 고생대 : 캄브리아기 - 오르도비스기 - 실루리아기 - 데본기 - 석탄기 - 페름기

34 지층의 주향과 경사에 대한 설명으로 틀린 것은?

① 주향은 경사된 지층면과 수평면과의 교차선 방향이다.
② 경사는 지층면과 수평면이 이루는 각도이다.
③ 주향이 북에서 동으로 30°의 방향으로 향할 때는 30° NE로 나타낸다.
④ 주향과 경사를 측정하는 데에는 클리노미터를 사용한다.

정답 ③

해설 지층면과 수평면이 만나는 교선이 북(N)을 기준으로 동(E)으로 30° 향해 있을 때 주향은 N30°E로 나타낸다.

35. 강원도 정선에서 발견된 회동리층은 고생대의 어느 시대에 해당되는 지층인가?

① 페름기
② 실루리아기
③ 석탄기
④ 데본기

정답 ②

해설 지질 시대와 한국 지질 계통

대	기	한국 계통
고생대	페름기	사동통
	석탄기	홍점층
	실루리아기	회동리층
	오르도비스기	대석회암통
	캄브리아기	양덕통

36. 광물에 들어 있는 주성분 원소를 간단히 알아내는 불꽃색 실험에서 불꽃색이 강한 노랑색을 나타내는 원소는?

① 나트륨(Na)   ② 리튬(Li)
③ 구 리(Cu)   ④ 칼륨(K)

정답 ①

해설 광물의 불꽃 반응 시험

원소	구리	나트륨	칼륨	칼슘	리튬
기호	Cu	Na	K	Ca	Li
색깔	녹색	노랑	보라	주황	빨강

37. 지하수의 용해 및 침전작용을 생긴 것이 아닌 것은?

① 돌리네(doline)
② 포트호울(por hole)
③ 카르스트(karst)지형
④ 종유석(stalactite)

정답 ②

해설 석회암이 지하수에 용해되어 석회석 동굴이 생기는 데 돌리네는 지표면의 석회암이 녹아 작게 패인 곳이며 카르스트는 석회동굴이 파괴되어 변한 곳이고 종유석은 석회석 동굴에서 석회석이 녹아 고드름처럼 형성된 것이다. 포트 홀은 하천바닥의 오목한 곳에 와류가 생겨 구멍이 커진 것으로 지하수의 용해와는 무관하다.

38. 다공질 구조를 가지고 있는 화성암은?

① 화강암   ② 현무암
③ 섬록암   ④ 반려암

정답 ②

해설 마그마가 식을 때 존재하는 기포 때문에 암석이 다공질 구조를 가지게 되며 대표적으로 현무암은 화산암이면서 염기성암으로 어두운 색을 띤다.

39. 지하에서 물을 저장하고, 우물에 물을 충분히 공급할 정도의 속도로 이동시킬 수 있는 지층을 무엇이라 하는가?

① 대수층   ② 난투수층
③ 누수층   ④ 사질층

정답 ①

해설
• 대수층 : 지하수를 저장하고 공급할 수 있는 지층
• 난투수층 : 지하수가 통과하기 어려운 암반층
• 누수층 : 지하수가 통과할 수 있는 지층
• 사질층 : 모래 성분이 많은 지층

40 수소 이온 농도에 의해 온천을 분류할 때, 중성천의 범위로 맞는 것은?

① pH < 2
② 4 ≤ pH < 6
③ 6 ≤ pH < 7.5
④ 9 ≤ pH

[정답]
[해설]

① 강산성, ② 약산성, ③ 중성, ④ 염기성

41 석유광상의 생성조건에 대한 설명으로 틀린 것은?

① 석유를 만드는 근원암이 있어야 한다.
② 석유를 저장하기에 적당한 다공질인 저류암이 부근에 있어야 한다.
③ 함유층이 석유가 한 곳에 모일 수 있는 상태의 지질 구조를 가져야 한다.
④ 석유가 자유로이 분산되도록 투수층이 함유층 위에 있어야 한다.

[정답] ④
[해설] 석유광상의 생성 조건은 먼저 근원암이 있어야 하고 석유가 저장되는 저류암과 빠져 나가지 못하게 하는 덮개암이 부근에 있어야 하고 석유가 모일 수 있는 지질구조여야 한다. 투수층(물)은 함유층(기름) 보다 비중이 크므로 아래에 있다.

42 야외에서 단층을 확인하는 증거가 되지 못하는 것은?

① 단층점토
② 단층의 생성시기
③ 단층각력
④ 단층면상의 긁힌 자국

[정답] ②
[해설] 지각에 생긴 틈을 경계로 양쪽 지괴가 이동하여 어긋난 것을 단층이라 한다. 단층을 찾는데 좋은 단서가 되는 것은 요철과 긁힌 자국, 단층면, 단층점토, 단층각력 등이다. 단층면은 단층운동에 의해 양측의 암석면에 생긴 마찰면이고 단층점토는 단층이 미끄러질 때 암석이 돌가루로 변한 것이고 단층각력은 단층면 사이에 들어 있는 각력(rubber, 角力)이다. 단층은 아주 긴 세월동안 서서히 형성되기 때문에 단층의 생성시기는 증거가 되기 힘들다.

43 지구 화학 탐사에서 탐사의 지침이 되는 지시원소로서 적합하지 않은 것은?

① 화학분석이 쉽고 분석비가 저렴한 원소
② 지구화학적 환경에서 이동도가 작은 원소
③ 탐사 대상 광체 내에 함유된 주성분 원소와 지구화학적 수반 관계가 있는 원소
④ 탐사 대상 광체와 지질학적 및 지구 화학적으로 관련성이 있는 원소

[정답] ②
[해설] 지시원소란 지구화학탐사에서 암석, 토양, 식물 등의 시료를 분석하여 검출되는 미량원소로서 대상 광상과 지질학적 관련이 있어 시료 아래 지하의 광상을 추정할 수 있다. 화학분석이 쉽고 분석비가 저렴해야하며 이동도가 커야 한다.

44 임의의 매질에서 투수로의 길이가 35cm 이고, 수두차가 7cm일 때 동수경사는?

① 0.1
② 0.2
③ 0.01
④ 0.02

정답 ②

해설 동수구배(동수경사)란 지하수의 이동 거리에 대한 수위 차이다.

$$\text{동수경사} = \frac{\text{수두 차}}{\text{투수로 길이}}$$

$$i = \frac{h}{L} = \frac{7}{35} = 0.2$$

45 양수시험에 의해 구해진 대수층의 수리전도도가 1.3×10^{-3} m/min일 때 두께가 150m인 대수층의 투수량 계수는?

① 1.195m²/min
② 0.195m²/min
③ 11.95m²/min
④ 2.195m²/min

정답 ②

해설 투수량 계수란 동수경도가 1일 때 폭 1m의 대수층을 통과하는 유량이다.
T = kb
투수량 계수
= 투수계수(수리전도도) × 대수층 두께
= 1.3×10−3m/min×150m = 0.195m2/min

46 지각을 구성하는 원소 중 가장 많은 함유량을 나타내는 것은? (단, 무게%)

① Si
② Fe
③ O
④ Al

정답 ③

해설 지각의 8대 구성원소와 성분함량

원소 기호	O	Si	Al	Fe	Ca	Mg	Na	K
원소 이름	산소	규소	알루미늄	철	칼슘	마그네슘	나트륨	칼륨
무게 (%)	45	27	8	6	5	3	1	1

47 다음 중 전기 검층의 종류가 아닌 것은?

① 자연전위검층
② 전기비저항검층
③ 유도분극검층
④ 중성자검층

정답 ④

해설
- 전기 검층법 : 자연전위 검층, 전기비저항 검층, 유도분극 검층
- 방사능 검층법 : 중성자 검층, 밀도 검층, 자연감마선 검층

48 감마선의 컴프턴 산란(Compton scattering)을 이용하여 암석의 체적밀도(Bulk density)를 측정하는 검층 방법은?

① 중성자 검층
② 밀도 검층
③ 자연방사능 검층
④ 음파 검층

정답 ②

해설 방사능 검층법
(1) 중성자 검층 : 중성자 검층곡선의 공극률과 다른 광물의 공극률을 비교
(2) 밀도 검층 : 감마선의 컴프턴 산란을 이용해 암석의 체적밀도를 측정
(3) 자연감마선 검층 : 신틸레이션으로 감마선의 세기를 측정

49 화학적 풍화에 가장 안정한 화성암의 조암 광물은?

① 휘석　　　② 감람석
③ 장석　　　④ 백운모

정답 ④

해설 조암광물을 화학적 풍화에 약한 것부터 강한 순서대로 나열하면 다음과 같고 마그마에서 광물이 생성되는 순서와 같다. 고온에서 생성된 광물일수록 쉽게 풍화된다.
- 유색 광물 : 감람석<휘석<각섬석<흑운모
- 무색 광물 : 사장석<정장석<백운모<석영

50 자력탐사에서 측정하는 자기장 강도의 단위로 맞는 것은?

① mgal　　　② cm/sec
③ gamma(γ)　　　④ mV

정답 ③

해설
- 전기 탐사 : mV
- 자력 탐사 : γ(gamma)
- 중력 탐사 : mGal(0.001g/cm²)
- 탄성파 탐사 : cm/s

51 경제적으로 유용성분을 함유한 광물을 무엇이라 하는가?

① 맥석광물　　　② 광석광물
③ 수반광물　　　④ 조암광물

정답 ②

해설
- 맥석광물 : 경제적가치가 없는 쓸모없는 광물
- 광석광물 : 경제적가치가 있는 유용한 광물
- 수반광물 : 주요 광물에 같이 나오는 소량의 광물
- 조암광물 : 암석을 이루는 광물

52 퇴적암 중에 관입암상처럼 들어간 화성암체의 일부가 더 두꺼워져서 렌즈 상 또는 만두 모양으로 부풀어 오른 것을 무엇이라 하는가?

① 저반　　　② 병반
③ 암경　　　④ 암주

정답 ②

해설
- 저반 : 오래 전에 녹은 상태에 있으면서 상부로 암맥·암상·화상을 파생하게 한 큰 마그마 챔버가 고결된 화성암체
- 병반 : 퇴적암 속으로 관입암상처럼 들어간 화성암체의 일부가 더 두꺼워져서 만두 모양으로 부풀어 오른 것
- 암경 : 화산의 화도에서 굳어진 마그마와 화도를 메운 암괴와 용암의 집합체가 굳어진 화도 집괴암
- 암주 : 면적 100km² 이하의 심성암체가 지표에 나타난 것

53 양호한 이수의 구비조건으로 틀린 것은?

① 탈수량이 적을 것
② 이벽이 두껍고 잘 붙을 것
③ 윤활성이 우수할 것
④ 온도, 압력에 대한 안정성이 높을 것

정답 ②

해설 이수란 시추 작업시 공 내를 순환하면서 여러 가지 역할을 하는 유체이다.
이수의 구비 조건은 다음과 같다.
① 사분은 1% 이하로, 되도록 포함하지 않아야 한다.
② 적당한 점성을 가져야 한다.
③ 얇고 튼튼한 이벽을 만들 있어야 한다.
④ 안정성이 높아야 한다.
⑤ pH값은 8.5부근이 가장 적당하다.
⑥ 염분과 전해질의 함유량이 적어야 한다.

54 제주도의 현무암이 발달한 지대에서 흔히 볼 수 있는 절리의 종류는?

① 판상절리 ② 층상절리
③ 주상절리 ④ 방상절리

정답 ③

해설 절리는 화성암이 풍화작용과 지각변동에 의해 틈이 생기는 것이다.
- 주상절리 – 육각기둥 모양 – 현무암
- 판상절리 – 판 모양 – 안산암
- 방상절리 – 육면체 모양 – 화강암
- 신장절리 – 횡압력을 받아 습곡이 형성될 때 응력 때문에 생성
- 전단절리 – 횡압력에 의한 전단력으로 2개의 교차방향에 생성

55 다음의 설명이 뜻하는 것은?

> 『단위체적의 대수층내에 저유된 지하수와 대수층으로부터 외부로 뽑아낼 수 있는 지하수량과의 비』

① 비산출률 ② 공극율
③ 투수계수 ④ 저류계수

정답 ①

해설
- 비산출율 : 중력에 의해 배출되는 수량을 전체 부피로 나눈 값
- 공극률 : 입자사이의 공간 부피를 전체 부피로 나눈 값
- 투수계수(수리전도율) : 단위 시간동안 동수 경도하에서 단위면적을 통해 유출되는 지하수 유출률
- 저류계수 : 수두가 1m 만큼 변화할 때 대수층 1㎡ 면적에서 유출 또는 유입되는 지하수의 부피
- 비보유율 : 지하수가 중력에 의해 배출된 후 암석에 남아 있는 물의 부피를 전체 부피로 나눈 값

56 다음 중 1ppm이란 용액1kg내에 얼마의 용질이 녹아있는 것을 말하는가?(단, 용액의 비중은 1이다.)

① 0.1mg
② 1mg
③ 10mg
④ 100mg

정답 ②

해설 ppm(parts per million, 백만분율) : 용액 1kg 속에 들어 있는 용질의 질량(mg)
1ppm = 1mg/kg

57 흙속의 지하수 흐름을 지배하는 힘은?

① 관성력
② 점성력
③ 중 력
④ 표면장력

정답 ③

해설 지표수, 지하수 모두 중력에 의해 높은 곳에서 낮은 곳으로 흐른다.

58 다음 중 실내투수시험법으로 맞는 것은?

① 양수시험
② 정수위법
③ 유향유속계에 의한 방법
④ 트레이서에 의한 방법

정답 ②

해설 투수성 시험법 중 실내법에는 정수위법, 변수위법, 입도분포법, 압밀시험법이 있다. 양수법, 유속 측정기법, 트레이서법은 현장법의 종류이다.

59 비트(Bit)에 대한 설명으로 틀린 것은?

① 비트는 재질에 따라 메탈 비트(metal bit)와 다이아몬드 비트(diamond bit)가 있다.
② 메탈 비트는 표토층이나 연암 등의 굴착에 주로 사용 된다.
③ 다이아몬드 비트는 경암, 극경암 등의 굴착에 주로 사용된다.
④ 메탈 비트는 코어 채취율이 다이아몬드 비트보다 매우 높아 지질조사용으로 많이 사용된다.

정답 ④
해설 비트의 재질에 따라 메탈비트와 다이아몬드비트가 있다. 메탈비트는 표토층, 연암을 굴착할 때 사용하고 다이아몬드비트는 경암 굴착시 사용하며 코어 채취율이 메탈비트보다 높아 지반조사에 많이 사용된다.

60 시추용 이수의 성질개선을 목적으로 여러 가지 조정제를 첨가하는데 벤토나이트 이수의 비중 증가를 위해 첨가하는 조정제는?

① 바라이트(Barite)
② 리보나이트(Libonite)
③ 텔나이트 B(Telnite B)
④ 텔리그(Tel Lig)

정답 ①
해설 가중제 : 바라이트, 분산제 : telrite B, telrite FCL, lignate

시추기능사 2008 기출문제

* 답안카드 작성시 시험문제지 형별누락, 마킹착오로 인한 불이익은 전적으로 수험자의 귀책사유임을 알려드립니다.

01 경사된 지층면과 수평면과의 교차선의 방향을 의미하는 것은?

① 경사　　　② 주향
③ 경사방향　④ 방위

정답 ②

해설 주향이란 지층면과 수평면이 교차하는 선의 방향이고 경사는 지층면이 수평면에 대해 기울어진 각도와 방향이며 경사의 방향은 항상 주향의 방향과 수직이다. 주향과 경사는 클리노미터로 측정한다.

02 와이어 라인 코어 배럴의 구조에 포함되는 것은?

① 아우터 튜브　② 오버쇼트
③ 이너튜브　　④ 싱글튜브

정답 ④

해설 코어 배럴(core barrel)은 코어를 채취하는 기구이다.
- Single core barrel : 경암에 사용
- Double core barrel : 연암에 적용, inner tube(내관)는 회전하지 않고 outer tube(외관)만 회전하여 코어가 부서지지 않게 됨
- Wire line core barrel : 300m 이상의 심부공 코어 채취용, 와이어 라인에 연결한 오버쇼트를 심부공에 보내 inner tube만 인양하므로 시간과 노동력이 절약됨. (구성 : 와이어라인용 로드, 이너튜브, 아우터튜브, 오버쇼트, 와이어 로프)
- Over shot : 윗부분은 와이어 로프와 연결되어 있고 끝이 낚시 바늘 모양으로 되어 있어 inner tube를 지상으로 끌어 올릴 수 있도록 함.

03 시추용 이수의 비중을 증가시킬 목적으로 사용하는 것은?

① 소석회
② 바라이트
③ 시멘트
④ 벤토나이트

정답 ②

해설 이수의 비중을 증가시키는 것으로 가중제로는 바라이트(barite)가 주로 사용된다. 비중을 높여야 슬러지 배출이 잘 되어 시추공이 붕괴되지 않고 용수의 분출을 막을 수 있다.

04 시추용 장비 중 사고복구용 장비가 아닌 것은?

① 슈우　　　② 쵸핑 비트
③ 마그넷　　④ 로드 스피어

정답 ①

해설
- 슈우(shoe) : 케이싱을 때려 박을 때 사용함, 사고 복구용 기구가 아님
- 쵸핑 비트(chopping bit) : 공 바닥에 빠진 공구 조각을 회전과 충격에 의해 파쇄
- 마그넷(magnet) : 자석으로 시추공내의 공구를 끌어 올림
- 로드 스피어(rod spear) : 끝이 송곳처럼 되어 있어 로드 구멍에 끼워 끌어 올림
- 로드 탭(rod tap) : 시추공에 로드를 빠뜨렸을 때 나사를 내면서 끌어 올림

05 이수의 비중을 측정하기 위해 사용하는 것은?

① 머쉬펀넬점도계
② 스토머점성계
③ 이수평형기
④ 레오미터

정답 ③

해설
- mud balance (이수천칭, 이수평형기) – 비중 측정
- marsh funnel, VG meter, stormer, rheo meter – 점성 측정
- 사분측정기 – 사분 함유량 측정
- yield –벤토나이트 품질 측정

06 공곡의 원인에 대한 설명으로 틀린 것은?

① 기계 설치가 불량할 때
② 케이싱을 삽입하였을 때
③ 비트에 무리한 압력이 가해졌을 때
④ 암석 절리의 경사가 심할 때

정답 ②

해설 공곡은 시추공이 직선을 유지 못하고 곡선으로 휘는 현상인데 케이싱을 삽입하고 굴착하면 방지할 수 있다.

07 중력탐사에서 실시하는 보정작업이 아닌 것은?

① 지형보정
② 부게보정
③ 위도보정
④ 구조보정

정답 ④

해설 중력에 영향을 주는 인자는 밀도(부게), 위도, 고도, 지형, 조석 등 이므로 중력탐사에서 보정을 해야 한다.

08 지하수면이란?

① 토양수내상부면
② 모관대상부면
③ 포화대상부면
④ 중간대상부면

정답 ③

해설 지하수면은 물로 포화되어 있는 포화대의 상부면이다. 대수층은 지표에서 아래로 표피층, 통기대(토양수대, 중간대, 모세관대), 포화대로 구성되며 포화대의 상부면인 통기대와 포화대의 경계상에 지하수면이 있다.

〈대수층 단면도〉

표피층	
통기대 (불포화대)	토양수대
	중간대
	모세관대
지하수면 포화대	

09 물리탐사방법이 아닌 것은?

① 탄성파탐사
② 전기탐사
③ 자력탐사
④ 지화학탐사

정답 ④

해설 물리 탐사는 파괴 없이 지표에서 계측기를 사용하여 지하 구조를 해석하는 방법으로 중력, 자력, 전기, 전자, 탄성파, 방사능 탐사 등이 있다.
화학 탐사는 암석, 토양, 퇴적물, 자연수, 식물 등 자연물질을 화학 분석하여 지하에 있는 광상을 탐사하는 것이다.

10 공내의 붕괴등으로 케이싱을 목적하는 심도까지 삽입할 수 없을 때 관 밑 이하를 넓혀 케이싱을 원활하게 삽입하기 위한 기구는?

① 케이싱 커터
② 로드 커터
③ 언더 리머
④ 마그넷

정답 ③

해설
- 케이싱 커터(casing cutter) : 시추가 끝난 후 케이싱을 회수가 안 될 때 케이싱을 부분적으로 절단하여 공벽과의 마찰을 줄이고 뽑아 올리는 것
- 언더 리머(under reamer) : 공 내가 밀리거나 붕괴 등으로 인해 케이싱을 심도까지 삽입할 수 없을 때 코어튜브의 밑에 접속하여 관 밑 이하를 넓혀 주는 것
- 마그넷(magnet) : 자석으로 시추공내의 공구를 끌어 올림

11 로드나 케이싱을 타입하거나 뺄 때 드라이브 해머의 충격을 받는 쇠이며 원통의 중앙 부분에 로드나 케이싱이 접속될 수 있도록 암나사로 되어 있는 기구는?

① 밴드
② 너킹블록
③ 커플링
④ 슈우

정답 ②

해설
- 밴드(band) : 중앙에 홈이 있어 미끄러지지 않게 볼트로 죄인 형태
- 너킹 블록(knocking block) : 로드나 케이싱을 때려 넣을 때 드라이브 해머의 충격을 받는 것
- 커플링(coupling) : 로드 연결구는 로드커플링이라 하여 중앙에 구멍이 있어 이수가 통할 수 있다. 케이싱 연결구는 케이싱커플링이라 한다.
- 슈우(shoe) : 케이싱 끝부분에 뾰족하게 있어 케이싱이 들어가기 쉽게 하고 나사를 보호한다.

12 P파의 전파속도가 가장 빠른 암석은?

① 셰일
② 사암
③ 석회암
④ 화강암

정답 ④

해설 탄성파 속도 크기 : 암석(화성암 > 변성암 > 퇴적암) > 수중 > 토양

주요 암석과 물질의 탄성파 속도

물질 및 암석	P파 속도(m/s)	S파 속도(m/s)
공기	330	–
마른 모래	300–800	100–500
물	1,450	–
얼음	3,400–3,800	1,700–1,900
점토	1,100–2,500	200–800
석회암	3,500–6,500	1,800–3,800
암염	4,000–5,000	2,000–3,200
화강암, 심성암	4,600–7,000	2,500–4,000

13 실제거리 10km는 축척이 1/50,000 인 지형도상에서 길이가 얼마로 표시되는가?

① 5cn
② 10cm
③ 20cm
④ 50cm

정답 ③

해설
$$\frac{10km}{50,000} \times \frac{1,000m}{1km} \times \frac{100cm}{1m} = 20cm$$

14 비금속 광택의 종류와 대표 광물을 나타낸 것이 올바르게 연결된 것은?

① 견사광택 : 석영
② 진주광택 : 활석
③ 지방광택 : 고령토
④ 유리광택 : 석면

정답 ②

해설
- 진주 광택 – 활석, 수활석
- 견사 광택 – 석면, 석고
- 유리 광택 – 석영, 전기석
- 토상 광택 – 고령토, 점토
- 금광 광택 – 금강석, 방연석
- 지방(수지) 광택 – 네펠린, 유황

15 복굴절 현상에 대한 설명으로 맞는 것은?

① 등방체 결정에서 빛이 한 방향으로 굴절하는 현상
② 이방체 결정에서 빛이 한 방향으로 굴절하는 현상
③ 등방체 결정에서 빛이 두 방향으로 굴절하는 현상
④ 이방체 결정에서 빛이 두 방향으로 굴절하는 현상

정답 ④

해설
- 굴절 : 빛이나 소리가 다른 매질을 통과할 때 전달속도가 달라 진행방향이 바뀜
- 단굴절 : 한갈래로 굴절하는 등방체 광물의 성질
- 복굴절 : 두갈래로 굴절하는 이방체 광물의 성질
- 등방체 광물 : 광물을 통과하는 광속도가 진행방향에 관계없이 일정한 광물 ⇒ 비결정질, 등축정계
- 이방체 광물 : 복굴절을 일으켜 광선이 두 종류의 편광으로 갈라짐 ⇒ 정방정계, 사방정계, 단사정계, 삼사정계, 육방정계

16 사방정계의 대표적인 광물은?

① 형석
② 다이아몬드
③ 방해석
④ 황옥

정답 ④

해설
- 등축정계 : 다이아몬드, 형석, 황철석, 암염, 방연석
- 정방정계 : 회중석, 황동석, 금홍석
- 사방정계 : 십자석, 황옥, 중정석
- 육방정계 : 수정, 인회석, 방해석, 녹주석
- 단사정계 : 정장석, 석고, 각섬석
- 삼사정계 : 남정석, 사장석, 부석

17 흰색 색소 및 섬유, 제지, 유리 등의 제조에 사용되는 티탄(Ti)의 광석광물은?

① 섬아연석
② 금홍석
③ 휘안석
④ 진사

정답 ②

해설
- 황화광물 : 섬아연석(ZnS), 휘안석(SbS_3), 진사(HgS)
- 티탄광물 : 금홍석(TiO_2)

18 접촉변성암에 속하지 않는 것은?

① 혼펠스
② 대리암
③ 천매암
④ 규암

정답 ③

해설

기존 암석		변성암	변성 작용
퇴적암	셰일	혼펠스	접촉 변성
		슬레이트→천매암→편암→편마암	광역 변성
	사암	규암	접촉 변성
	석회암	대리암	접촉 변성
화성암	현무암	녹색 편암→편마암	광역 변성
	감람암	사문암	접촉 변성

19 퇴적암의 특징과 관계 없는 것은?

① 층리　　② 화석
③ 연흔　　④ 편리

정답 ④

해설
- 퇴적암의 특징 : 층리, 사층리, 퇴적소극, 물결자국(연흔), 건열, 화석 등
- 변성암의 특징 : 벽개, 엽리, 편리, 편마구조, 선구조 등

20 화성쇄설암에 속하는 퇴적암은?

① 셰일　　② 석회암
③ 응회암　　④ 암염

정답 ③

해설

분류	퇴적암
쇄설성 퇴적암	역암, 사암, 셰일
	응회암, 집괴암
화학적 퇴적암	암염, 석고, 석회암, 고회암, 처트
유기적 퇴적암	석회암, 처트, 규조토, 석탄

21 심성암으로만 되어 있는 화성암은?

① 안산암, 반려암
② 화강암, 섬록암
③ 유문암, 현무암
④ 현무암, 화강암

정답 ②

해설

화산암	현무암	안산암	유문암
반심성암	휘록암	섬록반암	화강반암
심성암	반려암	섬록암	화강암

22 육안으로 암석을 관찰할 때 변성암에서 관찰할 수 있는 조직 또는 구조는?

① 편마구조　　② 반상구조
③ 사층리　　④ 입상구조

정답 ①

해설
- 편마구조 : 변성암에서 나타나는 두께 0.3cm 이상의 무색과 유색광물이 번갈아 줄무늬를 이루는 엽리
- 반상조직 : 화성암이 큰 결정들과 그 사이를 메우는 작은 결정 또는 유리질로 되어 있는 것
- 입상조직(현정질조직) : 화성암 광물 알갱이가 육안으로 구분되는 것
- 사층리 : 퇴적암 중 바람이나 물이 한 방향으로 유동하는 곳에 모래나 마사로 된 지층이 평행하지 않게 쌓인 층리

23 화산암에서 마그마가 유동하면서 굳어진 구조는?

① 구상구조　　② 행인상구조
③ 층상구조　　④ 유상구조

정답 ④

해설
- 구상 구조 : 광물이 어떤 점을 중심으로 동심구를 이룬 것
- 행인상 구조 : 기공에 다른광물이 채워진 것
- 층상 구조 : 퇴적물이 평행하게 쌓여 만들어진 구조
- 유상 구조 : 화산암에서 마그마가 유동하여 굳어질 때 생성되는 평행구조

24 중생대에 해당되지 않는 것은?

① 백악기
② 쥐라기
③ 트라이아스기
④ 페름기

정답 ④

해설
- 중생대 : 트라이아스기 – 쥐라기 – 백악기
- 고생대 : 캄브리아기 – 오르도비스기 – 실루리아기 – 데본기 – 석탄기 – 페름기

25 성인에 의한 호수의 분류에서 백두산 천지는 어디에 속하는가?

① 화구호 ② 침식호
③ 폐색호 ④ 잔적호

정답 ①

해설
- 구조호 : 습곡, 단층, 지진 등 지각 운동으로 만들어진 것
- 폐색호 : 하천이 사태, 화산분출물, 빙하퇴적물, 사구로 인해 가로막혀서 된 것
- 침식호 : 얼음이 바람의 침식작용으로 만들어진 것
- 잔적호 : 해호 – 바다의 일부가 만들어짐
- 우각호 – 곡류하는 강줄기 일부가 떨어져 변한 것
- 화구호 : 화산 폭발로 생긴 화구에 빗물이 고여 만들어진 것
- 칼데라호 : 대형 화구인 칼데라에 빗물이 고여 만들어진 것

26 지하수 조사에 가장 널리 이용되는 검층 법은?

① 자력검층 ② 음파검층
③ 전기검층 ④ 공경검층

정답 ③

해설
- 자력 검층 : 자철석, 티탄철석, 크롬철석 등 자성 광물 탐사
- 전기 검층
  - 자연전위탐사 : 비철금속자원
  - 전기비저항탐사 : 지하수, 토목지반조사
  - 유도분극법 : 비철중금속, 점토 탐사
- 공경 검층 : 시추에 의해 뚫은 구멍의 지름을 검사하는 것으로 굴착공의 크기에 따라 움직이는 스프링에 의해 확인

27 공극률이 가장 높은 지층은?

① 사암층 ② 화강암층
③ 점토층 ④ 셰일층

정답 ③

해설 공극률(%) = $\dfrac{\text{물의 부피}}{\text{전체 부피}} \times 100$

공극률이 높다는 것은 공간에 물이 많이 들어 있다는 의미이므로 암석의 공극률은 낮고 점토의 공극률이 가장 높다.

28 광물 결정의 3요소란?

① 결정면, 대칭면, 결정축
② 결정면, 대칭축, 우각
③ 결정면, 능, 우각
④ 결정면, 결정축, 능

정답 ③

해설 Euler 법칙 : 결정에서 면 수와 꼭지점 수의 합은 모서리 수와 2의 합과 같다.
$f + s = e + 2$
f(면) : 다면체를 만드는 평면
s(꼭지점,우각) : 3개이상의 면이 만나는 곳
e(모서리,능) : 2개이상의 면이 만나 생성됨
결정의 3요소 : 면, 우각, 능

29 마그마를 근원으로 이루어진 화성광상에 속하지 않는 것은?

① 정마그마광상
② 기성광상
③ 증발광상
④ 페그마타이트광상

> 정답 ③

> 해설 광상이란 유용한 광물 자원이 한 곳에 집중적으로 모인 것이다.
> - 화성 광상 : 정마그마 광상, 페그마타이트 광상, 접촉 교대 광상, 열수 광상
> - 퇴적 광상 : 표사 광상, 풍화 잔류 광상, 침전 광상(성층 광상)
> - 변성 광상 : 철 광상, 토상 흑연, 인상 흑연, 무연탄층

30 평안계 지층에서 석탄을 탑재한 지층은?

① 녹암통　　② 고빙산통
③ 사동통　　④ 홍점통

> 정답 ③

> 해설 지질 시대와 한국 지질 계통

대	기	통	계
고생대	페름기	사동통	평안계 (무연탄, 흑연, 석탄 협재)
	석탄기	홍점층	
	실루리아기	회동리층	
	오르도비스기	대석회암통	
	캄브리아기	양덕통	조선계(석회석 협재)

31 석유가 한 곳에 모여 채유할 만큼 집중되려면 몇 가지 조건이 갖추어져야 한다. 이 중 틀린 것은?

① 석유를 만드는 근원암이 있어야 한다.
② 다공질인 저류암이 부근에 있어야 한다.
③ 석유가 한 곳에 모일 수 있는 지질 구조를 가져야 한다.
④ 투수층이 함유층 위에 덮여 있어야 한다.

> 정답 ④

> 해설 석유광상의 생성 조건은 먼저 근원암이 있어야 하고 석유가 저장되는 저류암과 빠져 나가지 못하게 하는 덮개암이 부근에 있어야 하며 석유가 모일 수 있는 지질구조여야 한다. 투수층(물)은 함유층(기름) 보다 비중이 크므로 아래에 있다.

32 단층면의 주향과 지층의 주향이 서로 45도 정도로 교차하는 단층은?

① 힌지단층
② 사교단층
③ 회전단층
④ 주향이동단층

> 정답 ②

> 해설 단층 구조란 지각에 횡압력, 인장력, 중력이 작용하여 생긴 틈을 경계로 양쪽 지괴가 이동하여 어긋난 구조이다.
> - 정단층 : 인장력 때문에 상반이 하강한 것
> - 역단층 : 횡압력 때문에 상반이 상승한 것
> - 수직단층 : 상하반 구분이 없이 수직으로 이동한 것
> - 주향이동단층 : 양쪽 지괴가 수평으로만 이동한 것
> - 주향단층 : 단층의 주향이 지층의 주향에 거의 평행한 것
> - 사교단층 : 지층의 주향과 45° 내외로 교차하는 것
> - hinge단층(경첩단층) : 단층의 실이동이 단층의 연장상에서 동일하지 않는 것
> - 회전단층 : 한 점을 중심으로 회전
> - 계단단층 : 몇 개의 단층이 거의 평행하게 발달되어 여러 지괴를 순차로 계단상으로 떨어지게 한 것

33 습곡구조에서 배사와 향사 사이의 기울어진 부분은 무엇인가?

① 윙　　② 배사
③ 향사　　④ 관

> 정답 ①

해설
- 날개(wing, limb) : 배사와 향사 사이의 기울어진 부분
- 정부(apex) : 배사에서 두 날개가 마주치는 곳
- 배사(anticline) : 습곡이 위로 향해 구부러진 것
- 향사(syncline) : 습곡이 아래로 향해 구부러진 것
- 저부 : 향사에서 두 날개가 마주치는 곳
- 관(crest) : 배사에서 축면이 기울어져 있을 때 정부 외에 가장 고도가 높은 곳

34 리아스식 해안은 어떤 운동에 의해 형성된 것인가?

① 육지의 침강 ② 육지의 융기
③ 습곡운동   ④ 화산작용

정답 ①

해설
- 지각 융기의 증거 – 융기 해변, 단구 해안, 심성암과 변성암의 노출 등
- 지각 침강의 증거 – 리아스식 해안 : 굴곡 많음, 서해안과 남해안

35 우라늄 광물의 탐사에 가장 효과적인 탐사 방법은?

① 전기탐사   ② 전자탐사
③ 방사능탐사 ④ 탄성파탐사

정답 ③

해설 라돈(Rn), 우라늄(U), 토륨(Th) 등은 방사능 원소이므로 가이거 계수기와 신틸레이션 계수기 등의 방사능 탐광법을 사용한다.

36 RQD(Rock Quality Designation)에 대한 설명이 틀린 것은?

① RQD는 암질을 나타내는 지수이다.
② 암반의 시추조사에서 회수된 코아 중 5cm 이상인 코아 길이의 합을 굴진 길이에 대한 백분율로 나타낸다.
③ 풍화가 심한 암반일수록 값은 작다.
④ 절리와 같은 역학적 결함이 적고 강도가 큰 암반일수록 값은 크다.

정답 ②

해설 RQD(Rock Quality Designation, 암질 지수)는 가장 널리 사용되는 암반의 정량적 평가 지수로서 길이가 10cm 이상인 코어들의 길이의 합을 총 시추 길이에 대한 비율로 나타낸 값이며 25% 미만이면 암질은 매우 불량(very poor), 90% 이상이면 매우 양호(excellent)한 암질임.

37 유도분극탐사에서 사용되는 전극은 전류전극 및 전위전극을 포함하여 몇 개인가?

① 2   ② 4
③ 6   ④ 8

정답 ②

해설 유도분극(Induced Polarization)탐사는 유도분극 현상을 이용하여 다른 방법으로는 찾을 수 없는 심부의 저품위 광상도 탐사할 수 있는 비철금속자원탐사법이다. 유도분극현상(과전위효과)이란 전류를 갑자기 끊거나 전위차가 천천히 감소하거나 상승하는 것으로 지하에 비철금속 광물의 광체나 점토층이 존재할 때 관측할 수 있다.
전류 전극 2개, 전위 전극 2개를 아래 그림과 같이 배열한다.

유도분극탐사 전극 배열

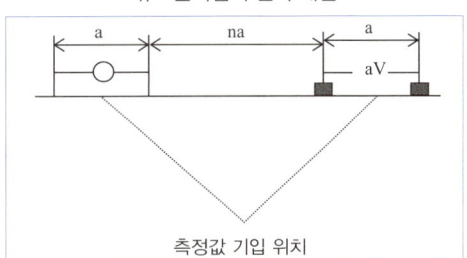

38 SiO2 함유량이 52~66% 사이의 화성암은?

① 산성암 ② 초염기성암
③ 중성암 ④ 염기성암

정답 ③

해설

초염기성암 | 염기성암 | 중성암 | 산성암 → SiO$_2$(%)
　　　　　45　　　　52　　　66

39 포화된 암석으로부터 중력으로 인해 배수되는 물체적의 비율은?

① 공극률 ② 투수율
③ 비보유율 ④ 비산출률

정답 ④

해설

$$공극률(\%) = \frac{물의\ 부피}{전체\ 부피} \times 100$$

$$투수율(\%) = \frac{통과된\ 물의\ 양}{넣은\ 물의\ 양} \times 100$$

$$비보유율(\%) = \frac{배출\ 후\ 남은\ 물의\ 부피}{전체\ 부피} \times 100$$

$$비산출율(\%) = \frac{배출된\ 물의\ 부피}{전체\ 부피} \times 100$$

40 1gal은 몇 mgal 에 해당하는가?

① 1000 ② 100
③ 10 ④ 0.1

정답 ①

해설 중력 탐사의 기초 원리는 뉴턴의 만유 인력법칙이다. 물체 사이에 서로 끌어당기는 힘 즉, 만유인력의 세기는 떨어진 거리가 멀수록, 질량(밀도)이 작을수록 작아진다. 중력의 단위는 다음과 같다.

- SI 단위 : 1μm/s2 = 1gu(gravity unit)
- cgs 단위 : 1gal = 1cm/s2 =1,000mgal
  두 단위 간 서로 변환하면 1mgal = 10gu

41 메탈 비트와 비교하여 다이아몬드 비트의 장점에 대한 설명으로 틀린 것은?

① 경암 및 극경암의 굴착이 용이하다.
② 슬러지의 생성량이 많다.
③ 코어 채취율이 양호하다.
④ 비트 수명이 길어 굴착능률이 양호 하다.

정답 ②

해설 메탈비트에 비해 다이아몬드 비트의 장점은 다음과 같다.
- 규암, 규질사암 등의 극경암 굴착이 쉽다.
- 굴착률이 높다.
- 코어 채취율이 높음
- 슬러지가 적어 암석의 균열을 시멘팅할 경우에 많이 사용된다.
- 굳은 암석에서 비트 개당 굴착이 10-100배에 달하므로 비트 교체가 적어 시간당 굴착 능률이 높다.

42 고생대 지층위에 신생대 지층이 퇴적되어 있다면 두 지층 사이의 관계는?

① 정합 ② 단층
③ 관입 ④ 부정합

정답 ④

해설 고생대 지층위에 중생대, 신생대가 차례로 퇴적 되었다면 정합이고 지각변동으로 인해 순서가 뒤바뀌거나 생략된 것은 부정합이다.

43 풍화에 약한 광물부터 강한 광물의 순서가 맞게 나열된 것은?

① 석영→사장석→흑운모→정장석→감람석
② 흑운모→정장석→감람석→석영→사장석
③ 감람석→사장석→흑운모→정장석→석영
④ 사장석→흑운모→석영→감람석→정장석

정답 ③

해설 마그마에서 광물이 생성되는 과정 중 고온에서 고결 생성되는 것은 감람석이고 저온에서 생성되는 것은 석영이며 화학적 풍화에 대한 저항 강도와 안정성은 석영으로 갈수록 점차 크다.
감람석→휘석→각섬석→흑운모→정장석→백운모→석영

44 지하수의 개발 및 이용 중 폐공 발생의 원인으로 틀린 것은?

① 채수량 부족
② 수질 악화
③ 우물시공 불량
④ 수중펌프의 교체

정답 ④

해설 폐공이란 이용할 계획이 없고 오염방지시설 없이 방치되어 있는 우물이나 지반에 굴착된 모든 구멍이다. 폐공의 발생원인은 채수량 부족, 수질 부적합, 시공 불량, 지하수 개발과 사용 도중의 과다한 양수로 인해 대수층 붕괴, 스크린과 케이싱의 부식, 지하수 오염, 우물 함몰 등이다.

45 지하수 오염에 영향을 미치는 잠재오염원 중 정오염원이 아닌 것은?

① 정화조 ② 지하저장탱크
③ 매립지 ④ 산성비

정답 ④

해설
• 정오염원 : 오염원이 지하수에 직접적으로 영향을 주는 것
(예) 매립장, 폐기물처리장, 저장시설, 시공 불량 우물
• 비정오염원 : 오염원이 다른 물질과 먼저 섞인 후 2차적(간접적)으로 지하수에 영향을 주는 것
(예) 산성비, 농약 살포 농경지, 방사능 물질 낙진

46 지하수에 소량 존재하며 이 성분이 다량 함유된 지하수를 유아기의 아이들이 장기간 복용하면 치아결핍현상을 일으키는 물질은?

① 질소 ② 불소
③ 염소 ④ 비소

정답 ②

해설 플루오르(불소, F) 함량이 과다한 물을 섭취하면 반상치가 생기고 부족한 물을 섭취하면 충치가 발생한다.

47 흙의 투수계수를 측정하는 방법 중 실내 시험방법은?

① 양수시험
② 압밀시험
③ 변수위투수시험
④ 수압파쇄시험

정답 ③

해설 투수계수 측정법 중 양수시험은 현장법이고 압밀 시험은 공식에 의한 계산법이다. 실내에서 투수계에 의해 직접 측정하는 방법은 정수위법과 변수위법이다.

48 우물에서 적정양수량을 결정하기 위한 양수시험이 아닌 것은?

① 단계양수   ② 대수층시험
③ 군정시험   ④ 트레이서시험

정답 ④
해설 우물의 적정 양수량을 결정하기 위한 양수시험에는 단계양수시험, 대수층시험, 군정시험, 장기양수시험 등이 있고 tracer법은 지하수 유속을 측정하여 이동과 누수를 조사하는 것이다.

49 동상 현상에 대헌 설명으로 틀린 것은?

① 토중수가 동결하여 지반의 체적이 팽창하여 부풀어 오르는 현상
② 동상은 모관상승높이가 작은 사질토나 투수성이 작은 점토에서는 비교적 작다.
③ 동상은 봄철이 되어서 지반의 해빙이 시작되면 도로를 파괴하는 등의 문제를 야기한다.
④ 동상방지대책으로 지하수면을 높게 한다.

정답 ④
해설 물이 얼면 부피가 증가하므로 지하수면을 낮게 해주면 동상에 따른 피해를 예방할 수 있다.

50 지하수 처리공법 중 지수공법에 해당되는 것은?

① 진공배수공법   ② 주입공법
③ 디프 웰 공법   ④ 웰포인트공법

정답 ②
해설 지하수위 저하공법은 건축물이나 토목공사를 위해 지하수를 많이 퍼 올려 수위를 낮추는 공법으로 지수법과 배수법이 있다. 지수법에는 주입공법과 지수벽공법이 있고 시멘트액, 모르타르액 등을 주입하여 용수의 유출을 막는다. 배수법에는 진공배수공법, 웰포인트(well point)공법, 딥웰(deep well)공법 등이 있다.

51 지하수로부터 용출되는 몇 ℃ 이상의 온도를 온천이라고 하는가?

① 25℃   ② 20℃
③ 15℃   ④ 10℃

정답 ①
해설

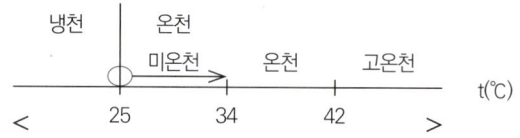

52 펌프의 효율에 영향을 미치는 요인이 아닌 것은?

① 펌프의 압력
② 펌프의 토출량
③ 펌프의 회전수
④ 이수의 양

정답 ④
해설 물을 낮은 곳에서 높은 곳으로 끌어 올리는데 사용하는 펌프의 효율은 펌프 압력, 회전수, 토출량으로 결정된다.

$$\eta = \frac{Pw}{P} \times 100 (펌프효율 = \frac{축동력}{이론동력} \times 100)$$

PW=γQHt(축동력 = 물의밀도×송출량×총양정)

53 용기 무게가 10g, 이수 넣었을 때 용기 무게가 17g, 청수를 넣었을 때 용기 무게가 15g이면 이수의 비중은?

① 1.0 ② 1.2
③ 1.4 ④ 1.6

정답 ③

해설
이수 비중 = $\dfrac{\text{이수 무게}}{\text{청수 무게}} = \dfrac{17-10}{15-10} = 1.4$

54 화성암의 화학성분의 변화에 대한 설명이 맞는 것은?

① SiO_2 양의 증가에 따라 Na_2O+K_2O의 양이 증가한다.
② SiO_2 양의 증가에 따라 Na_2O+K_2O의 양이 감소한다.
③ SiO_2 양의 증가에 따라 CaO의 양이 증가된다.
④ SiO_2 양의 변화와 Na_2O+K_2O, CaO 양의 변화는 상관관계를 보이지 않는다.

정답 ①

해설 마그마에서 광물은 불연속 반응 계열과 연속 반응 계열을 따라 생성되는데 고온에서 생성되는 감람석은 $FeO+Fe_2O_3$, CaO, MgO 성분의 함량은 크고 Na_2O, K_2O, SiO_2 함량은 적어 어두운 색을 띠며 정장석, 석영으로 갈수록 $FeO+Fe_2O_3$, CaO, MgO 성분의 함량은 줄어들고 Na_2O, K_2O, SiO_2 함량이 증가하여 밝은 색을 띤다.

55 암석 내에 가늘고 긴 광물이나 자갈들이 한 방향으로 나란히 늘어서서 만들어지는 구조는?

① 선구조 ② 반상구조
③ 구상구조 ④ 다공질구조

정답 ①

해설
• 선 구조 : 변성암이 바늘모양(침상)이나 기둥모양(주상) 결정으로 평행 배열된 구조
• 반상 구조 : 화성암에서 큰 결정(반정)과 그 사이를 작은 결정 또는 유리질로 메워짐
• 구상 구조 : 화성암에서 광물이 어떤 점을 중심으로 동심구를 이룬 것
• 다공질 구조 : 용암 속에 있던 기체가 빠져 나가다 용암이 굳을 때 잡혀서 화산암 속에 남게 된 구멍이 많은 구조

56 방사능 검층법에 속하지 않는 것은?

① 중성자검층 ② 밀도검층
③ 자연감마선검층 ④ 자연전위검층

정답 ④

해설
• 방사능 검층법 : 중성자검층, 밀도검층, 자연감마선검층
• 전기 검층법 : 자연전위검층, 전기비저항검층, 유도분극법

57 화성암이나 퇴적암이 지각변동에 의해 압력이나 열을 받게 되면 암석이 가지고 있던 원래의 광물 조성과 조직이 변한다. 이러한 작용은?

① 교대작용 ② 변성작용
③ 퇴적작용 ④ 분출작용

정답 ②

해설
• 교대작용 : 광물 속의 액체나 기체가 분리되어 광물의 화학 성분을 조금씩 녹여 주위의 다른 암석에 그 성분을 공급하여 변성시키는 것

- 변성작용 : 화성암이나 퇴적암이 생성 당시의 온도, 압력과 다른 환경에서 새로운 조직이나 광물 조성을 가지게 되는 것
- 퇴적작용 : 오래된 것부터 차례대로 퇴적물이 쌓이는 것

58 지구화학적 환경 중 1차 환경에 대한 설명으로 틀린 것은?

① 지표 부근의 환경을 말한다.
② 화성활동이나 변성작용이 일어난다.
③ 온도와 압력이 높다.
④ 유체의 이동이 제한을 받는다.

정답 ①

해설 지구 화학적 환경
- 1차 환경 : 지하 심부, 화성활동, 변성작용, 고온, 고압, 저산소, 유체 이동 곤란
- 2차 환경 : 지표, 풍화작용, 퇴적작용, 저온, 저압, 산소와 이산화탄소 다량, 유체 이동 자유로움

59 충격식 시추법에 해당되는 것은?

① 엠파이어 시추
② 메탈비트 시추
③ 다이아몬드비트 시추
④ 쇼트볼 시추

정답 ①

해설 회전식 시추는 로드 또는 코어 배럴에 접속한 비트에 적당한 압력과 회전력을 가함으로써 원형 구멍을 굴착하는 방법이다.
충격식 시추는 와이어로프 또는 로드 끝에 있는 비트의 충격에 의해 지층의 암반을 파쇄 한 다음 충격을 가할 때마다 조금씩 비트의 각도를 회전시켜 원형의 구멍을 뚫는 것으로 엠파이어, 로드, 로우프 시추가 대표적인 충격식 시추법이다.

60 경제적으로 개발할 수 있는 정도의 다량의 지하수를 포함하고 있는 암석 및 지층을 무엇이라 하는가?

① 대수층   ② 지하수면
③ 불투수층   ④ 모관대

정답 ①

해설
- 대 수 층 : 지하수와 공기가 함께 존재하는 다공질 지층
- 지하수면 : 포화대의 상부면
- 불투수층 : 지하수가 통과하지 못하는 층
- 모세관대 : 통기대의 가장 아래 부분

시추기능사 2009 기출문제

* 답안카드 작성시 시험문제지 형별누락, 마킹착오로 인한 불이익은 전적으로 수험자의 귀책사유임을 알려드립니다.

01 두 윙(wing)의 기울기가 서로 대칭을 이루지 않으며 습곡축면이 기울어져 있는 습곡은?

① 정습곡　　② 경사습곡
③ 등사습곡　④ 횡와습곡

정답 ②

해설 습곡은 지층이 수평으로 퇴적된 후 횡압력을 받아 구부러진 것이다.
- 정습곡 : 습곡 축면이 수직이고 양쪽 날개가 서로 대칭인 것
- 경사습곡 : 습곡 축면이 한쪽으로 기울어져 있고 날개가 비대칭임
- 등사습곡 : 습곡 축면과 날개의 경사각과 경사방향이 모두 같음
- 횡와습곡 : 습곡 축면와 날개가 거의 수평을 이룸

02 화성광상에 해당하지 않는 것은?

① 정마그마광상
② 기성광상
③ 풍화잔류광상
④ 페그마타이트광상

정답 ③

해설 광상이란 유용한 광물 자원이 한 곳에 집중적으로 모인 것이다.
- 화성 광상 : 정마그마 광상, 페그마타이트 광상, 접촉교대 광상, 열수 광상
- 퇴적 광상 : 표사 광상, 풍화 잔류 광상, 침전 광상(성층 광상)
- 변성 광상 : 철 광상, 토상 흑연, 인상 흑연, 무연탄층

03 공벽보호관(casing pipe)의 기능에 대한 설명으로 틀린 것은?

① 시추공의 유지 및 시추공벽의 붕괴 방지
② 지하수 유입 방지
③ 시추공벽에 여과막 형성
④ 일정한 시추공경 유지

정답 ③

해설 공벽 보호관(casing pipe)은 시추공 벽을 보호하고 시추공경을 일정하게 유지하며 공벽과 로드의 마찰 저항을 감소하고 로드의 절단 사고시 복구가 쉬우며 유수를 차단할 수 있기 때문에 시추공 굴진 중 붕괴성 연약 지층, 다량의 출수나 일수층, 압출 등으로 인해 작업하기 어려운 지층에 사용한다.

04 바라이트는 이수에서 어떤 역할을 하는 첨가제인가?

① 점성 증가제　② 비중 증가제
③ 탈수제　　　④ 분산제

정답 ②

해설 〈조니 조정제의 종류〉
- 이수 주재료 : 물, 벤토나이트
- 점성 증가제 : CMC, C-clay
- 가중제 : 바라이트
- 분산제 : telrite B, telrite FCL, lignate
- 윤활제 : 머드 오일
- pH조절제 : 수산화나트륨, 수산화칼슘

- 소포제 : 스테아르산알루미늄
- 일수일니방지제 : 건초, 대팻밥, 솜, 운모
- 탈수감소, 공벽강화제 : AS-tex

05 공곡 측정기로 측정할 수 없는 것은?

① 공저 위치 ② 방위
③ 각도 ④ 온도

정답 ④

해설 공곡은 시추공이 직선을 유지 못하고 곡선으로 휘는 현상이며 공곡 측정기로는 공저 위치, 방위, 각도 등을 측정할 수 있고 온도는 온도계로 측정한다.

06 공곡의 원인에 대한 설명으로 틀린 것은?

① 기계 설치가 불량할 때
② 비트에 무리한 압력이 가해졌을 때
③ 케이싱을 삽입하고 굴착규격을 바꾸었을 때
④ 암석의 변화가 심하고 암석 절리의 경사가 심할 때

정답 ③

해설 시추공이 직선을 유지 못하고 곡선으로 휘는 공곡이 발생하는 이유는 기계 설치가 불량하거나 무리한 압력이 비트에 가해졌거나 암석의 변화가 심하고 절리의 경사가 심하기 때문이며 케이싱을 삽입한 후 굴착하면 방지할 수 있다.

07 마그마나 용암이 냉각되는 도중 수축되어 생기는 것으로 현무암질 용암류와 같은 분출암이나 관입암에 발달하는 기둥 모양으로 평행한 절리는?

① 판상절리 ② 신장절리
③ 주상절리 ④ 장력절리

정답 ③

해설 절리는 화성암이 풍화작용과 지각변동에 의해 틈이 생기는 것이다.
- 주상절리 - 육각기둥 모양 - 현무암
- 판상절리 - 판 모양 - 안산암
- 방상절리 - 육면체 모양 - 화강암
- 신장절리 - 횡압력을 받아 습곡이 형성될 때 응력 때문에 생성
- 전단절리 - 횡압력에 의한 전단력으로 2개의 교차 방향에 생성

08 베인 펌프의 특징에 대한 설명으로 틀린 것은?

① 베인의 마모에 의한 압력저하가 발생되지 않는다.
② 작동유의 점도에 제한이 없다.
③ 비교적 고장이 적고 수리 및 관리가 용이하다.
④ 수명이 길고 장시간 안정된 성능을 발휘할 수 있다.

정답 ②

해설 베인 펌프(vein pump)는 베인의 마모에 의한 압력저하가 없으며 고장이 적고 수리와 관리가 쉬우며 안정된 성능을 장기간 발휘하나 작동유의 점도에 따라 제한이 있다.

09 부정합면이 발견되지 않고 성층면으로 대표되나 그 사이에 큰 결층(break)이 있는 부정합은?

① 비정합 ② 준정합
③ 평행부정합 ④ 난정합

정답 ②

해설 부정합은 두께가 없는 면이나 지질학적으로 긴 시간을 내포하며 난정합, 경사(사교)부정합, 평행부정합(비정합), 준정합 등으로 구분한다.

- 난정합 : 부정합면 아래에 심성암, 변성암과 같은 결정질이 존재하는 경우
- 경사(사교)부정합 : 부정합면 아래에 습곡산맥으로 변한 고지층이 있는 경우
- 평행부정합(비정합) : 부정합 위, 아래 지층이 평행한 경우
- 준정합 : 성층면 사이에 큰 결층(berak)이 있는 경우

10 지시원소 Hg(수은)와 깊은 관계가 있는 광상은?

① Sn-W-Mo광상　② Pb-Zn-Ag
③ Au-Ag　　　　④ Cu-Pb-Zn

정답 ②

해설 지시원소란 지구화학탐사에서 암석, 토양, 식물 등의 시료를 분석하여 검출되는 미량원소로서 대상 광상과 지질학적 관련이 있어 시료 아래 지하의 광상을 추정할 수 있다. 화학분석이 쉽고 분석비가 저렴해야하며 이동도가 커야 한다.

지시원소	광상
Zn(아연), Cu(구리)	Cu-Pb-Zn 광상
Zn(아연)	Ag-Pb-Zn 광상
Hg(수은)	Pb-Zn-Ag 광상
SO4(황산화물)	황화물 광상
As(비소)	Au-Ag 광상
B(붕소)	Sn-W-Be-Mo 광상
Rn(라돈)	U광상
Mo(몰리브덴)	반암구리 광상

11 미량원소 플루오린(F)의 함량이 800ppm인 화강암 표준시료를 실험실에서 2회에 걸쳐 분석한 결과 플루오린의 함량이 780ppm 및 760ppm 이었다. 정확도는 얼마인가?

① 78.25%　② 82.30%
③ 96.25%　④ 99.85%

정답 ③

해설 정확도(%) = $\dfrac{\text{실험평균값}}{\text{표준값}} \times 100$

$= \dfrac{(780 + 760)/2}{800} \times 100 = 96.25$

12 축척 1/50,000인 지형도 상에서 1cm 거리는 실제 거리로 얼마인가?

① 5m　　② 50m
③ 500m　④ 5,000m

정답 ③

해설 $1cm \times 50,000 \times \dfrac{1m}{100cm} = 500m$

13 광상 탐사할 때 가장 먼저 해야 할 작업은?

① 지표조사　② 시추조사
③ 수질조사　④ 물리탐사

정답 ①

해설 먼저 지질조사를 하여 지질도를 작성하고 지구화학탐사 혹은 지구물리탐사를 하여 유용광물의 위치를 파악한 후 시추를 하여 채광한다. 수질조사는 지하수 조사 항목이다.

14 굴절법칙이라고도 하며 굴절법 탄성파 탐사에서 활용되는 가장 기본적인 법칙은?

① 줄 법칙　② 스넬 법칙
③ 후크 법칙　④ 옴 법칙

정답 ②

해설 Snell 법칙은 빛의 굴절에 대한 것으로 탄성파 탐사에서 기본적인 법칙이며 다음과 같은 식이 성립한다.

$\sin\alpha = \dfrac{n_1}{n_2} = \dfrac{V_1}{V_2}$

여기서, α : 굴절각, n : 굴절률, V : 전파속도이다.

탄성파 전파 속도가 큰 층일수록 굴절률이 증가함

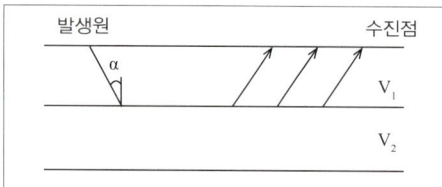

$\sin\alpha = \dfrac{n_1}{n_2} = \dfrac{V_1}{V_2}$

α : 굴절각
n1 : 매질1층의 굴절률
n2 : 매질2층의 굴절률
V1 : 매질1층의 탄성파 속도
V2 : 매질2층의 탄성파 속도

$\sin 30° = \dfrac{1}{2}$ $\sin 45° = \dfrac{\sqrt{2}}{2}$

$\sin 60° = \dfrac{\sqrt{3}}{2}$ $\sin 90° = 1$

15 우물을 설계할 때 포함되어야 할 사항이 아닌 것은?

① 우물의 넓이(지름)
② 우물의 심도
③ 우물의 고도
④ 스크린 재질

정답 ③

해설 우물 설계 사항은 개발 목적, 예상 취수량, 굴착 구경, 심도, 케이싱 재질, 스크린 선택, 충전 자갈 등이다.

16 시추 작업 시 로드(rod)의 상단에 접속하여 공저로 물을 보내는 기능을 가지는 기구로서 로드의 회전력과 펌프의 압력에 잘 견디는 구조로 제작되어야 하는 것은?

① 워터 스위벨   ② 케이싱 파이프
③ 로드 스피어   ④ 코어 튜브

정답 ①

해설
- 워터 스위벨(water swivel) : 로드의 상단에 접속하여 공저로 송수하는 기구이다.
- 공벽 보호관(casing pipe) : 시추공 벽을 보호하고 시추공경을 일정하게 유지하며 공벽과 로드의 마찰 저항을 감소하고 로드의 절단 사고시 복구가 쉬우며 유수를 차단하는 것이다.
- 로드 스피어(rod spear) : 송곳 모양의 봉으로 로드가 공내에 잔류할 때 안지름에 세게 밀어 넣어 밀착시켜 인양한다.
- 코어 튜브(코어 배럴, core barrel) : 코어를 채취하는 기구로서 Single core barrel, Double core barrel, Wire line core barrel 등이 있다.

17 전기비저항탐사에서 전극의 배치를 웨너배열로 하여 전극의 간격을 30m, 전류 3A, 측정된 전위차는 200mV 이었다. 겉보기 비저항은?

① 12.56Ω-m   ② 125.6Ω-m
③ 1256Ω-m   ④ 12560Ω-m

정답 ①

해설 4극법 원리(Wenner법)에 의해 겉보기 저항은 다음과 같이 구할 수 있다.

$\rho = 2\pi\alpha\dfrac{V}{I} = 2\pi \times 30m \times \dfrac{0.2V}{3A} = 12.56(\Omega-m)$

18 중력탐사는 암석의 어떤 물리적 성질을 이용하는가?

① 자성   ② 탄성
③ 밀도   ④ 함수율

정답 ③

해설 중력 탐사의 기초 원리는 뉴턴의 만유 인력법칙이다. 물체 사이에서 서로 끌어당기는 힘, 만유인력의 세기는 떨어진 거리가 멀수록, 질량(밀도)이 작을수록 작아진다.

중력의 단위는 다음과 같다.
SI 단위 : 1μm/s2 = 1gu(gravity unit)
cgs 단위 : 1gal = 1cm/s2 =1,000mgal
두 단위 간 서로 변환하면 1mgal = 10gu

19 중력탐사에서 실시하는 보정작업 중 기준면과 측정 사이에 있는 물질의 인력에 의한 중력의 차이를 보정하여 주는 것은?

① 후리에어 보정 ② 위도 보정
③ 부게 보정 ④ 지형 보정

정답 ③
해설 중력은 고도, 지형, 밀도에 따라 달라지기 때문에 고도, 지형, 부우게 보정을 해야 한다. 지각이 두꺼운 곳은 부우게 이상이 음수가 되고 얇은 곳은 양수가 되므로 보정해야 한다.

20 토륨(Th)은 어떤 검층법을 이용해서 검층하는가?

① 온도 검층법 ② 방사능 검층법
③ 음파 검층법 ④ 비저항 검층법

정답 ②
해설 라돈(Rn), 우라늄(U), 토륨(Th) 등은 방사능 원소이므로 가이거 계수기와 신틸레이션 계수기 등의 방사능 탐광법을 사용한다.

21 암석, 토양, 표사, 자연수, 식물 등을 채취하여 이들에 함유된 한 가지 이상의 원소들을 체계적으로 측정함으로써 지하에 존재하는 광상을 탐사하는 방법은?

① 지구화학탐사법 ② 방사능탐사법
③ 탄성파탐사법 ④ 중력탐사법

정답 ①
해설 지구 화학 탐사는 암석, 토양, 퇴적물, 자연수, 식물 등 자연 물질을 화학 분석하여 지하에 있는 광상을 탐사하는 것이다.
지구 물리 탐사는 파괴 없이 지표에서 계측기를 사용하여 지하 구조를 해석하는 방법으로 중력, 자력, 전기, 전자, 탄성파, 방사능 탐사 등이 있다.

22 스카른 광물에 해당하는 것은?

① 녹니석 ② 석류석
③ 정장석 ④ 백운모

정답 ②
해설 기성광상에서 석회암이나 염기성 화성암에 화강암이 관입하면 접촉대에서 교대작용이 일어나 석류석, 투휘석, 규회석, 전기석과 같은 여러 열변성광물 집합체인 스카른(skarn)광물이 만들어진다.

23 퇴적암의 특징적인 구조에 해당되는 않는 것은?

① 층리 ② 건열
③ 엽리 ④ 연흔

정답 ③
해설
- 퇴적암의 특징 : 층리, 사층리, 퇴적소극, 물결자국(연흔), 건열, 화석 등
- 변성암의 특징 : 벽개, 엽리, 편리, 편마구조, 선구조 등

24 모스 경도계에서 굳기가 5에 해당되는 광물은?

① 정장석 ② 인회석
③ 형석 ④ 방해석

정답 ②

해설

모오스 경도	1	2	3	4	5	6	7	8	9	10
광물	활석	석영	방해석	형석	인회석	정장석	석영	황옥	강옥	금강석

해설

화산암	현무암	안산암	유문암
반심성암	휘록암	섬록반암	화강반암
심성암	반려암	섬록암	화강암

25 화성암의 조암광물에 해당되지 않는 것은?

① 감람석 ② 백운모
③ 석영   ④ 전기석

정답 ④
해설 조암 광물은 석영, 정장석, 사장석, 백운모, 흑운모, 각섬석, 휘석, 감람석이다.

26 화성암에서 초염기성암의 SiO2 함유량은 어느 정도인가?

① SiO2>66%   ② SiO2=45~52%
③ SiO2<45%   ④ SiO2=52~66%

정답 ③
해설

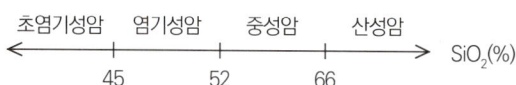

27 화성암 중 심성암에 속하지 않는 것은?

① 화강암 ② 섬록암
③ 반려암 ④ 현무암

정답 ④

28 유기적 퇴적암에 속하는 것은?

① 규조토 ② 석고
③ 셰일   ④ 응회암

정답 ①
해설
- 유기적 퇴적암 – 석탄, 규조토
- 쇄설성 퇴적암 – 셰일, 역암, 사암, 응회암, 집괴암
- 화학적 퇴적암 – 암염, 석고, 석회암, 처트

분류	생성과정	물질기원	퇴적물(지름)	퇴적암
쇄설성 퇴적암	처음부터 고체로 존 재하다가 퇴적된 물 질	암석조각, 광물입자	자갈(2mm 이상)	역암
			모래 (2~1/16mm)	사암
			점토, 미사 (1/16mm이하)	셰일
		화산 분출물	화산진, 화산재 (4mm이하)	응회암
			화산진, 화산재 (4mm이상)	집괴암
화학적 퇴적암	암석에서 용해되어 용액이 되 었다가 침 전되면서 고체로 됨	화학성분	암염(NaCl)	암염
			석고(CaSO4·2H 2O)	석고
			방해석(CaCO3)	석회암-탄 산염암
			고회석[(CaMg(CO3)2]	고회암-탄 산염암
			석영(SiO2)	처트
유기적 퇴적암	생물의 유해가 쌓 여 퇴적된 것	생물의 유해	석회질 생물체	석회암
			규질 생물체	처트, 규조 토
			식물체	석탄

29 광물과 조흔색의 연결이 맞는 것은?

① 황철석-검정색   ② 황동석-노랑색
③ 자철석-적갈색   ④ 갈철석-녹색

정답 ①
해설 조흔색은 초벌구이 자기판인 조흔판에 광물을 문질렀을 때 나타나는 광물가루의 색이며 고유한 물리적 성질이다.
- 황동석 – 암록색
- 자철석, 황철석 – 검은색
- 갈철석 –황갈색

30 회전식 시추법에 해당하지 않는 것은?

① 메탈비트시추
② 엠파이어시추
③ 다이아몬드비트시추
④ 숏볼시추

정답 ②
해설 회전식 시추는 로드 또는 코어 배럴에 접속한 비트에 적당한 압력과 회전력을 가함으로써 원형 구멍을 굴착하는 방법이다. 충격식 시추는 와이어로프 또는 로드 끝에 있는 비트의 충격에 의해 지층의 암반을 파쇄 한 다음 충격을 가할 때마다 조금씩 비트의 각도를 회전시켜 원형의 구멍을 뚫는 것으로 엠파이어, 로드, 로우프 시추가 대표적인 충격식 시추법이다.

31 다음 중 고생대에 해당하지 않는 지질시대는?

① 트라이아스기   ② 실루리아기
③ 캄브리아기   ④ 석탄기

정답 ①
해설
- 중생대 : 트라이아스기 – 쥐라기 – 백악기
- 고생대 : 캄브리아기 – 오르도비스기 – 실루리아기 – 데본기 – 석탄기 – 페름기

32 지하수를 수직 분포로 나눌 때 통기대에 포함되지 않는 것은?

① 토양수대   ② 포화대
③ 모관대   ④ 중간대

정답 ②
해설 지하수의 수직분포는 표피층 – 통기대(토양수대 – 중간대 – 모세관대) –포화대 이고 모세관대와 포화대 사이에 지하수면이 위치한다.

33 대수층 내에 보유된 수량과 전대수층 용적과의 백분율은?

① 비산출율   ② 비보유율
③ 공극율   ④ 유효공극율

정답 ④
해설
$$비산출율(\%) = \frac{배출된\ 물의\ 부피}{전체\ 부피} \times 100$$

$$비보유율(\%) = \frac{물의\ 부피}{전체\ 부피} \times 100$$

$$공극률(\%) = \frac{배출\ 후\ 남은\ 물의\ 부피}{전체\ 부피} \times 100$$

34 난대수층에 해당하는 것은?

① 모래층   ② 자갈층
③ 점토층   ④ 화강암층

정답 ③
해설 난대수층 : 투수성이 나쁜 곳으로 소량의 지하수를 함유하는 층 (예: 점토층)

35 정마그마 광상의 생성 온도는?

① 200-300℃　② 350-500℃
③ 500-600℃　④ 600-1200℃

정답 ④
해설 화성광상의 생성 온도는 정마그마 광상이 60~1200℃, 페그마타이트 광상은 500~600℃, 접촉교대 광상은 380~500℃, 열수 광상이 50~350℃이다.

36 수소이온농도(pH)에 의해 온천을 분류할 때 중성천의 범위는?

① pH<2　② 4≤pH<6
③ 6≤pH<7　④ 9≤pH

정답 ③
해설 ① 강산성 ② 약산성 ③ 중성 ④ 염기성

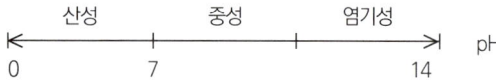

37 경사된 단층면에서 상반이 하반에 대해 미끄러져 올라간 단층으로 압축력의 작용으로 생긴 단층은?

① 역단층　② 정단층
③ 사교단층　④ 주향이동단층

정답 ①
해설 단층 구조란 지각에 횡압력, 인장력, 중력이 작용하여 생긴 틈을 경계로 양쪽 지괴가 이동하여 어긋난 구조이다.
- 정단층 : 인장력 때문에 상반이 하강한 것
- 역단층 : 횡압력 때문에 상반이 상승한 것
- 사교단층 : 지층의 주향과 45° 내외로 교차하는 것
- 주향이동단층 : 양쪽 지괴가 수평으로만 이동한 것
- 주향단층 : 단층의 주향이 지층의 주향에 거의 평행한 것
- 수직단층 : 상하반 구분이 없이 수직으로 이동한 것
- hinge단층(경첩단층) : 단층의 실이동이 단층의 연장상에서 동일하지 않는 것
- 회전단층 : 한 점을 중심으로 회전
- 계단단층 : 몇 개의 단층이 거의 평행하게 발달되어 여러 지괴를 순차로 계단상으로 떨어지게 한 것

38 변성정도가 가장 낮은 것은?

① 편마암　② 편암
③ 천매암　④ 슬레이트

정답 ④
해설 광역변성 : 세일 → 슬레이트(점판암) → 천매암 → 편암 → 편마암

39 단층, 습곡, 지진 등에 의해 지각의 일부가 함몰하거나 우묵하게 들어가 호수를 이룬 것은?

① 폐색호　② 잔적호
③ 구조호　④ 침식호

정답 ③
해설
- 구조호 : 습곡, 단층, 지진 등 지각 운동으로 만들어진 것
- 폐색호 : 하천이 사태, 화산분출물, 빙하퇴적물, 사구로 인해 가로막혀서 된 것
- 침식호 : 얼음이 바람의 침식작용으로 만들어진 것
- 잔적호 : 해호 – 바다의 일부가 만들어짐
- 우각호 – 곡류하는 강줄기 일부가 떨어져 변한 것
- 화구호 : 화산 폭발로 생긴 화구에 빗물이 고여 만들어진 것
- 칼데라호 : 대형 화구인 칼데라에 빗물이 고여 만들어진 것

40 지열유량의 단위로 맞는 것은?

① HFU ② ℃/km
③ m/sec ④ Gal

정답 ①

해설 HFU(Heat FLOW Unit)는 지구 내부에서 표면으로 방출되는 열 흐름의 양이며 1HFU = 10^{-6} cal/cm²·s이다.

41 지하수를 개발할 때 비용이 적게 들고 기계의 조작도 쉬운 반면, 굴진속도가 느리며 코어의 양이 적고 코어의 감정에 불확실한 요소가 많은 지하수 개발법은?

① 회전식 ② 충격식
③ 역회전식 ④ 수굴식

정답 ②

해설 충격식 시추는 와이어로프 또는 로드 끝에 있는 비트의 충격에 의해 지층의 암반을 파쇄 한 다음 충격을 가할 때마다 조금씩 비트의 각도를 회전시켜 원형의 구멍을 뚫는 것으로 엠파이어, 로드, 로우프 시추법이 있고 비용이 적게 소요되며 기계 조작이 쉽지만 굴진 속도가 느리고 코어 채취율이 적고 코어 감정이 불확실하다.

42 접촉변성작용에 의해 만들어진 암석은?

① 편마암 ② 편암
③ 천매암 ④ 혼펠스

정답 ④

해설 세일(shale)은 접촉(열)변성 또는 광역(동력)변성을 다음과 같이 할 수 있다.
- 접촉변성 : 세일 → 혼펠스(hornfels)
- 광역변성 : 세일 → 슬레이트(점판암) → 천매암 → 편암 → 편마암

43 공내가 밀리거나 붕괴 등으로 케이싱을 목적하는 심도까지 삽입할 수 없을 때 케이싱 밑 이하를 넓혀 케이싱이 원활하게 삽입되도록 하는 기구?

① 언더리머 ② 인사이드 탭
③ 케이싱 커터 ④ 케이싱 리밍 커터

정답 ①

해설
- 언더 리머(under reamer) : 공 내가 밀리거나 붕괴 등으로 인해 케이싱을 심도까지 삽입할 수 없을 때 코어튜브의 밑에 접속하여 관 밑 이하를 넓혀 주는 것
- 인사이드 탭(inside tap) : 로드 안쪽에 암나사를 내면서 공 내에 잔류하는 굴착 장비류를 끌어 올리는 기구
- 케이싱 커터(casing cutter) : 시추가 끝난 후 재밍이나 공곡 등으로 인해 케이싱을 회수가 안 될 때 케이싱을 부분적으로 절단하여 공벽과의 마찰을 줄이고 뽑아 올리는 것
- 케이싱 리밍 커터(casing reaming cutter) : 케이싱이 타격을 받아 내경이 찌그러지면 비트와 코어 배럴 등이 통과하지 못할 때 사용하는 기구

44 양호한 이수의 구비조건으로 틀린 것은?

① 사분을 포함하지 않아야 한다.
② 얇고 튼튼한 이벽을 만드는 성질이 있어야 한다.
③ 이수의 비중은 시추공내 압력보다 훨씬 높은 것이어야 한다.
④ 염분 및 전해질의 함유량이 적어야 한다.

정답 ③

해설 이수란 시추 작업시 공 내를 순환하면서 여러 가지 역할을 하는 유체이다.
이수의 구비 조건은 다음과 같다.

① 사분은 1% 이하
② 적당한 점성을 가져야 한다.
③ 얇고 튼튼한 이벽을 만들 수 있어야 함
④ 안정성이 높아야 한다.
⑤ pH값은 8.5부근이 가장 적당하다.
⑥ 염분과 전해질의 함유량이 적어야 한다.

45 지하암반의 공극들 사이에 부존하고 있는 지하수를 가장 효과적으로 찾아내는 지구물리탐사법은?

① 중력탐사　　② 방사능탐사
③ 자력탐사　　④ 전기비저항탐사

정답 ④

해설
- 중력 탐사 : 석유, 암염, 중금속
- 방사능 탐사 : 라돈(Rn), 우라늄(U), 토륨(Th) 등 방사능 원소
- 자력 탐사 : 자철석, 티탄철석, 크롬철석 등 자성 광물 탐사
- 전기 탐사 : 자연전위탐사 – 비철금속자원
- 전기비저항탐사 – 지하수, 토목지반조사
- 유도분극법 – 비철중금속, 점토 탐사

46 투수계수의 단위는?

① m/min　　② m2/min
③ m3/min　　④ L/min

정답 ①

해설 투수계수(수리전도율, K)는 단위 시간동안 동수 경도하에서 단위면적을 통해 유출되는 지하수 유출률이다.

$$K = \frac{Q}{A} \left(\frac{m^3/min}{m^2} = m/min \right)$$

47 지하수의 양수로 인해 발생하는 지반침하는 어떤 조건이 장기화 되었을 때 발생하는가?

① 함양량 > 채수량　② 함양량 < 채수량
③ 함양량 = 채수량　④ 함양량 ≥ 채수량

정답 ②

해설 양수 가능한 지하수량보다 더 많이 채수하면 수면 높이 차가 심해지고 간극수압이 증가하여 지반이 불안정 해지다가 지반침하가 발생한다.(함양량<채수량)

48 지하수의 비점오염원에 해당되지 않는 것은?

① 농경지에 살포한 농약
② 방사능 오염물질의 낙진
③ 부적절하게 시공된 우물
④ 산성비

정답 ③

해설
- 정오염원 : 오염원이 지하수에 직접적으로 영향을 주는 것 (예) 매립장, 폐기물처리장, 저장시설, 시공 불량 우물
- 비정오염원 : 오염원이 다른 물질과 먼저 섞인 후 2차적(간접적)으로 지하수에 영향을 주는 것 (예)산성비, 농약 살포 농경지, 방사능 물질 낙진

49 탄성파 속도검층법의 종류가 아닌 것은?

① 다운 홀 법
② 업 홀 법
③ 공간속도 측정법
④ 수평 홀 법

정답 ④

해설 탄성파 탐사법은 지구 내부 구조에 따라 탄성파 속도와 진폭 등이 여러 형태로 변하는 점을 이용하여 탐사하는 것으로 진원과 수진기 설치 위치에 따라 다운홀(down hole)법, 업홀(up hole)법, 크로스홀(cross hole)법, 표유법 등이 있다.

50 지하수 장애 요인 중 우물을 고갈시키는 요인과 무관한 것은?

① 도로터널로 지하수 유출
② 도로포장으로 지하수 유입차단
③ 호안굴착으로 수위강하
④ 항만 지하수위 저하공업으로 수위저하

정답 ②
해설 우물이 고갈되는 이유는 터널로 지하수가 유출되거나 수위 강하 때문이고 지표위의 도로 포장은 무관하다.

51 이수의 성질을 측정하기 위해 수행하는 이수시험법 중 이수평형기를 이용하여 측정하는 것은?

① 비중　　② 점성
③ 탈수량　④ pH

정답 ①
해설
- mud balance (이수천칭, 이수평형기) – 비중 측정
- marsh funnel, VG meter, stormer, rheo meter – 점성 측정
- 사분측정기 – 사분 함유량 측정
- yield – 벤토나이트 품질 측정
- 이수탈수시험기 – 탈수량 측정
- pH 미터 – 수소이온농도 측정

52 비트에 대한 설명으로 틀린 것은?

① 재질에 따라 메탈비트와 다이아몬드비트가 있다.
② 메탈비트는 표토층이나 연암 등의 굴착에 주로 사용된다.
③ 다이아몬드비트는 경암, 극경암 등의 굴착에 주로 사용된다.
④ 메탈비트는 코어채취율이 다이아몬드비트보다 매우 높아 지질조사용으로 많이 사용된다.

정답 ④
해설 메탈비트에 비해 다이아몬드 비트의 장점은 다음과 같다.
- 규암, 규질사암 등의 극경암 굴착이 쉽다.
- 굴착률이 높다.
- 코어 채취율이 높음
- 슬러지가 적어 암석의 균열을 시멘팅할 경우에 많이 사용된다.
- 굳은 암석에서 비트 개당 굴착이 10~100배에 달하므로 비트 교체가 적어 시간당 굴착 능률이 높다.

53 시추코어 채취용 기구 중 사력층이나 점토층 등의 약한 지반의 코어채취에 적합한 것은?

① 샘플러
② 코어쉘
③ 싱글튜브코어배럴
④ 더블큐브코어배럴

정답 ①
해설 코어 배럴은 코어를 보관하는 통으로 싱글과 더블 튜브 코어 배럴이 있다. 지반이 단단한 경암에서는 싱글 튜브 코어 배럴을 사용하고 연암에서는 내관과 외관이 있는 더블 튜브 코어 배럴을 사용해야 코어를 부수지 않고 원형대로 채취할 수 있다. 샘플러(sampler)는 사력층이나 점토질 등 매우 약한 지반에서는 더블 튜브 코어 배럴을 사용해도 코어 채취가 곤란할 때 사용하는 것이고 코어쉘은 코어리프터를 보관하는 통이다.

54 메탈비트가 파손되어 시추공저에 메탈파편이 잔류되어 있을 때의 대책으로 틀린 것은?

① 시멘테이션을 실시하고 굳은 다음에 시멘트를 굴진하여 잡아 올린다.
② 로드 끝에 포집기를 달아 이것을 공저에 내려 펌프수를 보내어 메탈 파편을 포집한다.
③ 쵸핑비트를 이용하여 메탈파편을 파쇄하고 가루로 만든다.
④ 탭을 로드에 접속하여 공내에 내리고 메탈파편을 잡아 올린다.

정답 ④
해설 탭(tap)은 시추공에 로드를 빠뜨렸을 때 나사를 내면서 끌어 올리는 기구이다.

55 지하수위 저하공법이 아닌 것은?

① 웰포인트 공법
② 딥웰 공법
③ 압기 공법
④ 물빼기 시추공법

정답 ③
해설 지하수위 저하공법은 건축물이나 토목공사를 위해 지하수를 많이 퍼 올려 수위를 낮추는 공법으로 지수법과 배수법이 있다. 지수법에는 주입공법과 지수벽공법이 있고 시멘트액, 모르타르액 등을 주입하여 용수의 유출을 막는다. 배수법에는 진공 배수공법, 웰포인트(well point)공법, 딥웰(deep well)공법 등이 있다.

56 화성암의 산출형태에 대한 설명으로 틀린 것은?

① 마그마가 지하 깊은 곳에 관입하여 굳어진 것을 심성암이라 한다.
② 마그마가 지표에 흘러나와 급속히 굳어진 것을 화산암이라 한다.
③ 마그마가 다른 암석을 절단하는 틈을 따라 관입하여 굳어져 판 모양의 화성암체를 이룬 것은 병반이라 한다.
④ 마그마가 비교적 얕은 곳에 관입하여 굳어진 것을 반심성암이라 한다.

정답 ③
해설 마그마가 다른 암석을 절단하는 틈을 따라 관입하여 굳어져 판상의 화성암체를 이룬 것을 암맥(dike)이라 한다. 병반(laccolith)은 퇴적암 속으로 관입암상처럼 들어간 화성암체의 일부가 더 두꺼워져 만두 모양으로 부풀어 오는 것을 말한다.

57 화학적 풍화에 가장 강한 광물은?

① 감람석
② 흑운모
③ 석영
④ 휘석

정답 ③
해설 조암광물을 화학적 풍화에 약한 것부터 강한 순서대로 나열하면 다음과 같고 마그마에서 광물이 생성되는 순서와 같다. 고온에서 생성된 광물일수록 쉽게 풍화된다.
• 유색 광물 : 감람석<휘석<각섬석<흑운모
• 무색 광물 : 사장석<정장석<백운모<석영

58 드라이브 파이프의 끝에 연결하여 나사를 보호함과 동시에 파이프가 타입되기 쉽도록 끝이 날카롭게 된 공구는?

① 부싱 ② 헤드
③ 슈 ④ 커플링

정답 ③

해설
- 부싱(busing) : 로드와 케이싱의 접속장치로 로드쪽은 암나사, 케이싱쪽은 숫나사이다.
- 헤드(head) : 케이싱 머리에 있어 타격을 받는 것
- 슈우(shoe) : 케이싱 끝에 있어 케이싱이 들어가기 쉽게 끝이 뾰족하다.
- 커플링(coupling) : 로드 연결구는 로드커플링이라 하여 중앙에 구멍이 있어 이수가 통할 수 있다. 케이싱 연결구는 케이싱커플링이라 한다.

59 전기검층법의 종류가 아닌 것은?

① 유도분극검층
② 자연전위검층
③ 밀도검층
④ 전기비저항검층

정답 ③

해설
- 전기 검층법 : 자연전위 검층, 전기비저항 검층, 유도분극 검층
- 방사능 검층법 : 중성자 검층, 밀도 검층, 자연감마선 검층

60 우물에서 적정양수량을 결정하기 위한 양수시험의 종류에 해당하지 않는 것은?

① 변수위시험
② 단계양수시험
③ 대수층시험
④ 군정시험

정답 ①

해설 우물의 적정 양수량을 결정하기 위한 양수시험에는 단계양수시험, 대수층시험, 군정시험, 장기양수시험 등이 있고 변수위법은 투수계수 측정법이다.

시추기능사 2010 기출문제

* 답안카드 작성시 시험문제지 형별누락, 마킹착오로 인한 불이익은 전적으로 수험자의 귀책사유임을 알려드립니다.

01 다음 중 시추용 이수가 구비해야 할 조건으로 옳지 않은 것은?

① 얇고 튼튼한 이벽을 만드는 성질이 있어야 한다.
② 적당한 점성을 가져야 한다.
③ 전해질의 함유량이 많아야 한다.
④ 사분을 포함하지 않아야 한다.

정답 ③

해설 이수란 시추 작업 시 공 내를 순환하면서 여러 가지 역할을 하는 유체이다.
이수의 구비 조건은 다음과 같다.
① 사분은 1% 이하로, 되도록 포함하지 않아야 한다.
② 적당한 점성을 가져야 한다.
③ 얇고 튼튼한 이벽을 만들 수 있어야 한다.
④ 안정성이 높아야 한다.
⑤ pH값은 8.5부근이 가장 적당하다.
⑥ 염분과 전해질의 함유량이 적어야 한다.

02 다음 중 편리를 가지지 않은 암석은?

① 점판암   ② 대리암
③ 천매암   ④ 편암

정답 ②

해설 화성암이나 퇴적암이 높은 압력에 의해 판상 모양으로 재배열된 것인 편리는 동력변성암에 나타나는 구조적 특징이다. 대리암은 석회암에 고온의 마그마가 관입하여 접촉변성된 것이다.

03 다음 중 화학적 퇴적암에 해당하는 것은?

① 셰일   ② 석고
③ 석탄   ④ 사암

정답 ②

해설
• 화학적 퇴적암 – 암염, 석고, 석회암, 처트
• 유기적 퇴적암 – 석탄, 규조토
• 쇄설성 퇴적암 – 셰일, 역암, 사암, 응회암, 집괴암

04 단층 양쪽의 지괴가 상하운동을 일으키지 않고 단층면의 주향방향으로 수평 이동한 단층은?

① 힌지단층
② 회전단층
③ 주향이동단층
④ 경사단층

정답 ③

해설 단층 구조란 지각에 횡압력, 인장력, 중력이 작용하여 생긴 틈을 경계로 양쪽 지괴가 이동하여 어긋난 구조이다.
• hinge단층(경첩단층) : 단층의 실이동이 단층의 연장상에서 동일하지 않는 것
• 회전단층 : 한 점을 중심으로 회전
• 주향이동단층 : 양쪽 지괴가 수평으로만 이동한 것
• 경사단층 : 단층과 지층의 주향이 거의 직교하는 단층

05 저울을 이용하여 이수의 비중을 측정하려고 한다. 비중병의 무게가 10g, 이수를 넣었을 때 비중병의 무게가 20g, 이수와 똑같은 용량의 청수를 넣었을 때 비중병의 무게가 15g이라면 이수의 비중은 얼마인가?

① 1.0　　② 1.4
③ 1.7　　④ 2.0

정답 ④

해설 이수 비중 = $\dfrac{\text{이수 무게}}{\text{청수 무게}} = \dfrac{20-10}{15-10} = 2.0$

06 갱 밖에서 실시하는 시추 작업에서 설치하는 시추탑의 용도로 옳지 않은 것은?

① 장비류의 승강 작업
② 억류된 장비류의 인양 작업
③ 드라이브 파이프 타입 작업
④ 굴착 중 비트 선단의 용수 작업

정답 ④

해설 시추탑 용도 : 장비류의 승강 작업, 억류된 장비류의 인양 작업, 드라이브 파이프 타입 작업, 굴착 중 비트 하중 조절

07 제1층의 탄성파 전파 속도는 500m/sec, 제2층의 탄성파 전파 속도는 1000m/sec인 수평 2층 구조에서 굴절법 탄성파 탐사를 실시하였다. 굴절파의 임계각은 얼마인가?

① 20°　　② 30°
③ 40°　　④ 50°

정답 ②

해설 $\sin\alpha = \dfrac{V_1}{V_2} = \dfrac{500}{1000} = \dfrac{1}{2} = 30°$

08 퇴적암의 특징적인 구조에 해당하지 않는 것은?

① 사층리
② 점이층리
③ 편리
④ 건열

정답 ③

해설
- 퇴적암의 특징 : 층리, 사층리, 퇴적소극, 물결자국(연흔), 건열, 화석 등
- 변성암의 특징 : 벽개, 엽리, 편리, 편마구조, 선구조 등

09 금-은 광상에 대한 지구화학탐사의 경우 가장 일반적으로 사용되는 지시원소는?

① 아연(Zn)
② 수은(Hg)
③ 몰리브덴(Mo)
④ 비소(As)

정답 ④

해설

지시원소	광상	지시원소	광상
Zn(아연), Cu(구리)	Cu-Pb-Zn 광상	As(비소)	Au-Ag 광상
Zn(아연)	Ag-Pb-Zn 광상	B(붕소)	Sn-W-Be-Mo 광상
Hg(수은)	Pb-Zn-Ag 광상	Rn(라돈)	U광상
SO4 (황산화물)	황화물 광상	Mo (몰리브덴)	반암구리 광상

10 지하수에 용해된 화학성분 농도를 표시하는 단위인 ppm에 대한 정의로 맞는 것은?

① 용액 100kg 내에 용질 1mg이 용해되어 있을 때를 1ppm이라 한다.
② 용액 10kg 내에 용질 1mg이 용해되어 있을 때를 1ppm이라 한다.
③ 용액 1kg 내에 용질 1mg이 용해되어 있을 때를 1ppm이라 한다.
④ 용액 500g 내에 용질 1mg이 용해되어 있을 때를 1ppm이라 한다.

정답 ③

해설 ppm(parts per million, 백만분율) : 용액 1kg 속에 들어 있는 용질의 질량(mg)
1ppm = 1mg/kg

11 다음 중 폴리머 이수에 대한 설명으로 옳지 않은 것은?

① 벤토나이트 이수에 비해 적은 양으로도 이수 조니가 가능하다.
② 공해 우려가 없고, 이수 조니 비용이 저렴하다.
③ 심도가 깊은 시추공에서는 벤토나이트 이수보다 공경유지가 용이하다.
④ 운반 및 보관이 용이하다.

정답 ③

해설 폴리머 이수(polymer mud)는 벤토나이트 이수의 단점을 보완하고 이수의 운반, 제조, 보관, 경제성, 환경보호차원에서 개발한 것이다.
- 장점 : 벤토나이트 이수에 비해 소량으로 이수 조니가 가능하며 간편함, 무공해, 이수 조니 비용 저렴, 운반 및 보관 용이
- 단점 : 시추공 내의 이벽 형성이 불량하여 파쇄가 심함, 심도가 깊은 시추공에서 공경 유지가 불량함

12 다음 중 현무암지대에서 많이 관찰되는 절리는?

① 판상절리   ② 주상절리
③ 사교절리   ④ 주향절리

정답 ②

해설 절리는 화성암이 풍화작용과 지각변동에 의해 틈이 생기는 것이다.
- 주상절리 – 육각기둥 모양 – 현무암
- 판상절리 – 판 모양 – 안산암
- 방상절리 – 육면체 모양 – 화강암
- 신장절리 – 횡압력을 받아 습곡이 형성될 때 응력 때문에 생성
- 전단절리 – 횡압력에 의한 전단력으로 2개의 교차 방향에 생성

13 다음 중 원심 펌프에 해당하는 것은?

① 피스톤 펌프   ② 플런저 펌프
③ 다이어프램 펌프 ④ 터빈 펌프

정답 ④

해설
- 왕복식 펌프 : 피스톤 펌프, 플런저 펌프, 다이어프램 펌프
- 원심 펌프 : 터빈 펌프, 벌류트 펌프, 샌드 펌프

14 다음 중 등축정계에 해당하는 광물은?

① 녹주석   ② 방해석
③ 황철석   ④ 인회석

정답 ③

해설
- 등축정계 : $a=b=c$, $\alpha=\beta=\gamma=90°$: 다이아몬드, 형석, 황철석, 암염, 방연석
- 육방정계 : 수평축 길이 동일, 수평축각=120° : 수정, 인회석, 방해석, 녹주석
- 사방정계 : $a\neq b\neq c$, $\alpha=\beta=\gamma=90°$: 십자석, 황옥, 중정석
- 삼사정계 : $a\neq b\neq c$, $\alpha\neq\beta\neq\gamma\neq90°$: 남정석, 사장석, 부석

15 경제적 양수량이라고도 하며 우물손실의 증가나 지하수층의 물리적 성질에 이상 변화를 일으키지 않는 범위의 양수량을 의미하는 것은?

① 적정 양수량
② 과잉 양수량
③ 한계 양수량
④ 최대 양수량

정답 ①

해설 우물 손실의 증가를 막고 지하수층의 물리적 성질이 변하지 않는 범위내에서의 양수량을 경제양수량 또는 적정양수량이라 하며 한계양수량의 70%이다.

16 감람암 같은 초염기성 암석이 열수작용을 받아 생성된 변성암은?

① 사문암
② 반려암
③ 응회암
④ 대리암

정답 ①

해설
- 접촉변성 : 감람암 → 사문암
- 석회암 → 대리암
- 반려암 : 화산암
- 응회암 : 퇴적암

17 지하수의 수직분포에서 불포화대(통기대)와 포화대 경계를 무엇이라 하는가?

① 지표수면
② 하천수면
③ 지하수면
④ 토양수면

정답 ③

해설 지하수의 수직분포는 표피층 – 통기대(토양수대 – 중간대 – 모세관대) –포화대 이고 통기대(불포화대)와 포화대 경계에 지하수면이 위치한다.

18 코어 채취용 기구에 해당하지 않는 것은?

① 싱글 튜브 코어 배럴
② 더블 튜브 코어 배럴
③ 트리플 튜브 코어 배럴
④ 와이어 라인 코어 배럴

정답 ③

해설 코어 배럴(core barrel)은 코어를 채취하는 기구이다.
- Single core barrel : 경암에 사용
- Double core barrel : 연암에 적용, inner tube(내관)는 회전하지 않고 outer tube(외관)만 회전하여 코어가 부서지지 않게 됨
- Wire line core barrel : 300m 이상의 심부공 코어 채취용, 와이어 라인에 연결한 오버쇼트를 심부공에 보내 inner tube만 인양하므로 시간과 노동력이 절약됨. (구성 : 와이어라인용 로드, 이너튜브, 아우터튜브, 오버쇼트, 와이어 로프)
- Over shot : 윗부분은 와이어 로프와 연결되어 있고 끝이 낚시 바늘 모양으로 되어 있어 inner tube를 지상으로 끌어 올릴 수 있도록 함.

19 다음 중 로드나 케이싱을 타입하거나 뺄 때 드라이브 해머의 충격을 받는 쇠이며, 원통의 중앙부는 로드나 케이싱이 접속할 수 있도록 암나사로 되어 있는 것은?

① 리밍 셸
② 노킹 블록
③ 로드 홀더
④ 로드 스피어

정답 ②

해설
- 리밍 셸(reaming shell) : 비트가 암반을 굴착하면 비트 옆면이 닳아 공 지름이 작아지게 되는 것을 방지
- 너킹 블록(knocking block) : 로드나 케이싱을 때려 넣을 때 드라이브 해머의 충격을 받는 것
- 로드 홀더(rod holder) : 로드의 승·하강시 시추 공내로 낙하를 방지하기 위함
- 로드 스피어(rod spear) : 송곳 모양의 봉으로 로드가 공내에 잔류할 때 안지름에 세게 밀어 넣어 밀착시켜 인양함

20 퇴적암 중에 관입암상처럼 들어간 화성암체의 일부가 더 두꺼워져서 렌즈상 또는 만두모양으로 부풀어 오른 것을 무엇이라 하는가?

① 저반
② 병반
③ 암경
④ 암주

정답 ②

해설
- 저반 : 오래 전에 녹은 상태에 있으면서 상부로 암맥·암상·화상을 파생하게 한 큰 마그마 챔버가 고결된 화성암체
- 병반 : 퇴적암 속으로 관입암상처럼 들어간 화성암체의 일부가 더 두꺼워져서 만두 모양으로 부풀어 오른 것
- 암경 : 화산의 화도에서 굳어진 마그마와 화도를 메운 암괴와 용암의 집합체가 굳어진 화도 집괴암
- 암주 : 면적 100km² 이하의 심성암체가 지표에 나타난 것

21 다음 중 접촉변성암에 해당하는 것은?

① 슬레이트
② 혼펠스
③ 천매암
④ 편마암

정답 ②

해설 혼펠스는 세일이 열접촉변성한 것이다.
- 접촉변성 : 세일 → 혼펠스(hornfels)
- 광역변성 : 세일 → 슬레이트(점판암) → 천매암 → 편암 → 편마암

22 다음 중 주향과 경사에 대한 설명으로 옳지 않은 것은?

① 주향은 경사된 지층면과 수직면과의 교차선 방향이다.
② 경사는 지층면과 수평면이 이루는 각이다.
③ 주향은 항상 진북 방향을 기준으로 하여 측정한다.
④ 주향과 경사를 측정하는 데에는 클리노미터 등이 사용된다.

정답 ①

해설 주향이란 지층면과 수평면이 교차하는 선의 방향으로 진북을 기준으로 측정한다. 경사는 지층면이 수평면에 대해 기울어진 각도와 방향이며 경사의 방향은 항상 주향의 방향과 수직이다. 주향과 경사는 클리노미터로 측정한다.

23 다음에서 설명하는 암반분류 방법은?

> 길이가 10cm이상인 시추 코어들의 길이의 합을 총 시추 길이에 대한 비율로 나타낸 값이다.

① TCR   ② RQD
③ RMR   ④ SMR

정답 ②

해설 RQD(Rock Quality Designation, 암질 지수)는 가장 널리 사용되는 암반의 정량적 평가 지수로서 길이가 10cm 이상인 코어들의 길이의 합을 총 시추 길이에 대한 비율로 나타낸 값이며 25% 미만이면 암질은 매우 불량(very poor), 90% 이상이면 매우 양호(excellent)한 암질이라고 정의할 수 있다.

24 다음 중 방사능 탐사로 탐지되지 않는 광물은?

① 우라늄 광물
② 토륨 광물
③ 칼륨 광물
④ 아연광물

정답 ④

해설 라돈(Rn), 우라늄(U), 토륨(Th), 칼륨(K), 넵투늄(Np), 악티늄(Ac), 프로트악티늄(Pa) 등은 방사능 원소이므로 가이거 계수기와 신틸레이션 계수기 등의 방사능 탐광법을 사용한다.

25 지하수의 오염원 중 비점오염원에 해당하는 것은?

① 정화조
② 유해폐기물 처분장
③ 지하 유류 저장탱크
④ 산성비

정답 ④

해설 점오염원과 비점오염원의 특징

구분	점오염원(point source)
배출원	공장, 정화조, 지하유류저장탱크, 폐기물처분장, 축산농가 등
특징	- 인위적 - 배출지점이 특정적, 명확함 - 처리장으로 집중적 배출 - 자연적 요인의 영향이 적어 연간 배출량이 거의 일정함 - 수집이 쉽고 처리효율이 높음

구분	비점오염원(non-point source)
배출원	대지, 도로, 논, 밭, 대기 중의 오염물질, 산성비 등
특징	- 인위적이면서 자연적 - 배출지점이 불특정, 불명확 - 희석, 확산되어 넓은 지역으로 배출 - 강우에 따라 배출량 변화가 심함 - 수집이 어렵고 처리효율이 일정하지 않음

26 다음 화성암 중 SiO_2 함유량이 52~66%인 중성암에 해당하는 것은?

① 유문암
② 화강암
③ 안산암
④ 현무암

정답 ③

해설 중성암은 규산 함량이 52~66%인 화성암으로 안산암, 섬록반암, 섬록암이 대표적이다.

색		어두움 ↔ 밝음		
세립(小) ↕ 조립(大)	화산암	현무암	안산암	유문암
	반심성암	휘록암	섬록반암	화강반암
	심성암	반려암	섬록암	화강암
SiO_2 함량		45~52% (염기성암)	52~66% (중성암)	66% 이상 (산성암)

27 다음 중 고생대에 해당하지 않는 지질시대는?

① 트라이아스기
② 석탄기
③ 실루리아기
④ 페름기

정답 ①

해설
- 중생대 : 트라이아스기 – 쥐라기 – 백악기
- 고생대 : 캄브리아기 – 오르도비스기 – 실루리아기 – 데본기 – 석탄기 – 페름기

28 시추작업에 필수적으로 사용되는 로드의 취급법으로 옳지 않은 것은?

① 로드를 지상에서 던지거나 손상시키는 일이 없도록 하여야 한다.
② 로드를 세울 때에는 항상 커플링을 위로 향하게 하여 세운다.
③ 나사 부위에 이물질이 끼지 않도록 항상 깨끗하게 보관한다.
④ 1~2mm 이상 구부러진 로드는 사용하지 않는다.

정답 ②

해설 로드(rod)는 비트에 회전력을 전달하고 송수관 역할을 하는 파이프 모양의 연결구로서 시추에 필수적으로 사용하며 다음과 같이 취급에 주의해야 한다.
(1) 로드를 지상에서 던지거나 손상시키지 않는다.
(2) 로드를 세울 때는 두께 2-3cm의 판자 위에 커플링을 아래로 향하게 한다.
(3) 렌치를 거는 위치는 로드 선단으로부터 약 10cm 위이다.
(4) 나사 부위에 이물질이 끼지 않도록 항상 깨끗하게 보관한다.
(5) 테이퍼 부분이 상하지 않게 수시로 점검, 보수한다.
(6) 커플링을 점검하여 두께가 1.5mm 이상 마멸된 것은 사용하지 않는다.
(7) 관구가 부풀거나 테이퍼면이 손상된 것은 제거한다.
(8) 1-2mm 이상 구부러진 로드는 사용하지 않는다.

29 다음 중 일반 육상시추에서 주로 사용하는 펌프는?

① 왕복 펌프   ② 제트 펌프
③ 사류 펌프   ④ 축류 펌프

정답 ①

해설 시추용 펌프는 일반적으로 고압을 필요로 하므로 왕복 펌프가 사용되고 원심 펌프는 특별한 경우에만 사용한다.

30 다음 중 티탄(Ti)의 광석광물은 어느 것인가?

① 휘안석   ② 수활석
③ 금홍석   ④ 휘창연석

정답 ③

해설
① 휘안석(SbS3) - 황화광물
② 수활석[Mg(OH)2] - 마그네슘광물
③ 금홍석(TiO2) - 티탄광물
④ 휘창연석(Bi2S3) - 황화광물

31 다음 중 일반적으로 공극률이 가장 큰 것은?

① 점토   ② 셰일
③ 사암   ④ 화강암

정답 ①

해설 공극률이 높다는 것은 공간에 물이 많이 들어 있다는 의미이므로 점토의 공극률이 가장 높다.

32 다음 중 유리의 원료로 사용되는 광물은?

① 방해석   ② 다이아몬드
③ 석영   ④ 황철석

정답 ③

해설 석영(SiO2)은 유리 원료로 사용되며 녹는점이 1,700℃로 높으며 풍화에 강하다.

33 대륙지각의 평균두께는 약 35km 정도이다. 대륙지각의 화학적 성분은 주로 무엇인가?

① 규소와 알루미늄
② 규소와 마그네슘
③ 규소와 칼륨
④ 규소와 나트륨

정답 ①

해설

원소 기호	O	Si	Al	Fe	Ca	Mg	Na	K
원소 이름	산소	규소	알루미늄	철	칼슘	마그네슘	나트륨	칼륨
무게(%)	45	27	8	6	5	3	1	1

34 1/10,000 지형도 상에서 AB간의 거리가 3cm, 실제 A점 및 B점의 표고가 각각 100m, 200m 있었다. 실제 AB간의 경사거리는 얼마인가?

① 316.23 ② 2215.34
③ 104.43 ④ 96.82

정답 ①

해설

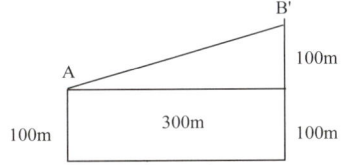

AB간 실제 거리
= 3cm×10,000 = 30,000cm = 300m
피타고라스 정리에 의해 AB 경사거리
= AB = $\sqrt{300^2 + 100^2}$ = 316.23(m)

35 지하수의 종류 중 과거에 대기 및 지표수로 존재한 적이 없이 지구 내부로부터 유래된 것은 무엇인가?

① 처녀수 ② 초생수
③ 흡착수 ④ 재생수

정답 ①

해설
- 처녀수(juvenile water) : 지하 깊은 곳의 마그마에서 나와 암석의 갈라진 틈을 타고 올라와서 비로소 지표로 나타난 물
- 초생수(connate water) : 암석이 생성될 당시에 암석 구성물질의 공극내에 포획되어 있던 물이 암석이 완전 형성된 후에도 그대로 잔존하여 있는 것으로 해수나 지표수, 지구 내부로부터 유래된 물
- 흡착수(absorbed water) : 흙 알갱이 겉면을 싸고 부착되어 있는 지하수

36 지구화학탐사에서 탐사의 지침이 되는 지시 원소의 조건으로 관련이 없는 것은?

① 화학적 분석이 용이하고, 분석비가 저렴한 원석
② 광체 부근에 있는 이동성이 적은 원소
③ 지구 화학적 환경에서 이동도가 큰 원소
④ 탐사 대상광체와 지질학적 및 지구 화학적으로 관련성이 있는 원소

정답 ②

해설 지시원소란 지구화학탐사에서 암석, 토양, 식물 등의 시료를 분석하여 검출되는 미량원소로서 대상 광상과 지질학적 관련이 있어 시료 아래 지하의 광상을 추정할 수 있다. 화학분석이 쉽고 분석비가 저렴해야하며 이동도가 커야 한다.

37 다이아몬드 비트를 코어 비트와 논코어 비트로 분류할 때 코어 비트에 해당하는 것은?

① 파일럿 비트 ② 콘케이브 비트
③ 테이퍼 비트 ④ 서피스 비트

정답 ④

해설

core유무 재질	core	non-core
metal	crown	reaming, three corn, rose, chopping, flat
diamond	surface, impregnated	pilot, corn cave, taper

38 대수층 탐지를 위해 일반적으로 가장 많이 사용되는 물리 탐사법은?

① 전기 비저항 탐사 ② 중력탐사
③ 방사능 탐사 ④ 자력탐사

정답 ①

해설 대수층은 지하수를 함유하고 있는 지층을 말하며 전기 비저항 탐사는 지표면에 일정한 거리를 두고 한 쌍의 전극을 설치한 후 전류로 인해 전위 분포를 일으키게 하여 전기 전도도 분포 상태를 측정함으로써 대수층 보존 여부와 부존 양상을 탐사하는 방법이다.

39 배사와 향사가 반복되는 경우 습곡축면과 위이 같은 방향으로 평행하게 기울어진 습곡은?

① 등사습곡 ② 경사습곡
③ 횡와습곡 ④ 평행습곡

정답 ①

해설 습곡은 지층이 수평으로 퇴적된 후 횡압력을 받아 구부러진 것이다.
• 정습곡 : 습곡 축면이 수직이고 양쪽 날개가 서로 대칭인 것
• 등사 습곡 : 습곡 축면과 날개의 경사각과 경사방향이 모두 같음
• 경사 습곡 : 습곡 축면이 한쪽으로 기울어져 있고 날개가 비대칭임
• 횡와 습곡 : 습곡 축면와 날개가 거의 수평을 이룸
• 평행 습곡 : 성층면이 평행하게 굴곡한 습곡

40 다음 중 암석의 성질에 따라 구분되는 층서 단위인 암석층서 단위에 해당하는 것은?

① 대(代)
② 층(層)
③ 대층(代層)
④ 통(統)

정답 ②

해설 층서 단위 : 암석의 성질, 화석, 지질 시간 따위에 따라 구분한 지층의 단위. 구분의 기준에 따라 생물 층서 단위, 시간 층서 단위, 암석 층서 단위, 지질 시대 단위로 나눈다.
• 대 – 지질 시간 단위
• 층 – 암석 층서 단위
• 대층 – 지질 시대 단위의 하나인 대(代)에 쌓인 지층
• 통 – 시간 층서 단위

41 로드(rod) 및 코어 배럴(core barrel) 등이 시추공 안에서 움직이지 못하고 억류되는 재밍(jamming) 현상의 원인으로 옳지 않은 것은?

① 슬러지가 공내에 너무 많이 모이도록 방치하였을 때
② 연약지반에서 무리한 굴진으로 공벽이 붕괴할 때
③ 양질의 이수를 계속 사용하였을 때
④ 너무 급속히 로드를 올릴 때

정답 ③

해설 재밍(억류사고)은 슬러지의 침전, 공벽의 붕괴로 인해 굴착구가 움직이지 못하여 생기는 사고로 슬러지의 제거가 불량할 때와 연약 지반에서 무리한 굴진이나 공벽이 붕괴할 때, 장비의 인양 속도 과속으로 압출 등이 생기는 경우에 발생한다.

42 다음은 온천법에 규정된 온천의 정의이다. ( ) 안에 내용으로 알맞은 것은?

> "온천"이라 함은 지하수로부터 용출되는 이상의 온수로서 그 성분이 인체에 해롭지 아니한 것을 말한다.

① 20°C ② 25°C
③ 30°C ④ 35°C

정답 ②
해설 우리나라 온천법상 온천이란 지하로부터 용출되는 25°C 이상의 온수로서 그 성분이 인체에 해롭지 아니한 것이다.

43 다음 중 이수의 비중을 측정하는 기구는?

① 이수 평행기
② 사분 측정기
③ 마시 퍼넬 미터
④ 레어미터

정답 ①
해설
- mud balance (이수천칭, 이수평형기) – 비중 측정
- marsh funnel, VG meter, stormer, rheo meter – 점성 측정
- 사분측정기 – 사분 함유량 측정

44 미량원소 As의 함량이 800ppm인 금광맥 표준시료를 실험실에서 2회에 걸쳐 분석한 결과 각각 780ppm 및 790ppm 이었다. 이 분석의 정밀도는?

① ±0.64%
② ±0.46%
③ ±6.4%
④ ±4.6%

정답 ①
해설

$$\text{평균값} = \frac{780 + 790}{2} = 785$$

$$\text{정밀도(\%)} = \frac{\text{표준편차}}{\text{평균값}} \times 100$$

$$= \pm \frac{\sqrt{(780-785)^2/2 + (790-785)^2/2}}{785} \times 100$$

$$= \pm \frac{5}{785} \times 100 = \pm 0.64$$

45 심성암은 광물의 알갱이들이 육안으로 구별될 정도로 큰 현정질 조직을 보여준다. 다음 중 현정질 조직에 속하지 않은 것을 보여준다. 다음 중 현정질 속하지 않은 것은?

① 조립질 ② 유리질
③ 중립질 ④ 세립질

정답 ②
해설

현정질(입상) – 육안 구별	등립질	거의 같은 크기
	조립질	지름 5mm 이상
	중립질	지름 1–5mm
	세립질	지름 1mm 이하
	seriate	여러 크기
비현정질 – 현미경구별	미정질	현미경 감정 가능
	은미정질	현미경 감정 난이
반정질		결정 + 유리
유리질(비결정질)	정자	결정의 미완성물
	먼지	정자보다 작음

46 다음 중 변성정도가 가장 낮은 암석은?

① 편마암 ② 편암
③ 천매암 ④ 슬레이트

정답 ④

해설 광역변성 : 셰일 → 슬레이트(점판암) → 천매암 → 편암 → 편마암

47 다음 중 평안계 지층이 아닌 것은?

① 사동통 ② 홍점통
③ 고방산통 ④ 양덕동

정답 ④

해설

신생대	제4기		충적층, 홍적층
	제3기	제3계	불국사 화강암, 화산활동
중생대	백악기	경상계	낙동통, 신라통, 불국사통
	트라이아스기, 쥐라기	대동계	선연통, 유경통
고생대	석탄기, 페름기	평안계	홍점통, 사동통, 고방산통, 녹암통
	캄브리아기, 오르도비스기	조선계	양덕통, 대석회암통

48 화성광상에 해당하지 않는 것은?

① 정마그마광상
② 기성광상
③ 풍화잔류광성
④ 페그마타이트 광산

정답 ③

해설 광상이란 유용한 광물 자원이 한 곳에 집중적으로 모인 것이다.
- 화성 광상 : 정마그마 광상, 페그마타이트 광상, 접촉교대 광상, 열수 광상
- 퇴적 광상 : 표사 광상, 풍화 잔류 광상, 침전 광상 (성층 광상)
- 변성 광상 : 철 광상, 토상 흑연, 인상 흑연, 무연탄층

49 다음 중 실내투수시험에 해당하는 것은?

① 변수위투수시험
② 트레이서에 의한 투수시험
③ 단계 양수 시험
④ 군정 시험

정답 ①

해설
- 실내 투수 시험 : 정수위법, 변수위법
- 양수시험 : 단계양수시험, 대수층시험, 군정시험, 장기양수시험 등
- 지하수 유속 측정 : tracer법

50 다음 중 동상(Frozen-up)현상에 대한 설명으로 옳지 않은 것은?

① 토중수가 동결하여 지반의 체적이 팽창하여 부풀어 오르는 현상을 말한다.
② 동상은 모관상승높이가 작은 사질토나 투수성이 작은 점토에서는 비교적 작다.
③ 동상은 봄철이 되어서 지반의 해빙이 시작되면 도로를 파괴하는 등의 문제를 야기한다.
④ 동상방지대책으로 지하수면을 높게 한다.

정답 ④

해설 물이 얼면 부피가 증가하므로 지하수면을 낮게 해주면 동상에 따른 피해를 예방할 수 있다.

51 다음 지하수 처리공법 중 지수공법에 해당되는 것은?

① 진공배수공법 ② 주입공법
③ 디프 웰 공법 ④ 웰 포인트 공법

정답 ②

해설 지하수위 저하공법은 건축물이나 토목공사를 위해 지하수를 많이 퍼 올려 수위를 낮추는 공법으로 지수법과 배수법이 있다. 지수법에는 주입공법과 지수벽공법이 있고 시멘트액, 모르타르액 등을 주입하여 용수의 유출을 막는다. 배수법에는 진공배수공법, 웰포인트(well point)공법, 딥웰(deep well)공법 등이 있다.

52 시추공의 공곡(시추공의 휨)의 방지대책으로 옳지 않은 것은?

① 절삭이 양호한 비트(bit)를 사용한다.
② 코어튜브(core tube)는 가능하면 짧은 것을 사용한다.
③ 송수량을 많게 하여 슬라임(slime) 배제를 양호하게 한다.
④ 적정한 비트 회전수와 하중에 따라 무리하지 않게 굴착한다.

정답 ②

해설 코어 튜브 길이와 공곡현상은 무관하다.

53 중성자 검층은 다음 중 어느 것과의 반응을 이용하는 것인가?

① 수소원자
② 질소원자
③ 산소원자
④ 탄소원자

정답 ①

해설 중성자 검층은 인공적으로 방사한 고속의 중성자에 의한 유도 방사능을 측정함으로써 수소 원자 밀도를 측정하는 방사능 검층법의 한 종류이다.

54 다음중 황화 광물이 아닌 것은?

① 방해석
② 방연석
③ 황동석
④ 황철석

정답 ①

해설 방해석($CaCO_3$) - 탄산염암
방연석(PbS_2), 황동석($CuFeS_2$), 황철석(FeS_2) - 황화 광물

55 용암에 들어 있던 휘발성분이 분리되면서 굳어져 만들어진 기공이 후에 다른 광물로 채워져서 만들어진 화성암의 구조는?

① 유상 구조
② 다공질 구조
③ 엽상 구조
④ 행인상 구조

정답 ④

해설
• 유상 구조 : 화산암에서 마그마가 유동하여 굳어질 때 생성되는 평행구조
• 다공질 구조 : 용암 속에 있던 기체가 빠져 나가다 용암이 굳을 때 잡혀서 화산암 속에 남게 된 구멍이 많은 구조
• 행인상 구조 : 기공에 다른 광물이 채워진 것

56 지질도에 사용되는 다음 기호는 무엇인가?

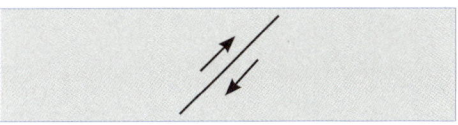

① 수평단층
② 단층선
③ 배사구조
④ 부정합면

정답 ①

해설

수평단층	단층	부정합면

57 다음 중 전기 검층법의 종류에 해당하지 않는 것은?

① 자연 전위 검층   ② 전기 비저항 검층
③ 전자 유도 검층   ④ 자연 감마선 검층

정답 ④

해설
- 방사능 검층법 : 중성자검층, 밀도검층, 자연 감마선 검층
- 전기 검층법 : 자연전위검층, 전기비저항검층, 유도 분극법

58 단면적이 10cm² 이고, 길이가 20cm인 시료에 1분간 100cm³의 물을 통과시켰을 때 이 시료의 투수계수는 얼마인가? (단, 수두차는 5cm)

① 0.67cm/sec   ② 1.67cm/sec
③ 0.83cm/sec   ④ 1.83cm/sec

정답 ①

해설

$$V = ki \quad \frac{Q}{A} = K\frac{h}{l} \quad \frac{Q \cdot l}{A \cdot h}$$

$$K = \frac{100 cm^3/min \times 20cm}{10cm^2 \times 5cm} \times \frac{1cm}{60sec} = 0.67 cm/sec$$

59 메탈 비트와 비교하여 다이아몬드 비트에 대한 설명으로 옳지 않은 것은?

① 규암, 규질 사암 등의 극경암의 굴착이 용이하다.
② 코어 채취율이 메탈 비트보다 낮아 지질조사용으로 부적당하다.
③ 슬러지가 적어서 암반의 균열을 시멘팅 할 경우에 많이 사용된다.
④ 비트의 교체가 적어 시간당 굴착 능률이 높다.

정답 ②

해설 메탈비트에 비해 다이아몬드 비트의 장점은 다음과 같다.
- 규암, 규질 사암 등의 극경암 굴착이 쉽다.
- 굴착률이 높다.
- 코어 채취율이 높아 지질 조사용으로 많이 사용된다.
- 슬러지가 적어 암석의 균열을 시멘팅할 경우에 많이 사용된다.
- 굳은 암석에서 비트 개당 굴착이 10-100배에 달하므로 비트 교체가 적어 시간당 굴착 능률이 높다.

60 암석이나 풍화생성물이 중력의 직접적인 작용에 의하여 낮은 곳으로 이동하는 현상을 사태라고 하는데, 다음 중 급격한 사태에 포함되지 않는 것은?

① 땅꺼짐(slump)
② 이류(mudflow)
③ 포행(creep)
④ 눈사태(avalanche)

정답 ③

해설 사태란 중력의 직접적인 작용에 의해 암석이나 풍화생성물이 낮은 곳으로 이동하는 현상이며 급격한 사태에는 산사태, 땅꺼짐, 이류 등이 있고 완만한 사태에는 포행, 토석류 등이 있다.

시추기능사 2011 기출문제

* 답안카드 작성시 시험문제지 형별누락, 마킹착오로 인한 불이익은 전적으로 수험자의 귀책사유임을 알려드립니다.

01 지층 퇴적 당시의 물이 흐른 방향을 제시해 주는 퇴적암의 구조는?

① 연흔   ② 사층리
③ 건열   ④ 점이층리

정답 ②

02 다음 중 1ppm이란 용액 1kg내에 얼마의 용질이 용해되어 있는 것을 말하는가?

① 0.1mg   ② 1mg
③ 10mg   ④ 100mg

정답 ②
해설 ppm(parts per million, 백만분율) : 용액 1kg 속에 들어 있는 용질의 질량(mg)
1ppm = 1mg/kg

03 다음 중 강우에 의한 침출수 생성을 방지하기 위하여 매립지 상단에 덮어주는 재료로 가장 적당한 것은?

① 점토   ② 모래
③ 자갈   ④ 산토양

정답 ①
해설 점토는 단위무게당 표면적이 훨씬 넓으므로 토양 중에서는 가장 활동적이며 수분 및 양분의 보유력이 강하다.

04 코어 채취용 기구인 더블 튜브 코어 배럴(double tube core barrel)의 내관(內管) 중 내경(內徑)의 치수가 가장 큰 것은?

① EX   ② AX
③ BX   ④ NX

정답 ④
해설 내경 크기 : HX > NX > BX > AX > EX > RX

05 다음 조니 조절제 중 점성 증가제에 해당하는 것은?

① 바라이트
② 탈수감소제(CMC)
③ 텔라이트 B
④ 리그네이트

정답 ②
해설 〈조니 조정제의 종류〉
• 이수 주재료 : 물, 벤토나이트
• 점성 증가제 : CMC, C-clay
• 가중제 : 바라이트
• 분산제 : telrite B, telrite FCL, lignate
• 윤활제 : 머드 오일
• pH조절제 : 수산화나트륨, 수산화칼슘
• 소포제 : 스테아르산알루미늄
• 일수일니방지제 : 건초, 대팻밥, 솜, 운모
• 탈수감소, 공벽강화제 : AS-tex

06 현무암질 용암류와 같은 분출암이나 관입암에 발달하는 기둥 모양으로 평행한 절리는 무엇인가?

① 판상절리
② 층상절리
③ 방상절리
④ 주상절리

정답 ④

해설 절리는 화성암이 풍화작용과 지각변동에 의해 틈이 생기는 것이다.
- 주상절리 – 육각기둥 모양 – 현무암
- 판상절리 – 판 모양 – 안산암
- 방상절리 – 육면체 모양 – 화강암
- 신장절리 – 횡압력을 받아 습곡이 형성될 때 응력 때문에 생성
- 전단절리 – 횡압력에 의한 전단력으로 2개의 교차 방향에 생성

07 다음 중 두 물체 사이에 작용하는 인력, 즉 뉴튼의 만유인력의 법칙이 기초가 되는 탐사법은?

① 전기탐사
② 자력탐사
③ 중력탐사
④ 탄성파탐사

정답 ③

해설

탐사 종류	물리적 특성 및 이용되는 현상
중력 탐사	밀도, 만유인력, 중력가속도 변화
자력 탐사	대자율, 정적 자기장 변화
전기비저항, 자연전위탐사	전기 비저항 변화, 전위 변화
탄성파 탐사	탄성파 속도
방사능 탐사	방사능 조사

08 시추장비 중 리밍 셀(reaming shell)의 사용 목적으로 옳은 것은?

① 누수 방지
② 표토 제거
③ 공경 유지
④ 코어 채취

정답 ③

해설 비트와 코어 배럴 사이에 접속되며 짧고 얇은 관상 비트로 바깥에 절삭면이 있어 일정한 공경 유지, 로드 마멸 방지, 장비 진동 방지를 위해 사용한다.
- 연결 순서 : rod – rod coupling – core barrel head – core barrel – reamming shell – bit

09 다음 중 변성암의 특징적인 구조에 해당하지 않는 것은?

① 다공질 구조
② 편리
③ 편마구조
④ 엽리

정답 ①

해설
- 퇴적암의 특징 : 층리, 사층리, 퇴적소극, 물결자국(연흔), 건열, 화석 등
- 변성암의 특징 : 벽개, 엽리, 편리, 편마구조, 선구조 등

10 다음 중 지구 물리탐사법과 측정 단위의 연결로 옳지 않은 것은?

① 전기탐사법 - mV
② 자력탐사법 - mR
③ 중력탐사법 - mgal
④ 탄성파탐사법 - m/sec

정답 ②

해설
- 자연 전위법 : mV
- 자력 : γ(gamma)
- 중력 : Gal(1g/cm²)
- 탄성파 : m/s

11 퇴적암의 생성순서를 밝혀 주는 법칙으로 아래 놓인 지층이 위에 놓인 지층보다 언제나 시간적으로 먼저 형성되었다는 법칙은?

① 동일과정의 법칙
② 지층 누중의 법칙
③ 부정합의 법칙
④ 관입의 법칙

정답 ②

해설
- 동일과정의 법칙 : 풍화, 침식, 퇴적, 화산활동 등이 계속 반복되어 현재가 되었다.
- 누중의 법칙 : 아래에 놓여 있는 것이 먼저 쌓인 지층이고 위에 놓인 것이 후에 쌓인 지층이다.
- 부정합의 법칙 : 부정합면은 두께가 없는 면이지만 긴 시간이 흐름을 내포 한다.
- 관입의 법칙 : 관입당한 암석이 관입한 암석보다 시간적으로 먼저이다.

12 다음 화성암 중 염기성암에 해당하는 것은?

① 안산암   ② 유문암
③ 섬록암   ④ 반려암

정답 ④

해설

색		어두움 ↔ 밝음		
세립(小) ↕ 조립(大)	화산암	현무암	안산암	유문암
	반심성암	휘록암	섬록반암	화강반암
	심성암	반려암	섬록암	화강암
SiO$_2$ 함량		45~52% (염기성암)	52~66% (중성암)	66% 이상 (산성암)

13 다음 중 지질도에서 배사구조를 나타내는 지질 기호는?

정답 ③

해설

단층	향사	배사	주향, 경사

14 다음 중 광역변성암으로만 옳게 나열된 것은?

① 편마암, 혼펠스, 사암
② 화강암, 섬록암, 역암
③ 대리암, 현무암, 천매암
④ 천매암, 편마암, 편암

정답 ④

해설 혼펠스는 세일이 열접촉변성한 것이다.
- 접촉변성 : 세일 → 혼펠스(hornfels)
- 광역변성 : 세일 → 슬레이트(점판암) → 천매암 → 편암 → 편마암

15 등반균질 대수층에서 지하수의 흐름과 등수위선과의 교차각은?

① 45°
② 90°
③ 120°
④ 180°

정답 ②

16 수소 이온 농도에 의해 온천을 분류할 때 중성천에 해당하는 수소 이온 농도의 범위는?

① pH < 2
② 2 ≤ pH < 4
③ 6 ≤ pH < 7.5
④ 9 ≤ pH

정답 ③
해설

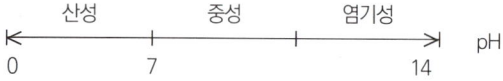

17 다음 중 방사능 탐사로 탐지되지 않는 광물은?

① 우라늄 광물　② 칼륨 광물
③ 토륨 광물　　④ 아연 광물

정답 ④
해설 라돈(Rn), 우라늄(U), 토륨(Th), 칼륨(K), 넵투늄(Np), 악티늄(Ac), 프로트악티늄(Pa) 등은 방사능 원소이므로 가이거 계수기와 신틸레이션 계수기 등의 방사능 탐광법을 사용한다.

18 석유광상의 생성조건에 대한 설명으로 옳지 않은 것은?

① 석유를 만드는 근원암이 있어야 한다.
② 석유를 저장하기에 적당한 다공질인 저류암이 부근에 있어야 한다.
③ 함유층이 석유가 한 곳에 모일 수 있는 상태의 지질구조를 가져야 한다.
④ 석유가 자유로이 분산되도록 투수층이 함유층 위에 있어야 한다.

정답 ④
해설 석유광상의 생성 조건은 먼저 근원암이 있어야 하고 석유가 저장되는 저류암과 빠져 나가지 못하게 하는 덮개암이 부근에 있어야 하고 석유가 모일 수 있는 지질구조여야 한다. 투수층(물)은 함유층(기름) 보다 비중이 크므로 아래에 있다.

19 다음 중 상반이 하반에 대하여 상대적으로 미끄러져 내려간 단층으로 주로 장력이 작용할 때 생기는 것은?

① 회전단층　② 정단층
③ 역단층　　④ 주향이동단층

정답 ②
해설 단층 구조란 지각에 횡압력, 인장력, 중력이 작용하여 생긴 틈을 경계로 양쪽 지괴가 이동하여 어긋난 구조이다.
- 정단층 : 인장력 때문에 상반이 하강한 것
- 역단층 : 횡압력 때문에 상반이 상승한 것
- 사교단층 : 지층의 주향과 45° 내외로 교차하는 것
- 주향이동단층 : 양쪽 지괴가 수평으로만 이동한 것
- 주향단층 : 단층의 주향이 지층의 주향에 거의 평행한 것
- 수직단층 : 상하반 구분이 없이 수직으로 이동한 것
- hinge단층(경첩단층) : 단층의 실이동이 단층의 연장상에서 동일하지 않는 것
- 회전단층 : 한 점을 중심으로 회전
- 계단단층 : 몇 개의 단층이 거의 평행하게 발달되어 여러 지괴를 순차로 계단상으로 떨어지게 한 것

20 흙의 투수계수를 측정하는 방법 중 실내 시험방법은?

① 양수시험
② 압밀시험
③ 정수위 투수시험
④ 수압파쇄시험

정답 ③
해설 투수계수 측정법 중 양수시험은 현장법이고 압밀시험은 공식에 의한 계산법이다. 실내에서 투수계에 의해 직접 측정하는 방법은 정수위법과 변수위법이다.

21 다음 지하수위 저하공법 중 중력 배수 공법에 해당하는 것은?

① trench공법　② Well Point공법
③ 전기 침투 공법　④ 진공 배수 공법

정답 ①
해설 중력 배수 공법에는 집수통 배수 공법, Trench공법, 암거 배수 공법, Deep Well 공법 등이 있다.

22 다음 중 지반의 물성 조사를 위해 실내에서 실시하는 암석 시험법이 아닌 것은?

① 일축 압축 시험
② 평판 재하 시험
③ 삼축 압축 시험
④ 탄성파 속도 시험

정답 ②
해설 실내에서 실시하는 함석 시험법으로는 일축 압축 시험, 삼축 압축 시험, 탄성파 속도 시험, 비중 시험, 밀도 시험, 흡수율 시험, 경도 시험 등이 있다.

23 로드와 보호관의 접속장치이며, 로드쪽은 암나사, 보호관 쪽은 수나사로 되어 있는 드라이브 파이프의 접속구는?

① 커플링(coupling)
② 헤드(head)
③ 슈우(Shoe)
④ 부싱(Bushing)

정답 ④
해설
- 커플링(coupling) : 로드 연결구는 로드커플링이라 하여 중앙에 구멍이 있어 이수가 통할 수 있다. 케이싱 연결구는 케이싱커플링이라 한다.
- 헤드(head) : 케이싱 머리에 있어 타격을 받는 것
- 슈우(shoe) : 케이싱 끝에 있어 케이싱이 들어가기 쉽게 끝이 뾰족하다.
- 부싱(busing) : 로드와 케이싱의 접속장치로 로드쪽은 암나사, 케이싱쪽은 숫나사이다.

24 광물의 결정계에서 결정축이 4개가 존재하는 결정계는?

① 사방정계　② 정방정계
③ 육방정계　④ 등축정계

정답 ③
해설 육방정계 : 한 평면상에서 서로 60°로 교차하는 3개의 수평축, 이들과 직교하며 길이가 다른 수직축을 포함하여 총 4개의 축을 가진 결정계

25 다음 물리 검층법 중 전기 검층법의 종류에 해당하지 않는 것은?

① 감마선 검층법
② 자연 전위 검층법
③ 전기 비저항 검층법
④ 전자 유도 검층법

정답 ①
해설
- 방사능 검층법 : 중성자검층, 밀도검층, 자연감마선 검층
- 전기 검층법 : 자연전위검층, 전기비저항검층, 유도분극법

26 부정합면이 발견되지 않고 성층면으로 대표되나 그 사이에 큰 결층이 있는 부정합은?

① 평행부정합 ② 사교부정합
③ 준정합 ④ 난정합

정답 ③

해설 부정합은 두께가 없는 면이나 지질학적으로 긴 시간을 내포하며 난정합, 경사(사교)부정합, 평행부정합(비정합), 준정합 등으로 구분한다.
- 난정합 : 부정합면 아래에 심성암, 변성암과 같은 결정질이 존재하는 경우
- 경사(사교)부정합 : 부정합면 아래에 습곡산맥으로 변한 고지층이 있는 경우
- 평행부정합(비정합) : 부정합 위, 아래 지층이 평행한 경우
- 준정합 : 성층면 사이에 큰 결층(berak)이 있는 경우

27 주로 지각에 농집되어 있고, 규산염과 화학적 친화력이 높은 친석 원소는?

① 구리(Cu) ② 니켈(Ni)
③ 텅스텐(W) ④ 아연(Zn)

정답 ③

해설 규산염과 화학적 친화력이 높은 친석 원소는 텅스텐이다.

28 다음 중 화성광상에 해당 하지 않는 것은?

① 정마그마 광상 ② 열수광상
③ 기성광상 ④ 침전광상

정답 ④

해설 화성광상에는 정마그마 광상, 페그마타이트 광상, 접촉교대광상, 열수광상이 있다.

29 다음 중 회전식 시추법에 해당하는 것은?

① 엠파이어 시추
② 숏 볼 시추
③ 와이어 로프 시추
④ 각 로드 시추

정답 ②

해설 회전식 시추는 로드 또는 코어 배럴에 접속한 비트에 적당한 압력과 회전력을 가함으로써 원형 구멍을 굴착하는 방법이다. 충격식 시추는 와이어로프 또는 로드 끝에 있는 비트의 충격에 의해 지층의 암반을 파쇄 한 다음 충격을 가할 때마다 조금씩 비트의 각도를 회전시켜 원형의 구멍을 뚫는 것으로 엠파이어, 로드, 로우프 시추가 대표적인 충격식 시추법이다.

30 시추용 비트 중 메탈 크라운(Metal Crown) 비트의 장점에 대한 설명으로 옳지 않은 것은?

① 점착성이 있는 연암의 천공에 적합하다.
② 굴착 시 비용이 저렴하고 얕은 심도에 적합하다.
③ 코어 회수율이 다이아몬드 비트보다 우수하다.
④ 시추의 목적에 따라 여러 형태의 비트를 비교적 쉽게 제작하여 사용할 수 있다.

정답 ③

해설 메탈 크라운 비트는 연질암에서 속도가 빠르며 비용이 저렴하고 쉽게 제작할 수 있다.

31 다음에서 설명하는 것은 무엇인가?

> 단위 시간동안 단위 동수구배하에서 단위 면적을 통해 유출되는 지하수의 유출률

① 수리전도도 ② 저류계수
③ 비산출율 ④ 비보유율

정답 ①
해설 수리전도도: 단위 시간동안 단위 동수구배 하에서 단위 면적을 통해 유출되는 지하수의 유출률

32 Au-Ag 광상을 발견하기 위해 분석 대상이 되는 지시원소로 가장 적합한 것은?

① 비소(As) ② 구리(Cu)
③ 몰리브덴(Mo) ④ 수은(Hg)

정답 ①
해설 지시원소란 지구화학탐사에서 암석, 토양, 식물 등의 시료를 분석하여 검출되는 미량원소로서 대상 광상과 지질학적 관련이 있어 시료 아래 지하의 광상을 추정할 수 있다. 화학분석이 쉽고 분석비가 저렴해야하며 이동도가 커야 한다.

지시원소	광상
Zn(아연), Cu(구리)	Cu-Pb-Zn 광상
Zn(아연)	Ag-Pb-Zn 광상
Hg(수은)	Pb-Zn-Ag 광상
SO4(황산화물)	황화물 광상
As(비소)	Au-Ag 광상
B(붕소)	Sn-W-Be-Mo 광상
Rn(라돈)	U광상
Mo(몰리브덴)	반암구리 광상

33 비트의 메탈 팁 또는 사용하던 공구류의 공내 잔류 때 로드에 접속한 강력한 자석의 힘으로 붙여서 회수하는 장비는?

① 탭(tap)
② 로드 스피어(rod spear)
③ 월 훅(wall hook)
④ 마그넷(magnet)

정답 ④
해설
- 마그넷(magnet) : 자석으로 시추공내의 공구를 끌어 올림
- 로드 스피어(rod spear) : 끝이 송곳처럼 되어 있어 로드 구멍에 끼워 끌어 올림
- 탭(tap) : 시추공에 로드를 빠뜨렸을 때 나사를 내면서 끌어 올림
- 월훅(wall hook) : 케이싱이 공 내에서 기울어져 있을 때 바로잡은 다음 탭을 이용하여 끌어 올림

34 보웬(Bowen)의 반응계열에서 마그마가 냉각될 때 가장 먼저 정출되는 광물은?

① 감람석 ② 휘석
③ 석영 ④ 각섬석

정답 ①
해설 Bowen 반응 계열이란 마그마에서 광물이 생성되는 과정이 불연속 반응 계열과 연속 반응 계열이 있으며 서로 독립적으로 결정 작용이 진행되다가 마지막에는 하나의 계열이 된다는 것이다. 고온에서 고결 생성되는 것은 감람석이고 저온에서 생성되는 것은 석영이며 화학적 풍화에 대한 저항 강도와 안정성은 석영으로 갈수록 점차 크다.

35 다음 그림을 보고 주향, 경사 표시가 올바르게 된 것은?(단, 주향, 경사의 순서임)

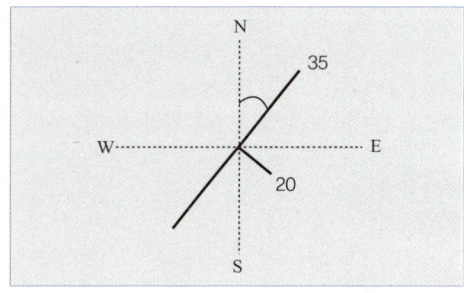

① N20°E, 35°SE ② N35°E, 20°SE
③ N20°W, 35°SW ④ N35°W, 20°SW

정답 ②

해설 지층면과 수평면이 만나는 교선이 북(N)을 기준으로 동(E)으로 45° 향해 있으므로 주향은 N45°E 이고 경사는 북(N)과 서(W) 사이에 30° 기울어져 있으므로 30°NW로 표시한다.

36 다음 중 화성암에 대한 설명으로 옳은 것은?

① 마그마가 지하 깊은 곳에서 굳어져 만들어진 화성암을 이루는 광물 알갱이들은 크기가 작다.
② 마그마가 지하 깊은 곳에 관입하여 굳어진 화성암을 화산암이라 한다.
③ 화성암을 이루는 주 구성 광물 중 무색 광물은 석영, 정장석, 백운모 등이 있다.
④ 화성암 중 유문암, 안산암, 현무암은 심성암에 해당한다.

정답 ③

해설 ① 마그마가 지하 깊은 곳에서 굳어져 만들어지는 화성암은 알갱이가 크다. ② 마그마가 지하 깊은 곳에 관입하여 굳어진 화성암을 심성암이라 한다. ④ 화성암 중 유문암, 안산암, 현무암은 화산암에 해당한다.

37 감마선의 컴프턴 산란(Compton scattering)을 이용하여 암석의 체적밀도를 측정하는 검층 방법은?

① 중성자 검층   ② 밀도 검층
③ 자연방사능 검층 ④ 음파 검층

정답 ②

해설 방사능 검층법
(1) 중성자 검층 : 중성자 검층곡선의 공극률과 다른 광물의 공극률을 비교
(2) 밀도 검층 : 감마선의 컴프턴 산란을 이용해 암석의 체적밀도를 측정
(3) 자연감마선 검층 : 신틸레이션으로 감마선의 세기를 측정

38 다음 중 중성자 검층을 통하여 얻을 수 있는 지층의 정보는?

① 지층을 구성하는 암석의 밀도
② 대수층의 두께
③ 지층을 구성하는 암석의 종류
④ 지층의 공극률

정답 ④

해설 중성자 탐사는 중성자 검층곡선의 공극률과 다른 광물의 공극률을 비교한다.

39 다음 중 시추공의 공곡측정기인 트로파리 측정기와 관련이 없는 것은?

① 방위판   ② 젤라틴액
③ 시계장치   ④ 진자

정답 ②

40 지구화학적 환경 중 2차 환경에 대한 설명으로 옳지 않은 것은?

① 일반 것으로 지하수면 상부의 지표 부근의 환경을 말한다.
② 풍화작용이나 토양의 형성작용 등이 발생한다.
③ 온도와 압력이 낮고, 산소와 이산화 탄소의 함량이 높다.
④ 유체의 이동이 제한되는 환경이다.

정답 ④

해설 2차 환경은 지표환경으로 풍화 작용, 퇴적 작용이 진행되며 1차 환경과는 반대로 압력이 낮고, 산소와 이산화 탄소의 양이 많으며, 유체의 이동이 자유롭다.

41 광물의 형태에 있어서 우각이란 무엇인가?

① 2개의 결정면이 만나서 만들어지는 모서리
② 3개 이상의 결정면이 만나서 만들어지는 꼭지점
③ 결정의 표면에 보이는 평탄한 면
④ 2개의 결정면이 이루는 각

정답 ②

해설 면각이란 2개 결정면이 이루는 각이고, 우각이란 3개 면이 만나서 생기는 꼭지점이다.

42 다음 중 산화광물에 해당하는 것은?

① 자철석 ② 석영
③ 방연석 ④ 황동석

정답 ①

43 양수시험에 의해 구해진 대수층의 수리전도도가 $1.3×10^{-3}$m/min일 때 두께가 150m인 대수층의 투수량계수는?

① $1.195 m^2/min$
② $0.195 m^2/min$
③ $11.95 m^2/min$
④ $2.195 m^2/min$

정답 ②

해설 투수량 계수란 동수경도가 1일 때 폭 1m의 대수층을 통과하는 유량이다.
T = kb
투수량 계수 = 투수계수(수리전도도) × 대수층 두께
= $1.3×10^{-3}$m/min × 150m = $0.195 m^2/min$

44 시추용 펌프는 일반적으로 왕복 펌프가 사용되는데, 다음 중 왕복 펌프의 종류에 속하지 않는 것은?

① 터빈 펌프 ② 피스톤 펌프
③ 다이어프램 펌프 ④ 플런저 펌프

정답 ①

45 다음 중 시추용 이수의 비중을 증가시킬 목적으로 사용하는 것은?

① 소석회 ② 바라이트
③ 시멘트 ④ 벤토나이트

정답 ②

해설 이수의 비중을 증가시키는 것으로 가중제로는 바라이트(barite)가 주로 사용된다. 비중을 높여야 슬러지 배출이 잘 되어 시추공이 붕괴되지 않고 용수의 분출을 막을 수 있다.

46 다음 중 일반적으로 P파의 전파속도가 가장 빠른 암석은?

① 셰일 ② 사암
③ 석회암 ④ 화강암

정답 ④

해설 탄성파 속도 크기 : 암석(화성암 > 변성암 > 퇴적암) > 수중 > 토양

주요 암석과 물질의 탄성파 속도

물질 및 암석	P파 속도(m/s)	S파 속도(m/s)
공기	330	-
마른 모래	300-800	100-500
물	1,450	-
얼음	3,400-3,800	1,700-1,900
점토	1,100-2,500	200-800
석회암	3,500-6,500	1,800-3,800
암염	4,000-5,000	2,000-3,200
화강암, 심성암	4,600-7,000	2,500-4,000

47 다음 중 화산회가 쌓여서 굳어진 퇴적암은?

① 쳐트
② 응회암
③ 규조토
④ 고회암

정답 ②

해설

퇴적물(지름)	퇴적암
화산진, 화산재(4mm이하)	응회암
고회석[(CaMg(CO$_3$)$_2$]	고회암
석영(SiO$_2$)	쳐트
규질 생물체	쳐트, 규조토

48 우리나라에서 석탄 자원을 협재하는 지층은?

① 조선계
② 평안계
③ 대동계
④ 휘록암

정답 ②

해설 p. 23쪽 표 참조

49 지하수 오염방지를 위한 차폐시설 중 슬러리 월의 종류가 아닌 것은?

① 흙 벤토나이트
② 시멘트 벤토나이트
③ 플라스틱 콘크리트
④ 강재 시트

정답 ④

50 길이 15cm, 단면적 25cm^{2}인 모래 시료에 대해 정수두 투수 측정기로 수리전도도를 측정하고자 한다. 수두차가 5cm이고 12분 동안 100cm^{3}의 물을 수집했을 때 수리전도도는 몇 cm/sec 인가?

① 1.0×10^{-3}
② 1.22×10^{-3}
③ 1.55×10^{-2}
④ 1.67×10^{-2}

정답 ④

51 시추작업에 사용되는 굴착장비는 비트류, 연결구, 송수장비, 사고 복구 장비 등이 있다. 다음 중 연결구에 해당하지 않는 것은?

① 케이싱 슈
② 케이싱 파이프
③ 드라이브 파이프
④ 로드 커플링

정답 ①

해설
- 슈우(shoe) : 케이싱을 때려 박을 때 사용함, 사고 복구용 기구가 아님
- 로드 탭(rod tap) : 시추공에 로드를 빠뜨렸을 때 나사를 내면서 끌어 올림
- 마그넷(magnet) : 자석으로 시추공내의 공구를 끌어 올림
- 로드 스피어(rod spear) : 끝이 송곳처럼 되어 있어 로드 구멍에 끼워 끌어 올림

52 유도분극(IP)탐사는 다음 중 어느 물리탐사법에 해당하는가?

① 탄성파 탐사
② 전기 탐사
③ 중력탐사
④ 자력 탐사

정답 ②

해설 전기탐사에는 자연 전위 탐사법, 전기 비저항 탐사법, 유도 분극 탐사법이 있다.

53 다음 중 외력에 의해 파괴되지 않고 순응한 변형에 해당하는 지질구조는?

① 습곡 ② 단층
③ 오버스러스트 ④ 절리

정답 ①
해설 습곡은 지층이 퇴적된 후 양측에서 힘을 받아 구부러진 구조이다.

54 다음 설명하는 광물은 무엇인가?

· 화학식 : CaCO₃   · 경도 : 3
· 비중 : 2.72   · 결정계 : 육방정계
· 조흔색 : 백색

① 정장석 ② 황동석
③ 방해석 ④ 자철석

정답 ③
해설 방해석의 화학식은 $CaCO_3$이며 경도는 3이다.

55 다음 중 변성암과 변성되기 전 원암의 연결로 옳지 않은 것은? (단, 변성암 – 원암 순서임)

① 대리암 – 석회암
② 천매암 – 셰일
③ 편마암 – 화강암
④ 규암 – 점판암

정답 ④

56 다음 중 쇄설성 퇴적암이 아닌 것은?

① 쳐트 ② 사암
③ 셰일 ④ 각력암

정답 ①
해설

분류	퇴적암
쇄설성 퇴적암	역암, 사암, 셰일
	응회암, 집괴암
화학적 퇴적암	암염, 석고, 석회암, 고회암, 처트
유기적 퇴적암	석회암, 처트, 규조토, 석탄

57 지표의 침강에 의해 해안평야와 계곡에 해수가 침입하여 굴곡이 많은 해안으로 되는데 이를 무엇이라 하는가?

① 마라인 단구 해안
② 리버단구 해안
③ 리아스식 해안
④ 융기 해안

정답 ③
해설
- 지각 융기의 증거 – 융기 해변, 단구 해안, 심성암과 변성암의 노출 등
- 지각 침강의 증거 – 리아스식 해안 : 굴곡 많음, 서해안과 남해안

58 지하수면에서의 압력이 대기압과 동일한 상태 하에 있는 대수층을 무엇이라 하는가?

① 지연대수층
② 난대수층
③ 자유면 대수층
④ 피압 대수층

정답 ③

59 다음 중 화학적 풍화에 가장 강한 광물은?

① 감람석　　② 석영
③ 각섬석　　④ 흑운모

정답 ②

해설 마그마에서 광물이 생성되는 과정 중 고온에서 고결 생성되는 것은 감람석이고 저온에서 생성되는 것은 석영이며 화학적 풍화에 대한 저항 강도와 안정성은 석영으로 갈수록 점차 크다.
감람석→휘석→각섬석→흑운모→정장석→백운모→석영

60 온천을 분류할 때 활용되는 온천의 3요소에 해당하지 않는 것은?

① 온도　　② 수질
③ 수량　　④ 수심

정답 ④

해설 온천은 온도, 수질, 수량으로 분류한다.

시추기능사 2012 기출문제

* 답안카드 작성시 시험문제지 형별누락, 마킹착오로 인한 불이익은 전적으로 수험자의 귀책사유임을 알려드립니다.

01 다음 중 와이어 라인 코어 배럴(Wire line core barrel)의 구조에 포함되지 않는 것은?

① 아우터 튜브(outer tube)
② 오버 쇼트(over shot)
③ 인너 튜브(inner tube)
④ 싱글 튜브(single tube)

정답 ④

해설 코어 배럴(core barrel)은 코어를 채취하는 기구이다.
- Single core barrel : 경암에 사용
- Double core barrel : 연암에 적용, inner tube(내관)는 회전하지 않고 outer tube(외관)만 회전하여 코어가 부서지지 않게 됨
- Wire line core barrel : 300m 이상의 심부공 코어 채취용, 와이어 라인에 연결한 오버쇼트를 심부공에 보내 inner tube만 인양하므로 시간과 노동력이 절약됨. (구성 : 와이어라인용 로드, 이너튜브, 아우터 튜브, 오버쇼트, 와이어 로프)
- Over shot : 윗부분은 와이어 로프와 연결되어 있고 끝이 낚시 바늘 모양으로 되어 있어 inner tube를 지상으로 끌어 올릴 수 있도록 함.

02 시추작업에 사용되는 굴착장비 중 연결구에 해당하지 않는 것은?

① 케이싱 슈   ② 케이싱 파이프
③ 드라이브 파이프 ④ 로드 커플링

정답 ①

해설
- 슈우(shoe) : 케이싱을 때려 박을 때 사용함, 연결구가 아님
- 커플링(coupling) : 로드 연결구는 로드커플링이라 하여 중앙에 구멍이 있어 이수가 통할 수 있다. 케이싱 연결구는 케이싱커플링이라 한다.

03 시추용 이수의 비중을 증가시킬 목적으로 사용하는 것은?

① 소석회   ② 바라이트
③ 시멘트   ④ 벤토나이트

정답 ②

해설 이수의 비중을 증가시키는 것으로 가중제로는 바라이트(barite)가 주로 사용된다. 비중을 높여야 슬러지 배출이 잘 되어 시추공이 붕괴되지 않고 용수의 분출을 막을 수 있다.

04 균질의 경암에는 어떤 비트를 사용해야 하는가?

① 매트릭스가 연한 표면식입 비트
② 매트릭스가 연한 임프레그네이티드 비트
③ 매트릭스가 강한 표면식입 비트
④ 매트릭스가 강한 임프레그네이티드 비트

정답 ①

해설 1. 메탈 비트 : 크라운 강판에 초경합금 팁을 용착한 비트 표토층이나 연질암의 굴착에 사용
2. 다이아몬드 비트 : 크라운 상단에 다이아몬드를 분말 소결법으로 가공한 비트 경암에서 굴진 효율이 높음
   (1) 표면식입(surface) 비트 : 표면에 다이아몬드를 박아 넣은 것, 균질의 경암에 사용
   (2) 임프레그네이티드(impregnated) 비트 : 다이아몬드를 분쇄·혼합한 것 연속 굴착 가능, 다이아몬드 입자 파손 적음, 균열의 파쇄성 암석이나 균질의 중경암 이상의 암반 굴착에 사용

05 다음 시추용 장비 중에서 사고 복구용 장비가 아닌 것은?

① 슈우(shoe)
② 쵸핑 비트(chopping bit)
③ 마그넷(magner)
④ 로드 스피어(rod spear)

정답 ①
해설
- 슈우(shoe) : 케이싱을 때려 박을 때 사용함, 사고 복구용 기구가 아님
- 쵸핑 비트(chopping bit) : 공 바닥에 빠진 공구 조각을 회전과 충격에 의해 파쇄
- 마그넷(magnet) : 자석으로 시추공내의 공구를 끌어 올림
- 로드 스피어(rod spear) : 끝이 송곳처럼 되어 있어 로드 구멍에 끼워 끌어 올림
- 로드 탭(rod tap) : 시추공에 로드를 빠뜨렸을 때 나사를 내면서 끌어 올림

06 미량 원소 플루오르(F)의 함량이 800ppm인 화강암 표준시료를 실험실에서 2회에 걸쳐 분석한 결과 플루오르의 함량이 각각 780ppm 및 760ppm이었다. 정확도는 얼마인가?

① 78.25%   ② 82.30%
③ 96.25%   ④ 99.85%

정답 ③
해설

$$정확도(\%) = \frac{실험평균값}{표준값} \times 100$$

$$= \frac{(780+760)/2}{800} \times 100 = 96.25$$

07 시추작업 시 공곡이 발생하는 원인이 아닌 것은?

① 기계설치가 불량할 때
② 비트에 무리한 압력이 가해졌을 때
③ 케이싱을 삽입하고 굴착규격을 바꾸었을 때
④ 암석의 변화가 심하고 암석 절리의 경사가 심할 때

정답 ③
해설 공곡은 시추공이 직선을 유지 못하고 곡선으로 휘는 현상인데 케이싱을 삽입하고 굴착하면 방지할 수 있다.

08 다음 중 로드나 케이싱을 타입하거나 뺄 때 드라이브 해머의 충격을 받는 쇠이며, 원통의 중앙부는 로드나 케이싱이 접속할 수 있도록 암나사로 되어 있는 것은?

① 리밍 셸
② 노킹 블록
③ 로드 홀더
④ 로드 스피어

정답 ②
해설 너킹 블록(knocking block) : 로드나 케이싱을 때려 넣을 때 드라이브 해머의 충격을 받는 것

09 다음 중 퇴적암층 코어(Core)에서 볼 수 없는 구조는?

① 층리　　② 절리
③ 건열　　④ 화석

정답 ②

해설 절리는 화성암이 풍화작용과 지각변동에 의해 틈이 생기는 것이다.
- 퇴적암의 특징 : 층리, 사층리, 퇴적소극, 물결자국(연흔), 건열, 화석 등

10 광물의 형태를 설명한 것 중 틀린 것은?

① 다면체를 만드는 평면을 결정면이라 한다.
② 두 면 사이의 각을 면각이라 한다.
③ 3개 이상의 면이 만나는 점을 우각이라 한다.
④ 평면, 면각, 우각을 통틀어 결정의 요소라 한다.

정답 ④

해설 면각이란 2개 결정면이 이루는 각이고, 우각이란 3개의 면이 만나서 생기는 꼭지점이다. 결정의 3요소는 꼭지점(우각), 면, 모서리(능) 이다.

11 다음 광물 중 흔히 연마재로 쓰이는 광물은?

① 방해석　　② 백운석
③ 석류석　　④ 각섬석

정답 ③

해설 천연연마재로서 최고급은 다이아몬드이고 석류석은 규산염 광물인데, 연마지(研磨紙)로서 목재를 연마하는 데 흔히 사용된다. 에머리는 금속표면을 끝손질하는 데 좋고 규사는 연마능력이 낮지만 다량 산출되고 가격이 싸서 많이 사용된다.

12 다음 중 탄성파 속도 검층법의 종류가 아닌 것은?

① 다운 홀(down hole) 법
② 업 홀(up hole) 법
③ 공간 속도 측정(cross hole) 법
④ 수평 홀(parallel hole) 법

정답 ④

해설 탄성파 탐사법은 지구 내부 구조에 따라 탄성파 속도와 진폭 등이 여러 형태로 변하는 점을 이용하여 탐사하는 것으로 진원과 수진기 설치 위치에 따라 다운홀(down hole)법, 업홀(up hole)법, 크로스롤(cross hole)법, 표유법 등이 있다.

13 회전 스핀들형 시추기의 회전 동력 전달 순서는?

① 스핀들 → 변속장치 → 로드 → 비트
② 변속장치 → 스핀들 → 로드 → 비트
③ 로드 → 비트 → 스핀들 → 변속장치
④ 비트 → 변속장치 → 로드 → 스핀들

정답 ②

해설 굴착 장비에 추진력을 부여하는 추진 장치에는 스핀들형과 턴테이블형이 있다. 스핀들(spindle)형은 강관의 스핀들에 드릴 로드를 끼워 고정시키고 스핀들의 회전과 상하 급진 작용에 의해 굴착되도록 한 것으로 1,500m 이하의 시추에 많이 사용된다. 회전 동력 전달 순서는 변속장치 → 스핀들 → 로드 → 비트 순이다.

14 다음 중 결정의 중심을 지나는 3개의 가상적인 축이 서로 직교하며 길이도 같은 광물의 결정계는?

① 등축정계　　② 육방정계
③ 사방정계　　④ 삼사정계

정답 ①

해설
- 비정합(평행부정합) : 부정합 위, 아래 지층이 평행한 경우
- 준정합 : 성층면 사이에 큰 결층(berak)이 있는 경우
- 난정합 : 부정합면 아래에 심성암, 변성암과 같은 결정질이 존재하는 경우
- 경사(사교)부정합 : 부정합면 아래에 습곡산맥으로 변한 고지층이 있는 경우

15 다음은 비금속 광택의 종류와 대표 광물을 나타낸 것이다. 서로 올바르게 연결된 것은?

① 견사광택 : 석영
② 진주광택 : 활석
③ 지방광택 : 고령토
④ 유리광택 : 석면

정답 ②

해설

진주 광택 – 활석, 수활석	토상 광택 – 고령토, 점토
견사 광택 – 석면, 석고	금강 광택 – 금강석, 방연석
유리 광택 – 석영, 전기석	지방(수지) 광택 – 네펠린, 유황

16 다음 자연금속 광물 중에서 연성과 전성이 가장 큰 것은?

① 자연구리　② 자연금
③ 자연은　　④ 자연납

정답 ②

해설 연성(ductility)이란 탄성한계를 넘는 힘을 가함으로써 물체가 파괴되지 않고 늘어나는 성질이며 백금·금·은·구리 등의 금속의 연성이 크다. 전성(malleability)이란 압축력에 대하여 물체가 부서지거나 구부러짐이 일어나지 않고, 물체가 얇게 영구변형이 일어나는 성질이다. 금·은·주석·알루미늄과 같은 부드러운 금속일수록, 불순물이 적을수록 전성이 강하다.

17 다음 중 이수의 비중을 측정하기 위하여 사용하는 것은?

① 머쉬 펀넬(marsh funnel)
② 스토머(stormer)
③ 이수 평행기(mud balance)
④ 레오미터(rheometer)

정답 ③

해설
- mud balance (이수천칭, 이수평형기) – 비중 측정
- marsh funnel, VG meter, stormer, rheo meter – 점성 측정
- 사분측정기 – 사분 함유량 측정
- yield –벤토나이트 품질 측정

18 변수위 투수 시험기에서 몰드의 안지름이 10cm, 높이가 15cm 이다. 여기에 시료를 채우고 물을 채운 후의 유리간의 수위는 90cm 이었고, 투수시간 10분 경과 후 수위는 50cm로 저하하였다. 이 흙 시료의 투수계수는? (단, 유리관의 안지름은 2cm)

① 5.87×10^{-3} cm/s
② 78.5×10^{-3} cm/s
③ 5.87×10^{-4} cm/s
④ 78.5×10^{-4} cm/s

정답 ③

해설 투수계수는 물이 흙이나 암석을 통과하는 정도를 나타내는 값으로 자갈이 높고 점토는 매우 낮으며 변수위 투수 시험을 통해 다음의 공식으로 구할 수 있다.

$$K = 2.3 \times \log\frac{h_1}{h_2} \times \gamma \times \frac{L}{A(t_2-t_1)}$$

여기서, K : 투수계수
h1 : 투수 전 수위(90cm)
h2 : 투수 후 수위(50cm)
a : 유리관 단면적($\pi r1^2 = \pi \times 1^2 = \pi$ cm²)
A : 몰드 단면적($\pi r2^2 = \pi \times 5^2 = 25\pi$ cm²)
L : 몰드 높이(15cm)

t2-t1 : 투수 소요시간
(10min = 10×60sec = 600sec)

따라서, $K = 2.3 \times \log\frac{90}{50} \times \pi \times \frac{15}{25\pi \times 600}$
$= 5.871 \times 10^{-4} \text{cm/sec}$ 이다.

19 중력탐사에서 실시하는 보정에 해당 되지 않는 것은?

① 경도보정 ② 고도보정
③ 위도보정 ④ 지형보정

정답 ①

해설 중력은 밀도(부우게)와 위도에 비례하고 고도, 지형의 높이에 반비례하기 때문에 중력탐사 후 보정해야 한다.

20 제 1층의 탄성파 전파 속도는 500m/sec, 제 2층의 탄성파 전파 속도는 1000m/sec인 수평 2층 구조에서 굴절법 탄성파 탐사를 실시하였다. 굴절파의 임계각은 얼마인가?

① 20° ② 30°
③ 40° ④ 50°

정답 ②

해설 $\sin\alpha = \frac{v_1}{v_2} = \frac{500}{1000} = \frac{1}{2} = 30°$

21 한 개의 큰 광물 중에 다른 종류의 작은 결정들이 다수 불규칙하게 들어있는 석리는?

① 유리질 석리 ② 포이킬리틱 석리
③ 비정질 석리 ④ 문상 석리

정답 ②

해설 석리(조직, texture)란 화성암의 특징 중 광물 입자들이 서로 모여 만든 소규모의 것이다.

- 유리질 석리 : 육안으로도 현미경으로도 관찰할 수 없는 것
- 포이킬리틱 석리 : 한 개의 큰 광물속에 다른 종류의 작은 결정들이 불규칙하게 포함되어 있는 것
- 비정질 석리 : 육안으로는 볼수 없으나 현미경으로 관찰할 수 있는 것
- 문상 석리(페그마타이트 조직) : 고대 상형 문자 모양의 배열 상태

22 지구화학탐사에서 탐사의 지침이 되는 지시원소의 구비 조건으로 옳지 않은 것은?

① 화학분석이 쉬울 것
② 분석비가 저렴할 것
③ 지구화학적 환경에서 이동도가 적을 것
④ 탐사대상 광체와 지질학적 관련성이 있을 것

정답 ③

해설 지시원소란 지구화학탐사에서 암석, 토양, 식물 등의 시료를 분석하여 검출되는 미량원소로서 대상 광상과 지질학적 관련이 있어 시료 아래 지하의 광상을 추정할 수 있다. 화학분석이 쉽고 분석비가 저렴해야하며 이동도가 커야 한다.

23 굴절법 탄성파 탐사로 결정할 수 없는 것은?

① 지층의 심도 ② 지층의 경사
③ 지층의 성분 ④ 지층의 속도

정답 ③

해설 지층의 성분은 지구화학탐사를 통해 알 수 있다. Snell 법칙은 빛의 굴절에 대한 것으로 탄성파 탐사에서 기본적인 법칙이며 다음과 같은 식이 성립한다.

$\sin\alpha = \frac{n_1}{n_2} = \frac{v_1}{v_2}$

여기서, α : 굴절각, n : 굴절률, V : 전파속도이다.
탄성파 전파 속도가 큰 층일수록 굴절률이 증가함

24 대지에 전류를 보내면 그 매질 중에 여러 가지 전기 화학적 현상이 발생하는데 이 중 과전위 효과를 이용한 방법은?

① 전자법　　② 자연전위법
③ 전기비저항법　④ 유도분극법

정답 ④

해설 유도분극(Induced Polarization)탐사는 유도분극 현상을 이용하여 다른 방법으로는 찾을 수 없는 심부의 저품위 광상도 탐사할 수 있는 비철금속자원탐사법이다. 유도분극현상(과전위효과)이란 전류를 갑자기 끊거나 전위차가 천천히 감소하거나 상승하는 것으로 지하에 비철금속 광물의 광체나 점토층이 존재할 때 관측할 수 있다.

25 다음 중 탄산염 광물은?

① 형석　　② 자철광
③ 방해석　④ 갈철광

정답 ③

해설
- 규산염광물 : 활석(Mg3SiO4O10(OH)2], 전기석(붕규산염), 지르콘(ZrSiO4), 황옥[Al2(F,OH)2SiO4]
- 붕산염광물 : Ludwigite(루드뷔자이트, Mg2Fe3+BO5), 붕사(Na2B4O7·10H2O)
- 탄산염광물 : 방해석(CaCO3), 아라고나이트(CaCO3), 백운석[CaMg(CO3)2]
- 황화광물 : 황철석(FeS2), 섬아연석(ZnS), 방연석(PbS)

26 다음 화성암에서 무색광물에 속하는 것은?

① 휘석　　② 각섬석
③ 장석　　④ 흑운모

정답 ③

해설
- 유색 광물 : 감람석<휘석<각섬석<흑운모
- 무색 광물 : 사장석<정장석<백운모<석영

27 광물의 물리적 성질에서 경도를 나타내는 모스(Mohs) 경도계로 7에 해당 되는 광물은?

① 석영　　② 정장석
③ 인회석　④ 방해석

정답 ①

해설

모오스 경도	1	2	3	4	5	6	7	8	9	10
광물	활석	석영	방해석	형석	인회석	정장석	석영	황옥	강옥	금강석

28 퇴적암의 생성순서를 밝혀 주는 법칙으로 아래 놓인 지층이 위에 놓인 지층보다 언제나 시간적으로 먼저 형성되었다는 법칙은?

① 동일과정의 법칙
② 관입의 법칙
③ 부정합의 법칙
④ 지층누중의 법칙

정답 ④

해설
- 동일과정의 법칙 : 풍화, 침식, 퇴적, 화산활동 등이 계속 반복되어 현재가 되었다.
- 지층누중의 법칙 : 아래에 놓여 있는 것이 먼저 쌓인 지층이고 위에 놓인 것이 후에 쌓인 지층이다.
- 부정합의 법칙 : 부정합면은 두께가 없는 면이지만 긴 시간이 흐름을 내포 한다.
- 관입의 법칙 : 관입당한 암석이 관입한 암석보다 시간적으로 먼저이다.

29 다음 기호는 지질도에 사용되는 것이다. 무엇을 의미하는가?

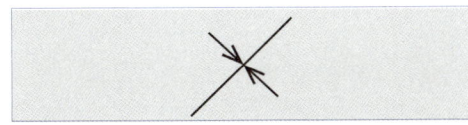

① 배사　② 향사
③ 단층　④ 노두

정답 ②

해설

단층	향사	배사	주향, 경사

30 시추공 속에 들어있는 인너 튜브(inner tube)만 와이어로우프(Wire rope)를 사용하여 지상으로 올리는 코어(core) 채취 기구로, 시추 로드(rod)를 지상으로 올리고 내리는 회수가 감소되므로 작업능률이 향상되며 특히 심부시추에 절대적으로 필요한 코어채취 기구는?

① 와이어라인 코어배럴(Wire line core barrel)
② 더블튜브 코어배럴(Double tube core barrel)
③ 싱글튜브 코어배럴(Single tube core barrel)
④ 핸드 오거(hand auger)

정답 ①

해설
- 코어 배럴(core barrel)은 코어를 채취하는 기구이다.
- Wire line core barrel : 300m 이상의 심부공 코어 채취용, 와이어 라인에 연결한 오버쇼트를 심부공에 보내 inner tube만 인양하므로 시간과 노동력이 절약되어 작업 능률이 향상됨. (구성 : 와이어라인용 로드, 이너튜브, 아우터튜브, 오버쇼트, 와이어 로프)
- Single core barrel : 경암에 사용
- Double core barrel : 연암에 적용, inner tube (내관)는 회전하지 않고 outer tube(외관)만 회전하여 코어가 부서지지 않게 됨

31 다음 중 알루미늄과 관련이 가장 깊은 것은?

① 공작석　② 장미휘석
③ 고령토　④ 금홍석

정답 ③

해설 지각에 많이 분포하는 장석은 물과 물에 녹아있는 이산화탄소와 산소에 의해 화학적으로 다음과 같이 풍화하여 고령토, 보오크사이트와 같은 알루미늄 함유 토양이 된다.

$KAlSi_3O_8 + H_2CO_3 + H_2O \rightarrow Al_2Si_2O_5(OH)_4$
(장석)　　　　　　　　　　　(고령토)
$Al_2Si_2O_5(OH)_4 + H_2O \rightarrow Al_2O_3 3H_2O$
(고령토)　　　　　　　(보오크사이트)

32 메탈 비트(metal bit)가 파손되어 시추공저에 메탈 파편이 잔류되어있을 때 그 대책으로 올바르지 않은 것은?

① 시멘테이션(cementation)을 실시하고 굳은 다음에 시멘트를 굴진하여 잡아 올린다.
② 로드(rod) 끝에 포집기를 달아 이것을 공저에 내려 펌프수를 보내어 메탈파편을 포집한다.
③ 쵸핑비트(choppimg bit)를 이용하여 메탈파편을 파쇄하고 가루로 만든다.
④ 탭(Tap)을 로드(rod)에 접속하여 공내에 내리고 메탈파편을 잡아 올린다.

정답 ④

해설 탭(tap)은 시추공에 로드를 빠뜨렸을 때 나사를 내면서 끌어 올리는 기구이다.

33 다음 광물 중 육방정계에 속하는 것은?

① 정장석　② 백운모
③ 각섬석　④ 녹주석

정답 ④

해설
- 등축정계 : 다이아몬드, 형석, 황철석, 암염, 방연석
- 정방정계 : 회중석, 황동석, 금홍석
- 사방정계 : 십자석, 황옥, 중정석
- 육방정계 : 수정, 인회석, 방해석, 녹주석
- 단사정계 : 정장석, 석고, 각섬석
- 삼사정계 : 남정석, 사장석, 부석

34 석탄은 다음 중 어디에 분포하는가?

① 화성암에 가장 흔히 분포한다.
② 퇴적암에 가장 흔히 분포한다.
③ 변성암에 가장 흔히 분포한다.
④ 암석의 종류에 관계없이 분포한다.

정답 ②

분류	생성과정	물질기원	퇴적물(지름)	퇴적암
쇄설성 퇴적암	처음부터 고체로 존재하다가 퇴적된 물질	암석조각, 광물입자	자갈(2mm 이상)	역암
			모래 (2~1/16mm)	사암
			점토, 미사 (1/16mm이하)	셰일
		화산 분출물	화산진, 화산재 (4mm이하)	응회암
			화산진, 화산재 (4mm이상)	집괴암
화학적 퇴적암	암석에서 용해되어 용액이 되었다가 침전되면서 고체로 됨	화학성분	암염(NaCl)	암염
			석고(CaSO4·2H2O)	석고
			방해석(CaCO3)	석회암-탄산염암
			고회석[(CaMg(CO3)2]	고회암-탄산염암
			석영(SiO2)	처트

분류	생성과정	물질기원	퇴적물(지름)	퇴적암
유기적 퇴적암	생물의 유해가 쌓여 퇴적된 것	생물의 유해	석회질 생물체	석회암
			규질 생물체	처트, 규조토
			식물체	석탄

35 동질이상의 관계로 올바르게 짝지어진 광물은?

① 석영-형석　② 방해석-형석
③ 휘석-사장석　④ 다이아몬드-흑연

정답 ④

해설 동질 이상 : 화학 조성은 같으나 결정 모양과 물리적 성질이 다른 것
(예) 방해석($CaCO_3$: 육방정계)과 아라고나이트($CaCO_3$: 사방정계) 다이아몬드(C : 등축적계)와 흑연(9C : 육방정계) 등

36 지하수에 소량 존재하며, 이 성분이 다량 함유된 지하수를 유아기의 아이들이 장기간 복용하면 치아결핍 현상을 일으키는 물질은?

① 질소　② 불소
③ 염소　④ 비소

정답 ②

해설 플루오르(불소, F) 함량이 과다한 물을 섭취하면 반상치가 생기고 부족한 물을 섭취하면 충치가 발생한다.

37 드라이브 파이프의 끝에 연결하여 나사를 보호함과 동시에 파이프가 타입되기 쉽도록 끝이 날카롭게 된 공구는?

① 부싱(bushing)　② 헤드(head)
③ 슈(shoe)　④ 커플링(coupling)

정답 ③

해설
- 부싱(busing) : 로드와 케이싱의 접속장치로 로드쪽은 암나사, 케이싱쪽은 숫나사이다.
- 헤드(head) : 케이싱 머리에 있어 타격을 받는 것
- 슈우(shoe) : 케이싱 끝에 있어 케이싱이 들어가기 쉽게 끝이 뾰족하다.
- 커플링(coupling) : 로드 연결구는 로드커플링이라 하여 중앙에 구멍이 있어 이수가 통할 수 있다. 케이싱 연결구는 케이싱커플링이라 한다.

38 다음 중 공극율(空隙率)을 바르게 설명한 것은?

① 지층이나 암석층의 빈 틈
② 단위 체적 중에 존재하는 공극의 체적을 백분율로 표시한 것
③ 상온(常溫), 동수구배 1일때, 단위 면적을 흐르는 단위 시간당의 수량
④ 공극을 갖고 있어 물을 포함할 수 있는 토양이나 암석

정답 ②

해설 공극률(%) = $\dfrac{\text{물의 부피}}{\text{전체 부피}} \times 100$

공극률이 높다는 것은 공간에 물이 많이 들어 있다는 의미이므로 암석의 공극률은 낮고 점토의 공극률이 가장 높다.

39 화성암의 조직 중 육안으로 화성암의 파면을 볼 때 광물 알갱이들이 하나하나 구별되어 보이는 정도를 말하는 것은?

① 현정질 조직   ② 미정질 조직
③ 유리질 조직   ④ 은미정질 조직

정답 ①
해설
- 현정질(입상) : 육안 구별 가능
- 미정질(비현정질) : 현미경 구별 가능
- 은미정질 : 육안, 현미경 구별 불가
- 유리질 : 비결정질

40 광물 중 쪼개짐(벽개)이 가장 뛰어난 것은?

① 방연석   ② 방해석
③ 운모   ④ 형석

정답 ③
해설 벽개(cleavage, 쪼개짐)는 세립질 암석에 틈이 발달되어 쪼개지는 성질로서 운모, 금홍석, 방해석, 방연석, 형석, 장석, 각섬석 등에 잘 나타난다.

41 메탈 비트와 비교하여 다이아몬드 비트의 장점에 대한 설명으로 틀린 것은?

① 경암 및 극경암의 굴착이 용이하다.
② 비트의 수명이 길어 굴착 능률이 양호하다
③ 코어 채취율이 양호하다.
④ 슬러지의 생성량이 많다.

정답 ④
해설 메탈비트에 비해 다이아몬드 비트의 장점은 다음과 같다.
- 규암, 규질 사암 등의 극경암 굴착이 쉽다.
- 굴착률이 높다.
- 코어 채취율이 높아 지질 조사용으로 많이 사용된다.
- 슬러지가 적어 암석의 균열을 시멘팅할 경우에 많이 사용된다.
- 굳은 암석에서 비트 개당 굴착이 10~100배에 달하므로 비트 교체가 적어 시간당 굴착 능률이 높다.

42 결정 광물에 있어서 결정면의 수(F), 우각의 수(S), 능의 수(E)의 관계식으로 옳은 것은?

① F+S=E-2   ② F+S=E+2
③ F+E=S+2   ④ F+E=S-2

정답 ②

해설
- Euler 법칙 : 결정에서 면 수와 꼭지점 수의 합은 모서리 수와 2의 합과 같다.

  f + s = e +2

  f(면) : 다면체를 만드는 평면

  s(꼭지점, 우각) : 3개 이상의 면이 만나는 곳

  e(모서리, 능) : 2개 이상의 면이 만나 생성되는 것

  결정의 3요소 : 면, 우각, 능

43 경제적 양수량이라고도 하며 우물손실의 증가나 지하수 층의 물리적 성질에 이상 변화를 일으키지 않는 범위의 양수량을 의미하는 것은?

① 적정 양수량 ② 과잉 양수량
③ 한계 양수량 ④ 최대 양수량

정답 ①

해설 우물 손실의 증가를 막고 지하수층의 물리적 성질이 변하지 않는 범위내에서의 양수량을 경제양수량 또는 적정양수량이라 하며 한계양수량의 70%이다.

44 다음 화성암 중 SiO_2 함유량(%)이 가장 높은 암석은?

① 반려암 ② 현무암
③ 섬록암 ④ 화강암

정답 ④

해설

색		어두움 ↔ 밝음		
세립(小) ↕ 조립(大)	화산암	현무암	안산암	유문암
	반심성암	휘록암	섬록반암	화강반암
	심성암	반려암	섬록암	화강암
SiO_2 함량		45~52% (염기성암)	52~66% (중성암)	66% 이상 (산성암)

45 다음 중 할로겐 광물에 속하는 것은?

① 형석 ② 석영
③ 자철석 ④ 회중석

정답 ①

해설
- 할로겐 원소 : F(플루오르), Cl(염소), Br(브롬), I(요오드) 등
- 할로겐 광물 : 할로겐 원소를 함유하고 있는 광물, 형석(CaF_2), 빙정석(Na_3AlF_6), 암염(NaCl) 등

46 다음 중 주향 및 경사가 올바르게 기재된 것은?

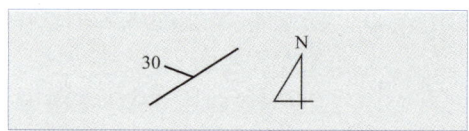

① 30° ② 40°
③ 50° ④ 60°

정답 ②

해설 지층면과 수평면이 만나는 교선이 북(N)을 기준으로 동(E)으로 45° 향해 있으므로 주향은 N45°E 이고 경사는 북(N)과 서(W) 사이에 30° 기울어져 있으므로 30NW로 표시한다.

47 경사된 지층면과 수평면과의 교차선의 방향을 의미하는 것은?

① 주향 ② 경사
③ 경사방향 ④ 방위

정답 ①

해설 주향이란 지층면과 수평면이 교차하는 선의 방향이고 경사는 지층면이 수평면에 대해 기울어진 각도와 방향이며 경사의 방향은 항상 주향의 방향과 수직이다. 주향과 경사는 클리노미터로 측정한다.

48 석탄층의 부존과 가장 관계가 깊은 암석은?

① 화강암(granite) ② 현무암(basalt)
③ 혈암(shale) ④ 유문암(rhyolite)

정답 ③

해설 석탄은 유기적 퇴적암이고 혈암(shale)은 광물 입자가 기원인 쇄설성 퇴적암으로 둘 다 퇴적암이지만 화강암, 현무암, 유문암은 화성암이다.

49 지질도에 사용되는 다음 기호는 무엇을 나타내는 것인가?

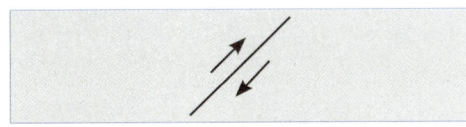

① 수평단층 ② 단층선
③ 배사 ④ 부정합면

정답 ①

해설

수평단층	단층	배사	부정합면

50 다음 지질시대 중 중생대에 속하지 않는 것은?

① 트라이아스기 ② 쥐라기
③ 백악기 ④ 캄브리아기

정답 ④

해설
- 중생대 : 트라이아스기 – 쥐라기 – 백악기
- 고생대 : 캄브리아기 – 오르도비스기 – 실루리아기 – 데본기 – 석탄기 – 페름기

51 양호한 이수의 구비조건으로 틀린 것은?

① 사분을 포함하지 않아야 한다.
② 얇고 튼튼한 이벽을 만드는 성질이 있어야 한다.
③ pH값을 9.5이상으로 하여 점성이 높아야 한다.
④ 염분 및 전해질의 함유량이 적어야 한다.

정답 ③

해설 이수란 시추 작업시 공 내를 순환하면서 여러 가지 역할을 하는 유체이다.
이수의 구비 조건은 다음과 같다.
① 사분은 1% 이하로, 되도록 포함하지 않아야 한다.
② 적당한 점성을 가져야 한다.
③ 얇고 튼튼한 이벽을 만들 수 있어야 한다.
④ 안정성이 높아야 한다.
⑤ pH값은 8.5부근이 가장 적당하다.
⑥ 염분과 전해질의 함유량이 적어야 한다.

52 양수시험에 의해 구해진 대수층의 수리전도도가 1.3×10^{-3}m/min일 때 두께가 150m인 대수층의 투수량계수는?

① $0.195m^2/min$ ② $1.195m^2/min$
③ $11.95m^2/min$ ④ $2.195m^2/min$

정답 ①

해설 투수량 계수란 동수경도가 1일 때 폭 1m의 대수층을 통과하는 유량이다.
T = kb
투수량 계수 = 투수계수(수리전도도) × 대수층 두께
= 1.3×10^{-3}m/min × 150m = $0.195m^2/min$

53. 다음 중 주상절리가 가장 잘 나타나는 암석은?

① 화강암 ② 편마암
③ 현무암 ④ 섬록암

정답 ③

해설 절리는 화성암이 풍화작용과 지각변동에 의해 틈이 생기는 것이다.
- 주상절리 – 육각기둥 모양 – 현무암
- 판상절리 – 판 모양 – 안산암
- 방상절리 – 육면체 모양 – 화강암
- 신장절리 – 횡압력을 받아 습곡이 형성될 때 응력 때문에 생성
- 전단절리 – 횡압력에 의한 전단력으로 2개의 교차 방향에 생성

54. 다음 중 회전식 시추법에 해당하지 않는 것은?

① 메탈 비트 시추
② 숏 볼 시추
③ 다이아몬드 비트 시추
④ 엠파이어 시추

정답 ④

해설 회전식 시추는 로드 또는 코어 배럴에 접속한 비트에 적당한 압력과 회전력을 가함으로써 원형 구멍을 굴착하는 방법이다.
충격식 시추는 와이어로프 또는 로드 끝에 있는 비트의 충격에 의해 지층의 암반을 파쇄 한 다음 충격을 가할 때마다 조금씩 비트의 각도를 회전시켜 원형의 구멍을 뚫는 것으로 엠파이어, 로드, 로우프 시추가 대표적인 충격식 시추법이다.

55. 지하수를 수직 분포로 나눌 때 다음 중 통기대에 포함되지 않는 것은?

① 토양수대 ② 포화대
③ 모관대   ④ 중간대

정답 ②

해설 지하수의 수직분포는 표피층 – 통기대(토양수대 – 중간대 – 모세관대) –포화대 이고 모세관대와 포화대 사이에 지하수면이 위치한다.

56. 다음 중 투수계수가 가장 낮은 것은?

① 모래자갈층 ② 모래층
③ 점토층   ④ 자갈층

정답 ③

해설 투수계수(수리전도율, K)는 단위 시간동안 동수 경도하에서 단위면적을 통해 유출되는 지하수 유출률이다.
$$K = \frac{Q}{A}\left(\frac{m^3/min}{m^2} = m/min\right)$$
점토층은 공극률이 높아 공간에 물을 많이 함유하고 있어 투수계수는 낮다.

57. 갱 밖에서 실시하는 시추 작업에서 설치하는 시추탑의 용도로 옳지 않은 것은?

① 장비류의 승강작업
② 억류된 장비류의 인양작업
③ 드라이브 파이프의 타입 작업
④ 굴착 중 비트 선단의 용수작업

정답 ④

해설 시추탑 용도 : 장비류의 승강 작업, 억류된 장비류의 인양 작업, 드라이브 파이프 타입 작업, 굴착 중 비트 하중 조절

58. 일반적으로 사용하고 있는 로드의 규격 중 외경이 가장 작은 것은?

① AQ ② NQ
③ BQ ④ EQ

정답 ④

해설 지름 크기 : HX 〉 NX 〉 BX 〉 AX 〉 EX 〉 RX

59 다음 중 화성암에서 SiO_2 성분이 45~52%이고 대체로 어두운 색을 띠는 것은?

① 염기성암　　② 산성암
③ 초염기성암　④ 중성암

정답 ①

해설

색		어두움 ↔ 밝음		
세립(小) ↕ 조립(大)	화산암	현무암	안산암	유문암
	반심성암	휘록암	섬록반암	화강반암
	심성암	반려암	섬록암	화강암
SiO_2 함량		45~52% (염기성암)	52~66% (중성암)	66% 이상 (산성암)

60 지하에서 물을 저장하고, 우물에 물을 충분히 공급할 정도의 속도로 이동시킬 수 있는 지층을 무엇이라 하는가?

① 대수층　　② 난대수층
③ 누수층　　④ 사질층

정답 ①

해설
- 대수층 : 지하수를 저장하고 공급할 수 있는 지층
- 난투수층 : 지하수가 통과하기 어려운 암반층
- 누수층 : 지하수가 통과할 수 있는 지층
- 사질층 : 모래 성분이 많은 지층

시추기능사 2013 기출문제

* 답안카드 작성시 시험문제지 형별누락, 마킹착오로 인한 불이익은 전적으로 수험자의 귀책사유임을 알려드립니다.

01 다음 중 시추용 이수의 비중을 증가시킬 목적으로 사용하는 것은?

① 바라이트
② 시멘트
③ 벤토나이트
④ 소석회

정답 ①

해설 이수의 비중을 증가시키는 것으로 가중제로는 바라이트(barite)가 주로 사용된다. 비중을 높여야 슬러지 배출이 잘 되어 시추공이 붕괴되지 않고 용수의 분출을 막을 수 있다.

02 대수층 탐지를 위해 일반적으로 가장 많이 사용되는 물리 탐사법은?

① 방사능 탐사
② 자력 탐사
③ 전기비저항 탐사
④ 중력 탐사

정답 ③

해설 대수층은 지하수를 함유하고 있는 지층을 말하며 전기비저항 탐사는 지표면에 일정한 거리를 두고 한쌍의 전극을 설치한 후 전류로 인해 전위 분포를 일으키게 하여 전기 전도도 분포 상태를 측정함으로써 대수층 보존 여부와 부존 양상을 탐사하는 방법이다.

03 비트(bit)의 하중과 굴착작용에서 연삭단계란?

① 비트의 이빨 끝의 압력이 암반의 파괴강도를 넘어 하중을 증가하여도 굴착속도가 오르지 않고 오히려 감소하는 것
② 비트의 이빨 끝의 압력이 파괴강도를 넘어 뚫고 어떠한 조건에서도 굴착속도가 계속적으로 증가하여 파괴강도를 초과하는 것
③ 비트의 이빨 끝의 압력이 파괴강도보다 작을 때에는 비트에 대한 하중을 증가시켜도 굴착속도가 증가하지 않는 것
④ 비트의 이빨 끝의 압력이 암반의 파괴강도를 넘으면 뚫고 들어가는 깊이가 하중에 비례하며 굴착속도가 하중 증가의 비율로 증가하는 것

정답 ③

04 신틸레이션 계수기(scintillation counter)가 주로 사용 되는 탐사는?

① 전기탐사
② 자력 탐사
③ 방사는 탐사
④ 지열 탐사

정답 ③

해설 신틸레이션 계수기는 방사능 탐사중 자연감마선 탐사에 쓰인다.

05 다음 광물 중 벽개(쪼개짐)가 가장 잘 나타나는 광물은?

① 석영　　② 강옥
③ 금강석　④ 중정석

정답 ④
해설 벽개(cleavage, 쪼개짐)는 세립질 암석에 틈이 발달되어 쪼개지는 성질로서 운모, 금홍석, 방해석, 방연석, 형석, 장석, 각섬석 등에 잘 나타난다.

06 마그마(magma)의 고격은 마그마의 온도변화에 따라 4단계로 나눌 수 있다. 시대별로 순서가 맞는 것은?(단, 고온에서 저온의 순서임)

① 기성시대-열수시대-정마그마시대-페그마타이트시대
② 열수시대-정마그마시대-페그마타이트시대-기성시대
③ 정마그마시대-페그마타이트시대-기성시대-열수시대
④ 페그마타이트시대-기성시대-열수시대-정마그마시대

정답 ③
해설 화성광상의 생성 온도는 정마그마 광상이 60~1200℃, 페그마타이트 광상은 500~600℃, 접촉교대 광상은 380~500℃, 열수 광상이 50~350℃이다.

07 다음 중 유기적 퇴적암의 유기 석회질암과 관련이 깊은 것은?

① 처트　② 백악
③ 석고　④ 아스팔트

정답 ②
해설 백악은 탄산칼슘으로 이루어진 암석이다 p.38 이론 참조

08 중력탐사에서 실시하는 보정작업 중 기준면과 측정 사이에 있는 물질의 인력에 의한 중력의 차리를 보정하여 주는 것은?

① 부게르보정　② 전위보정
③ 후리에어보정　④ 경도보정

정답 ①
해설 p.239. 19번 해설 참조

09 지각변동의 대소(大小)를 양적으로 기록해 주는 것과 가장 밀접한 관계를 가지고 있는 것은?

① 암석의 변질
② 광물의 화학적 성분
③ 내륙의 상하운동
④ 습곡과 단층

정답 ④
해설 p.15~16 이론 참조

10 다음 그림 중 사교부정합에 속하는 것은?

(단, 그림 중 ①변성암 ②심성암 ③습곡된 고지층 ④비정합 아래의 지층 ⑤준정합 아래의 지층 ⑥부정합위의 신 지층 U : 부정합)

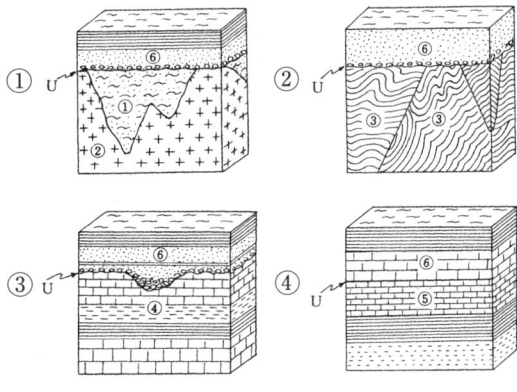

정답 ①

[해설]
- 난정합 : 부정합면 아래에 심성암, 변성암과 같은 결정질이 존재하는 경우
- 경사(사교)부정합 : 부정합면 아래에 습곡산맥으로 변한 고지층이 있는 경우
- 평행부정합(비정합) : 부정합 위, 아래 지층이 평행한 경우
- 준정합 : 성층면 사이에 큰 결층(berak)이 있는 경우

① 난정합 ② 경사부정합
③ 평행부정합(비정합) ④ 준정합

11 양수시험에 의해 구해진 대수층의 가 $1.3×10^{-3}$m/min일 때 두께가 150m인 대수층의 투수량계수는?

① $0.195\text{m}^2/\text{min}$ ② $1.195\text{m}^2/\text{min}$
③ $2.195\text{m}^2/\text{min}$ ④ $11.95\text{m}^2/\text{min}$

[정답] ①

[해설] 투수량 계수란 동수경도가 1일 때 폭 1m의 대수층을 통과하는 유량이다.
T = kb
투수량 계수 = 투수계수(수리전도도) × 대수층 두께
= $1.3×10^{-3}$m/min × 150m = 0.195m^2/min

12 지표에 나타난 심성암체의 면적이 100km² 이하일 경우 무엇이라 하는가?

① 관입암상   ② 암주
③ 암경   ④ 병반

[정답] ②

[해설] p.252. 20번 해설 참조

13 광물의 결정계에서 3개의 수평축의 길이가 같고 서로 120°로 만나며 위아래 축은 길이가 다르고 이들과 수직으로 만나는 정계는?

① 삼사정계   ② 사방정계
③ 단사정계   ③ 육방정계

[정답] ④

[해설] p.250. 14번 해설 참조

14 단면적이 10cm²이고, 길이가 30cm인 시료에 1분간 100cm³의 물을 통과 시켰을 때 이 시료의 투수계수는?(단, 수두차는 5cm)

① 0.67cm/sec   ② 1.67cm/sec
③ 1.00cm/sec   ④ 2.00cm/sec

[정답] ③

[해설] 정수위법에 의한 투수계수는 다음과 같이 구한다.
유속 = 투수계수 × 동수구배
투수계수 = 유속 ÷ 동수구배
$\frac{Q}{A} \div \frac{h}{l} = \frac{Q}{A}\frac{l}{h}$ = (유량/면적) ÷ (수두차/길이)

$K = \frac{100\text{cm}^3/\text{min} × 20\text{cm}}{100\text{cm}^2 × 5\text{cm}} = 40\text{cm/min}$

$\frac{40\text{cm}}{\text{min}} × \frac{1\text{min}}{60\text{sec}} = 0.67\text{cm/sec}$

15 우리나라 강원도의 탄전을 지질시대로 볼 때 생성된 시기는?

① 원생대   ② 시생대
③ 중생대   ④ 고생대

[정답] ④

[해설] p.23. 표 참조

16 탄성파 탐사법에서 이용되는 탄성파의 종류를 나타낸 것이다. 이중 지진탐사에 가장 많이 이용되는 파는?

① S파   ② L파
③ P파   ④ V파

[정답] ④

[해설] p.34. 이론 참조

17 다음 중 공극률이 가장 큰 것은?

① 사암　② 화성암
③ 점토　④ 석회암

정답 ③

해설 공극률(%) = $\dfrac{\text{물의 부피}}{\text{전체 부피}} \times 100$

공극률이 높다는 것은 공간에 물이 많이 들어 있다는 의미이므로 점토의 공극률이 가장 높다.

18 다음 중 화성암의 산출 상태가 아닌 것은?

① 병반　② 건열
③ 암주　④ 저반

정답 ②

19 축척 1/50000인 지형도 상에서 1cm의 실제 거리는?

① 5m　② 50m
③ 500m　④ 5000m

정답 ③

해설 $1cm \times 50,000 \times \dfrac{1m}{100cm} = 500m$

20 우물물의 사용량이 많아지면, 지하수면은 원추형(圓錐型)으로 낮아지며, 지하수면의 낮아지는 범위는 대체로 원형으로 나타나는 것을 영향 반경이라고 한다. 가장 관련이 깊은 것은?

① 함수층　② 지반융기
③ 주변 수목　④ 원추저하곡선

정답 ①

해설 함수층의 성질에 따라 영향반경이 달라진다.

21 퇴적암의 생성순서를 밝혀 주는 법칙으로 알해 놓인 지층이 위에 놓인 지층보다 언제나 시간적으로 먼저 형성되었다는 법칙은?

① 동일과정의 법칙
② 지층 누중의 법칙
③ 부정합의 법칙
④ 관입의 법칙

정답 ②

해설
- 동일과정의 법칙 : 풍화, 침식, 퇴적, 화산활동 등이 계속 반복되어 현재가 되었다.
- 누중의 법칙 : 아래에 놓여 있는 것이 먼저 쌓인 지층이고 위에 놓인 것이 후에 쌓인 지층이다.
- 부정합의 법칙 : 부정합면은 두께가 없는 면이지만 긴 시간이 흐름을 내포 한다.
- 관입의 법칙 : 관입당한 암석이 관입한 암석보다 시간적으로 먼저이다.

22 지시원소와 광상의 종류가 바르게 된 것은?

① Mo : U 광상
② As : Au-Ag 광상
③ Hg : Sn-W 광상
④ Zn : Be-Mo 광상

정답 ②

해설 ① Mo: 반암동 광상　③ Hg: Pb-Zn-Ag 광상
④ Zn: Ag-Pb-Zn

23 다음 중 화산회가 쌓여서 굳어진 퇴적암은?

① 고회암　② 쳐트
③ 응회암　④ 규조토

정답 ③

해설 화산회 입경이 0.06~4mm인 것을 말하며 이것이 쌓여 응회암이 된다.

퇴적물(지름)	퇴적암
화산진, 화산재(4mm이하)	응회암
고회석[(CaMg(CO$_3$)$_2$]	고회암
석영(SiO$_2$)	처트
규질 생물체	처트, 규조토

24 시추 작업 시 로드(rod)의 상단에 접속하여 공저로 물을 보내는 기능을 가지는 기구로서 로드의 회전력과 펌프의 압력에 잘 견디는 구조로 제작되어야하는 것은?

① 코어 튜브(core tube)
② 위터 스위벨(water swivel)
③ 케이싱 파이프(casing pipe)
④ 로드 스피어(rod spear)

정답 ②

해설
- 워터 스위벨(water swivel) : 로드의 상단에 접속할여 공저로 송수하는 기구이다.
- 공벽 보호관(casing pipe) : 시추공 벽을 보호하고 시추공경을 일정하게 유지하며 공벽과 로드의 마찰저항을 감소하고 로드의 절단 사고시 복구가 쉬우며 유수를 차단하는 것이다.
- 로드 스피어(rod spear) : 송곳 모양의 봉으로 로드가 공내에 잔류할 때 안지름에 세게 밀어 넣어 밀착시켜 인양한다.
- 코어 튜브(코어 배럴, core barrel) : 코어를 채취하는 기구로서 Single core barrel, Double core barrel, Wire line core barrel 등이 있다.

25 다음 중 화성암에서 SiO$_2$성분이 45~52%이고 심성암에 속하는 것은?

① 현무암   ② 반려암
③ 화강암   ④ 안산암

정답 ②

해설

	색	어두움 ↔ 밝음			
세립(小) ↕ 조립(大)	화산암	현무암	안산암		유문암
	반심성암	휘록암	섬록반암		화강반암
	심성암	반려암	섬록암		화강암
SiO$_2$ 함량		45~52% (염기성암)	52~66% (중성암)		66% 이상 (산성암)

26 습곡의 축이 수평이 아니고 어느 한 방향으로 기울어진 습곡은?

① 등사 습곡   ② 횡와 습곡
③ 침강 습곡   ④ 평행 습곡

정답 ③

해설 침강 습곡 : 습곡구조에서 습곡축이 수평을 이루지 않고 어느 한쪽으로 기울어져 있는 경우이다.

27 부정합면이 발견되지 않고 성층면으로 대표되나 그 사이에 큰 결층(break)이 있는 부정합은?

① 준정합   ② 평행 부정합
③ 난정합   ④ 비정합

정답 ①

해설
- 비정합(평행부정합) : 부정합 위, 아래 지층이 평행한 경우
- 준정합 : 성층면 사이에 큰 결층(berak)이 있는 경우
- 난정합 : 부정합면 아래에 심성암, 변성암과 같은 결정질이 존재하는 경우
- 경사(사교)부정합 : 부정합면 아래에 습곡산맥으로 변한 고지층이 있는 경우

28 다음 설명 중 가장 올바르게 연결된 것은?

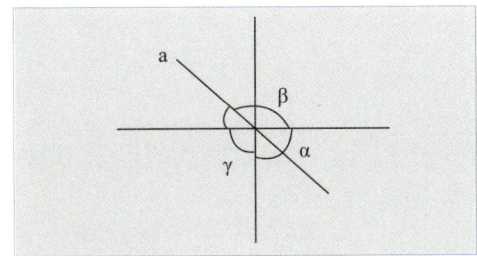

① 단사정계 : a=b=c, $\beta \neq 90°$
② 등축정계 : a=b=c, $\alpha=\beta=\gamma=90°$
③ 정방정계 : a=b=c, $\alpha=\beta=\gamma=90°$
④ 사방정계 : a=b$\neq$c, $\alpha=\beta=\gamma=90°$

정답 ②

해설
- 비정합(평행부정합) : 부정합 위, 아래 지층이 평행한 경우
- 준정합 : 성층면 사이에 큰 결층(berak)이 있는 경우
- 난정합 : 부정합면 아래에 심성암, 변성암과 같은 결정질이 존재하는 경우
- 경사(사교)부정합 : 부정합면 아래에 습곡산맥으로 변한 고지층이 있는 경우

29 시추작업에 필수적으로 사용되는 로드의 취급법으로 옳지 않은 것은?

① 1~2mm 이상 구부러진 로드는 사용하지 않는다.
② 로드를 지상에서 던지거나 손상시키는 일이 없도록 하여야 한다.
③ 로드를 세울 때에는 항상 커플링을 위로 향하게 하여 세운다.
④ 나사 부위에 이물질이 끼지 않도록 항상 깨끗하게 보관한다.

정답 ③

해설 로드를 세울때에는 커플링을 아래로 향하게 하여 세운다.

30 공내의 붕괴 등으로 케이싱을 목적하는 심도까지 삽입할 수 없을 때에 케이싱 밑 이하를 넓혀 케이싱을 원활하게 삽입하기 위해 사용하는 기구는?

① 마그넷   ② 케이싱 커터
③ 로드 커터   ④ 언더 리머

정답 ④

해설
- 케이싱 커터(casing cutter) : 시추가 끝난 후 케이싱을 회수가 안 될 때 케이싱을 부분적으로 절단하여 공벽과의 마찰을 줄이고 뽑아 올리는 것
- 언더 리머(under reamer) : 공 내가 밀리거나 붕괴 등으로 인해 케이싱을 심도까지 삽입할 수 없을 때 코어 튜브의 밑에 접속하여 관 밑 이하를 넓혀 주는 것
- 마그넷(magnet) : 자석으로 시추공내의 공구를 끌어 올림

31 다음 중 P파(종파)의 속도가 가장 빠른 것은?

① 공기   ② 모래
③ 물   ④ 암염

정답 ④

해설 탄성파 속도 크기 : 암석(화성암 > 변성암 > 퇴적암) > 수중 > 토양

주요 암석과 물질의 탄성파 속도

물질 및 암석	P파 속도(m/s)	S파 속도(m/s)
공기	330	–
마른 모래	300–800	100–500
물	1,450	–
얼음	3,400–3,800	1,700–1,900
점토	1,100–2,500	200–800
석회암	3,500–6,500	1,800–3,800
암염	4,000–5,000	2,000–3,200
화강암, 심성암	4,600–7,000	2,500–4,000

32 다음 중 회전식 시추방법이 아닌 것은?

① 다이아몬드 비트 시추
② 쇼트 볼 시추
③ 엠파이어 시추
④ 메탈 비트 시추

정답 ③
해설 회전식 시추는 로드 또는 코어 배럴에 접속한 비트에 적당한 압력과 회전력을 가함으로써 원형 구멍을 굴착하는 방법이다. 충격식 시추는 와이어로프 또는 로드 끝에 있는 비트의 충격에 의해 지층의 암반을 파쇄 한 다음 충격을 가할 때마다 조금씩 비트의 각도를 회전시켜 원형의 구멍을 뚫는 것으로 엠파이어, 로드, 로우프 시추가 대표적인 충격식 시추법이다.

33 지하수의 수직분포에서 통기대에 속하지 않는 것은?

① 포화대　② 토양수대
③ 중간대　④ 모관대

정답 ①
해설 통기대에는 토양수대, 중간수대, 모관대가 있다.

34 화성암의 주성분광물 7종에 속하지 않는 것은?

① 휘석　② 석류석
③ 장석　④ 각섬석

정답 ②
해설 화성암의 주 성분 광물은 석영, 휘석, 장석, 각섬석, 감람석, 운모 등이 있다.

35 다음 중 광물의 형태에서 면각에 대한 설명으로 옳은 것은?

① 2개의 결정면으로 만드는 직선을 면각이라 한다.
② 다면체를 만드는 평면을 면각이라 한다.
③ 2개의 결정면이 이루는 각을 면각이라 한다.
④ 3개 이상의 면이 만나는 점을 면각이라 한다.

정답 ③
해설 면각이란 2개 결정면이 이루는 각이고, 우각이란 3개 면이 만나서 생기는 꼭지점이다.

36 다이아몬드 비트 중 논코어 비트에 속하지 않는 것은?

① 콘케이브 비트
② 파일럿 비트
③ 임프레그네이티드 비트
④ 테이퍼 비트

정답 ③
해설 아래 표와 같이 impregnated bit는 코어비트이다.

재질 \ core유무	core	non-core
metal	crown	reaming, three corn, rose, chopping, flat
diamond	surface, impregnated	pilot, corn cave, taper

37 다음 중 중생대 백악기에 해당되는 우리나라 지질시대는?

① 평안계   ② 조선계
③ 경상계   ④ 춘천계

정답 ③
해설 경상계는 중생대 백악기에 해당한다.

38 암층이 단층이동 방향에 따라 휘어진 것은?

① 드래그(drag)
② 샐밴드
③ 슬리컨 사이드(slicken side)
④ 포켓(pocket)

정답 ①

39 다음 결정계와 대표 광물이 서로 올바르게 짝지어진 것은?

① 정방정계 : 암염, 형석, 방연석
② 사방정계 : 회중석, 황동석, 금홍석
③ 육방정계 : 석영, 녹주석, 방해석
④ 등축정계 : 황옥, 십자석, 중정석

정답 ③
해설
- 등축정계 : 다이아몬드, 형석, 황철석, 암염, 방연석
- 정방정계 : 회중석, 황동석, 금홍석
- 사방정계 : 십자석, 황옥, 중정석
- 육방정계 : 수정, 인회석, 방해석, 녹주석
- 단사정계 : 정장석, 석고, 각섬석
- 삼사정계 : 남정석, 사장석, 부석

40 중력가속도는 고도가 증가함에 따라 (   )하고 극에서 적도 방향으로 갈수록 (   )한다. (   )에 적당한 말은?

① 증가, 증가   ② 감소, 감소
③ 증가, 감소   ④ 감소, 증가

정답 ②
해설 중력가속도는 지구의 중심에서 멀어질수록 작아진다. 지구는 타원형이기 때문에 적도부근으로 갈수록 감소하며 고도가 증가할수록 감소한다.

41 페그마타이트에서 산출되는 녹주석(beryl)의 조흔색은?

① 황색   ② 백색
③ 흑색   ④ 적갈색

정답 ②
해설 녹주석의 조흔색은 백색이다.

42 다음 중 접촉 변성암에 속하는 것은?

① 편마암   ② 천매암
③ 점판암   ④ 혼펠스

정답 ④
해설 접촉 변성암에는 혼펠스, 사문암, 대리암, 무연탄 등이 있다.

43 다음 중 광물 성분으로 옳지 않은 것은?

① 석영 - SiO_2 ② 중정석 - $BaSO_4$
③ 회중석 - $FeWo4$ ④ 형석 - $CaF2$

정답 ③
해설 회중석=$CaWO_4$

44 용암에 들어 있던 휘발성분이 분리되면서 굳어져 만들어진 기공이후에 다른 광물로 채워져서 만들어진 화성암의 구조는?

① 유상구조　② 다공질 구조
③ 엽상 구조　④ 행인상 구조

정답 ④

해설
- 유상구조: 화산암에서 마그마가 유동하여 굳어질 때 생성되는 평행구조
- 다공질구조: 용암 속에 있던 기체가 빠져 나가다 용암이 굳을 때 잡혀서 화산암 속에 남게 된 구멍이 많은 구조
- 엽상구조: 얇게 벗겨지기 쉬운 구조

45 루페(lupe)의 사용목적으로 가장 적합한 것은?

① 암석, 광물의 조직 감정
② 암석, 광물의 성인 감정
③ 광물 성분의 확인
④ 광물의 면각 측정

정답 ①

해설 루페는 암석, 광물의 조직을 감정할 때 사용하는 확대경이다.

46 다음 중 Al_2O_3 성분을 가장 많이 함유하고 있는 암석은?

① 반려암　② 화강암
③ 유문암　④ 감람암

정답 ④

47 미량원소 As의 함량이 800ppm인 금광맥 표준시료를 실험실에서 2회에 걸쳐 분석한 결과 각각 780ppm 및 790ppm 이었다. 이 분석의 정밀도는?

① ±0.46%　② ±0.64%
③ ±4.6%　④ ±6.4%

정답 ②

해설 p.174. 3번 해설 참조

48 중력탐사에서는 중력 이상을 얻는데 필수적인 보정들이 있다. 해당 보정과 거리가 먼 것은?

① 전위보정
② 위도보정
③ 부게르(Bouguer)보정
④ 지형보정

정답 ①

해설 중력탐사의 보정에는 위도보정, 고도보정, 지형보정, 부게르 보정이 있다.

49 지구의 화학성분 중 가장 많은 것은?(단, 무게(%))

① H(수소)　② P(인)
③ Mn(망간)　④ K(칼륨)

정답 ④

해설 p.21. (7)에 있는 표 참조

50 다음 중 곡공(孔曲)의 원인에 대한 설명으로 틀린 것은?

① 기계 설치가 불량할 때
② 케이싱을 삽입하였을 때
③ 비트에 무리한 압력이 가해졌을 때
④ 암석 절리의 경사가 심할 때

정답 ②

51 함석 제조에 많이 쓰이고 구리와 합금하여 놋쇠를 만들며 염료, 살충제, 의약품의 제조에 쓰이는 것은?

① 망간 ② 몰리브덴
③ 납 ④ 아연

정답 ④
해설 아연은 구리와 합금하여 놋쇠를 만든다.

52 다음 광물 중 망간광물의 원광석은?

① 휘창연석 ② 장미휘석
③ 금홍석 ④ 휘안석

정답 ②
해설 망간광물의 주요 광물은 장미휘석, 석류석 등이 있다.

53 응회암이 변성작용을 받으면?

① 집괴암 ② 천매암
③ 단층각력암 ④ 편마암

정답 ②
해설 p.167. 31번 해설 참조

54 다음 중 우리나라 지질 계통 중 가장 먼저 형성된 지층은?

① 사동통(寺洞統)
② 대석회암통(大石灰岩統)
③ 신라통(新羅統)
④ 충적층(沖積層)

정답 ②
해설 p.22. (2)의 표 참조

55 로드와 보호관의 접속장치이며, 로드쪽은 암나사, 보호관 쪽은 수나사로 되어 있는 드라이브 파이프의 접속구는?

① 헤드(head)
② 슈우(shoe)
③ 부싱(bushing)
④ 커플링(coupling)

정답 ③
해설
- 커플링(coupling) : 로드 연결구는 로드커플링이라 하여 중앙에 구멍이 있어 이수가 통할 수 있다. 케이싱 연결구는 케이싱커플링이라 한다.
- 헤드(head) : 케이싱 머리에 있어 타격을 받는 것
- 슈우(shoe) : 케이싱 끝에 있어 케이싱이 들어가기 쉽게 끝이 뾰족하다.
- 부싱(busing) : 로드와 케이싱의 접속장치로 로드쪽은 암나사, 케이싱쪽은 숫나사이다.

56 어떤 광물을 석고로 그었더니 석고에 흠이 생겼고 형석으로 그었더니 그 광물에 흠이 생겼다면 이 광물은?(단, 모스(Mohs) 경도계 기준)

① 방해석 ② 정장석
③ 강옥 ④ 활석

정답 ①
해설 p.213. 해설 참조

57 케이싱과 케이싱의 접속장치이며 짧은관에 암나사 또는 수나사로 되어있는 것은?

① 로즈비트 ② 슈우
③ 커플링 ④ 쵸핑버트

정답 ③

58 저울을 이용하여 이수의 비중을 측정하려고 한다. 비중병의 무게가 10g, 이수를 넣었을 때 비중병의 무게가 20g, 이수와 똑같은 용량의 청수를 넣었을 때 비중병의 무게가 15g이라면 이수의 비중은?

① 1.0 ② 1.4
③ 1.7 ④ 2.0

정답 ④

해설 이수비중 = $\dfrac{이수비중}{청수무게} = \dfrac{20-10}{15-10} = 2$

59 석유광상의 생성조건에 대한 설명으로 옳지 않은 것은?

① 석유가 자유로이 분산되도록 투수층이 함유층 위에 있어야 한다.
② 석유를 만드는 근원암이 있어야 한다.
③ 석유를 저장하기에 적당한 다공질인 저류암이 부근에 있어야 한다.
④ 함유층이 석유가 한곳에 모일 수 있는 상태의 지질구조를 가져야 한다.

정답 ①

60 다음 중 중성자 검층을 통하여 얻을 수 있는 지층의 정보로 가장 적합한 것은?

① 지층을 구성하는 암석의 종류
② 지층의 공극률
③ 지층을 구성하는 암석의 밀도
④ 대수층의 두께

정답 ②

해설 중성자 탐사는 중성자 검층곡선의 공극률과 다른 광물의 공극률을 비교한다.

시추기능사 2014 기출문제

* 답안카드 작성시 시험문제지 형별누락. 마킹착오로 인한 불이익은 전적으로 수험자의 귀책사유임을 알려드립니다.

01 다음 중 투수계수의 단위로 옳은 것은?

① m^2/min ② m^3/min
③ L/min ④ m/min

정답 ④
해설 투수계수(수리전도율, K)는 단위 시간동안 동수경도하에서 단위면적을 통해 유출되는 지하수 유출률이다.

$$K = \frac{Q}{A}\left(\frac{m^3/min}{m^2} = m/min\right)$$

02 다음 화성암 중 염기성암에 해당되는 것은?

① 유문암 ② 섬록암
③ 반려암 ④ 안산암

정답 ③
해설 p.285.59번 해설 참조(암석 표)

03 양수기 토출구에 설치하는 관으로 유량에 따라 설치한 관의 구경을 조정하여 양수량을 측정하는 방법은?

① 초음파 ② 오리피스
③ 적상유량계 ④ 삼각노치

정답 ②
해설 오리피스는 수조의 바닥, 측벽 등에 구멍이 뚫린 규칙적인 형상의 유출구로 양수기 토출구에 설치하며 유량 측정에 사용한다.

04 다음 그림과 같이 지층에 장력이 작용하여 생성된 단층은?

① 주향단층 ② 수직단층
③ 정단층 ④ 역단층

정답 ③
해설
- 향 단층 : 단층의 주향이 지층의 주향에 거의 평행한 것
- 수직 단층 : 상하반 구분이 없이 수직으로 이동한 것
- 정단층 : 인장력 때문에 상반이 하강된 것
- 역단층 : 횡압력 때문에 상반이 상승한 것

05 변성암에 바늘모양이나 주상(柱狀)의 광물이 한 방향으로 평행하게 배열되어 나타난 구조는?

① 선구조 ② 반상구조
③ 구상구조 ④ 다공질구조

정답 ①
해설 선 구조 : 지각 변동으로 생긴 1차원인 선으로서의 평행 구조

06 다음 중 발열량이 높은 석탄에 많이 함유된 성분은?

① 수분과 회분
② 고정탄소와 휘발성분
③ 수분과 휘발성분
④ 고정탄소와 회분

정답 ②
해설 발열량이 높은 석탄은 수분이 적고 고정탄소와 휘발성분이 많이 함유 되어있다.

07 다음 중 광물의 형태에 대한 설명으로 옳지 않은 것은?

① 두 면 사이의 각을 면각이라 한다.
② 3개 이상의 면이 만나는 점을 우각이라 한다.
③ (결정면의 수 + 우각의 수)는 (능의 수 +3)과 같다.
④ 규칙적인 면으로 둘러싸여 있는 물체를 결정이라 한다.

정답 ③
해설 ① 면각 : 두 면 사이의 각
② 우각 : 3개 이상의 면이 만나는 점, 180도 보다는 크고 360도 보다 작은 각이다.
③ Euler 법칙 : 결정에서 면 수와 꼭짓점 수의 합은 모서리 수와 2의 합과 같다.
 f + s = e + 2(f:면, s:꼭짓점,우각, e:모서리,능)
④ 결정 : 규칙적인 면으로 둘러싸여 있는 물체

08 중력탐사 시 1gal은 몇 mgal에 해당하는가?

① 0.1 ② 10
③ 100 ④ 1000

정답 ④
해설 1gal=mgal=1000mgal

09 다음 중 변성암에 속하는 것은?

① 화강암 ② 혼펠스
③ 현무암 ④ 반암

정답 ②
해설 변성암으로는 점판암, 편암, 편마암, 규암, 대리암, 각섬암, 혼펠스 등이 있다.

10 다음 중 변성암의 특징은?

① 석리 ② 연흔
③ 층리 ④ 편리

정답 ④
해설
• 석리 : 암석을 구성하는 광물입자나 집합체 등의 3차원적인 배치상태이다.
• 연흔, 층리는 퇴적암에서 나타나는 특징이다.

11 다음 중 광물의 내부구조를 아는데 적당한 분석 방법은?

① X선 분석 ② 취관 분석
③ 정향 분석 ④ 불꽃 반응

정답 ①
해설 광물의 내부구조 분석방법으로는 x선 분석이 적당하다.

12 다음 중 사암이 큰 압력을 받아 변질된 암석은?

① 역암 ② 대리석
③ 석영 ④ 규암

정답 ④
해설 사암이 큰 압력을 받아 변질된 암석은 규암이다.

13 로드나 케이싱을 타입하거나 빼낼 때 드라이브 해머의 충격을 받는 쇠이면 원통의 중앙 부분에 로드나 케이싱이 접속될 수 있도록 암 나사로 되어 있는 기구는?

① 커플링(coupling)
② 슈(shoe)
③ 밴드(band)
④ 너킹 블록(knocking block)

정답 ④

해설 너킹블록 : 원통의 중앙 부분에 로드나 케이싱이 접속될 수 있도록 암 나사로 되어 있다.

14 다음 변성암 중 변성정도가 가장 큰 암석은?

① 점판암　　② 편마암
③ 천매암　　④ 편암

정답 ②

해설 p. 41. 10번 표 참조

15 우리나라 지질계통에서 평안계는 다음 중 어느 지질시대에 속해 있는가?

① 고생대
② 중생대와 신생대
③ 원생대
④ 중생대와 고생대

정답 ④

해설 p.23. 표 참조, p.204. 39번 해설 참조

16 자력탐사에서는 암석, 광물의 어떤 물리적 성질을 이용하는가?

① 밀도　　② 전도성
③ 탄성계수　　④ 대자율

정답 ④

해설 자력탐사는 암석, 광물의 대자율을 이용한 탐사법이다.

17 다음 중 지각을 구성하고 있는 8대 원소에 해당되지 않는 것은?

① 규소　　② 마그네슘
③ 수소　　④ 알루미늄

정답 ③

해설 지각 구성 8대원소로는 산소, 규소, 알루미늄, 철, 칼슘, 마그네슘, 나트륨, 칼륨이다.

18 방해석과 동질이상의 관계가 있는 것은?

① 능철석　　② 능아연석
③ 아라고나이트　　④ 마그네사이트

정답 ③

해설 방해석과 동질이상인 광물은 아라고나이트이다.

19 다음 시추법 중 충격식 시추법에 해당되는 것은?

① 다이아몬드 비트 시추
② 쇼트 볼 시추
③ 엠파이어 시추
④ 메탈 비트 시추

정답 ③

해설 p.206. 49번 해설참조

20 다음 지반조사 방법 중 공내 원위치시험에 해당되는 것은?

① 압열인장시험
② 표준관입시험
③ 비중시험
④ 포아송비 시험

정답 ②

21 지하수의 개발 및 이용 중 폐공 발생의 원인으로 옳지 않은 것은?

① 채수량 부족
② 수질의 악화
③ 우물시공의 불량
④ 수중펌프의 교체

정답 ④

22 다음 중 비트 규격이 큰 것부터 작은 순서로 바르게 나열된 것은?

① AX → BX → NX → EX
② NX → AX → BX → EX
③ NX → BX → AX → EX
④ BX → NX → EX → AX

정답 ③
해설 p.187. 15번 해설 참조

23 다음 조니 조절제 중 점성 증가제에 해당되는 것은?

① 탈수감소제(CMC)
② 텔라이트 B
③ 그리네이트
④ 바라이트

정답 ①
해설 p.261. 5번 해설 참조

24 다음 중 "탄성변형률은 응력에 비례한다"는 누구의 법칙인가?

① 스넬(Snell)
② 후크(Hooke)
③ 옴(Ohm)
④ 줄(Jull)

정답 ②
해설 후크의 법칙 : 탄성변형률은 응력에 비례한다.

25 시추공의 공내에서 로드(rod)나 드릴파이프(drill pipe)가 절단되어 잔류되었을 때 이를 인양하기 위해 사용되는 사고복구 장비는?

① 초핑비트(chopping bit)
② 탭(tap)
③ 마그네트(magnet)
④ 워터스위벨(water swivel)

정답 ②
해설 탭은 시추공의 공내에서 로드나 드릴파이프가 절단되어 잔류되었을 때 이를 인양하기 위해 사용하는 사고복구 장비이다.

26 탄성파 중에서 기체, 액체, 고체를 모두 통과하고 속도가 가장 빠른 파는?

① 러브(Love)파
② 레일리(Rayleigh)파
③ P파
④ S파

정답 ③
해설 탄성파의 속도 – P파〉Love파〉S파〉Rayleigh파

27 우물물의 사용량이 많아지면 지하수면은 원추형(圓錐型)으로 낮아지며, 지하수면의 낮아지는 범위는 대체로 원형으로 나타난다. 이 원형으로 낮아지는 범위를 무엇이라 하는가?

① 수위 강하량
② 용천 반경
③ 영향 반경
④ 원춘 저하곡선

정답 ③
해설 우물 사용량이 많아져 지하수면이 원형으로 낮아지는 범위를 영향 반경이라 한다.

28 수직 전기비저항 탐사에서 탐사심도와 가장 관계가 깊은 것은?

① 전극의 직격 ② 전극의 간격
③ 전극의 길이 ④ 전극의 종류

정답 ②

29 다음 중 날개의 경사가 45℃ 이하로서 파장에 비하여 파고가 낮은 완만한 습곡은?

① 급사습곡 ② 등사습곡
③ 완사습곡 ④ 경사습곡

정답 ③
해설 날개의 경사가 45°이하인 습곡은 완사습곡이라 한다.

30 다음 중 친동원소(chalcophile elements)가 아닌 것은?

① 아연 ② 납
③ 니켈 ④ 구리

정답 ③
해설 친동원소란 지하 1200~2900km에서 황화물이 풍부한 액체상에 존재하는 원소로서 구리(Cu), 아연(Zn), 납(Pb), 수은(Hg), 카드뮴(Cd), 칼륨(K) 등이다.

31 다음 중 구리 광물과 관계가 없는 것은?

① 황동석 ② 공작석
③ 코벨라이트 ④ 금홍석

정답 ④
해설 구리 광물에는 황동광, 공작석, 코벨라이트, 방휘동광, 안사면동광, 동람, 휘동광, 비사면동광 등이 있다.

32 공내가 밀리거나 붕괴 등으로 케이싱을 목적하는 심도까지 삽입할 수 없을 때 케이싱 밑 이하를 넓혀 케이싱을 원활하게 삽입하기 위해 사용되는 기구는?

① 인사이트 탭 ② 케이싱 커터
③ 케이싱 리밍 커터 ④ 언더리머

정답 ④
해설 언더리머는 공내가 밀리거나 붕괴 등으로 케이싱을 목적하는 심도까지 삽입할 수 없을 때에 관밑 이하를 넓혀 케이싱을 원활하게 삽입하기 위한 기구이다.

33 다음 중 대수층의 분류에 속하지 않는 것은?

① 누수대수층
② 자유면대수층
③ 피압대수층
④ 자분정(自噴井)식 대수층

정답 ①
해설 대수층에는 자유면대수층, 피압대수층, 반피압대수층, 주수대수층 등이 있다.

34 고생대 지층 위에 신생대 지층이 퇴적되어 있다면 주 지층 사이의 관계는?

① 정합 ② 단층
③ 관입 ④ 부정합

정답 ④
해설 부정합은 시간적인 공백이 있는 지층이다.

35 다음 중 원소광물이 아닌 것은?

① 자연금 ② 자연은
③ 흑연 ④ 휘동광

정답 ④
해설 휘동광은 구리광물이다.

36 구성 물질과 퇴적암을 연결한 것으로 옳지 않은 것은?

① 점토 - 셰일 ② 화산재 - 응회암
③ 석회질 - 석회암 ④ 모래 - 역암

정답 ④
해설 역암은 얕은 바다에서 둥근 자갈 사이에 모래나 점토가 충진되어 교결된 것이다.

37 다음 중 지반의 물성 조사를 위해 실내에서 실시하는 암석 시험법이 아닌 것은?

① 평판재하 시험
② 삼축압축 시험
③ 탄성파속도 시험
④ 일축압축 시험

정답 ①
해설 평판 재하 시험은 원위치에서 평평한 재하판을 사용하여 하중을 가하고, 그 하중의 크기와 재하면의 변위 관계로부터 기초 지반이나 흙쌓기 지반의 지지력이나 지반 계수를 구하는 시험이다.

38 다음 중 전기 검층의 종류가 아닌 것은?

① 중성자검층 ② 자연전위검층
③ 전기비저항검층 ④ 유도분극검층

정답 ①
해설
• 전기 검층법 : 자연전위 검층, 전기비저항 검층, 유도분극 검층
• 방사능 검층법 : 중성자 검층, 밀도 검층, 자연감마선 검층

39 다음 중 일정한 지역에 분포되어 있는 지층을 오래된 것부터 새로운 것까지 두께의 비로 나타낸 그림은?

① 지형도 ② 지질 주상도
③ 갱내 지질도 ④ 지질도

정답 ②
해설
• 지형도 : 암석의 종류와 분포에 대해 기록해 놓은 지도
• 갱내 지질도 : 갱내의 지질 상황을 표시하는 그림
• 지질도 : 지질정보의 분포를 나타낸 지도

40 심부시추작업을 할 때 시추장비가 재밍(jamming)이 되는 원인은?

① 질이 좋은 이수를 계속 사용했을 때
② 슬러지가 공 내에 너무 많이 모이도록 방치하였을 때
③ 펌프에 송수를 계속 하였을 때
④ 로드를 천천히 올렸을 때

정답 ②
해설 재밍(jamming)의 원인은 슬러지가 공 내에 너무 많이 모이도록 방치하였을 때에 발생한다.

41 다음 중 화성암의 주성분 광물은?

① 석류석 ② 녹니석
③ 각섬석 ④ 홍주석

정답 ③
해설 화성암의 주성분 광물로는 석영, 장석, 운모, 각섬석, 휘석, 감람석, 준장석 등이 있다.

42 물이 포화된 암석으로부터 중력으로 인해 배수되는 물 체적의 비율은?

① 공극률 ② 투수율

③ 비보유율   ④ 비산출율

정답 ④
해설 비산출율 : 물로 포화된 토양이나 암석으로부터 중력으로 배출되는 물의 부피와 시료 전체의 부피의 비율이다.

43 다음 중 고생대의 연대부분에서 오래된 시기 부터 바르게 나열된 것은?

① 석탄기 - 페름기 - 캠프리아기 - 데본기
② 페름기 - 캠브리아기 - 데본기 - 석탄기
③ 데본기 - 석탄기 - 페름기 - 캠브리아기
④ 캠프리아기 - 데본기 - 석탄기 - 페름기

정답 ④
해설 고생대의 시기순은 캠프리아기 - 오르도비스기 - 실루리아기 - 데본기 - 석탄기 - 페름기 이다.

44 이수평형기(mud balance)를 이용하여 측정 하는 이수의 성질은?

① pH   ② 비중
③ 점성   ④ 탈수량

정답 ②
해설 이수평형기를 이용하여 측정하는 이수의 성질은 이수의 비중이다.

45 시추 중에 발생한 용수(湧水)사고의 대책으로 올바르지 않은 것은?

① 시멘트 주입
② 케이싱(casing) 삽입
③ 이수(泥水) 사용
④ 로드(rod)를 상하로 움직인다.

정답 ④
해설 용수사고 발생시 로드를 상하이동하면 공내 붕괴 위험이 있다.

46 모스경도계에 의한 광물의 경도가 낮은 것부터 바르게 나열된 것은?

① 석고 - 정작석 - 형 석
② 석고 - 인회석 - 방해석
③ 석고 - 형 석 - 석 영
④ 석고 - 석 영 - 정장석

정답 ③
해설 p.213. 22번 표 참조

47 다음 화성암 중 석영 함유량이 가장 높은 심성암은?

① 안산암   ② 화강암
③ 현무암   ④ 조면암

정답 ②
해설 p.33. 아래의 표 참조

48 비트에서 매트릭스 바깥쪽에만 절삭면을 가지고 있고 어려운 표토 층을 통과할 때와 한번에 기반암까지 도달해야 할 때 사용하는 절삭기구는?

① 케이싱 슈   ② 파일럿 비트
③ 콘케이브 비트   ④ 서페이스 비트

정답 ①
해설 케이싱 슈는 표토 층을 통과하거나 기반암까지 한번에 도달 시 사용한다.

49 1ppm 이란 용액 1kg 내에 얼마의 용질이 용해되어 있는 것을 말하는가? (단, 용액의 비중은 1)

① 0.1mg   ② 1mg
③ 10mg   ④ 100mg

정답 ②

해설 1ppm-용액 1kg에 용질이 1mg 함유된 경우이다.

50 시추용 이수의 기능으로 옳지 않은 것은?

① 슬러지 제거
② 윤활작용
③ 이벽의 파괴
④ 공벽 보호

정답 ③
해설 시추용 이수의 기능은 이벽의 보호이다.

51 시추작업에 필수적으로 사용되는 로드 취급법으로 옳지 않은 것은?

① 로드를 세울 때에는 항상 커플링이 위로 향하게 하여 세운다.
② 나사 부위에 이물질이 끼지 않도록 항상 깨끗하게 보관한다.
③ 1~2mm 이상 구부러진 로드는 사용하지 않는다.
④ 로드를 지상에서 던지거나 손상시키는 일이 없도록 하여야 한다.

정답 ①

52 다음 중 퇴적광상은?

① 접촉교대광상
② 페그마타이트광상
③ 열수광상
④ 사광상

정답 ④
해설 사광상은 물에 의한 기계적 퇴적광상이다.

53 다음 중 논코어 비트에 해당되지 않는 것은?

① 임프레그네이티드 비트(impregnated bit)
② 콘케이브 비트(concave bit)
③ 파이럿 비트(pilot bit)
④ 테이퍼 비트(taper bit)

정답 ①
해설 임프레그네이티드 비트는 코어비트이다.

54 다음 중 클리노미터로 측정할 수 없는 것은?

① 경사   ② 주향
③ 심도   ④ 방위

정답 ③
해설 클리노미터는 경사, 주향, 방위를 측정할 수 있다.

55 코어링 시추공법 중에서 코어채취용 기구에 해당되지 않는 것은?

① 코어리프터(core lifter)
② 리밍 셸(reaming shell)
③ 오버슛(over shot)
④ 코어바렐(core barrel)

정답 ②
해설 리밍 셸은 시추공경 유지와 진동의 흡수 및 공곡 방지의 역할인다.

56 다음 중 산화광물에 해당되는 것은?

① 자철석   ② 석영
③ 방연석   ④ 황동석

정답 ①
해설 산화광물-자철석(Fe3O4), 적철석(Fe2O3), 공작석 [Cu2CO3(OH)2]

57 공벽보호관(casing pipe)의 기능에 대한 설명으로 옳지 않은 것은?

① 지하수의 출수 및 일수(溢水) 방지
② 시추공벽에 여과막 형성
③ 일정한 시추공경 유지
④ 시추공의 유지 및 시추공벽의 붕괴 방지

정답 ②
해설 공벽 보호관은 시추공 벽을 보호하고 시추공경을 일정하게 유지하는데 쓰인다.

58 다음 암석 중 화학적 퇴적암은?

① 석탄　　② 셰일
③ 석고　　④ 규조토

정답 ③
해설 p.226. 20번 그림 참조

59 탄성파탐사 결과로 작성된 주시곡선으로부터 결정할 수 없는 것은?

① 지층의 심도
② 지층의 성분
③ 지층의 경사
④ 지층의 탄성파 속도

정답 ②

60 다음 중 그림의 주향, 경사 표시가 바르게 된 것은?

① N 35°E, 20°SE
② N 20°W, 35°SW
③ N 35°W, 20°SW
④ N 20°E, 35°SE

정답 ①
해설 p.267. 35번 그림 참조

시추기능사 2015 기출문제

*답안카드 작성시 시험문제지 형별누락, 마킹착오로 인한 불이익은 전적으로 수험자의 귀책사유임을 알려드립니다.

01 감람암과 같은 초염기성 암석이 열수의 작용을 받아 생성된 변성암으로(암록색, 암적색, 녹황색) 등을 띠며 지방광택을 보여주는 암석은?

① 천매암 ② 편마암
③ 사문암 ④ 혼펠스

정답 ①

02 웨너(wenner)의 전극배열로 0.5[A]의 전류를 사용하여 측정된 전위차는 ~~~ 이 때 전극의 간격은 30[m]이었다. 대지의 겉보기비저항은 몇[옴]인가?

① 약 113 ② 약 162
③ 약 1130 ④ 약 1620

정답 ①

03 황철광(FeS_2)의 조흔색은?

① 적갈색 ② 황갈색
③ 황색   ④ 흑색

정답 ①

04 시추공을 확공할 때 사용하는 비트는?

① 임프레그네이티드 비트
② 초핑 비트
③ 리밍 비트
④ 트리콘 비트

정답 ①

05 바라이트(barite)는 이수에서 어떤 역할을 하는 첨가제인가?

① 점성 증가제
② 비중 증가제
③ 탈수제
④ 분산제

정답 ①

06 동방균질 대수층에서 지하수의 흐름과 등수위선과의 교차각은?

① 45°   ② 90°
③ 120° ④ 180°

정답 ①

07 지질도에 사용되는 기호 중 셰일은?

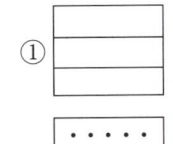 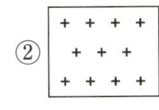
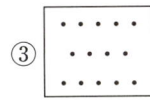 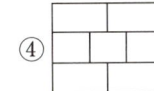

정답 ①

08 석회암 지대에서 볼 수 있는 스카른(skarn) 광물에 속하는 것은?

① 활석 ② 석류석
③ 형석 ④ 장석

정답 ①

09 다음 화성광상 중에서 석영, 장석 운모 등의 큰 결정질을 정출시키고 희유원소 광물이 생성되는 광상은?

① 기성 광상
② 열수 광상
③ 정마그마 광상
④ 페그마타이트 광상

정답 ①

10 함석, 축전지 제조에 쓰이거나 구리와 합금하여 놋쇠를 만드는 원료 광물은?

① 몰리브덴 ② 납
③ 아연 ④ 망간

정답 ①

11 금, 은 광상에 대한 지구화학탐사의 경우 가장 일반적으로 사용되는 지시원소는?

① 수은
② 몰리브덴
③ 비소
④ 아연

정답 ①

12 시추작업에 사용되는 굴착장비 중 연결구에 해당하지 않는 것은?

① 케이싱 슈
② 케이싱 파이프
③ 드라이브 파이프
④ 로드 커플링

정답 ①

13 다음 중 지구 구성물질의 자연적 물성을 이용하는 탐사방법은?

① 전기비저항탐사
② 탄성파탐사
③ 전자탐사
④ 자력탐사

정답 ①

14 유기적 퇴적암과 관계 없는 것은?

① 석탄 ② 처트(chert)
③ 규조토 ④ 활석

정답 ①

15 지하수의 분포 중 공기가 들어있는 층을 통기대라고 한다. 통기대 중 가장 아래쪽에 위치하고 있는 층은?

① 모관대　　② 토양수대
③ 중간대　　④ 포화대

정답 ①

16 변성암의 구조와 조직에 대한 설명으로 가장 올바른 것은?

① 암석이 광역변성작용을 받으면 엽상 구조를 보인다.
② 암석이 광역변성작용을 받으면 혼펠스 조직을 보인다.
③ 암석이 접촉변성작용을 받으면 편리 구조를 보인다.
④ 암석이 접촉변성작용을 받으면 편마 구조를 보인다.

정답 ①

17 다음 중 폴리머(polymer) 이수에 대한 설명으로 옳지 않은 것은?

① 벤토나이트 이수에 비해 적은 양으로도 이수 제조가 가능하다.
② 공해의 우려가 없고, 이수 제조비용이 저렴하다.
③ 심도가 깊은 시추공에서는 벤토나이트 이수보다 공경 유지가 용이하다.
④ 운반 및 보관이 용이하다.

정답 ①

18 다음 중 밀도검층에 주로 사용되는 방사선은?

① 전자선　　② α선
③ β선　　④ γ선

정답 ①

19 탄성파탐사와 관계된 이론이 아닌 것은?

① 패러데이(Faraday)의 법칙
② 후크(Hooke)의 법칙
③ 스넬(Snell)의 법칙
④ 호이겐스(Huygens)의 원리

정답 ①

20 다음 중 방사능탐사로 탐지되지 않는 광물은?

① 토륨 광물　　② 칼륨 광물
③ 아연 광물　　④ 우라늄 광물

정답 ①

21 지구화학탐사에서 탐사의 지침이 되는 지시 원소로서 적합하지 않은 것은?

① 화학분석이 용이하고 분석비가 저렴한 원소
② 지구화학적 환경에서 이동도가 작은 원소
③ 탐사 대상 광체 내에 함유된 주성분 원소와 지구화학적 수반관계가 있는 원소
④ 탐사 대상 광체와 지질학적 및 지구화학적으로 관련성이 있는 원소

정답 ①

22 보웬(Bowen)의 반응계열 중 가장 고온에서 정출되는 것은?

① 감람석　② 각섬석
③ 흑운모　④ 휘석

정답 ①

23 흙의 투수계수를 측정하는 방법 중 실내 시험 방법은?

① 정수위 투수시험　② 수압파쇄시험
③ 양수시험　　　　④ 압밀시험

정답 ①

24 전자탐사법에 의해 가장 잘 탐지되는 광종은?

① 전기전도도가 큰 광종
② 비중이 큰 광종
③ 전기비저항이 큰 광종
④ 자성이 강한 광종

정답 ①

25 공극률에 대한 설명으로 가장 옳은 것은?

① 퇴적물이 고화되면 공극률이 감소 한다.
② 보통 토양과 사력층의 공극률은 10~15% 정도이다.
③ 단위체적의 암석중에 존재하는 공극의 면적을 백분율로 표시한 것이다.
④ 신선한 화성암은 치밀하여 공극률이 크다.

정답 ①

26 시추공에서 일정무게의 해머를 지반에 자유낙하시켜 일정 깊이만큼 관입시키는데 필요한 낙하수를 구하여 지반의 종류와 분포 및 특성을 알아내는 시험은?

① 원추관입시험　② 표준관입시험
③ 공벽재하시험　④ 현장베인시험

정답 ①

27 부정합면 아래에 결정질인 암석이 있으면 무엇이라 부르는가?

① 준정합　　② 사교부정합
③ 난정합　　④ 비정합

정답 ①

28 다음 시추 코어(core) 채취용 기구 중 사력층이나 점토층 등의 약한 지반의 코어 채취에 가장 적합한 것은?

① 싱글 튜브 코어 배럴(single tube core barrel)
② 더블 튜브 코어 배럴(double tube core barrel)
③ 샘플러(sampler)
④ 코어쉘(core shell)

정답 ①

29 현재 세계적으로 생산되고 있는 석유는 대체로 어느 지질시대에서 가장 많이 생산되고 있는가?

① 쥬라기　② 페름기
③ 신생대　④ 캠브리아기

정답 ①

30 일반적으로 치밀하며 반정이 없으나 감람석의 회록색 반정을 가지는 알이 있으며 SiO_2를 적게 포함하여 쉽게 유동하며 굳어져서 표면에 특수한 유동 구조를 보이는 화산암은?

① 흑요암　　② 현무암
③ 안산암　　④ 유문암

정답 ①

31 다음에 해당되는 광물은?

> 광택 : 유리, 색깔 : 녹흑색, 경도 : 2.5, 비중 : 3.0,
> 결정계 : 단사, 화학조성 : K, Al, Fe의 규산염

① 각섬석　　② 정장석
③ 감람석　　④ 흑운모

정답 ①

32 다음 중 비트(bit)에 대한 설명으로 옳지 않은 것은?

① 메탈 비트는 표토층이나 연암 등의 굴착에 주로 사용된다.
② 다이아몬드 비트는 경암, 극경암 등의 굴착에 주로 사용된다.
③ 메탈 비트는 코어 채취율이 다이아몬드 비트보다 매우 높아 지질조사용으로 많이 사용된다.
④ 비트는 재질에 따라 메탈 비트와 다이아몬드 비트가 있다.

정답 ①

33 퇴적암 중에 관입암상처럼 들어간 화성암체의 일부가 더 두꺼워져서 렌즈 또는 만두 모양으로 부풀어 오른 것을 무엇이라 하는가?

① 암경　　② 암주
③ 저반　　④ 병반

정답 ①

34 다음 중 현무암지대에서 많이 관찰되는 절리는?

① 주상절리　　② 사교절리
③ 주향절리　　④ 판상절리

정답 ①

35 지각을 구성하는 암석의 조암광물 중 화학적 풍화에 대한 저항이 가장 강한 광물은?

① 석영　　② 운모
③ 각섬석　　④ 휘석

정답 ①

36 맥상으로 발달하는 황화광체를 탐광하고자 할 때 가장 많이 사용하는 탐사법은?

① 중력탐사　　② 유도분극탐사
③ 탄성파탐사　　④ 자연전위탐사

정답 ①

37 호소를 성인에 따라 분류할 때 습곡, 단층, 지진 등의 지각운동으로 만들어진 것은?

① 구조호　　② 침식호
③ 폐색호　　④ 잔적호

정답 ①

38 다음 지하수위 저하공법 중 중력배수 공법에 해당하는 것은?

① 전기침투 공법
② 진공배수 공법
③ trench 공법
④ well point 공법

정답 ①

39 다음 중 화성암에서 관찰할 수 있는 구조(structure)가 아닌 것은?

① 다공상구조
② 구과상구조
③ 편마상구조
④ 행인상구조

정답 ①

40 다음 중 RQD(rock quality designation)에 대한 설명으로 옳지 않은 것은?

① 암반의 시추조사에서 회수된 코아 중 5cm 이상 되는 코어 길이의 합을 굴진 길이에 대한 백분율로 나타낸다.
② 풍화가 심한 암반일수록 RQD값은 작다.
③ 절리와 같은 역학적 결함이 적고, 강도가 큰 암반일수록 RQD값은 크다.
④ RQD는 암질을 나타내는 지수이다.

정답 ①

41 중성자 검층은 다음 중 어느 것과의 반응을 이용하는 것인가?

① 질소원자
② 산소원자
③ 탄소원자
④ 수소원자

정답 ①

42 습곡 축면이 수직이며 축이 수평이고 양쪽 윙(wing)이 대칭을 이루는 습곡은?

① 경사습곡   ② 등사습곡
③ 정습곡   ④ 평행습곡

정답 ①

43 코어(core) 채취율이 저하되는 원인으로 옳지 않은 것은?

① 경암층에서 순환수를 적정하게 보낼 때
② 굴진 중 로드의 진동이 있을 때
③ 적당한 압력을 가하지 않고 고속회전할 때
④ 절리층 및 파쇄대가 발달되어 있을 때

정답 ①

44 다음 광물 중 탄산염광물에 속하는 것은?

① 방해석   ② 적철석
③ 감람석   ④ 인회석

정답 ①

45 다음 중 산성암에 속하는 것은?

① 감람암
② 현무암
③ 화강암
④ 반려암

정답 ①

47 다음 중 동질이상인 것은?

① 방해석과 마그네사이트
② 석영과 사장석
③ 감람석과 휘석
④ 금강석과 흑연

정답 ①

48 다음 광물 중 원소광물에 속하는 것은?

① 자철석
② 흑연
③ 석영
④ 방해석

정답 ①

49 야외조사에서 염산을 떨어뜨리니 기포가 발생하였다. 무슨 광물인가?

① 황산염 광물
② 규산염 광물
③ 탄산염 광물
④ 인산염 광물

정답 ①

50 지질시대의 구분단위가 큰 단위로부터 작은 단위의 순서로 나열된 것은?

① 누대(累代)-대(代)-기(紀)-세(世)
② 기(紀)-대(代)-세(世)-누대(累代)
③ 세(世)-누대(累代)-대(代-)기(紀)
④ 대(代)-누대(累代)-세(世)-기(紀)

정답 ①

51 단층면의 주향과 지층의 주향이 서로 45° 정도로 교차하는 단층은?

① 힌지단층
② 사교단층
③ 회전단층
④ 주향이동단층

정답 ①

52 물로 포화되어 있는 지층 중에서 추수성과 저류성이 커 경제적으로 개발 이용할 수 있는 상당한 양의 지하수를 배출할 수 있는 층은?

① 표면층
② 대수층
③ 토양층
④ 침전층

정답 ①

53 충력탐사 시 실시하는 보정 방법에 해당되는 않는 것은?

정답 ①

55 다음 중 지하수 조사에 가장 널리 이용되는 탐사 방법은?

① 중력탐사
② 자력탐사
③ 전자탐사
④ 전기비저항탐사

정답 ①

56 다음과 같은 특징들로 이루어져 있는 광물들은?

> 급열, 급냉, 고온에 잘 견디고 모두 Al_2SiO_x라는 화학식을 가지고 있으며, 고온에 잘 견디기 때문에 고급 내화재로 쓰인다.

① 휘안석, 석석, 크롬철석
② 남정석, 홍주석, 규선석
③ 섬아연석, 방연석, 회중석
④ 석염, 장석, 네펠린

정답 ①

57 다음중 지하수면에서의 압력이 대기압과 동일한 상태하에 있는 대수층은?

① 부유대수층
② 난대수층
③ 자유면대수층
④ 피압대수층

정답 ①

58 시추작업에서 공곡(시추공의 휨)의 방지 대책으로 옳지 않은 것은?

① 송수량을 많게 하여 스라임(slime) 배출을 양호하게 한다.
② 적정한 비트 회전수를 유지하고 하중에 따라 무리하지 않게 굴착한다.
③ 절삭이 양호한 비트(bit)를 사용한다.
④ 코어튜브(core tude)는 가능하면 짧은 것을 사용한다.

정답 ①

59 시추 재밍(jamning)의 원인과 거리가 먼 것은?

① 슬러지가 공 내에 너무 많이 모이도록 방치하였을 때
② 질이 나쁜 이수를 계속 사용했을 때
③ 너무 급속히 로드를 올릴 때
④ 펌프의 송수를 증가시켰을 때

정답 ①

시추기능사 2016 기출문제

* 답안카드 작성시 시험문제지 형별누락, 마킹착오로 인한 불이익은 전적으로 수험자의 귀책사유임을 알려드립니다.

01 다음 중 입경이 비교적 큰 조립질 매질의 투수시험에 적합한 실내 투수시험법은?

① 정수위 투수시험
② 변수위 투수시험
③ 순간 충격시험
④ 단공 양수시험

정답 ①
해설 정수위 투수시험은 투수성이 큰 조립토에 적합하다.

02 록볼트를 설치함으로써 기대되는 지보효과로 가장 거리가 먼 것은?

① 봉합 효과   ② 아치형성 효과
③ 외력배분 효과   ④ 빔형성 효과

정답 ③
해설 록볼트의 작용효과로는 봉합작용, 내압작용, 보형성작용, 아치형성작용 등이 있다.

03 다음 탄성파 중 원거리 지점에 가장 빨리 도착되는 파는?

① 굴절파   ② 반사파
③ 회절파   ④ 직접파

정답 ①
해설 탄성파 중 원거리 지점에 가장 빠르게 도착하는 파는 굴절파이다.

04 지구화학적 환경은 1차 환경과 2차 환경으로 분류되는데 2차 환경에 대한 설명으로 옳지 않은 것은?

① 지표환경이다.
② 온도와 압력이 높은 환경이다.
③ 유체의 이동이 비교적 활발한 환경이다.
④ 지하수면 상부의 지표부근 환경이다.

정답 ②
해설 2차 환경은 지표환경으로 풍화 작용, 퇴적 작용이 진행되며 1차 환경과는 반대로 압력이 낮고, 산소와 이산화탄소의 양이 많으며, 유체의 이동이 자유롭다.

05 로드와 보호관의 접속장치이며, 로드 쪽은 암나사, 보호관 쪽은 수나사로 되어 있는 드라이브 파이프의 접속구는?

① 헤드(head)
② 슈우(shoe)
③ 부싱(bushing)
③ 커플링(coupling)

정답 ③
해설 부싱은 로드와 보호관의 접속장치이며, 로드 쪽은 암나사, 보호관 쪽은 수나사로 되어 있는 드라이브 파이프이다.

06 다음 중 SiO_2 함량이 가장 적은 암석은?

① 유문암　　② 안산암
③ 현무암　　④ 석영 안산암

정답 ③
해설 p.284. 59번 해설 참조(암석 표)

07 자력탐사에서 측정이 끝난 후 실시하는 측정값에 대한 보정에 해당되지 않는 것은?

① 경위도의 보정　② 굴절의 보정
③ 지점의 보정　　④ 온도의 보정

정답 ②

08 다음의 지하수 오염물질 중 유기용매에 해당하지 않는 것은?

① 질소
② 트리클로로에틸렌
③ 벤젠
④ 사염화탄소

정답 ①

09 다음 지질기호 중 석회암에 해당하는 것은?

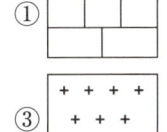 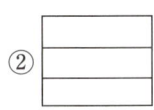
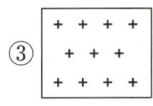 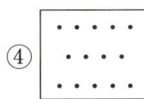

정답 ①
해설 p.12 그림 참조

10 다음 중 코어 채취용 기구에 해당하지 않는 것은?

① 와이어라인 코어 배럴
② 싱글 튜브 코어 배럴
③ 더블 튜브 코어 배럴
④ 트리플 튜브 코어 배럴

정답 ④
해설 코어 채취용 기구에는 코어 셀 컴프리트, 싱글 튜브 코어 배럴, 더블 튜브 코어 배럴, 와이어 라인 코어 배럴, 오버 숏 등이 있다.

11 지하수 개발 시 지표의 오염원이 공내로 유입되는 것을 막기 위해 그라우팅 시공을 하는데 시추공 하부에서 상부로 시공하는 방법은?

① 패커법
② 브레든헤드 방법
③ 로드식 주입법
④ 베라식 주입법

정답 ②
해설 브레든헤드 방법은 시추공 하부에서 상부로 시공하며 지하수 개발 시 지표의 오염원이 공내로 유입되는 것을 막기 위해 그라우팅 시공을 할 때 사용한다.

12 다음 중 마그마가 유동하여 굳어질 때 만들어진 화강암의 평행구조는?

① 유상구조　　② 구상구조
③ 행인상구조　④ 층상구조

정답 ①
해설
• 구상구조는 광물이 어떤 점을 중심으로 동심구를 이룬 것이다
• 행인상구조는 기공에 다른 광물이 채워진 것이다.
• 층상구조는 강하게 결합하여 조밀하게 배열한 면이 약한 결합

력에 의해 평행하게 중첩된 구조.
• 유상구조는 마그마가 유동하여 굳어질 때 만들어진 평행구조이다.

13 다음 금속원료 광물 중 구리(Cu)를 산출할 수 없는 것은?

① 반동석　　② 공작석
③ 황동석　　④ 휘수연석

정답 ④
해설 반동석-Cu5FeS4　공작석-CuCO3(OH)2
황동석-CuFeS2　휘수연석-MoS2

14 다음 중 속도가 가장 빠른 탄성파는?

① P파　　② S파
③ Love파　　④ Rayleigh파

정답 ①
해설 탄성파의 속도 – P파〉Love파〉S파〉Rayleigh파

15 중력탐사에서 지자기의 분포 중 수직분력이 가장 큰 곳은?

① 북위 30°　　② 북위 60°
③ 북극　　④ 적도

정답 ③

16 다음의 지질시대 중 중생대에 속하지 않는 것은?

① 백악기　　② 쥬라기
③ 트라이아스기　　③ 데본기

정답 ④
해설 중생대에는 백악기 쥬라기 트라이아스기가 있고 데본기는 고생대이다.

17 현무암이 변성작용을 받으면 어떤 암석이 만들어지는가?

① 녹니석 편암　　② 안구 편마암
③ 규암　　④ 준 편마암

정답 ①
해설 녹니석 편암은 고철질 암석이 광역 변성 작용을 받아 편암으로 변한 것 이다.

18 다음 중 이수에 첨가하여 비중을 증가시키는 목적으로 사용되는 것은?

① 벤토나이트(bentonite)
② 바라이트(barite)
③ 시 클레이(C clay)
④ CMC

정답 ②
해설 바라이트는 이수에 첨가하여 비중을 증가시킨다.

19 다음 중 물리탐사법과 그 측정 단위가 바르게 연결된 것은?

① 자력 탐사법 - Ωm
② 중력 - mgal
③ 자연전위 탐사법 - γ(감마)
④ 유도분극 탐사법 - m/sec

정답 ②
해설 자력 탐사법 – γ(감마) 자연전위 탐사법– mV

20 다음 암석 중 쇄설성 퇴적암은?

① 경석고　　② 석회암
③ 처어트　　④ 사암

정답 ④
해설 쇄설성 퇴적암에는 역암, 사암, 셰일, 응회암, 집괴암 등이 있다.

21 우리나라에서 석탄 자원이 협재되어 있는 지층은?

① 경상계 ② 조선계
③ 평안계 ④ 대동계

정답 ③
해설 p.22. (2)표 참조

22 다음에서 설명하는 암반분류 방법은?

① RMR ② SMR
③ TCR ④ RQD

정답 ④
해설 암반 분류 방법에는 RQD, RSR, RMR, Q시스템 등이 있다.
[문제보기] RQD는 암석의 품질을 나타내는 지수이다.

23 다음의 화성광상 중 조암광물 정출 후에 유용성분 잔액이 농집된 경우는?

① 페그마타이트 광상
② 기성광상
③ 열수 광상
④ 정마그마 광상

정답 ④
해설 화성광상 중 조암광물 정출 후에 유용성분 잔액이 농집된 것은 정마그마 광상이다.

24 노두가 자연적으로 파쇄되어 지표에 떨어져 탐광에 도움을 주는 암석은?

① 수석 ② 전석
③ 맥석 ④ 상석

정답 ②

25 다음 중 시추굴착 후 회수된 코어를 감정하여 주상도에 기록할 사항과 가장 거리가 먼 것은?

① 이수종류 ② 채취율
③ 방향각도 ④ 중공심도

정답 ①

26 지하수의 양수로 인해 발생하는 지반침하는 다음 중 어떠한 조건이 장기화 되었을 때 발생하는가?

① 함양량 = 채수량
② 함양량 ≥ 채수량
③ 함양량 > 채수량
④ 함양량 < 채수량

정답 ④

27 시추공이 공곡으로 굴진되어 있을 때 보정하는 시추공법은?

① 이수공법 ② 타입공법
③ 충격식 굴착법 ④ 웨지공법

정답 ④

28 광물이 완전한 결정형을 가지고 있으면 무엇 이라 하는가?

① 타형　　② 정벽
③ 자형　　④ 반자형

정답 ③

29 다음 광물 중 정방정계인 것은?

① 방해석　② 석고
③ 회중석　④ 암염

정답 ③
해설 정방정계인 광물에는 회중석, 황동석, 금홍석 등이 있다.

30 비금속광택 중 진주광택에 속하는 것은?

① 활석　　② 석영
③ 고령토　④ 석면

정답 ①
해설 진주광택에는 활석, 수활석, 휘비석이 있다.

31 다음 중 수은이 산출되는 광물은?

① 사문석　② 방연광
③ 중정석　④ 진사

정답 ④
해설 수은이 산출되는 광물에는 아말감, 흑진사, 티만나이트, 콜로라도아이트, 진사, 리빙스토나이트, 칼로멜, 클라이나이트, 에글레스토나이트, 테를링구아이트, 모세사이트 등이 있다.

32 길이가 5m인 시추공에 30L/min의 물을 25 kgf/cm²의 압력으로 주입하였을 때 지반의 투수성을 몇 Lugeon인가?

① 1.3　　② 2.4
③ 3.0　　④ 3.3

정답 ②

33 지하수 등수위선과 지하수의 흐름방향에 대한 설명으로 옳은 것은?

① 지하수 등수위선과 직각방향으로 지하수가 흐른다.
② 지하수 등수위선과 평행방향으로 지하수가 흐른다.
③ 지하수 등수위선과 직각 또는 평행 방향으로 지하수가 흐른다.
④ 지하수 등수위선과 지하수의 흐름 방향은 관계가 없다.

정답 ①

34 다음 중 왕복 펌프의 종류에 속하지 않는 것은?

① 다이어프램 펌프　② 플런저 펌프
③ 터빈 펌프　　　　④ 피스톤 펌프

정답 ③
해설 왕복 펌프의 종류에는 다이어프램 펌프, 플런저 펌프, 피스톤 펌프, 버킷 펌프 등이 있다.
터빈 펌프는 원심 펌프의 한 종류이다.

35 지하수 장해요인 중 우물을 고갈시키는 요인과 가장 거리가 먼 것은?

① 호안 굴착으로 수위 강하
② 항만 지하수위 저하공법으로 수위 저하
③ 도로 터널로 지하수 유출
④ 도로 포장으로 지하수 유입차단

정답 ④

36 습곡의 각부 명칭에 대한 설명으로 옳지 않은 것은?

① 정부(apex)를 연결한 선이 배사축 이다.
② 향사축은 향사의 두 날개(wing)가 마주치는 점을 연결한 선이다.
③ 배사와 향사 사이의 기울어진 부분을 날개(wing)라고 한다.
④ 배사에서 두 날개(wing)가 마주치는 곳을 관(crest)이라고 한다.

정답 ④
해설 배사에서 두 날개가 마주치는 곳은 정부(APEX)라고 한다.

37 다음 중 변성암의 조직(구조)을 나타내는 것은?

① 건열   ② 유리질조직
③ 혼펠스구조 ④ 반상조직

정답 ③

38 Well Point 공법의 배수방법 원리는?

① 진공 배수방법
② 볼밸브식 양수방법
③ 수중모터펌프 배수방법
④ 후드밸브식 양수방법

정답 ①

39 다음 중 지각을 구성하는 암석에 가장 많이 함유되어 있는 금속은?

① 알루미늄(Al) ② 구리(Cu)
③ 망간(Mn)   ④ 철(Fe)

정답 ①
해설 지각을 구성하는 암석에 가장 많이 함유되어 있는 금속은 알루미늄이다.

40 다음 중 지하수위 관측을 위한 자기수위계 종류에 해당되지 않는 것은?

① 수압식 자기수위계
② 부자식 자기수위계
③ 촉침식 자기수위계
④ 오리피스 자기수위계

정답 ④

41 다음 중 전기비저항탐사의 전극배열법에 해당되지 않는 것은?

① 슐럼버져(Schlumberger) 배열법
② 쌍극자 배열법
③ 루프(Loop) 배열법
④ 웨너(Wenner) 배열법

정답 ③
해설 슐럼버져 배열법, 쌍극자 배열법, 웨너 배열법 등은 전부 전극배열법에 해당되지만 루프 배열법은 시간 전자 영역탐사에 해당된다.

42 시추에서 사용되는 단위로 센티포아즈(cp, centipoise)란?

① 사분을 표시하는 단위
② 비중을 표시하는 단위
③ 수분을 표시하는 단위
④ 점성도를 표시하는 단위

정답 ④
해설 점성도를 표시하는 단위에는 센티포아즈 외에도 파스칼초로도 표시된다.

43 다음 중 퇴적암에서 나타나는 특징은?

① 층리구조　② 편마구조
③ 입상조직　④ 반상조직

정답 ①

해설 편마구조는 변성암에서 나타나는 특징이고 입상,반상 조직은 화성암의 특징이다.

44 암반 내에 발달하는 불연속면 중 상부에 놓였던 하중의 제거로 인한 압력 감소에 의해 생기는 것은?

① 주상절리　② 층상절리
③ 층리　　　④ 엽리

정답 ②

해설 주상절리는 화산에서 분출한 용암이 지표면에 흘러내리면서 식게되는데 이때 식는 과정에서 규칙적인 균열이 생겨 형성된 것이다
지층을 이루는 암석의 층상 배열상태. 퇴적과정에서 입자 구성물질의 변화 등에 의해 광물입자나 암석조각이 층상으로 배열되어
암질이 서로 다른 판상 단층이 겹쳐있는 것을 말한다. 또한 층리의 최소단위를 엽리라도 한다.

45 다음 중 Darcy의 법칙을 지하수에 적용시킬 때 해당하는 유동 조건은?

① 층류와 난류 어느 것도 적용되지 않는다.
② 층류
③ 난류
④ 층류와 난류

정답 ②

46 다음 중 음파검층 시 주행속도에 영향을 미치지 않는 것은?

① 물 포화도　② 공극률
③ 밀도　　　 ④ 감마선 세기

정답 ④

해설 음파검층시 감마선의 세기는 주행속도에 영향을 미치지 않는다.

47 다음 중 방사능검층의 종류에 해당되지 않는 것은?

① 밀도 검층
② 자연 감마선 검층
③ 전자유도 검층
④ 중성자 검층

정답 ③

해설 방사선 검층에는 밀도검층, 전자유도검층, 중성자검층 등이 있다.

48 결정입자가 큰 화성암은 어느 때 생기는가?

① 냉각 속도가 느릴 때
② 냉각 속도가 빠를 때
③ MgO 성분이 많을 때
④ SiO_2 성분이 많을 때

정답 ①

49 다음 중 비트의 지름이 가장 작은 것은?

① BX　② EX
③ NX　④ AX

정답 ②

50 지하수 유선망에 대한 설명 중 옳지 않은 것은?

① 유선은 물 입자가 투수층의 상류로부터 하류로 흐르는 경로이다.
② 등수위선은 수위가 같은 지점을 연결한 선이다.
③ 유선망은 유선과 등수위선으로 이루어 진다.
④ 지하수의 유속은 동수경사에 반비례한다.

정답 ④

51 다음 중 굳기(경도)가 가장 큰 광물은?

① 정장석   ② 인회석
③ 석영   ④ 형석

정답 ③

52 단층면의 주향이 지층면의 주향과 직각인 단층은?

① 주향 단층   ② 경사 단층
③ 사교 단층   ④ 주향이동 단층

정답 ②

53 다음 중 황화광물에 속하지 않는 것은?

① 섬아연석   ② 회중석
③ 방연석   ④ 황철석

정답 ②

54 매질 내의 한 점에서 발생된 파동이 어떤 방향으로도 같은 속도로 전파하여 구면상으로 넓어져 가는 원리는?

① 파스칼   ② 쿨롱
③ 맥스웰   ④ 호이겐스

정답 ④

55 시추작업 기구 중 타입용구에 해당되는 것은?

① 리프팅 벨(lifting bail)
② 로드 스피어(rod spear)
③ 너킹 블록(knucking block)
④ 언더 리머(under reamer)

정답 ③

56 다음 중 와이어 라인 코어배럴(wire-line core barrel)에 대한 설명으로 가장 옳은 것은?

① 심부공에 주로 사용되며 오버숏을 사용한다.
② 단일관으로 구성되어 코어 채취가 쉬운 지질에 사용된다.
③ 2중관으로 구성되어 파쇄성 지층에 사용된다.
④ 천부공에 사용되며 체인블럭을 사용한다.

정답 ①

57 지각을 구성하는 8대 원소에 속하지 않는 것은?

① Ca(칼슘), Na(나트륨)
② H(수소), C(탄소)
③ O(산소), Si(규소)
④ K(칼륨), Mg(마그네슘)

정답 ②

58 유질동상의 관계로 짝지어진 광물은?

① 황철석 – 백철석
② 석영 – 형석
③ 방해석 – 능철석
④ 흑연 – 다이아몬드

정답 ③

59 다음 중 탄성파탐사 결과로 얻을 수 있는 것은?

① 비저항   ② 등고선
③ 등전위선도 ④ 주시곡선

정답 ④

60 다음 암석 중 중성암에 속하는 것은?

① 석영반암 ② 안산암
③ 반려암   ④ 감람암

정답 ②

시추기능사 2017 기출문제

* 답안카드 작성시 시험문제지 형별누락. 마킹착오로 인한 불이익은 전적으로 수험자의 귀책사유임을 알려드립니다.

01 지반침하 요인 중 지하수 보존 잘못으로 발생된 것과 거리가 먼 것은?

① 지하수위 저하에 의한 부력 감소
② 토층의 간극수압 감소
③ 지하수위 저하로 상재하중 증가 효과
④ 지하수위 저하로 대수층 투수성 증가

정답 ④

02 다음 중 자구의 구조에 대한 설명으로 옳지 않은 것은?

① 지구의 편평률은 약 1/300이다.
② 지각과 맨틀 사이의 면을 지오이드(geoid)라 한다.
③ 지구의 표면인 지각 아래에는 맨틀이 있다.
④ 지구의 적도반경이 극반경보다 크다.

정답 ②
해설 지각과 맨틀 사이의 면을 모호로비치 불연속면이라고 한다.

03 다음 화성암 중 석영 함유량이 가장 많은 심성암은?

① 현무암 ② 조면암
③ 안산암 ④ 화강암

정답 ④
해설 p.284. 59번 해설 참조

04 다음 중 충격식 시추에 해당하는 것은?

① 숏 볼 시추
② 엠파이어 시추
③ 메탈 비트 시추
④ 다이아몬드 바트 비추

정답 ②
해설 충격식 시추에는 엠파이어 시추와 와이어로프 시추가 있다.

05 셰일은 변성정도가 커짐에 따라 어떤 순서로 변해 가는가?

① 편암→천매암→슬레이트
② 슬레이트→편암→천매암
③ 슬레이트→천매암→편암
④ 천매암→슬레이트→편암

정답 ③
해설 p.41. 10번 표 참조

06 다음 중 음파검층 시 전파속도에 영향을 미치지 않는 것은?

① 밀도　　② 감마선 세기
③ 물 포화도　④ 공극률

정답 ②

07 폴리머 이수의 누수방지제를 청수에서 사용하였을 때 사용량의 몇 배나 팽창되는가?

① 50배　　② 250배
③ 500배　　④ 750배

정답 ③

08 다음 중 석회석의 주성분은?

① $CaCo_3$　② $MgCO_3$
③ $FeCO_3$　④ $NaCO_3$

정답 ①
해설 석회석의 주성분은 $CaCo3$이다.

09 다음 중 와이어 라인 코어 배럴(wire line core barrel)의 구조에 포함되지 않는 것은?

① 이너 튜브(inner tube)
② 싱글튜브(single tube)
③ 아우터 튜브(outer tube)
④ 오버숏(overshot)

정답 ②
해설 와이어 라인 코어배럴의 구조에는 이너튜브, 아우터튜브, 오버숏이 있다.

10 다음 중 구리광물과 관계가 없는 것은?

① 코벨라이트　② 금홍석
③ 황동석　　　④ 공작석

정답 ②
해설 코벨라이트-CuS 금홍석-TiO2 황동석-CuFeS2 공작석-CuCO3(OH)2

11 전기비저항 탐사에서 전극의 배치를 웨너(Wenner) 배열로 하여 전극의 간격을 30m로 하고 전류 3A를 흘렸을 때, 측정된 전위차는 200mV였다. 이때 겉보기 비저항은?(단, 파이=3.14)

① 6.28 Ω-m　② 12.56 Ω-m
③ 6280 Ω-m　③ 12560 Ω-m

정답 ②
해설 $\rho = 2\pi a \frac{V}{I} = 2\pi \times 30m \times \frac{0.2V}{3I} = 12.56\Omega\text{-m}$

12 시추작업 시 송수펌프에서 순환수 및 이수를 순환시키면서 시추공 하부로 보내는 기구로서 한쪽은 호스를 반대쪽은 시추로드에 접속하여 사용하는 시추용 기구는?

① 워터 웨이(water way)
② 호이스팅 스위블(hoisting swivel)
③ 워터 스위블(water swivel)
④ 커플링(coupling)

정답 ③
해설 워터스위블은 밑부분이 커플링으로 되어있어 로드와 연결되고 윗부분은 측면으로 호스와 연결된다.

13 시추공에 설치되어 있는 드라이브 파이프나 케이싱 파이프에 연결하여 시추공 내의 수압을 조절하는 기구는?

① 로드 통
② 스테핑 박스
③ 파말리 렌치
④ 리밍 파일럿

`정답` ②

14 다음은 광물의 모스 경도를 나타낸 것이다. 옳게 짝지어진 것은?

① 인회석-경도 6   ② 황옥-경도 9
③ 석고-경도 2   ④ 방해석-경도 4

`정답` ③
`해설` p.153. 17번 표 참조

15 다음 중 바깥지름이 가장 작은 로드는?

① AQ   ② NQ
③ BQ   ④ EQ

`정답` ④
`해설` p.157. 36번 해설 참조

16 물빛이 청색이고 물맛이 떫다. 어느 광상이 있을 가능성이 있는가?

① 구리광상   ② 주석광상
③ 철광상   ④ 납광상

`정답` ①

17 경사진 단층면에서 압축력의 작용으로 상반이 위로 올라간 단층은?

① 수직단층   ② 주향단층
③ 정단층   ④ 역단층

`정답` ④
`해설`
• 수직단층 : 상하반 구분이 없이 수직으로 이동한 것
• 주향단층 : 단층의 주향이 지층의 주향에 거의 평행한 것 정단층 : 인장력 때문에 상반이 하강한 것

18 다음 중 변성암의 특징적인구조에 해당하지 않는 것은?

① 편마구조   ② 엽리
③ 다공질 구조 ④ 편리

`정답` ③
`해설` 변성암의 특징적인 구조에는 선구조, 편마구조, 엽리, 편리등이 있다.

19 다이아몬드 코어 비트의 일종을 다이아몬드를 분쇄하여 메트릭스 분말 금속과 혼합한 후 소결(燒結) 및 주조(鑄造)를 거쳐 제조한 비트는?

① 테이프 비트(taper bit)
② 임프레그네이티드 비트(impregnated bit)
③ 콘케이브 비트(concave bit)
④ 파일럿 비트(pilot bit)

`정답` ②
`해설` 임프레그네이티드 비트는 자연산 또는 공업용 다이아몬드 분말을 메트릭스가 될 분말금속과 혼합하여 소결 및 주조에 의하여 제조한다.

20 다음 중 시추공을 이용한 탄성파 탐사법이 아닌 것은?

① 표면파 탐사
② 다운 홀 탄성파 탐사
③ 탄성파 토모그래피
④ 음파검층

정답 ①

21 지하수면의 설명 중 옳은 것은?

① 중간대와 모관대 사이에 있다.
② 포화대와 중간대의 경계상에 있다.
③ 토양수대 바로 아래 있다.
④ 통기대와 포화대의 경계상에 있다.

정답 ④
해설 지하수면은 통기대와 포화대의 경계상에 있다.

22 방사능 지열탐사에서 방사능 열원에 해당하지 않는 것은?

① 235U   ② 12K
③ 40K   ④ 238U

정답 ②
해설 방사능 열원에는 235U, 40K, 238U가 있다.

23 광물에 들어있는 주성분 원소를 간단히 알아내는 불꽃색 시험에서 강한 노란색을 띠는 원소는?

① 구리(Cu)   ② 칼륨(K)
③ 나트륨(Na) ④ 리튬(Li)

정답 ③
해설 구리 : 청록 칼륨 : 보라 리튬: 빨강

24 중력탐사를 수행할 경우 측정되는 값의 단위는?

① cm/sec   ② Telsa
③ mV   ④ mGal

정답 ④
해설 중력탐사의 단위는 mgal이다.

25 입도가 큰 두 종류 이상의 광물들이 불완전하고 불규칙하게 호층을 이루는 변성암은?

① 역암   ② 편마암
③ 사암   ④ 섬록암

정답 ②

26 다음 중 지하수 부존 가능성이 높은 지역에 해당되지 않는 것은?

① 지하수 지시식물이 자라는 지역
② 지하수가 지표로 용출되는 지역
③ 산 능선부 보다는 계곡의 중심부 지역
④ 결정질암이 분포하는 지역

정답 ④

27 SiO2의 함유량이 52 ~ 66% 인 화성암은?

① 초염기성암   ② 중성암
③ 염기성암   ④ 산성암

정답 ②
해설 p.284. 59번 해설 참조

28 퇴적광산에서 화학적 침전에 의해 생성된 것은?

① 망간, 인   ② 석탄
③ 오일셰일   ④ 석유 및 천연가스

정답 ①
해설 화학적 침전은 인이 활성 칼슘, 철, 알루미늄 등과 화합물을 형성하는것을 말한다.

29 다음 중 광물의 물리적 성질이 아닌 것은?

① 경도   ② 비중
③ 광택   ④ 고용체

정답 ④
해설 고용체는 화학적 성질이다.

30 시추작업 중에 발생하는 재밍(jamming)의 원인이 아닌 것은?

① 연약지반 굴착 시 공벽이 붕괴될 경우
② 점성, 겔 강도를 저하시켜 적정 값이 유지될 경우
③ 장비에 인양 속도의 과속으로 인해 압출될 경우
④ 공저에 슬러지가 많이 침전될 경우

정답 ②

31 다음 지각구성의 화학성분을 설명한 것 중 옳지 않은 것은?

① 지각 중에 가장 많이 함유된 금속은 알류미늄(Al)이다.
② 지각 중에 가장 많이 들어 있는 원소는 규소(Si)이다.
③ 지각 및 지표의 구성 원소 백분율을 클라크수(Clarke's number)라 한다.
④ 지각을 구성하는 8대 원소는 지각 중에 1% 이상 함유된 원소이다.

정답 ②
해설 지각에 가장 많이 들어있는 원소는 산소이다.

32 탄성파가 경계면에서 반사될 경우 반사되는 탄성파 에너지의 크기와 관계 없는 것은?

① 매질의 탄성파 속도
② 매질의 음향 임피던스
③ 매질의 색깔
④ 매질의 밀도

정답 ③

33 야외 시추작업에서 설치하는 시추탑의 용도로 옳지 않은 것은?

① 억류된 장비류의 인양작업
② 드라이브 파이프 타입작업
③ 굴착 중 비트 선단의 용수작업
④ 장비류의 승강작업

정답 ③

34 자연전위 탐사는 어떤 광물에 가장 잘 적용 되는가?

① 황화광물   ② 산화광물
③ 탄산염광물   ④ 규산염광물

정답 ①
해설 자연전위 탐사는 주로 황화광,흑연광,지열 및 지하수 탐사등에 사용한다.

35 지구화학탐사의 기본원리 및 시행방법이 아닌 것은?

① 일반적으로 구리, 납, 아연, 니켈, 몰리브덴과 같은 황화물 광상의 탐사에 유용한 방법이며 우라늄, 텅스텐, 금, 은의 탐사에도 이용된다.
② 자연 상태의 식물을 채취하여 이들에 함유된 한 가지 이상의 원소들을 화학적 방법에 의해 체계적으로 측정한다.
③ 시행방법은 시료채취-화학분석-분석자료의 처리 및 해석에 의하여 실시된다.
④ 지하수가 부존하고 있는 상태를 확인하는데 주로 이용된다.

정답 ④
해설 지구화학 탐사는 주로 석유광상을 탐사하는데 이용된다.

36 다음 중 황화광물이 아닌 것은?

① 황철석　② 방해석
③ 방연석　④ 황동석

정답 ②
해설 황철석-FeS2　　방해석-CaCO3
방연석-PbS　　황동석-CuFeS2

37 다음 탄성파 탐사법에 대한 설명 중 옳지 않은 것은?

① 지하수 탐사에서는 주로 미고결층의 깊이를 찾아내는 것이 목적으로 굴절법 보다 반사법이 유리하다.
② 에너지원으로 소규모의 발파, 햄머, 공기총(air gun), 중력 낙하 등을 이용한다.
③ 에너지원에서 지표의 수진기까지 도달한 탄성파의 초동시간을 분석하여 기반암까지의 깊이를 계산한다.
④ 기반암의 깊이와 경사 등을 파악하는데 유리한 탐사법이다.

정답 ①

38 부정합 관계가 생겼을 때 나타나는 특징이 아닌 것은?

① 지질구조가 판이하게 다르다.
② 지층중의 화석 내용에 큰 차이가 있다.
③ 기저역암이 발달한다.
④ 지층이 연속적인 퇴적구로를 보인다.

정답 ④
해설 부정합이 일어나면 부정합면 위 아래의 지질학적 시간 차는 매우 크다.

39 물리탐사법의 종류와 특성에 따라 이용결과가 서로 다르게 설명된 것은?

① 전기 탐사-비저항 탐사법으로 대수층 및 투수층 판별
② 방사능 탐사-자연방사는 탐사법으로 자연 γ선을 이용하여 지반구조 파악
③ 자력 탐사-중력가속도를 이용한 지하의 광체 및 지하수의 판별
④ 탄성파 탐사-P파를 응용한 지반의 구조, 암석의 풍화, 경연의 판별

정답 ③

40 다음 중 주향과 경사에 대한 설명으로 옳지 않은 것은?

① 주향은 지층면과 수직면과의 교차선의 방향이다.
② 경사는 지층면과 수평면이 이루는 각이다.
③ 주향은 항상 진북 방향을 기준으로 하여 측정한다.
④ 주향과 경사를 측정하기 위해 클리노미터 등이 사용된다.

정답 ①
해설 주향은 진북을 기준으로 지층면과 수평면이 만나서 생기는 교선의 방향이다.

41 다음 중 시추작업 시 코어를 채취하는 장비는?

① 코어 박스
② 케이싱 파이프
③ 리밍 셸
④ 코어 배럴

정답 ④
해설 코어배럴은 코어를 담는데 사용된다.

42 다음의 광물이 가지는 광택으로 옳지 않은 것은?

① 분탄-토상광택
② 백운모-진주광택
③ 석면-지방광택
④ 석영-유리광택

정답 ③
해설 석면-견사광택

43 광상(鑛床)의 정의로서 옳은 것은?

① 광석을 채굴하는 장소
② 선별작업을 통해 유용광물이 농축된 덩어리
③ 광석 중에 들어있는 품위를 떨어뜨리는 무익한 광물
④ 지각 중에 발견되는 유용광물의 집합체

정답 ④
해설 광상은 지각중에 발견되는 유용광물의 집합체이다.

44 시추작업 중 비트날의 마모율을 결정하는 주요 요인에 해당 하지 않은 것은?

① 방향성 시추공법의 사용여부
② 암석의 경도
③ 용수의 급압력
④ 회전속도

정답 ①
해설 비트날의 마모율을 결정하는 주요 요인은 암석의 경도, 용수의 급압력, 회전속도 등이 있다.

45 다음 중 날개의 경사가 45° 이하로써 파장에 비하여 파고가 낮은 습곡은?

① 급사습곡 　② 등사습곡
③ 완사습곡 　④ 경사습곡

정답 ③
해설 완사습곡-날개의 경사가 45°이하인것을 말한다.

46 다음 중 코어 채취율의 저하원인이 아닌 것은?

① 적당한 압력을 가하지 않고 고속으로 회전할 때
② 점토나 분상의 암질이 순환수와 함께 배출될 때
③ 연암층에서 와이어 라인 공법으로 저속 회전할 때
④ 코어의 지름이 작을 때와 굴진 중에 로드의 진동이 있을 때

정답 ③
해설 고속회전시에 코어채취율이 저하된다.

47 다음 중 시추용 이수가 갖추어야 할 조건으로 옳지 않은 것은?

① 전해질의 함유량이 많아야 한다.
② 사분을 포함하지 않아야 한다.
③ 얇고 튼튼한 이벽을 만드는 성질이 있어야 한다.
④ 적당한 점성을 가져야 한다.

정답 ①
해설 시추용 이수는 전해질의 함유량이 적어야 한다.

48 전기 탐사법 중 지하매질의 유도분극 현상을 이용하는 방법에 대한 설명으로 옳은 것은?

① 현장에서 측정하는 값은 전기비저항 값이다.
② 시간영역 측정 방법과 주파수영역 측정 방법이 있다.
③ 지하매질의 유도분극 현상을 설명하는 이론으로 전극분극과 전자분극이 있다.
④ 전자분극 현상을 공급내부를 채우고 있는 전해액 내 이온들의 이동에 의해 이루어진다.

정답 ②

49 다음의 철광물 중에서 철성분이 가장 많은 광물은?

① 적철석   ② 침철석
③ 능철석   ④ 자철석

정답 ④

50 시추용 유도전동기의 극수가 4이고 이때의 주파수가 60Hz 일 때 유도전동기의 회전수는?(단, 전동기의 효율은 100%)

① 1700rpm   ② 1750rpm
③ 1800rpm   ④ 1850rpm

정답 ③
해설 회전수 $= \dfrac{120f}{p} \times \eta = \dfrac{120 \times 60}{4} \times 100\% = 1800$

51 다음 중 암석의 풍화작용에 대한 설명으로 옳지 않은 것은?

① 층상절리는 압력의 제거에 의한 기계적 풍화로 인하여 생긴다.
② 온대지방에 비해 한대지방에서는 화학적 풍화가 잘 일어나지 않는다.
③ 유색광물은 무색광물에 비해 화학적 풍화에 강한 편이다.
④ 암석 속에 스며든 물이 동결됨으로써 기계적 풍화가 촉진된다.

정답 ③

52. 사추용 비트 중 메탈 크라운 비트(metal crown bit)의 장점에 대한 설명으로 옳지 않은 것은?

① 코어 회수율이 다이아몬드 비트보다 우수하다.
② 시추의 목적에 따라 여러 형태의 비트를 비교적 쉽게 제작하여 사용할 수 있다.
③ 점착성이 있는 연암의 천공에 적합하다.
④ 굴착 시 비용이 저렴하고 얕은 심도에 적합하다.

정답 ①
해설 다이아몬드 비트가 메탈크라운 비트보다 코어 회수율이 우수하다.

53. 다음 중 화학적 풍화에 가장 안정된 광물은?

① 감람석   ② 장석
③ 석영   ④ 흑운모

정답 ③
해설 석영은 마그마의 분화과정으로 보면 가장 나중에 정출되기 때문에 안정적이다.

54. 다음 중 흔히 연마재로 쓰이는 광물은?

① 고령토   ② 석류석
③ 각섬석   ④ 방해석

정답 ②
해설 석류석은 규산염 광물이며 연마지로 알맞다.

55. 시추용 펌프에서 용수를 일정한 방향으로 통과시키며 역류를 막아주는 것은?

① 벨트   ② 용수철
③ 가스켓   ④ 토출 밸브

정답 ④

56. 다음 중 육방정계에 해당되는 광물은?

① 형석   ② 황철석
③ 방연석   ④ 방해석

정답 ④
해설 육방정계인 광물에는 녹주석, 인회석, 수정, 방해석, 전기석 등이 있다.

57. 단층면이 수평에 가까운 완경사인 역단층은?

① 회전단층
② 힌지단층
③ 오버러스트(overthrust)
④ 계단단층

정답 ③
해설 오버러스트 : 단층면이 수평에 가까운 완경사인 역단층

58. 지하수 오염방지를 위한 차폐시설 중 슬러리 월(slurry wall)의 종류가 아닌 것은?

① 플라스틱 콘크리트
② 강재 시트
③ 흙 벤토나이트
④ 시멘트 벤토나이트

정답 ②

59 Darcy의 법칙을 적용하기 위한 전제 조건으로 옳지 않은 것은?

① 다공층 물질의 특성이 균질하고 동일하다.
② 대수층 내에는 모관수대가 존재하지 않는다.
③ 흐름은 유속이 커도 문제가 없다.
④ 흐름은 정상류이다.

정답 ③

60 어떤 지하수 시료에서 측정된 전기전도도 값이 175μmohs일 때 시료내의 고용물질 함량은? (단, 비례상수는 0.59, 소수점 첫째자리까지 표기)

① 99.8 mg/L   ② 103.3 mg/L
③ 104.1 mg/L ④ 296.6 mg/L

정답 ②
해설 p.182. 52번 해설 참조